欧洲规范应用译丛

贡金鑫　丛书策划

欧洲规范：建筑钢结构设计应用与实例

［瑞典］米兰·韦利科维奇　　［葡萄牙］路易斯·西蒙斯·达·席尔瓦

［葡萄牙］鲁伊·西蒙斯　　［捷克］弗朗齐歇克·瓦尔德

［比利时］琼-皮埃尔·哈斯帕特　　［德国］克劳斯·韦恩德　　　　著

［罗马尼亚］达恩·杜比纳　　［意大利］拉法埃莱·兰多尔福

［葡萄牙］保罗·维拉·雷亚尔　　［葡萄牙］海伦娜·热瓦齐奥

［瑞典］米兰·韦利科维奇　　［意大利］马里亚·路易莎·索萨

［意大利］西尔维娅·迪莫瓦　　［意大利］鲍里斯拉娃·尼科洛娃　　编

［意大利］马丁·波兰塞克　　［意大利］阿图尔·平托

易　平　译

殷福新　主审

U0300825

中国建筑工业出版社

图书在版编目（CIP）数据

欧洲规范：建筑钢结构设计应用与实例/（瑞典）米兰·韦利科维奇等著；易平译. —北京：中国建筑工业出版社，2018.7
（欧洲规范应用译丛）
ISBN 978-7-112-22262-9

Ⅰ. ①欧…　Ⅱ. ①米…②易…　Ⅲ. ①建筑结构-钢结构-设计规范-欧洲　Ⅳ. ①TU391.04-65

中国版本图书馆 CIP 数据核字（2018）第 108763 号

Eurocodes: Background & Applications Design of Steel Buildings (Worked Examples)
Authors: M. Veljkovic, L. Simões da Silva, R. Simões, F. Wald, J.-P. Jaspart, K. Weynand, D. Dubină, R. Landolfo, P. Vila Real, H. Gervásio.
Editors: M. Veljkovic, M. L. Sousa, S. Dimova, B. Nikolova, M. Poljanšek, A. Pinto.
All rights reserved.
© European Union, 2015
This document is translated from English into Chinese by China Architecture & Building Press.
The European Commission cannot be held liable for any consequence stemming from the reuse of this document.
This document is translated from English into Chinese by China Architecture & Building Press.
The European Commission cannot be held liable for any consequence stemming from the reuse of this document.
Translation copyright © 2018 China Architecture & Building Press
This translation is published by arrangement with European Union

责任编辑：朱晓瑜　段　宁
责任校对：刘梦然

欧洲规范应用译丛
欧洲规范：建筑钢结构设计应用与实例
［瑞典］米兰·韦利科维奇　［葡萄牙］路易斯·西蒙斯·达·席尔瓦　等著
［瑞典］米兰·韦利科维奇　［意大利］马里亚·路易莎·索萨　等编
贡金鑫　丛书策划
易　平　译
殷福新　主审

*

中国建筑工业出版社出版、发行（北京海淀三里河路 9 号）
各地新华书店、建筑书店经销
霸州市顺浩图文科技发展有限公司制版
北京建筑工业印刷厂印刷

*

开本：787×1092 毫米　1/16　印张：23　字数：542 千字
2018 年 9 月第一版　　2018 年 9 月第一次印刷
定价：**60.00** 元
ISBN 978-7-112-22262-9
（32109）

作者和编辑名单

科学协调人

瑞典吕勒奥大学：Milan VELJKOVIC

作者

第1章　钢结构设计

Luís SIMōeS DA SILVA，Rui SIMōeS　　　葡萄牙科英布拉大学

第2章　栓接、焊接和柱基础

František WALD　　　捷克共和国布拉格捷克技术大学

第3章　钢结构抗弯节点设计

Jean-Pierre JASPART[1]　　　[1]比利时列日大学

Klaus WEYNAND[2]　　　[2]德国 Feldmann & Weynand 工程师

第4章　冷弯型钢设计要点

Dan DUBIN Ă　　　罗马尼亚蒂米什瓦拉政治大学

第5章　根据 EN 1998-1 进行钢结构抗震设计

Raffaele LANDOLFO　　　意大利那不勒斯费德里克二世大学

第6章　构件和连接的抗火

Paulo VILA REAL　　　葡萄牙阿威罗大学

第7章　钢结构及钢构件的可持续发展

Milan VELJKOVIC[1]　　　[1]瑞典吕勒奥大学

Helena GERVáSIO[2]　　　[2]葡萄牙科英布拉大学

编辑

米兰·韦利科维奇　　　欧洲建筑钢结构技术管理委员会主席
(Milan VELJKOVIC)

马里亚·路易莎·索萨　　　意大利瓦勒塞，21027 Ispra，Via Enrico Fermi，2749，欧盟
(Maria Luísa SOUSA)　　　委员会，联合研究中心（JRC），公民保护与安全研究所（IP-SC），欧洲结构评估实验室（ELSA）

西尔维娅·迪莫瓦　　　意大利瓦勒塞，21027 Ispra，Via Enrico Fermi，2749，欧盟
(Silvia DIMOVA)　　　委员会，联合研究中心（JRC），公民保护与安全研究所（IP-SC），欧洲结构评估实验室（ELSA）

鲍里斯拉娃·尼科洛娃　　　意大利瓦勒塞，21027 Ispra，Via Enrico Fermi，2749，欧盟
(Borislava NIKOLOVA)　　　委员会，联合研究中心（JRC），公民保护与安全研究所（IP-SC），欧洲结构评估实验室（ELSA）

马丁·波兰塞克　　　意大利瓦勒塞，21027 Ispra，Via Enrico Fermi，2749，欧盟
(Martin POLJANŠEK)　　　委员会，联合研究中心（JRC），公民保护与安全研究所（IP-SC），欧洲结构评估实验室（ELSA）

阿图尔·平托　　　意大利瓦勒塞，21027 Ispra，Via Enrico Fermi，2749，欧盟
(Artur PINTO)　　　委员会，联合研究中心（JRC），公民保护与安全研究所（IP-SC），欧洲结构评估实验室（ELSA）

译 者 序

从 2000 年起，以"EN"为代号的欧洲规范（Euorocode）开始逐本正式颁布，取代了之前以"ENV"为代号的欧洲试行规范，标志着从 1975 年开始由欧盟委员会筹备，后转交欧洲标准化协会（CEN）编制和管理的欧洲规范，正式成为欧盟国家结构设计共同遵守的准则。2007 年，所有欧洲规范全部颁布。按照欧洲标准化协会的规定，欧洲规范是强制性规范，具有与欧盟国家的国家标准同等的地位，2010 年 3 月，欧盟国家与欧洲规范相抵触的国家标准均被废除，由欧洲规范取代。欧洲规范的颁布引起了国际工程界的广泛关注，除欧洲国家外，一些其他国家的国际招投标项目也要求采用欧洲规范进行设计。

欧盟委员会联合研究中心（JRC）是欧盟委员会的科学与技术服务机构，2005 年受欧盟委员会委托协助欧洲规范的实施、协调和未来的发展。为了推进欧洲规范的实施，欧盟委员会联合研究中心、欧洲标准化协会 250 技术委员会制定了促进欧洲规范应用的政策，组织了多场欧洲规范应用学术报告，举办了多种形式的欧洲规范应用培训。目前，已发布了 6 本欧洲规范背景和设计应用方面的资料（具体见封底）。这些资料有的是主要采用一本欧洲规范针对一种形式的结构说明规范的应用，有的是采用几本欧洲规范说明不同形式结构的设计方法。

近三十年来，随着我国改革开放的不断深入，经济发展速度很快，基础设施建设成绩斐然，除各种常用的普通建筑物外，超高层建筑、特大跨桥梁、高坝等高难度建筑物的设计和施工也取得了不俗的成就，在国际工程建设领域占有一席之地，令世界瞩目。然而，我国虽然是工程建设大国，但仍称不上是工程建设强国，我们在规范的基础理论和科学性方面与欧美规范还有一定差距，为此我们分别于 2007 年和 2009 年编写了《中美欧混凝土结构设计》和《混凝土结构设计（按欧洲规范）》两本著作。这两本著作在论述混凝土结构设计基本原理的同时，分析和讨论不同规范采用的方法和规定，受到国内工程设计人员的欢迎。同时我们也注意到，结构设计规范作为科学研究与工程经验相结合而形成的技术文件，既有科学统一性，又有不同国家的经验积累、历史传承和习惯性做法，同一类型的设计规范，不同国家有着不同的规定，特别是设计规范并不能包罗万象，还有很多细节问题需要工程设计人员去处理。因此，即使一个设计人员手中有了设计规范，也不一定能够很好地完成结构设计，还要遵循规范编制和使用国家的设计习惯。也正是基于此，我们翻译了欧盟委员会联合研究中心组织编写的这套欧洲规范应用背景和设计实例。

感谢欧盟委员会联合研究中心的授权，感谢中国建筑工业出版社的支持，感谢编辑的辛勤劳动，感谢参与各本资料翻译、校对的老师和研究生。希望本套译丛的出版能对我国工程设计人员理解欧洲规范、顺利完成国际投标项目起到帮助作用。

贡金鑫

2018 年 6 月 20 日

前　　言

建筑业对欧盟具有战略意义，因为它提供了其他经济和社会所需的建筑和交通基础设施。建筑业占欧盟 GDP 的 10% 以上，占固定资产构成的 50% 以上，是最大的单项经济活动，也是欧洲最大的工业雇主，该行业直接雇用人员近 2000 万。建筑业不仅是实现欧洲统一市场的关键因素，也是实施欧盟其他建筑相关政策，如可持续发展、环境和能源政策的关键因素，这是因为欧洲 40%～45% 的能源消耗来自于建筑，另有 5%～10% 的消耗用于处理和运输建筑制品和部件。

欧洲规范是一套欧洲标准，提供了土木工程设计、强度和稳定性验算的统一准则。与欧盟关于智能、可持续发展和包容性增长的战略（欧盟 2020）一致，标准化对支撑全球化时代的工业政策起着重要作用。欧盟市场通过采用欧洲规范提高了竞争力，这在"建筑领域及其企业的可持续竞争力战略"报告 COM（2012）433 中得到认可，欧洲规范被视为是加快统一不同国家和地区监管办法进程的有效工具。

随着 2007 年 58 部欧洲规范的颁布，欧洲规范的实施延伸至所有欧洲国家，且向着国际化迈出了坚定的步伐。2003 年 12 月 11 日的委员会提议强调了欧洲规范使用培训的重要性，特别是工科院校，应将欧洲规范使用培训作为工程师和技术人员专业继续教育课程的一部分，在国家和国际层面上加以提倡。要提倡研究，促进最新科学技术与欧洲规范的结合。根据该提议，政策指导委员会-联合研究中心（DG JRC）联合欧洲工业董事会（DG GROW）、欧洲标准化委员会第 250 技术委员会（CEN/TC250）"欧洲结构规范"和其他股权人，将发布"支持欧洲规范实施、协调和进一步发展"的系列报告，作为联合研究中心的科学与政策报告。

本报告包含了"用欧洲规范进行建筑钢结构设计"研讨会上所提供算例的全部内容，侧重于算例。研讨会于 2014 年 10 月 16、17 日在比利时布鲁塞尔举行，在 DG GROW、欧洲标准化委员会（CEN）及其成员国的支持下，由欧盟委员会联合研究中心、欧洲建筑钢结构协会（ECCS）和欧洲标准化委员会第 250 技术委员会（CEN/TC250）第 3 分委员会联合举办。研讨会邀请了公共机关、国家标准化机构、研究机构和学术界的代表以及从事欧洲规范培训行业技术协会的代表，旨在将欧洲建筑钢结构协会和欧洲标准化委员会第 250 技术委员会专家的知识和技能传递给国家层面的主要受训人员和欧洲规范的用户，促进钢结构设计培训的进行。

研讨会为汇编一套最新的培训资料提供了很好的机会，培训资料包括演示幻灯片和附算例的技术文件，侧重于钢结构设计的某些特定方面（如设计基础、结构建模、构件设计、连接件、冷弯型钢、抗震和防火设计等）。联合研究中心报告收录了研讨会报告人的所有技术文件和算例。编辑和作者努力使这份报告提供一致、有用的信息。但必须指出的是，报告没有提供完整的设计算例。因为报告中的各章节是由不同作者编写的，因此仅反映了欧盟成员国的不同做法。使用本报告资料的用户必须自行确认是否适用于其使用目的。

衷心感谢研讨会报告人为研讨会的组织和培训材料的编制所做的贡献。这些培训材料包括演示幻灯片和附算例的技术文件。

研讨会的所有资料（演示幻灯片和联合研究中心报告）可从"欧洲规范：建设未来"网站下载（http://eurocodes.jrc.ec.europa.eu）。

M. Veljkovic
欧洲建筑钢结构协会
M. L. Sousa，S. Dimova，B. Nikolova，M. Poljanšek，A. Pinto
欧洲结构评估实验室（ELSA）公民保护与安全研究所（IPSC）
联合研究中心（JRC）
意大利瓦勒塞，21027 Ispra，Via Enrico Fermi，2749

目　　录

第 1 章

钢结构设计

1.1 定义和设计基础

1.1.1 引言

钢结构有许多独特的特性，这使其成为很多建筑应用中的理想方案。钢提供了无与伦比的施工速度和预制速度，从而降低了现场施工延期带来的经济风险。钢的固有性质使之在概念设计阶段有更大的自由空间，从而有助于实现更大的灵活性和更好的质量。因为其强度重量比高，钢结构能使结构使用面积最大化，而自身重量最小化，这进一步节约了成本。钢材的回收和再利用也意味着钢结构在降低建筑业对环境影响方面处于有利地位（Simões da Silva 等，2013）。

建筑业正面临着很大的转变，其直接原因是社会正在经历加速变化。全球化和更加激烈的竞争正在迫使建筑业放弃传统的做法和劳动密集的特点，而采取典型制造业的工业化做法，这进一步增强了钢结构的吸引力。

本章的目的是基于真实结构的详细设计实例，通过简要说明规范的各项条款，为 Eurocode 3 第 1-1 部分的使用提供设计指导。

1.1.2 规范和标准化

欧盟已经用了几十年时间（自 1975 年）来发展和统一结构设计规范，最终形成了一套欧洲的标准，称为欧洲规范（Eurocodes），并于最近得到各成员国的认可。

建筑产品规程规定了所有建设工程都必须满足的基本要求，即：①承载力和稳定性；②耐火性；③卫生、健康及环境要求；④使用安全；⑤防噪声；⑥节能和保温；⑦可持续性。通过以下 9 本欧洲结构规范来保证前两个要求，这 9 本欧洲结构规范由欧洲标准化委员会（CEN）技术委员会（CEN/TC 250）制定：

- 《EN 1990 欧洲规范：结构设计基础》；
- 《EN 1991 欧洲规范 1：结构上的作用》；
- 《EN 1992 欧洲规范 2：混凝土结构设计》；
- 《EN 1993 欧洲规范 3：钢结构设计》；
- 《EN 1994 欧洲规范 4：钢混组合结构设计》；
- 《EN 1995 欧洲规范 5：木结构设计》；
- 《EN 1996 欧洲规范 6：砌体结构设计》；
- 《EN 1997 欧洲规范 7：岩土工程设计》；
- 《EN 1998 欧洲规范 8：结构抗震设计》；
- 《EN 1999 欧洲规范 9：铝结构设计》。

每本欧洲规范都包含留给各个国家自主确定的条款。这些条款包括气候因素、地震分区、安全问题等，统称为国家确定参数（NDP）。各成员国负责在每本欧洲规范的国家附录中规定国家自主化参数。

在结构建造中，单靠欧洲结构规范并不完备，还需要补充其他资料：

- 建筑制品（"产品标准"，目前约有 500 种）；
- 用来确定性能的试验（"试验标准"，目前约有 900 种）；
- 用于建造和安装结构的施工标准（"施工标准"）。

《EN 1993 欧洲规范 3：钢结构设计》（本文简称 EC3）分为以下几个部分：

- EN 1993-1 一般规定和对建筑结构的规定；
- EN 1993-2 钢桥；
- EN 1993-3 塔、桅杆和烟囱；
- EN 1993-4 筒仓、储罐和管道；
- EN 1993-5 桩；
- EN 1993-6 起重机支撑结构。

EN 1993-1，欧洲规范 3：钢结构设计——一般规定和对建筑结构的规定继续细分为以下 12 个部分：

- EN 1993-1-1 一般规定和对建筑结构的规定；
- EN 1993-1-2 结构防火设计；
- EN 1993-1-3 冷弯薄壁构件和薄板；
- EN 1993-1-4 不锈钢；
- EN 1993-1-5 板结构构件；
- EN 1993-1-6 壳结构的强度和稳定性；
- EN 1993-1-7 平板结构横向荷载下的强度和稳定性；
- EN 1993-1-8 节点设计；
- EN 1993-1-9 钢结构疲劳强度；
- EN 1993-1-10 钢的断裂韧性和贯穿厚度特性的选择；
- EN 1993-1-11 结构受拉钢构件的设计；
- EN 1993-1-12 高强度钢的补充规定。

规范 EC3 和一系列补充标准一起使用。钢结构施工标准 EN 1090-2（2011）保证了与规范 EC3 中设计假定相协调的施工质量。产品标准提供所用材料的固有特性，这反过来又必须符合试验标准中规定的质量控制程序。最后，规范 EC3 国家附录明确规定与作用、安全等级有关的国家参数，以及和设计方法有关的选择。

1.1.3　设计基础

1.1.3.1　基本概念

EC3 的使用必须和下列规范相一致，包括《EN 1990 欧洲规范：结构设计基础》；《EN 1991 欧洲规范 1：结构上的作用》；《EN 1998 欧洲规范 8：结构抗震设计》和《EN 1997 欧洲规范 7：岩土工程设计》。

规范 EC3-1-1 的第 2 章对列入这些标准中的条例进行了介绍和补充。根据规范 EN 1990 的基本要求，一个结构的设计和施工必须达到其设计预期的使用要求，满足使用年限。这包括确保承载能力极限状态、正常使用极限状态和与耐久性相关（如腐蚀保护）的条件达到要求。通过以下条件满足这些基本要求：①选择合适的材料；②对结构及其组件进行适当的设计和细节描述；③设计、执行和使用期间控制过程规范。

极限状态与设计状况有关，应考虑结构在什么情况下满足其功能要求。根据规范 EN 1990（2002），这些状况可能是：①持久设计状况（结构的正常使用情况）；②短暂设计状况（短暂状况）；③偶然设计状况（异常状况，如火灾或爆炸）；④地震设计状况。疲劳之类的时变效应应与结构的设计使用年限有关。

承载能力极限状态（ULS）对应危害人身安全的结构破坏状态，通常应考虑下列承载能力极限状态：结构作为刚体失去平衡、过度变形导致的破坏、结构或自成体系的某部分结构的转换、断裂、失稳和疲劳或其他时变效应引起的破坏。

正常使用极限状态（SLS）对应于超过具体使用条件的状态，如结构的功能、舒适度和外观不再满足要求；在钢结构中，通常考虑变形和振动极限状态。

一般情况下，通过规范 EN 1990 中第 6 章的分项系数法满足极限状态设计要求，也可用规范 EN 1990 附录 C 直接基于概率的设计方法。

在设计过程中，必须确定施加在结构上的荷载和正确定义材料的力学和几何性能。随后的各部分将描述这些内容。

根据规范 EN 1990 中第 5 章的总体要求，必须通过合理的结构分析得到设计状况下的荷载效应。

对于如下情况的结构设计：①没有计算模型可用；②使用大量相似的构件；③为了确认结构或组件的设计，规范 EN 1990（附录 D）允许使用试验辅助设计方法。然而，试验辅助设计结果应达到相关设计状况的可靠度水平要求。

1.1.3.2 基本变量

1. 引言

结构的极限状态设计涉及的基本变量包括结构、结构构件和节点上的作用、材料性能和几何数据。

当使用分项系数法时，对于所有相关的设计状况，应验证设计模型中作用或作用效应和承载力取设计值时，没有超过相关的极限状态。

2. 作用和环境影响

结构上的作用可根据其随时间的变化进行分类：①永久作用（自重、固定设备等）；②可变作用（楼面荷载、风荷载、地震作用和雪荷载）；③偶然作用（爆炸或冲击荷载）。地震作用和雪荷载之类的某些作用可根据地理位置归类为可变或偶然作用。作用也可按以下情况进行分类：①起因（直接的或间接的）；②空间变化（固定或自由）；③性质（静态的或动态的）。

对于选定的设计状况，应根据规范 EN 1990 对临界荷载工况的各个作用进行组合。按作用的设计值进行荷载组合。作用设计值 F_d 由代表值 F_{rep} 得到，通常采用其特征值 F_k，考虑适当的分项安全系数 γ_f 通过下式确定：

$$F_d = \gamma_f F_{rep} \tag{1.1}$$

根据统计分布，作用（永久、可变或偶然作用）的特征值应为平均值、上下限或标准值；对于可变作用，还要定义其他代表值：组合值、频遇值和准永久值，这些值由特征值分别通过系数 Ψ_0、Ψ_1 和 Ψ_2 得到。这些系数根据作用和结构的类型定义。

作用的设计效应如内力（轴力、弯矩、剪力等）采用规范 EN 1990 相关章节规定的设计值和作用组合通过适当的分析得到。

环境因素可能会影响钢结构耐久性，所以应考虑材料的选择、表面保护和细部设计。

钢结构设计中所有作用的分类和取值，包括更具体的事例，如地震作用或火灾作用，应根据规范 EN 1990 和 EN 1991 的相关部分确定。

3. 材料性能

材料性能同样采用上限或下限特征值表示；当统计数据不充分时，用标准值作特征值。材料性能的设计值通过特征值除以适当的分项安全系数 γ_M 得到，分项安全系数 γ_M 由钢结构规范 EC 3 给出的每种材料的设计标准确定。分项安全系数 γ_M 的值可能依赖破坏模式而不同，在国家附录中规定。

在 EC3-1-1 中分项安全系数 γ_{Mi} 的建议值为：$\gamma_{M0} = 1.00$，$\gamma_{M1} = 1.00$，$\gamma_{M2} = 1.25$。

材料性能的值应按规定条件下的标准试验确定。

如规范 EN 10020（2000）规定，所有的钢材根据不同的生产工艺和化学成分组成分成几个等级。在欧洲，热轧钢板或焊接用型材、螺栓连接或铆接结构的生产必须符合规范 EN 10025-1（2004）的要求。本欧洲规范的第一部分详述了热轧产品的总体技术和交货条件。如按规范 EN 10020（2000）中钢材主要质量等级的等级划分一类的具体要求在规范 EN 10025 第二至第六部分给出；这部分包括以下钢材的技术交付条件：非合金结构钢、正火/正火轧制的可焊接细晶粒结构钢、热轧的可焊接细晶粒结构钢、有改进大气作用的耐腐蚀性结构钢、淬火和回火条件下有高屈服强度的结构钢扁材。结构空心型材和管材必须严格符合规范 EN 10210（2006）和 EN 10219（2006）的要求。根据规范 EN 10025，钢产品应基于环境温度下的最小屈服强度进行等级划分，并根据规定的冲击能量划分钢材质量。规范 EN 10025 也详述了试验方法，包括样品的制备和试验试件，以验证与以前规范的相关性。

规范 EN 10025 中给出了热轧产品的主要材料规格要求：①由合适的物理或化学分析方法确定的化学成分；②力学性能：抗拉强度、屈服强度（或残余应变为 0.2% 时的应力）、断后伸长率和冲击强度；③技术性能，如可焊性、成形性、热镀锌的适用性和可加工性；④表面性能；⑤内部完整性；⑥尺寸、尺寸和形状公差、质量。

连接件如螺栓、螺母，一般由高强度钢制造，应与规范 EN 15048-1（2007）规定的非预加载连接或规范 EN 14399-1（2005）规定的预加载连接要求一致。

4. 几何数据

必须足够准确地确定结构及其部件的几何尺寸。几何数据应采用其特征值表示，或其设计值直接表示。几何数据的设计值，如用于确定作用效应和承载力的构件的尺寸，一般取标准值。然而，涉及尺寸和形状的几何数据必须符合适用标准的公差。

主要热轧产品有：工字型钢和 H 型钢、箱形钢、管状形钢、T 型钢、角钢、板等。也可获得由不同截面配置的焊接截面。通过冷轧过程可制造出多种多样的截面。

所有用于钢结构的钢制品应符合依赖于成形过程的几何公差（关于尺寸和形状）。规范 EN 1090-2（2011）制订了两种公差：①基本公差，适用于结构的机械承载力和稳定性的一系列标准；②功能性公差，用来满足其他标准，如结构的装修和外观标准。在特殊情况下还可能使用特殊公差。

1.1.3.3 承载能力极限状态

一般情况下，结构的承载能力极限状态是指失去静力平衡的状态、内部结构或其构件和节点失效的状态、基础变形过大或破坏和疲劳破坏的状态。在钢结构中，承载能力极限状态指内部破坏的状态，包括截面承载力达到极限、结构及其构件的失稳现象以及节点承载力达到极限。

通常，承载能力极限状态的验证条件为：

$$E_d \leqslant R_d \tag{1.2}$$

式中，E_d 为作用效应的设计值，例如内力；R_d 为相应承载力的设计值。

作用效应设计值 E_d 应按认为同时发生的作用值组合确定。规范 EN 1990 规定了以下三种组合，每一种包括一个主导作用或一个偶然作用：

（1）持久或短暂设计状况的作用组合（基础组合）；

（2）偶然设计状况的作用组合；

（3）地震设计状况的作用组合。

规范 EN 1990 及其附录 A 定义了这些组合的建立标准和所有相关系数的值。

结构失去刚体静力平衡承载能力极限状态的验证，应通过对比不稳定作用和稳定作用的设计效果进行验证。其他特定承载能力极限状态，如基础破坏或疲劳失效，应按规范 EN 1990（EN 1997 和 EN 1993-1-9）的相关规定进行验证。

1.1.3.4 正常使用极限状态

如前所述，正常使用极限状态对应于某个状态，超过这一状态特定的使用条件不再有效。钢结构经常考虑变形和振动的极限状态。

正常使用极限状态的验证条件为：

$$E_d \leqslant C_d \tag{1.3}$$

式中，E_d 为正常使用标准的作用效应设计值，由相关的组合确定；C_d 为正常使用标准的极限设计值（如位移的设计值）。

在规范 EN 1990 和附录 A 中，正常使用标准下的作用效应设计值 E_d 应由以下三种组合之一来确定：

• 特征组合；

• 频遇组合；

• 准永久组合。

根据规范 EC3-1-1 第 7 章和规范 EN 1990，用于验证正常使用极限状态的参数的限值，必须在客户和设计人员之间达成一致，也可在国家附录中规定。

1.1.3.5 耐久性

规范 EN 1990 第 2.4 条定义了结构耐久性的要求。对于钢结构（EC3-1-1 的第 4 章），耐久性取决于腐蚀的影响、机械磨损和疲劳状态。因此，最敏感的部分应易于使用、检查、操作和维护。

当建筑结构不受相关循环荷载作用时，无须考虑抗疲劳性能；若是承受电梯、翻滚桥或机器振动产生的荷载，则需考虑。

钢结构的耐久性本质上取决于其对腐蚀的防护能力。腐蚀是钢降解的化学过程，常发生于潮湿、有氧和存在污染物的环境。

1.1.3.6　可持续性

由于钢的自然特性，钢是地球上最具可持续性的材料之一，是世界上最易于回收的材料。钢材可以反复回收利用而不失去其性能，节省自然资源，减少建筑垃圾堆积，从而最大限度地解决建筑业所面临的两大主要问题。

然而，钢具有可持续的特性不仅是因为钢材是环境友好型材料，钢结构的耐久性也起着重要作用。设计合理时，钢结构可以超出其最初的使用寿命，持续使用多年。与钢结构适应性有关的钢的耐久性避免了结构拆除和新建的需要。

对于环境影响，钢结构有很大优势：①钢结构的预制提供了一个更安全、更清洁的工作环境，最大限度地降低了施工现场污染和噪声；②框架安装构件及时交付能最大限度地减少所需的存储空间，同时提高了施工现场效率；③预制钢材确保了尺寸准确和易于安装；④建造过程中废物减少到最低限度，而且大部分废物可回收利用。

1.2　整体分析

1.2.1　结构建模

钢结构通常由线型构件组成。图1.1所示为钢结构工业厂房的结构框架。

建筑中应用广泛的二维构件如建筑物使用的板，常与线型构件一起作用。板可以是钢筋混凝土、钢-混组合结构或预应力混凝土，其他常见的二维构件有混凝土墙和钢-混组合桥梁的桥面板（钢筋混凝土或钢正交异性的解决方案）。

使用线型构件建立钢结构模型需要考虑的几个具体方面包括：结构构件轴线的选取、偏心的影响、变截面和弧形构件及节点模型。线型构件有多种选择（梁、柱、支撑和拉索）。如果分析结果和预期目标足够一致，也可用这种方式近似地建立二维构件的模型。如有必要，建模时还可将线型构件与二维和三维构件相结合，采用有限元方法（FEM）进行分析和设计。

1.2.2　结构分析

1.2.2.1　概述

根据规范EC3-1-1（EN 1993-1-1，2005），钢结构整体分析应提供足够精确的内力、弯矩和相应的位移。应采用适当的计算模型进行分析［第5.1.1（1）款］，模型和基本假设应能反映结构的性能［第5.1.1（2）款］。特别是应确保对一给定的相关非线性极限状

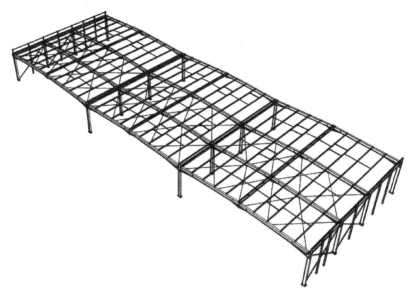

图 1.1　工业建筑

态进行了充分考虑。

内力和位移可通过整体弹性分析或整体塑性分析确定［第 5.4.1（1）款］。也可使用有限元分析，但规范 EC3-1-1 中没有详细说明，可参考规范 EC3-1-5（EN 1993-1-5，2006）。

无论结构应力多大，整体弹性分析均基于钢材的线性应力-应变关系假定（第 5.4.2（1）款）。实际上，整体弹性分析假设施加的力产生的结构任何位置的应力都应低于钢材的屈服应力。只要满足第 5.1 节的规定，整体弹性分析适用于所有情况［第 5.4.1（2）款］。值得注意的是尽管通过弹性分析得到了内力和位移，仍要在塑性截面承载力的基础上确定构件的设计承载力［第 5.4.2（2）款］。本书第 2.3 节给出了一个对多层建筑进行整体弹性分析的详细实例。

整体塑性分析假设结构某些截面逐渐屈服，导致塑性铰出现和结构内力重分布。这时，产生塑性铰的截面必须有足够的转动能力。尽管可采用更精确的应力-应变关系，但通常采用钢材的双线性弹塑性应力-应变关系［第 5.4.3（4）款］。进行塑性整体分析受多种条件限制，详见相关文献（Simões da Silva 等，2013）。

整体分析分为一阶分析和二阶分析。一阶分析中，按未变形的结构计算内力和位移［第 5.2.1（1）款］。二阶分析则要考虑结构变形的影响。只要结构变形使得作用效应显著增加或结构性能显著改变，就应考虑结构变形的影响［第 5.2.1（2）款］。压力或压应力的存在可能引起二阶效应，增大内力和位移。对于整体分析，则需分析框架结构的稳定性，这将在下一节详细讨论。还有一种情况必须考虑结构变形后的几何形状，即结构或结构某部分刚度太低，例如结构中包含拉索的情况，此时应进行大位移分析（或德国专业术语中的三阶分析）（Simões da Silva 等，2013）。

虽然可使用简化方法避免直接模拟一些缺陷，但无论在整体层面还是构件层面，整体分析都必须明确考虑缺陷。另外，如果对整体分析影响显著，那么剪力滞后效应和局部屈曲对刚度的影响也应加以考虑［第 5.2.1（5）款］。规范 EC3-1-5 针对这些情况给出了详细方法。

为实现计算方法可靠和简单之间的折中，分析方法的选择［弹性或塑性，第 5.4.1（1）款］应考虑上述各个方面（材料非线性、二阶效应和缺陷），这将在下面章节中专门讨论。大多数从业者通常选择弹性一阶分析，然而，很多情况下一阶分析并不能保证分析结果可靠。因此提出了一些基于一阶分析、解决非线性和缺陷的简化方法（Simões da Silva 等，2013）。

1.2.2.2　框架结构稳定性

1. 概述

和其他材料建造的结构相比，钢结构通常是细长结构，不稳定现象是潜在的问题，因此有必要验证结构或结构某部分的整体稳定性。验证时要求考虑缺陷，进行二阶分析［第 5.2.2（2）款］。可使用多种方法来分析二阶效应包括缺陷。根据规范第 5.2.2（3）款，通常按下列三种方法对不同的分析过程进行分类：

（1）整体分析直接考虑所有缺陷（几何和材料）和所有二阶效应（方法 1）；

（2）整体分析考虑部分缺陷（整体结构缺陷）和二阶效应（整体效应），而单个构件的稳定性验算（第 6.3 节）从本质上考虑构件缺陷和局部二阶效应（方法 2）；

（3）在基本情况下，使用对应于结构整体屈曲模态的适当屈曲长度，对等效构件（第 6.3 节）进行稳定性验算（方法 3）。

二阶效应通常分为构件的 $P\text{-}\delta$ 效应和结构的 $P\text{-}\Delta$ 效应。$P\text{-}\delta$ 效应对应于沿构件长度方向位移的影响（图 1.2），而 $P\text{-}\Delta$ 效应对应于构件端部位移的影响，如图 1.2 所示。

这种划分有助于理解上述三种方法。事实上，通过对单个等效构件的稳定性验算（方法 3），大致可解释 $P\text{-}\delta$ 和 $P\text{-}\Delta$ 效应。特

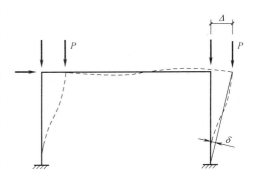

图 1.2　典型的位移 δ 和 Δ

别是对于 $P\text{-}\Delta$ 效应，方法 3 需要准确确定屈曲模态、相应的等效长度及一阶屈曲模态占主导地位时的结构性能。因此可以理解为什么规范 EC3 规定了方法 3 只能在简单情况下使用。还必须指出，采用方法 3 验算构件稳定性时，第 6.3 节专门考虑缺陷。

方法 1 是最复杂的方法，因为这种称为 GMNIA（考虑缺陷的几何和材料非线性分析）的整体分析考虑了二阶效应、结构的整体缺陷和构件的局部缺陷。根据规范第 5.2.2（7）款，如果结构整体分析已经完全考虑了各构件的二阶效应和相关构件的缺陷，则不必再根据第 6.3 节对单个构件进行稳定性验算。然而，或因太复杂，或因工作量太大，这种方法仍然没有成为设计中的优先选择。

方法 2 是常用的设计方法。$P\text{-}\delta$ 效应和局部构件缺陷嵌入到构件稳定性的规范表达式中，而 $P\text{-}\Delta$ 效应通过整体分析直接确定，整体缺陷则在结构分析中明确考虑。应根据第

6.3 节中的有关标准进行单个构件的稳定性验算，因为整体分析不包含这类影响［第5.2.2（7）款］。作为安全估计，这种验算可能基于一个等于系统长度的屈曲长度，然而也可使用无侧移的屈曲长度。

与一阶效应相比，二阶效应不仅使位移增加，也使内力增加。因此，有必要评估这一增长是否有重要意义，如果有重要意义，要（精确地或近似地）计算结构的实际内力和位移。

通常，可使用结构的弹性临界载荷 F_{cr} 间接地评估结构对二阶效应的敏感性。必须通过临界载荷和相应的施加载荷之间的比值（F_{cr}/F_{Ed}）对每个荷载组合进行评估。规范EC3-1-1 规定如下情况时需要考虑二阶效应［条款 5.2.1（3）］：

$$\alpha_{cr} = F_{cr}/F_{Ed} \leqslant 10 \text{（弹性分析）} \tag{1.4}$$

$$\alpha_{cr} = F_{cr}/F_{Ed} \leqslant 15 \text{（塑性分析）} \tag{1.5}$$

值得注意的是，进行塑性分析时给定 α_{cr} 一个更大的限值，这是因为承载能力极限状态中非线性材料性能可能会对结构的性能产生显著影响（如框架形成塑性铰，弯矩重分配；或者半刚性节点处产生显著的非线性变形）。规范 EC3 允许国家附录中对某些种类框架的 α_{cr} 给定一个已经用更精确方法验证了的较低的限值。

结构的弹性临界载荷 F_{cr} 可通过分析、数值模拟、使用商业软件等方式来确定。另外，临界荷载可采用近似方法计算（Simões da Silva 等，2013）。

2. 二阶分析

结构的二阶分析总是需要用到计算方法，包括逐步计算或使用其他迭代方法［第5.2.2（4）款］。结果的收敛性应通过对几何非线性计算施加适当的误差范围进行明确的检查。最后，结果应和相关的一阶弹性分析对比，以确保放大的内力和位移是在预期范围内。

为加快计算速度，提出了一些近似方法。很多情况下这些近似方法能在可接受误差范围内对精确解进行估算。通常的做法是对结构屈曲模态线性组合分析得到的一阶结果进行放大（Simões da Silva 等，2013），如下面易发生侧向失稳框架的计算公式：

$$d_{ap}^{II} = (d^{I} - d_{AS}^{I}) + \left(1 - \frac{1}{\alpha_{cr \cdot AS}}\right)^{-1} d_{AS}^{I} \tag{1.6}$$

$$M_{ap}^{II} = (M^{I} - M_{AS}^{I}) + \left(1 - \frac{1}{\alpha_{cr \cdot AS}}\right)^{-1} M_{AS}^{I} \tag{1.7}$$

$$V_{ap}^{II} = (V^{I} - V_{AS}^{I}) + \left(1 - \frac{1}{\alpha_{cr \cdot AS}}\right)^{-1} V_{AS}^{I} \tag{1.8}$$

$$N_{ap}^{II} = (N^{I} - N_{AS}^{I}) + \left(1 - \frac{1}{\alpha_{cr \cdot AS}}\right)^{-1} N_{AS}^{I} \tag{1.9}$$

式中，下标 ap 表示近似，AS 表示反对称"侧移"，d、M、V 和 N 分别表示位移、弯矩、剪力和轴力。

此过程提供了确定二阶效应的几个简化方法的总体框架，必要时允许塑性的发展。

1.2.2.3 缺陷

不论采取何种措施建造钢结构，总会存在缺陷，如残余应力、偏心节点、偏心荷载、垂直度不足和构件直度不够［第 5.3.1（1）款］。这些缺陷是造成附加次内力的原因，必须在整体分析和结构构件设计中予以考虑。所有类型的缺陷的大小用标准中规定的公差界定（EN 1090-2，2011）。

根据规范 EC3-1-1，缺陷最好以等效几何缺陷的形式纳入分析中，其值反映了各类缺陷的可能影响［第 5.3.1（2）款］。除非这些影响已计入构件设计承载力公式中，否则应考虑以下缺陷：①框架的整体缺陷；②构件的局部缺陷［第 5.3.1（3）款］。

在整体分析中，应从导致最不利影响的形状和方向来考虑缺陷。所以，整体和局部缺陷的假设形状可从所考虑屈曲面内的结构弹性屈曲模态确定［第 5.3.2（1）款］。应综合考虑平面内和平面外屈曲，包括对称或非对称扭转屈曲［第 5.3.2（2）款］。

1.2.2.4 截面的分类

截面局部屈曲会影响其承载力和转动能力，设计中必须加以考虑。评估截面局部屈曲对钢构件承载力或延性的影响是一个复杂的过程。因此，提出了一种截面分类后默认满足要求的方法，从而使问题大大简化。

根据第 5.5.2（1）款，依据截面的转动能力和形成塑性铰的能力定义了四类截面：

（1）第 1 类截面为能够形成具有塑性分析所要求转动能力的塑性铰，而不降低承载力的截面；

（2）第 2 类截面为能够产生塑性抵抗矩，但由于局部屈曲的限制，具有有限转动能力的截面；

（3）第 3 类截面为假定应力弹性分布的情况下，钢构件最大压应力可达到屈服强度的截面。然而，局部屈曲有可能阻碍塑性抵抗矩的发展；

（4）第 4 类截面为截面的一个或多个区域达到屈服应力前就会发生局部屈曲的截面。

四种类型截面构件的弯曲性能如图 1.3 所示，图中 M_{el} 和 M_{pl} 分别为截面的弹性弯矩和塑性弯矩。

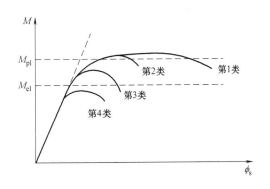

图 1.3 截面的弯曲性能

截面的分类取决于受压部分的宽厚比 c/t［第 5.5.2（3）款］、所受内力及钢材等级。受压部分包括所考虑荷载组合下截面上完全或部分受压的每一部分［第 5.5.2（4）款］。受压部分宽厚比 c/t 的限值见表 1.1～表 1.3，这些表的规定取自规范 EC3-1-1 的表 5.2。表中各列对应于截面每部分（腹板或翼缘）不同类型的应力分布；钢材等级用参数 $\varepsilon=(235/f_y)^{0.5}$ 考虑，其中 f_y 为名义屈服强度。

通常，截面不同受压区（如腹板或翼缘）可分为不同的等级［第 5.5.2（5）款］。一般情况下，按受压区的最高（最不利）等级对截面进行分类［第 5.5.2（6）款］。对工字形或 H 形截面及矩形空心截面，分为两种受压区：内受压区（按表 1.1 分类）和突出翼缘（按表 1.2 分类）；角钢和管状截面根据表 1.3 进行分类。不满足第 3 类截面限值的截面应被视为第 4 类截面（第 5.5.2（8）款）。

规范 EC3-1-1 给出了上述截面分类一般方法的一些例外情况：①根据第 6.2.2.4 款，有 3 类腹板和 1 类或 2 类翼缘的截面可归为有有效腹板的 2 类截面 [第 5.5.2（11）款]；②当假设腹板只承受剪力，而对截面弯矩和轴力承载力不起作用时，可根据翼缘等级将截面分为 2 类、3 类或 4 类截面 [第 5.5.2（12）款]。

内部受压区宽厚比的最大限值   表 1.1

内部受压区

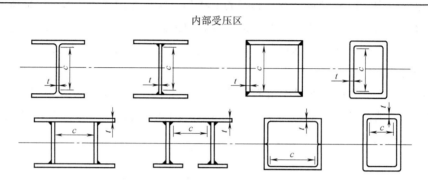

类别	受弯构件	受压构件	压弯构件
应力分布 （压力＋剪力）			
1	$c/t\leqslant72\varepsilon$	$c/t\leqslant33\varepsilon$	$\alpha>0.5$ 时,$c/t\leqslant\dfrac{396\varepsilon}{13\alpha-1}$ $\alpha\leqslant0.5$ 时,$c/t\leqslant\dfrac{36\varepsilon}{\alpha}$
2	$c/t\leqslant83\varepsilon$	$c/t\leqslant38\varepsilon$	$\alpha>0.5$ 时,$c/t\leqslant\dfrac{456\varepsilon}{13\alpha-1}$ $\alpha\leqslant0.5$ 时,$c/t\leqslant\dfrac{41.5\varepsilon}{\alpha}$
应力分布 （压力＋剪力）			
3	$c/t\leqslant124\varepsilon$	$c/t\leqslant42\varepsilon$	$\Psi>-1$ 时,$c/t\leqslant\dfrac{42\varepsilon}{0.67+0.33\Psi}$ $\Psi\leqslant-1$ 时*,$c/t\leqslant62\varepsilon(1-\Psi)\sqrt{(-\Psi)}$

$\varepsilon=\sqrt{235/f_y}$	$f_y(\text{N/mm}^2)$	235	275	355	420	460
	ε	1.00	0.92	0.81	0.75	0.71

注：表示当压应力 $\sigma<f_y$ 或拉应变 $\varepsilon_y>f_y/E$ 时，取 $\Psi\leqslant-1$。

突出翼缘宽厚比的最大限值　　　　表 1.2

突出翼缘

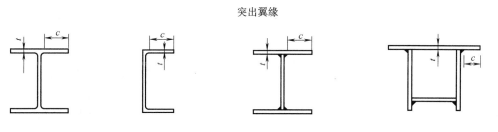

轧制截面　　　　　　　　　　　　　　　　焊接截面

分类	受压构件	压弯构件	
		翼缘根部受压	翼缘根部受拉
应力分布 （压力＋剪力）	（图）	（图）	（图）
1	$c/t \leqslant 9\varepsilon$	$c/t \leqslant \dfrac{9\varepsilon}{\alpha}$	$c/t \leqslant \dfrac{9\varepsilon}{\alpha\sqrt{\alpha}}$
2	$c/t \leqslant 10\varepsilon$	$c/t \leqslant \dfrac{10\varepsilon}{\alpha}$	$c/t \leqslant \dfrac{10\varepsilon}{\alpha\sqrt{\alpha}}$
应力分布 （压力＋剪力）	（图）	（图）	（图）
3	$c/t \leqslant 14\varepsilon$	$c/t \leqslant 21\varepsilon\sqrt{k_\sigma}$ k_σ 见规范 EN 1993-1-5	

$\varepsilon = \sqrt{235/f_y}$	$f_y(\text{N/mm}^2)$	235	275	355	420	460
	ε	1.00	0.92	0.81	0.75	0.71

角钢和管状截面的最大宽厚比　　　　表 1.3

角钢

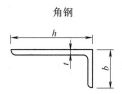

另见表 1.2　　　　　　　　　　　　　　不适用于与其他组件连续连接的角钢

续表

分　类	受压截面
应力分布（压力＋剪力）	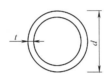
3	$h/t\leqslant15\varepsilon$ 时，$\dfrac{b+h}{2t}\leqslant11.5\varepsilon$

管状截面

分类	受弯/受压截面				
1	$d/t\leqslant50\varepsilon^2$				
2	$d/t\leqslant70\varepsilon^2$				
3	$d/t\leqslant90\varepsilon^2$				
	注：当 $d/t>90\varepsilon^2$ 时，见 EN 1993-1-6				
$\varepsilon=\sqrt{235/f_y}$	$f_y(\mathrm{N/mm^2})$	235	275	355	420	460
	ε	1.00	0.92	0.81	0.75	0.71
	ε^2	1.00	0.85	0.66	0.56	0.51

　　根据规范 EC3-1-1，按截面最大承载力对应的内力类型对截面进行分类，不考虑其数值大小。这种方法适用于单独承受压力或单独承受弯矩的截面。然而，对于同时承受弯矩和轴力的情况，截面极限承载力是一条 M-N 曲线。因此，参数 α（1 类和 2 类截面的界限）或 Ψ（3 类截面的界限）依赖于中性轴的位置。考虑到这一复杂性，通常采用简化方法，例如：①考虑截面只受压力作用，即最不利情况（某些情况下过于保守）；②根据所受内力判断中性轴位置，根据中性轴位置对截面进行分类。【例 1-6】（本书第 1.3.5 节）采用另外一种方法对同时承受轴力和弯矩的截面进行分类（Greiner 等，2011）。

　　常用尺寸的轧制截面（HEA、HEB、IPE 等）通常属于 1 类、2 类或 3 类截面，板梁和冷弯型截面则是典型的 4 类截面。4 类截面的特征是发生局部屈曲，导致截面不能达到其弹性承载力。

1.2.3　建筑案例研究—有支撑钢框架建筑的弹性设计

1.2.3.1　概述

　　【例 1-1】该案例建筑为钢框架结构，如图 1.4 所示。这是一个试验用建筑，设计为典型的现代多层办公楼，1993 年建于英国卡丁顿。

该建筑的面积为 21m×45m，总高 33m。沿长度方向有 5 跨，每跨 9m。沿宽度方向 3 跨，跨度分别为 6m、9m、6m。该建筑共 8 层，首层从地面到楼面的高度为 4.335m，其他各层楼面到上层楼面的高度均为 4.135m。

南立面有一个两层高的中庭，尺寸为 9m×8m。建筑物每侧均有 4m×4.5m 的通道，提供消防通道和逃生楼梯间。另外，西侧有一个 4m×2m 的货梯通道。建筑物中间部位为 9m×2.5m 的中心电梯井。图 1.5 为该建筑典型的楼层平面图。所有楼板均为 130 mm 厚的轻质复合板。

1.2.3.2　结构说明

这是一个支撑框架结构，通过在三个垂直通道周边设置平面钢板交叉支撑来提供侧

图 1.4　侧面视图

向约束。图 1.6～图 1.8 与表 1.4～表 1.6 分别为不同结构层的平面图和梁的几何特征。

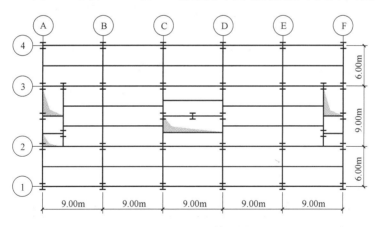

图 1.5　三层和七层楼层平面图

梁的几何特征（首层）　　表 1.4

梁	截面	钢材等级
A1-F1、A4-F4	IPE 400	S 355
A1-A4、B1-B2、B3-B4、C2a-C4、D2a-D4、E1-E2、E3-E4、F1-F4	IPE 400	S 355
C1-C2a、D1-D2a	IPE 600	S 355
B2-B3、E2-E3	IPE 600	S 355
A2-B2、A2a-A′2a、A2b-A′2b、A3-A′3、A′2 – A′3	IPE 400	S 355
E′2a-E′3、E′2b-F2b、E′3-F3	IPE 400	S 355
C2a-D2a、C2b-D2b、C3-D3	IPE 400	S 355
其他所有次梁	IPE 360	S 355

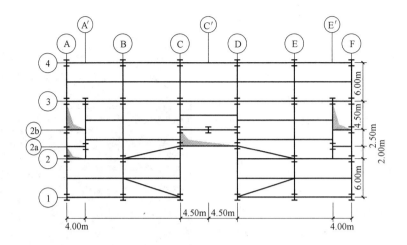

图 1.6 首层平面图

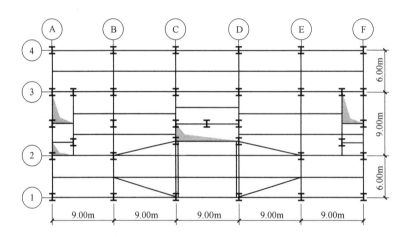

图 1.7 二层平面图

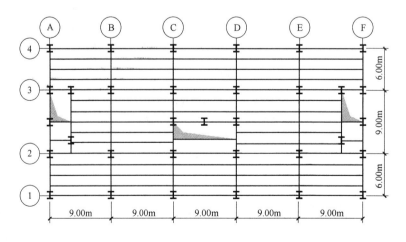

图 1.8 八层平面图

梁的几何特征（二层）   表 1.5

梁	截面	钢材等级
A1-F1、A4-F4	IPE 400	S 355
A1-A4、B1-B2、B3-B4、C2a-C4、D2a-D4、E1-E2、E3-E4、F1-F4	IPE 400	S 355
C1-C2a、D1-D2a	2×HEA 700	S 355
B2-B3、E2-E3	IPE 600	S 355
A2-B2、A2a-A′2a、A2b-A′2b、A3-A′3、A′2-A′3	IPE 400	S 355
E′2a-E′3、E′2b-F2b、E′3-F3	IPE 400	S 355
C2a-D2a、C2b-D2b、C3-D3	IPE 400	S 355
其他所有次梁	IPE 360	S 355

梁的几何特征（三层～八层）   表 1.6

梁	截面	钢材等级
A1-F1、A4-F4	IPE 400	S 355
A1-A4、B1-B2、B3-B4、C1-C4、D1-D4、E1-E2、E3-E4、F1-F4	IPE 400	S 355
B2-B3、E2-E3	IPE 600	S 355
A2-B2、A2a-A′2a、A2b-A′2b、A3-A′3、A′2-A′3	IPE 400	S 355
E′2a-E′3、E′2b-F2b、E′3-F3	IPE 400	S 355
C2a-D2a、C2b-D2b、C3-D3	IPE 400	S 355
其他所有次梁	IPE 360	S 355

表 1.7 所示为柱（S 355）的几何特征。

柱的几何特征   表 1.7

柱	首层～二层	二层～五层	五层～八层
B2、C2、D2、E2、C2b、C′2b、D2b、B3、C3、D3、E3	HEB 340	HEB 320	HEB 260
	首层～四层	四层～八层	
B1、C1、D1、E1、A2、F2、A3、F3、B4、C4、D4、E4、A′2a、A2b、A′3、E′2a、F2b、E′3	HEB 320	HEB 260	
	首层～八层		
A1、A4、F1、F4	HEB 260		

1.2.3.3 通用安全标准、作用和作用组合

1. 通用安全标准

根据规范 EN 1990，按随时间变化可将作用分为：①永久作用（G）（如自重）；②可变作用（Q）（如楼面活荷载、风荷载、雪荷载）；③偶然作用（A）（如爆炸）。

下面为本设计实例所考虑的作用。所有作用的值均根据规范 EN 1991-1 确定。此外，当需按国家附录进行选择时采用作用的建议值。

2. 永久作用

永久作用包括结构构件和非结构构件的重量。结构构件自重包括钢材重量（78.5kN/m³）和厚度为130mm的轻质混凝土板的重量（12.5kN/m³）。非结构构件包括覆盖物、隔板、保温材料等。

3. 楼面活荷载

楼面活荷载特征值取决于建筑承载区的类别。对于办公楼，根据规范 EN 1991-1-1 (2002) 的表6.1，属于B类承载区，特征值为：$q_k = 2.0 \sim \underline{3.0}$kN/m²，$Q_k = 1.5 \sim \underline{4.5}$kN。$q_k$ 用于确定整体效应，Q_k 用于确定局部效应。按规范 EN 1991-1-1，楼面活荷载特征值由国家附录确定，加下划线的是建议值。

根据第6.3.4.1款（EN 1991-1-1 的表6.9），B类可上人的屋面归为 I 类。这种情况下，楼面活荷载取表6.2中B类承载区的值：$q_k = 2.0 \sim 3.0$kN/m²，$Q_k = 1.5 \sim 4.5$kN。

对于建筑物中的固定隔墙，将其自重视为永久荷载。对于建筑物中的活动隔墙，假如楼板允许荷载横向分布，其自重可作均布荷载 q_k 考虑，且与楼面活荷载一起考虑，作用在楼板上（EN 1991-1-1 的第6.3.1.2 (8) 项）。本设计实例中，认为隔墙可以活动，单位长度墙的自重小于1kN/m，因此相应的均布荷载取为0.5kN/m²（EN 1991-1-1 的第6.3.1.2 (8) 项）。

4. 风荷载作用

（1）风荷载

风对建筑物的作用按规范 EN 1991-1-4 (2005) 确定。考虑两个主要风向：$\theta = 0°$ 和 $\theta = 90°$。根据第5.3 (3) 条，按外力 $F_{w,e}$ 和内力 $F_{w,i}$ 的矢量和计算风荷载，外力和内力分别由式（1.10）和式（1.11）计算：

$$F_{w,e} = c_s c_d \sum_{\text{表面}} w_e A_{ref} \tag{1.10}$$

$$F_{w,i} = \sum_{\text{表面}} w_i A_{ref} \tag{1.11}$$

式中，$c_s c_d$ 为结构系数，A_{ref} 为各表面的参考面积，w_e 和 w_i 分别为基准高度 z_e 和 z_i 处作用在各表面的外压和内压，外压和内压分别由式（1.12）和式（1.13）确定：

$$w_e = q_p(z_e) c_{pe} \tag{1.12}$$

$$w_i = q_p(z_i) c_{pi} \tag{1.13}$$

$q_p(z)$ 为峰值风压，c_{pe} 和 c_{pi} 分别为外部和内部压力系数。

第6.1 (1) 条给出了结构系数 $c_s c_d$。对于平面布置为矩形，外墙垂直，且刚度和质量为常规分布的多层钢结构建筑，结构系数 $c_s c_d$ 可从规范 EN 1991-1-4 附录D查取。当 $h = 33$m、$b = 21$m（$\theta = 0°$）时，$c_s c_d = 0.95$；当 $b = 45$m（$\theta = 90°$）时，$c_s c_d = 0.89$。

（2）基准高度计算

矩形平面建筑垂直迎风墙的基准高度 z_e（图1.9和图1.10）取决于高宽比 h/b，总是取每个区域墙的上部高度［第7.2.2 (1) 款］。当 $\theta = 0°$（如图1.11）时，由于 $b = 21$m $< h = 33$m $< 2b = 42$m，建筑物高度可按两部分考虑，即地面到 b 高度处的较低部分和剩余的较高部分。由此得到的风压曲线如图1.9所示。

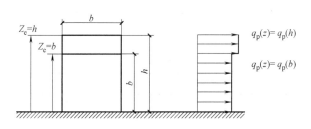

图 1.9 表面 D 风压分布图（$\theta=0°$）

当 $\theta=90°$（如图 1.12）时，$h=33\mathrm{m}<b=45\mathrm{m}$，风压曲线如图 1.10 所示，应按一体考虑。

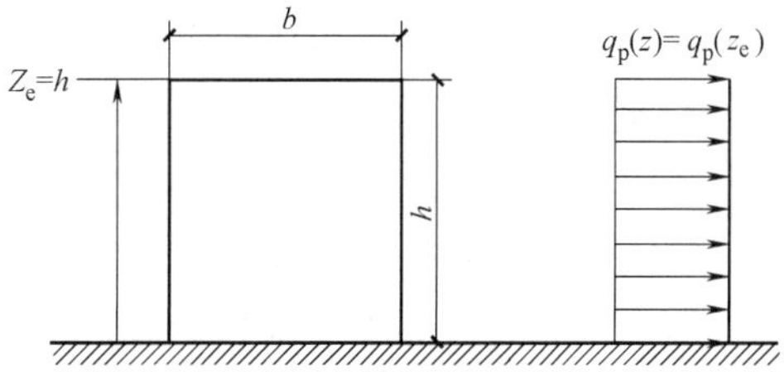

为了确定背风面和侧面（A 面、B 面、C 面和 E 面）的风压分布，基准高度可取为建筑物高度。

（3）**外部和内部压力系数计算**

根据规范 EN 1991-1-4 第 7.2 节确定外

图 1.10 表面 D 风压分布图（$\theta=90°$）

部和内部压力系数，并认为内部和外部压力同时作用［第 7.2.9 条］。所以应考虑外部压力和内部压力的最不利组合。

根据第 7.2.2（2）款，立面将分为不同的压力区，并按 e 的大小确定，e 为 b 和 $2h$ 的较小值。

当风向 $\theta=0°$（图 1.11）时，$e=\min(21;66)=21\mathrm{m}<d=45\mathrm{m}$。

当风向 $\theta=90°$（图 1.12）时，$e=\min(45;66)=45\mathrm{m}>d=21\mathrm{m}$。

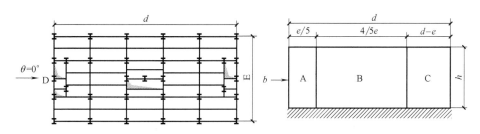

图 1.11 风向 $\theta=0°$ 时的受压区

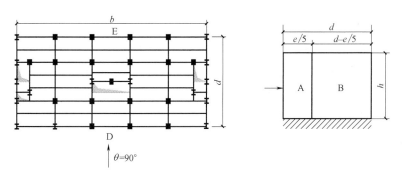

图 1.12 风向 $\theta=90°$ 时的受压区

区域 A、B、C、D 和 E 的外部压力系数 c_{pe} 从规范 EN 1991-1-4 的表 7.1 得到，如表 1.8 所示。

外部压力系数 c_{pe} 表 1.8

	区域	A	B	C	D	E
$\theta=0°$	$h/d=0.73$	-1.20	-0.80	-0.50	$+0.76$	-0.43
$\theta=90°$	$h/d=1.57$	-1.20	-0.80	—	$+0.80$	-0.53

根据第 7.2.2（3）款，迎风面和背风面风压间的相关性可通过将得到的力乘以系数 f 考虑，系数 f 取决于每种情况的 h/d。因此，按 $h/d \geqslant 5$ 时的 $f=1.0$ 和 $h/d \leqslant 1$ 时的 $f=0.85$ 线性插值，由此得到系数 f：$\theta=0°$ 时 $f=0.84$；$\theta=90°$ 时 $f=0.87$。

内部压力系数 c_{pi} 取决于建筑围护结构开口的大小和分布。对于没有主导面、不能确定开口数的建筑物，c_{pi} 取更复杂的 $+0.2$ 和 -0.3。

考虑表 1.8 的外部压力系数，根据建筑物每个面的最不利情况，图 1.13（a）和（b）分别给出了 $\theta=0°$ 和 $\theta=90°$ 时外部和内部压力系数。

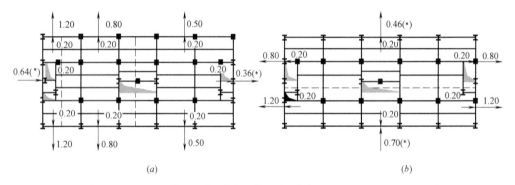

注（＊）：表面 D 和 E 的风压值通过乘以外部系数得到，其中 $\theta=0°$ 时 $f=0.84$，$\theta=90°$ 时 $f=0.87$

（a）$\theta=0°$；（b）$\theta=90°$

图 1.13　外部和内部压力系数

（4）**峰值风压 $q_p(z)$ 计算**

高度 z 处峰值风压 $q_p(z)$ 由下式计算（EN 1991-1-4 第 4.5 节）：

$$q_p(z)=[1+7I_v(z)]\frac{1}{2}\rho v_m^2(z)=c_e(z)q_b \tag{1.14}$$

式中，$I_v(z)$ 为湍流强度，ρ 为空气密度，$v_m(z)$ 为平均风速，$c_e(z)$ 为暴露因子，q_b 为基本风压。式（1.14）中的两个式子都可用于计算峰值风压。本设计实例只用第一个，因为规范 EN 1991-1-4 只提供了一个用于有限情况下直接确定暴露因子的图表。

空气密度 ρ 取决于高度、温度和该地区风暴期间的气压预期值。规范 EN 1991-1-4 建议的空气密度为 $1.25kg/m^3$。

（5）**平均风速（v_m）计算**

平均风速由下式计算（EN 1991-1-4 第 4.3.1 条）：

$$v_m(z)=c_r(z)c_o(z)v_b \tag{1.15}$$

式中，$c_r(z)$ 为粗糙系数，$c_o(z)$ 为地貌系数，除第 4.3.3 条另有规定外，$c_o(z)$ 取为 1.0，v_b 为基本风速。

粗糙系数（第 4.3.2 条）按下式计算：

$$
\begin{cases}
c_r(z) = k_r \ln\left(\dfrac{z}{z_0}\right) \Leftarrow z_{min} \leqslant z \leqslant z_{max} \\
c_r(z) = c_r(z_{min}) \Leftarrow z < z_{min}
\end{cases}
\tag{1.16}
$$

式中，z_{max} 可取 200m，z_{min} 为最小高度，z_0 为粗糙长度，两者均与地形类别有关，见规范 EN 1991-1-4 的 4.1 中给出，k_r 为取决于粗糙长度 z_0 的地形系数，即：

$$
k_r = 0.19\left(\dfrac{z_0}{z_{0,\mathrm{II}}}\right)
\tag{1.17}
$$

式中 $z_{0,\mathrm{II}} = 0.05\mathrm{m}$。

基本风速 v_b 由下式计算（第 4.2 节）：

$$
v_b = c_{dir} c_{season} v_{b,0}
\tag{1.18}
$$

式中，c_{dir} 和 c_{season} 分别为方向系数和季节系数，在国家附录中给出。对于每种情况 c_{dir} 和 c_{season} 的建议值为 1。基本风速 $v_{b,0}$ 的基本值也会作为区域风图函数在国家附录中给出。假设 $v_{b,0} = 30\mathrm{m/s}$，则 $v_b = v_{b,0} = 30\mathrm{m/s}$。

假设地形为 II 类（即低植被覆盖和有孤立障碍的地区），由规范 EN 1991-1-4 的表 4.1 可知：$z_0 = z_{0,\mathrm{II}} = 0.05$，$z_{min} = 2\mathrm{m}$，所以 $k_r = 0.19$。因为 $z_{min} < z = 33 < z_{max}$，由式 (1.16) 得

$$
c_r(z=33) = 0.19 \times \ln\left(\dfrac{33}{0.05}\right) = 1.23
$$

由式 (1.15) 得

$$
v_m(z=33) = 1.23 \times 1.00 \times 30 = 36.9\mathrm{m/s}
$$

对于 $z_{min} < z = 21 < z_{max}$，

$$
c_r(z=21) = 0.19 \times \ln\left(\dfrac{21}{0.05}\right) = 1.15
$$

由式 (1.15) 得：

$$
v_m(z=21) = 1.15 \times 1.00 \times 30 = 34.5\mathrm{m/s}
$$

（6）湍流强度（I_v）计算

湍流强度由下式计算（EN 1994-1-4 第 4.4 (1) 条）：

$$
\begin{cases}
I_v = \dfrac{k_I}{c_0(z)\ln\left(\dfrac{z}{z_0}\right)} \Leftarrow z_{min} \leqslant z \leqslant z_{max} \\
I_v = I_v(z_{min}) \Leftarrow z < z_{min}
\end{cases}
\tag{1.19}
$$

式中，k_I 为湍流系数。

k_I 的建议值为 1.0，所以对于 $z_{min} < z = 33 < z_{max}$，

$$
I_v = \dfrac{1.0}{1.0 \times \ln\left(\dfrac{33}{0.05}\right)} = 0.15
$$

对于 $z_{min} < z = 21 < z_{max}$,

$$I_v = \frac{1.0}{1.0 \times \ln\left(\frac{21}{0.05}\right)} = 0.17$$

对于 $z = 33m$ 和 $z = 21m$，最终由式（1.14）得到：

$$q_p(z=33) = [1 + 7 \times 0.15] \times \frac{1}{2} \times 1.25 \times 36.9^2 = 1744.56 N/m^2 = 1.74 kN/m^2$$

$$q_p(z=21) = [1 + 7 \times 0.17] \times \frac{1}{2} \times 1.25 \times 34.5^2 = 1629.16 N/m^2 = 1.63 kN/m^2$$

（7）计算外部和内部压力

外部和内部压力由式（1.12）和式（1.13）计算，并列于表 1.9。值得注意的是，在式（1.10）中外部压力已乘以结构系数 $c_s c_d$。图 1.14 和图 1.15 分别为 $\theta = 0°$ 和 $\theta = 90°$ 时压力的结果。

外部和内部压力

表 1.9

		A	B	C	D		E
					$z < 21$	$z > 21$	
$\theta = 0°$	$c_s c_d w_e$	−1.98	−1.32	−0.83	+0.99	+1.06	−0.60
	w_i	+0.35	+0.35	+0.35	+0.33	+0.35	+0.35
$\theta = 90°$	$c_s c_d w_e$	−1.85	−1.24	—	+1.08		−0.71
	w_i	+0.35	+0.35	—	+0.35		+0.35

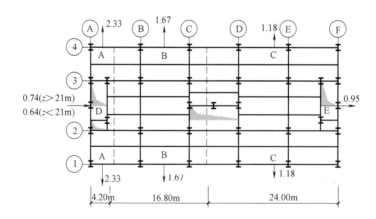

图 1.14 $\theta = 0°$ 时作用于墙的风压（kN/m²）

5. 基础作用归纳

本设计实例结构上的作用汇总于表 1.10。

6. 框架缺陷

根据规范 EC3-1-1 第 5.3.2 条，框架缺陷视为等效水平荷载来考虑。因此，整体初始侧移缺陷由下式确定：

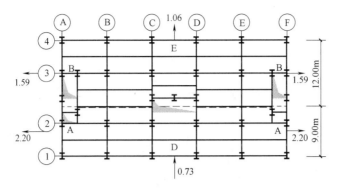

图 1.15 $\theta = 90°$ 时作用于墙上风压（kN/m²）

作用汇总 表 1.10

作用编号	描述	类型	数值
LC1	结构构件的自重	永久作用	变化
LC2	办公建筑上的荷载(Cat. B)	可变作用	$q_k^1 = 3.0\text{kN/m}^2$
LC3	可移动部分	可变作用	$q_k^2 = 0.5\text{kN/m}^2$
LC4	风向 $\theta = 0°$	可变作用	变化(图 1.14)
LC5	风向 $\theta = 90°$	可变作用	变化(图 1.15)

$$\phi = \phi_0 \alpha_h \alpha_m \tag{1.20}$$

式中，$\phi_0 = 1/200$；α_h 为高度 h 处的折减系数，由 $\alpha_h = 2/\sqrt{h}$，$2/3 \leqslant \alpha_h \leqslant 1.0$ 确定；h 为结构高度（m）；α_m 为一排柱中柱数的折减系数，由下式计算：

$$\alpha_m = \sqrt{0.5\left(1 + \frac{1}{m}\right)}$$

m 为一排柱的数目。

因此，对于结构 $h = 33\text{m}$，$\alpha_h = 0.67$。本结构框架柱的数目不同。表 1.11 列出了每榀框架的初始缺陷（ϕ）。

初始缺陷 表 1.11

框架	m	ϕ
A	7	0.00253
B	4	0.00265
C	5.5	0.00258
D	5.5	0.00258
E	4	0.00265
F	7	0.00253
1	6	0.00256
2	8	0.00251
2b	5	0.00259
3	8	0.00251
4	6	0.00256

框架每层的等效水平荷载由下式计算：

$$H_{Ed} = V_{Ed}\phi \qquad (1.21)$$

式中，V_{Ed} 为每一楼层的总竖向设计荷载。每楼层的竖向设计荷载由 LC1 和 LC2＋LC3 得到。表 1.12 和表 1.13 给出各方向的值。这些值用于相关荷载组合中。

根据第 5.3.2（8）款，所有相关水平方向均应考虑初始侧移缺陷，但一次只考虑一个方向。

横向框架的等效水平力 表 1.12

框架		kN	一层	二层	三～七层	八层
A	L1	V_{Ed}	165.1	218.1	206.8	214.8
		H_{Ed}	0.42	0.55	0.52	0.54
	LC2＋LC3	V_{Ed}	208.7	269.2	264.9	241.2
		H_{Ed}	0.53	0.68	0.67	0.61
B	L1	V_{Ed}	406.9	387.8	373.4	390.6
		H_{Ed}	1.08	1.03	0.99	1.04
	LC2＋LC3	V_{Ed}	682.6	648.4	636.3	511.5
		H_{Ed}	1.81	1.72	1.69	1.36
C	L1	V_{Ed}	254.4	412.3	373.2	401.4
		H_{Ed}	0.66	1.06	0.96	1.04
	LC2＋LC3	V_{Ed}	355.4	582.5	540.9	477.4
		H_{Ed}	0.92	1.50	1.40	1.23
D	L1	V_{Ed}	254.4	412.3	362.3	401.3
		H_{Ed}	0.66	1.06	0.93	1.05
	LC2＋LC3	V_{Ed}	355.2	582.2	563.6	476.9
		H_{Ed}	0.92	1.50	1.45	1.23
E	L1	V_{Ed}	406.6	388.1	374.0	391.6
		H_{Ed}	1.08	1.03	0.99	1.04
	LC2＋LC3	V_{Ed}	682.9	649.8	638.4	514.5
		H_{Ed}	1.81	1.72	1.69	1.36
F	L1	V_{Ed}	179.5	228.9	217.0	224.6
		H_{Ed}	0.45	0.58	0.55	0.57
	LC2＋LC3	V_{Ed}	238.2	299.7	294.1	265.1
		H_{Ed}	0.60	0.76	0.74	0.67

纵向框架的等效水平力 表 1.13

框架		kN	一层	二层	三～七层	八层
1	L1	V_{Ed}	265.1	560.6	301.7	314.6
		H_{Ed}	0.68	1.44	0.77	0.81
	LC2＋LC3	V_{Ed}	383.2	832.1	474.9	400.9
		H_{Ed}	0.98	2.13	1.22	1.03

框架		kN	一层	二层	三~七层	八层
2	L1	V_{Ed}	554.4	506.4	553.9	629.9
		H_{Ed}	1.39	1.27	1.39	1.58
	LC2+LC3	V_{Ed}	833.7	757.1	914.2	810.5
		H_{Ed}	2.09	1.90	2.29	2.03
2b	L1	V_{Ed}	98.1	121.0	227.3	200.6
		H_{Ed}	0.25	0.31	0.59	0.52
	LC2+LC3	V_{Ed}	117.7	120.8	295.9	212.8
		H_{Ed}	0.30	0.31	0.77	0.55
3	L1	V_{Ed}	454.7	558.2	514.1	567.3
		H_{Ed}	1.14	1.40	1.29	1.42
	LC2+LC3	V_{Ed}	726.0	852.3	806.2	667.5
		H_{Ed}	1.82	2.14	2.02	1.68
4	L1	V_{Ed}	294.6	301.5	298.6	311.8
		H_{Ed}	0.75	0.77	0.76	0.80
	LC2+LC3	V_{Ed}	462.2	469.7	470.0	394.8
		H_{Ed}	1.18	1.20	1.20	1.01

7. 荷载组合

规范 EN 1990 的附录 A1 规定了荷载组合的规则和方法。

根据第 A1.2.2 条,表 1.14 列出了作用折减系数 Ψ 的建议值。

折减系数 Ψ 表 1.14

作用类型	Ψ_0	Ψ_1	Ψ_2
建筑物的楼面活荷载:B 类	0.7	0.5	0.3
建筑物的风荷载	0.6	0.2	0.0

因此,针对承载能力极限状态(ULS)考虑以下荷载组合:

(1)组合 1

$$E_{d1}=1.35LC1+1.5[(LC2+LC3)+0.6LC4]$$

(2)组合 2

$$E_{d2}=1.35LC1+1.5[(LC2+LC3)+0.6LC5]$$

(3)组合 3

$$E_{d3}=1.00LC1+1.5LC4$$

(4)组合 4

$$E_{d4}=1.00LC1+1.5LC5$$

(5)组合 5

$$E_{d5}=1.35LC1+1.5[LC4+0.7(LC2+LC3)]$$

（6）组合 6

$$E_{d6}=1.35LC1+1.5[LC5+0.7(LC2+LC3)]$$

可能还需考虑承载能力极限状态的其他组合，但对结构不重要。

对于正常使用极限状态，考虑到这是一个可逆极限状态，应考查荷载组合频遇值下的垂直挠度极限和侧移极限（EN 1990 附录 A1）：

（1）组合 7

$$E_{d7}=1.00LC1+0.5(LC2+LC3)$$

（2）组合 8

$$E_{d8}=1.00LC1+0.2LC4$$

（3）组合 9

$$E_{d9}=1.00LC1+0.2LC5$$

（4）组合 10

$$E_{d10}=1.00LC1+0.2LC4+0.3(LC2+LC3)$$

（5）组合 11

$$E_{d11}=1.00LC1+0.2LC5+0.3(LC2+LC3)$$

对于偶然设计状况（如火灾），应考虑其他的荷载组合。结构防火设计需考虑组合 12 和 14（FranssenandVilaReal，2010），使用主导可变作用的频遇值：

（1）组合 12

$$E_{d12}=LC1+0.5(LC2+LC3)$$

（2）组合 13

$$E_{d13}=LC1+0.2\times LC4+0.3(LC2+LC3)$$

（3）组合 14

$$E_{d14}=LC1+0.2LC5+0.3(LC2+LC3)$$

8. 荷载布置

根据规范 EN 1991-1-1 中第 6.2.1（1）款，首层或者是屋面板结构设计，楼面活荷载按自由作用考虑，布置在作用效应影响区域最不利处。图 1.16 为楼面活荷载的最不利布置情况。

图 1.17 所示为次梁上荷载的分布。

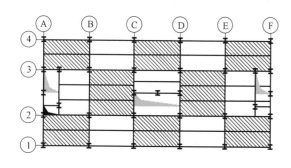

图 1.16　阴影区域结构分析时的荷载布置

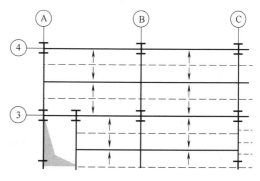

图 1.17　次梁上的荷载分布

对于承受多个楼层荷载的柱或墙的设计，每层楼板上的总活荷载按均匀分布在整个楼板上考虑，但总荷载值应乘以下面的系数 α_n 进行折减（EN 1991-1-1 中第 6.3.1.2（11）项）：

$$\alpha_n = \frac{2+(n-2)\Psi_0}{n} = \frac{2+(8-2)\times 0.70}{8} = 0.775^{①}$$ （1.22）

式中，n 为楼层数（>2）；Ψ_0 根据规范 EN 1990 中附录 A1（表 A1.1）确定。

1.2.3.4　结构分析

1. 结构建模

用于分析的结构模型为一三维模型，如图 1.18 所示。所有钢构件（柱、支撑元件和梁）按梁单元定义。结构主方向为 zy 平面。平面 zy 中的梁与钢柱为刚性连接。平面 zx 中的梁两端与柱铰接。支撑体系的单元也采用两端铰接。

尽管钢结构是主要支承结构，但混凝土楼板对结构整体刚度有显著影响。

可使用几种方法建立混凝土楼板模型。如果软件允许同时使用壳单元和梁单元，则楼板可用壳单元建模。但不管楼板和钢梁的连接是否会产生相互作用，应充分注意组合结构的实际性能；如果没有相互作用，楼板可使用水平支撑体系进行建模，用梁单元和主要柱件连接。这些单元的截面刚度必须与实际混凝土楼板的刚度等效。本例中使用了这种简化方法。

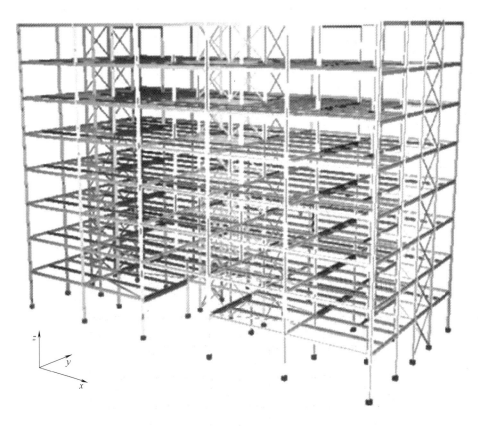

图 1.18　三维结构模型

---

① 原著为"0.775S"，"S"多余，去掉。

2. 线弹性分析

采用商业结构分析软件进行线弹性分析，确定结构的内力和弯矩。

3. 二阶效应的敏感性： 弹性临界荷载

为达到设计目的，如有必要应使用二阶分析方法确定内力和弯矩。所以首先计算弹性临界荷载系数（α_{cr}）以进行判断。若$\alpha_{cr} \leqslant 10$，则必须考虑二阶效应。

4. α_{cr}的计算

表1.15列出了每个组合的前5个弹性临界荷载系数α_{cr}。

组合1、2、5和6的α_{cr}值小于10，根据规范EC3-1-1的第5.2.1条，荷载组合1、2、5和6需进行二阶分析。设计和分析中应考虑二阶侧移效应。此外组合1、2和6不只有一种屈曲模态的临界荷载系数小于10。

图1.19所示为组合1的一阶屈曲模态。一阶屈曲模态明显为局部屈曲模态，尽管未在图中示出，表1.15列出的其他临界荷载系数也有相同的规律，这表明该结构对二阶效应不敏感。然而，本节进行了二阶弹性分析以作证明。

弹性临界荷载系数   表1.15

	α_{cr}^1	α_{cr}^2	α_{cr}^3	α_{cr}^4	α_{cr}^5
组合1	7.96	8.22	8.28	8.40	8.67
组合2	8.01	8.08	8.48	8.57	8.66
组合3	21.11	25.15	28.28	28.62	29.38
组合4	13.14	14.21	18.56	18.84	19.98
组合5	9.87	10.16	10.23	10.39	10.62
组合6	8.58	9.37	10.07	10.14	10.17

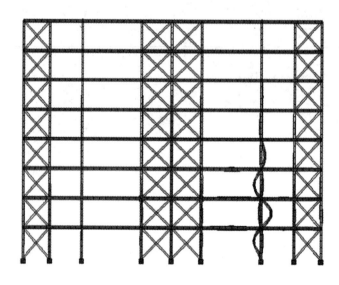

图1.19 组合1的一阶屈曲模态（正视图）

5. 二阶弹性分析

二阶效应通过数值分析进行计算。针对荷载组合 1，将一阶和二阶数值分析得到柱
E1 的两组结果同列于表 1.16 中，以进行比较，表中弯矩为单元两端的弯矩。

对第四层的梁 E1 到梁 E4 进行同样的比较，结果列于表 1.17。

表 1.16 和表 1.17 表明二阶效应确实可忽略不计。

柱 E1 计算结果的比较（组合 1）　　　　　　　表 1.16

	一阶		二阶			
	M_{Ed}(kN·m)	N_{Ed}(kN)	M_{Ed}(kN·m)	Δ(%)	N_{Ed}(kN)	Δ(%)
首层	25/14	1699	25/11	0/−21.4	1704	+0.3
第二层	62/47	1492	74/55	19.4/17.0	1496	+0.3
第三层	69/28	1261	69/29	0/3.6	1262	+0.1
第四层	51/25	1052	54/28	5.9/12.0	1053	+0.1
第五层	53/27	841	56/29	5.7/7.4	841	0
第六层	54/29	630	57/32	5.6/10.3	630	0
第七层	55/26	417	59/30	7.3/15.4	417	0
第八层	69/63	201	72/66	4.3/4.8	201	0

梁 E1～E4 计算结果的比较（组合 1）　　　　　　表 1.17

	一阶		二阶			
	M_{Ed}(kN·m)	N_{Ed}(kN)	M_{Ed}(kN·m)	Δ(%)	N_{Ed}(kN)	Δ(%)
E1-E2	+114/−106	61	+114/−111	0/4.7	39	−36.1
E2-E3	+168/−269	155	+163/−256	−3.0/−4.8	139	−10.3
E3-E4	+113/−105	61	+114/−110	0.9/4.8	50	−18.0

1.3　构件设计

1.3.1　概述

本章包括按规范 EC3-1-1 设计钢构件的设计准则和工程实例。一般情况下，各种内力
组合下钢构件的设计分为两个步骤（Simões da Silva 等，2013）：①截面承载力；②构件
承载力。

1.3.1.1　截面承载力

按规范 EC3-1-1 第 6.2.1（3）款，截面承载力取决于截面分类：1、2、3 或 4 类。1
类和 2 类截面可达到其全塑性承载力，3 类截面只可达到其弹性承载力。由于局部屈曲，
4 类截面不能达到其弹性承载力，这部分内容不在本章讨论范围之内。

如果是用有效截面的性质验算 4 类截面，则所有截面类型都可依据弹性承载力进行弹
性校核［第 6.2.1（4）款］。一般情况下截面危险点处局部同时存在纵向、横向和切应

力，保守的做法是采用下面的屈服准则进行弹性校核［第 6.2.1（5）款］：

$$\left(\frac{\sigma_{x,\mathrm{Ed}}}{f_y/\gamma_{\mathrm{M0}}}\right)^2+\left(\frac{\sigma_{z,\mathrm{Ed}}}{f_y/\gamma_{\mathrm{M0}}}\right)^2-\left(\frac{\sigma_{x,\mathrm{Ed}}}{f_y/\gamma_{\mathrm{M0}}}\right)\left(\frac{\sigma_{z,\mathrm{Ed}}}{f_y/\gamma_{\mathrm{M0}}}\right)+3\left(\frac{\tau_{\mathrm{Ed}}}{f_y/\gamma_{\mathrm{M0}}}\right)^2\leqslant1.0 \tag{1.23}$$

式中，$\sigma_{x,\mathrm{Ed}}$ 为局部纵向应力的设计值，$\sigma_{z,\mathrm{Ed}}$ 为局部横向应力的设计值，τ_{Ed} 为局部切应力的设计值，所有值均为所考虑点处的值。

另一种适用于所有类型截面的保守方法（虽然没有前面的保守）是每个应力结果的利用率线性叠加。对于承受 N_{Ed}、$M_{y,\mathrm{Ed}}$ 和 $M_{z,\mathrm{Ed}}$ 共同作用的 1 类、2 类或 3 类截面，这种方法可采用下面的准则［第 6.2.1（7）款］：

$$\frac{N_{\mathrm{Ed}}}{N_{\mathrm{Rd}}}+\frac{M_{y,\mathrm{Ed}}}{M_{y,\mathrm{Rd}}}+\frac{M_{z,\mathrm{Ed}}}{M_{z,\mathrm{Rd}}}\leqslant1.0 \tag{1.24}$$

式中，N_{Rd}、$M_{y,\mathrm{Rd}}$ 和 $M_{z,\mathrm{Rd}}$ 均为相应的承载力。

上述两种方法总体上是保守的。因此仅在承载力 N_{Rd}、M_{Rd}、V_{Rd} 的相互作用不能处理时才使用上述公式。

应使用公称尺寸确定总截面的性质。紧固件开孔处无须减去孔的面积，但应考虑较大的开口。

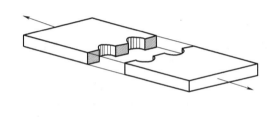

图 1.20 净截面

由于受拉区存在孔和其他开口（如受拉构件的螺栓连接处），有必要确定截面的净面积。一般来说，净面积为总面积扣除所有孔和其他开口后的面积［第 6.2.2.2（1）项］。为计算净截面性能，扣除的单个紧固件孔应是其轴线所在平面上孔的总截面面积（图 1.20）。对于埋头螺孔，在埋头部分做适当的考虑［第 6.2.2.2（2）项］。

对于 3 类腹板和 1 类或 2 类翼缘的截面，可考虑腹板折减的有效面积，归为 2 类截面进行设计。根据图 1.21 和下面的迭代方法求解有效面积：将腹板的受压部分用两部分代替，一部分为相邻受压翼缘、长为 $20\varepsilon t_w$ 的部分，另一部分为大小相同、与有效截面塑性中性轴相邻的部分。因为中性轴定义为该有效截面的中性轴，需迭代计算确定（图 1.21）。

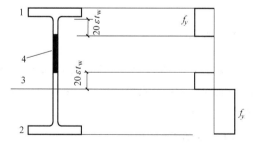

图 1.21 2 类腹板的有效部分

1—受压；2—受拉；3—塑性中性轴；4—忽略部分

1.3.1.2 构件承载力

根据第 6.3 节和第 6.4 节，除验证截面的承载力外，还要确定易于失稳的构件——柱、梁和压弯构件的承载力。屈曲现象取决于是否存在压应力，因此，必须检查所有受到轴向压力、弯矩或两者组合作用的构件。根据规范 EC3-1-5，还应考虑剪切屈曲效应，特别是细长腹板的截面。

对于处在纯压状态下的构件，应考虑的屈曲模态为：①弯曲屈曲，②扭转屈曲，③弯扭屈曲。受弯矩作用的构件必须验算抵抗侧向扭转屈曲的能力。在压力和弯矩组合作用下的构件，必须验算上述所有的屈曲模态。

1.3.2　受拉构件设计

1.3.2.1　规范要求

受拉构件通常用于桁架结构或支撑元件中（图 1.22）。简单或组合的轧制截面常用于桁架、格构梁和支撑构件。在桥梁或大跨度屋盖中可使用拉索、板或杆。

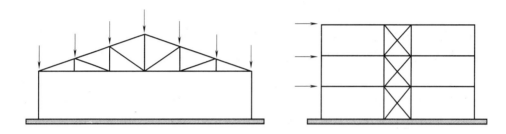

图 1.22　有受拉构件的结构

受拉构件的设计可能会受到以下一种破坏模式的控制：①总截面的承载力远小于节点承载力；②由于截面面积减小或者小偏心导致二次弯矩，或者两个原因同时存在，截面承载力接近节点承载力或其他不连续处的承载力（图 1.23）。通常第二种模式是设计的控制模式。

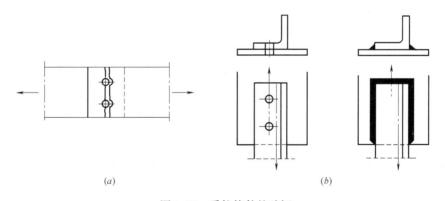

(a)　　　　　　　　　　　　　　　(b)

图 1.23　受拉构件的破坏
（a）净截面破坏；（b）偏心节点

仅受拉力的构件处于单轴应力状态。根据第 6.2.3（1）款，在每个包括节点附近截面的拉力设计值 N_{Ed} 应满足：

$$\frac{N_{Ed}}{N_{t,Rd}} \leqslant 1.0 \tag{1.25}$$

式中，$N_{t,Rd}$ 为设计抗拉承载力。对于带孔截面，设计抗拉承载力 $N_{t,Rd}$ 应取下列公式计算结果的最小值：

—总截面的设计塑性承载力

$$N_{pl,Rd} = Af_y/\gamma_{M0} \tag{1.26}$$

式中，A 为截面总面积，f_y 为钢材屈服强度，γ_{M0} 为分项安全系数。

—紧固件孔洞处净截面的设计极限承载力

$$N_{u,Rd} = 0.9A_{net}f_u/\gamma_{M2} \text{①} \tag{1.27}$$

式中，A_{net} 为净截面面积，f_u 为钢材极限强度，γ_{M2} 为分项安全系数。

周期荷载作用下对耗散性能有要求时，例如在能力设计的情况下，设计塑性承载力 $N_{pl,Rd}$ 应小于紧固件孔洞处净截面的设计极限承载力 $N_{u,Rd}$ [第6.2.3（3）款]，即：

$$N_{u,Rd} > N_{pl,Rd} \Leftrightarrow \frac{A_{net}}{A} > \frac{f_y}{0.9f_u}\frac{\gamma_{M2}}{\gamma_{M0}} \tag{1.28}$$

采用 C 类预紧螺栓连接的构件承受剪切荷载时，紧固件开孔处截面的设计抗拉承载力 $N_{t,Rd}$ 应取 $N_{net,Rd}$ [EC3-1-8 中第6.2.3（4）款（EN 1993-1-8，2005）]：

$$N_{net,Rd} = A_{net}f_y/\gamma_{M0} \tag{1.29}$$

对于单边连接的受拉角钢和其他非对称连接的受拉构件（如 T 型钢或槽钢），确定设计承载力时，应考虑接头偏心及螺栓间距和边距的影响 [EC3-1-8 中第3.10.3（1）款]。

对于单边焊接连接的角钢构成的构件可视为轴心受力。承载力由式（1.26）计算，但要按有效截面面积计算。根据规范 EC3-1-8 中第4.13节，有效截面面积应按如下方法确定：①对于等边角钢或采用较大翼缘连接的不等边角钢，可认为有效截面面积等于总面积；②对于采用较小翼缘连接的不等边角钢，认为截面有效面积与较小翼缘组成的等边角钢的总面积相等。

1.3.2.2 算例

【例 1-2】 考虑钢桁架中的构件 AB，如图 1.24 所示，设其承受轴向设计拉力 $N_{Ed} = 220kN$。截面由钢材等级为 S235 的两个等边角钢组成。假设采用两种不同的节点形式设计构件 AB：

（a）焊接节点；

（b）栓接节点。

1. 焊接节点

构件由两个等边角钢组成，但只在角钢的一个翼缘形成节点。因此，根据规范 EC3-1-8 的第4.13节，可认为有效面积等于总面积。所以须满足下列条件：

$$N_{Ed} \leqslant N_{t,Rd} = \frac{Af_y}{\gamma_{M0}}$$

式中，$\gamma_{M0} = 1.00$，$f_y = 235MPa$，A 为截面总面积。取设计轴力 $N_{Ed} = 220kN$，则：

$$220kN \leqslant \frac{235 \times 10^3 A}{1.0} \Rightarrow A \geqslant 9.36 \times 10^{-4} m^2 = 9.36cm^2$$

查表可知，两个 50mm×50mm×5mm 角钢组成的总面积为 2×4.8＝9.6cm²，满足上式

---

① 原著公式与式（1.26）完全相同，错误，根据上下文改之。

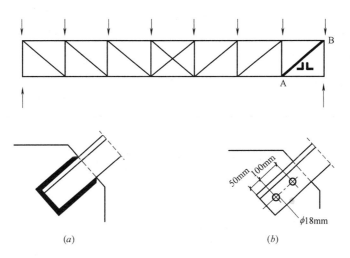

图1.24 钢桁架

（a）焊接节点；（b）栓接节点

安全要求。

2. 栓接连接

在这种情况下，两个等边角钢组成的构件仅在单边采用两个螺栓连接。根据规范EC3-1-8第3.10.3条，须满足下式：

$$N_{\mathrm{Ed}} \leqslant N_{\mathrm{t,Rd}}, N_{\mathrm{t,Rd}} = \min\left(N_{\mathrm{pl,Rd}} = \frac{A f_{\mathrm{y}}}{\gamma_{\mathrm{M0}}}; N_{\mathrm{u,Rd}} = \frac{\beta_2 A_{\mathrm{net}} f_{\mathrm{u}}}{\gamma_{\mathrm{M2}}}\right)$$

式中，$\gamma_{\mathrm{M0}} = 1.00$，$\gamma_{\mathrm{M2}} = 1.25$，$f_{\mathrm{y}} = 235\mathrm{MPa}$，$f_{\mathrm{u}} = 360\mathrm{MPa}$，$A$ 为截面总面积，A_{net} 为栓接截面的净面积，β_2 为由表1.18确定的系数（EC3-1-8的表3.8）。由上式括号中第一个全截面塑性设计公式得：

$$220\mathrm{kN} \leqslant \frac{235 \times 10^3 A}{1.00} \Rightarrow A \geqslant 9.36 \times 10^{-4} \mathrm{m}^2 = 9.36 \mathrm{cm}^2$$

因此，前面设计的由两个 50mm×50mm×5mm 角钢组成的截面（$A = 9.6\mathrm{cm}^2$）也满足安全要求。

与上式括号中的第一个公式不同，按第二个公式，要求确定净面积 A_{net}（图1.25）和系数 β_2，可参考规范 EC3-1-8 中第3.10.3条进行计算。

由 $d_0 = 18\mathrm{mm}$，得 $2.5d_0 = 45\mathrm{mm}$，$5d_0 = 90\mathrm{mm}$。

由 $p_1 = 100\mathrm{mm} > 90\mathrm{mm}$，按表1.18（EC3-1-8的表3.8）得 $\beta_2 = 0.70$。

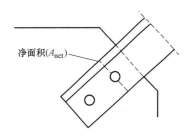

图1.25 栓接连接的净面积 A_{net}

由两个角钢组成的栓接截面的净面积由下式计算：

$$A_{\mathrm{net}} = A - 2td_0 = 9.6 - 2 \times 0.5 \times 1.8 = 7.8\mathrm{cm}^2$$

根据规范 EC3-1-8 中第3.10.3（1）款，设计极限承载力由下式计算：

折减系数 β_2 和 β_3 表 1.18

距离	p_1	$\leqslant 2.5d_0$	$\geqslant 5.0d_0$
2 个螺栓	β_2	0.4	0.7
3 个或多个螺栓	β_3	0.5	0.7

$$N_{u,Rd} = \frac{0.7 \times 7.8 \times 10^{-4} \times 360 \times 10^3}{1.25} = 157.2 \text{kN}^{①}$$

由于 $N_{Ed} = 220 \text{kN} > N_{u,Rd} = 157.2 \text{kN}$，因此选择的截面不合适。需采用承载力更大的截面，如选择两个 60mm × 60mm × 6mm 的角钢截面（$A = 13.82 \text{cm}^2$ 和 $A_{net} = 11.66 \text{cm}^2$），则：

$$N_{pl,Rd} = \frac{13.82 \times 10^{-4} \times 235 \times 10^3}{1.00} = 324.8 \text{kN} > N_{Ed} = 220 \text{kN}$$

$$N_{u,Rd} = \frac{0.7 \times 11.66 \times 10^{-4} \times 360 \times 10^3}{1.25} = 235.1 \text{kN} > N_{Ed} = 220 \text{kN}$$

因为 $N_{pl,Rd} = 324.8 \text{kN} > N_{u,Rd} = 235.1 \text{kN}$，所以不是延性破坏；然而，设计并没有要求延性破坏，所以可采用由两个 60mm×60mm×6mm 角钢组成的截面。

1.3.3 柱的设计

1.3.3.1 规范要求

轴向受压钢构件的承载力取决于截面承载力或是否发生失稳。通常，受压设计由第二个条件（失稳）控制，这是因为钢构件的长细比通常较大。

对于紧凑型截面（第 1、2 和 3 类），轴向受压截面的承载力取决于其塑性承载力（塑性轴向力），但对于第 4 类截面，则为考虑局部屈曲的有效弹性承载力。根据第 6.2.4 (1) 款，按下式校核轴压构件的截面承载力：

$$\frac{N_{Ed}}{N_{c,Rd}} \leqslant 1.0 \tag{1.30}$$

式中，N_{Ed} 为轴向压力设计值，$N_{c,Rd}$ 为承受均布压力截面的设计承载力，由下式确定 [第 6.2.4 (2) 款]：

$$N_{c,Rd} = A f_y / \gamma_{M0} \quad （第 1、2 和 3 类截面） \tag{1.31}$$

$$N_{c,Rd} = A_{eff} f_y / \gamma_{M0} \quad （第 4 类截面） \tag{1.32}$$

式中，A 为总截面面积，A_{eff} 为第 4 类截面的有效面积，f_y 为钢材屈服强度，γ_{M0} 为分项安全系数。若孔洞中填入紧固件，且孔洞不大或未开槽，则计算 $N_{c,Rd}$ 时可忽略此紧固件孔洞 [第 6.2.4 (3) 款]。

应根据实际构件的屈曲模态和缺陷计算屈曲承载力。柱弯曲屈曲（工字型钢、H 型钢和管状型钢组成构件的最可能模式）时的临界荷载由下式计算：

$$N_{cr} = \frac{\pi^2 EI}{L_E^2} \tag{1.33}$$

---

① 原著单位为 kNs，错误，改为 kN。

式中，EI 为相关轴的弯曲刚度，L_E 为屈曲长度。铰接构件（欧拉柱）的屈曲长度等于实际长度，其他情况的屈曲长度视情况而定。

受压构件的承载力按"欧洲设计屈曲曲线"（Simōes da Silva 等，2013）确定。这些（五条）曲线是通过大量试验和数值分析得到的，考虑了实际受压构件产生缺陷的所有原因（初始曲率、偏心荷载、残余应力）。承受设计轴向压力 N_{Ed} 构件的屈曲承载力按下式校核：

$$N_{Ed} \leqslant N_{b,Rd} \tag{1.34}$$

式中，$N_{b,Rd}$ 为受压构件的设计屈曲承载力 [第 6.3.1.1（1）项]。等截面杆的设计弯曲屈曲承载力由下式计算：

$$N_{b,Rd} = \chi A f_y / \gamma_{M1} \quad （第 1、2 和 3 类截面） \tag{1.35}$$

$$N_{b,Rd} = \chi A_{eff} f_y / \gamma_{M1} \quad （第 4 类截面） \tag{1.36}$$

式中，χ 为相关屈曲模态的折减系数，γ_{M1} 为分项安全系数 [第 6.3.3.1（3）项]。折减系数 χ 由下式得到：

$$\chi = \frac{1}{\Phi + \sqrt{\Phi^2 - \bar{\lambda}^2}}，且 \chi \leqslant 1.00 \tag{1.37}$$

式中，$\Phi = 0.5[1 + \alpha(\bar{\lambda} - 0.2) + \bar{\lambda}^2]$，$\bar{\lambda}$ 为无量纲柔度系数，由下列公式计算：

$$\bar{\lambda} = \sqrt{A f_y / N_{cr}} = \frac{L_{cr}}{i} \frac{1}{\lambda_1} \quad （第 1、2 和 3 类截面） \tag{1.38}$$

$$\bar{\lambda} = \sqrt{A_{eff} f_y / N_{cr}} = \frac{L_{cr}}{i} \frac{\sqrt{A_{eff}/A}}{\lambda_1} \quad （第 4 类截面） \tag{1.39}$$

式中，N_{cr} 为相应屈曲模态的弹性临界荷载；L_{cr} 为相应屈曲模态的临界长度；i 为截面回转半径；$\lambda_1 = \pi(E/f_y)^{0.5} = 93.9\varepsilon$；$\varepsilon = (235/f_y)^{0.5}$，式中 f_y 的单位是 N/mm²；α 为缺陷系数。

缺陷的影响用缺陷系数 α 考虑，曲线 a_0、a、b、c 和 d（欧洲设计屈曲曲线）的缺陷系数分别取 0.13、0.21、0.34、0.49 和 0.76，这些曲线如图 1.26 所示，数学表达式为式（1.37）。对给定构件进行设计时，采用的屈曲曲线取决于截面几何特性、钢材等级、制作过程和相关的屈曲平面，如表 1.19 所示。

根据第 6.3.1.2（4）项，对于无量纲柔度系数 $\bar{\lambda} \leqslant 0.2$ 或 $N_{Ed}/N_{cr} \leqslant 0.04$ 的情况，可忽略屈曲的影响，构件设计只考虑截面承载力。

根据第 6.3.1.4（1）项，对于开口截面受压构件，应考虑扭转或弯扭屈曲承载力小于弯曲屈曲承载力的可能性。这些构件的设计过程和弯曲屈曲设计非常相似，用无量纲柔度系数 $\bar{\lambda}_T$ 代替 $\bar{\lambda}$，$\bar{\lambda}_T$ 由下式计算（第 6.3.1.4（2）项）：

$$\bar{\lambda}_T = \sqrt{A f_y / N_{cr}} \quad （第 1、2 和 3 类截面） \tag{1.40}$$

$$\bar{\lambda}_T = \sqrt{A_{eff} f_y / N_{cr}} \quad （第 4 类截面） \tag{1.41}$$

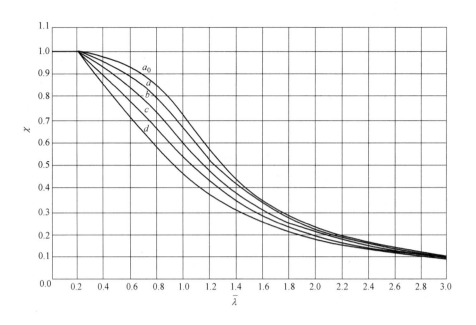

图 1.26　规范 EC3-1-1 的屈曲曲线

屈曲曲线的选择　　　　　　　　　　　　　　　表 1.19

截　　面		几何尺寸限制		屈曲对应轴	屈曲曲线	
					S235 S275 S355 S420	S460
轧制工字形或H形截面	 	h/b >1.2	$t_f \leqslant 40mm$	y-y	a	a_0
				z-z	b	a_0
			$40mm < t_f \leqslant 100mm$	y-y	b	a
				z-z	c	a
		$h/b \leqslant$ 1.2	$t_f \leqslant 100mm$	y-y	b	a
				z-z	c	a
			$t_f > 100mm$	y-y	d	c
				z-z	d	c
焊接工字形或H形截面	 	$t_f \leqslant 40mm$		y-y	b	b
				z-z	c	c
		$t_f > 40mm$		y-y	c	c
				z-z	d	d
中空截面	 	热轧		任意	a	a_0
		冷制		任意	c	c

续表

截　　　面	几何尺寸限制	屈曲对应轴	屈曲曲线 S235 S275 S355 S420	S460
焊接箱形截面	一般情况（除下面情况）	任意	b	b
焊接箱形截面	厚板焊接：$a>0.5t_f$ $b/t_f<30$ $h/t_w<30$ （a—焊缝厚度）	任意	c	c
U、T 和实心截面		任意	c	c
L 形截面		任意	b	b

式中，N_{cr} 为 $N_{cr,T}$ 和 $N_{cr,TF}$ 的较小值，二者分别对应于扭转屈曲和弯扭屈曲的弹性临界荷载，可在相关文献找到其计算方法（Simões da Silva 等，2013）。对于这两种情况，缺陷系数 α 可取关于 z 轴弯曲屈曲的相应缺陷系数，从表 1.19 得到。

1.3.3.2　算例

【例 1-3】　对图 1.27 所示建筑物柱构件的安全性进行校核。

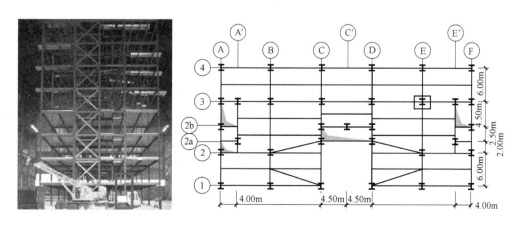

图 1.27　案例研究建筑

1. 内力

由于所分析的建筑（案例研究建筑）在两个正交方向有支撑，柱尤其是内柱的弯矩很小。如图 1.27 所示，本例中选取首层的内柱 E-3 进行研究。该柱长 4.335m，截面为钢材等级 S355 的 HEB340 截面。柱的弯矩（和相应的剪力）可忽略；设计轴力（压力）已由之前的（小节 1.2.3.4）分析得到，为 $N_{Ed}=3326.0kN$。

2. 截面分类—HEB340 轴心受压截面

HEB340 截面的几何特性：$A=170.9cm^2$，$b=300mm$，$h=340mm$，$t_f=21.5mm$，$t_w=12mm$，$r=27mm$，$I_y=36660cm^4$，$i_y=14.65cm$，$I_z=9690cm^4$，$i_z=7.53cm$。钢材力学性能：$f_y=355MPa$，$E=210GPa$。

受压腹板（EC3-1-1 的表 5.2），

$$\frac{c}{t}=\frac{(340-2\times21.5-2\times27)}{12}=20.25<33\varepsilon=33\times0.81=26.73 \quad （1类截面）$$

受压翼缘（EC3-1-1 的表 5.2）

$$\frac{c}{t}=\frac{(300/2-12/2-27)}{21.5}=5.44<9\varepsilon=9\times0.81=7.29 \quad （1类截面）$$

因此，采用的钢材等级 S355 的 HEB340 轴心受压截面为 1 类截面。

3. 截面校核—1 类轴心受压截面

$$N_{Ed}=3326.0kN<N_{c,Rd}=\frac{Af_y}{\gamma_{M0}}=\frac{170.9\times10^{-4}\times355\times10^3}{1.00}=6067.0kN$$

4. 屈曲承载力

屈曲长度—根据所用的结构分析（二阶分析），（保守地）认为屈曲长度等于层间距离：

x-z 平面内屈曲（绕 y 轴）　　　—$L_{Ey}=4.335$。

x-y 平面内屈曲（绕 z 轴）　　　—$L_{Ez}=4.335$。

5. 确定柔度系数

$$\lambda_1=\pi\sqrt{\frac{210\times10^6}{355\times10^3}}=76.41$$

$$\lambda_y=\frac{L_{Ey}}{i_y}=\frac{4.335}{14.65\times10^{-2}}=29.59; \qquad \overline{\lambda}_y=\frac{\lambda_y}{\lambda_1}=0.39$$

$$\lambda_z=\frac{L_{Ez}}{i_z}=\frac{4.335}{7.53\times10^{-2}}=57.57; \qquad \overline{\lambda}_z=\frac{\lambda_z}{\lambda_1}=0.75$$

6. 计算折减系数 χ_{min}

$$\frac{h}{b}=\frac{340}{300}=1.13<1.2, t_f=21.5mm<100mm\Rightarrow \begin{array}{l} 绕\ y\ 轴屈曲—曲线\ b(\alpha=0.34) \\ 绕\ z\ 轴屈曲—曲线\ c(\alpha=0.49) \end{array}$$

因为 $\overline{\lambda}_z=0.75>\overline{\lambda}_y=0.39$，且 $\alpha_{curve\ c}>\alpha_{curve\ b}\Rightarrow\chi_{min}\Rightarrow\chi_z$，有

$$\Phi_z=0.5\times[1+0.49\times(0.75-0.2)+0.75^2]=0.92$$

$$\chi_z=\frac{1}{0.92+\sqrt{0.92^2-0.75^2}}=0.69; \chi_{min}=\chi_z=0.69$$

7. 安全性校核

$$N_{b,Rd} = \chi A f_y / \gamma_{M1} = 0.69 \times 170.9 \times 10^{-4} \times 355 \times 10^3 / 1.00 = 4186.2 \text{kN} > N_{Ed} = 3326.0 \text{kN}$$

1.3.4 梁的设计

1.3.4.1 规范要求

1. 理论概念

梁是沿长度方向承受弯矩和剪力的构件。钢梁的受弯承载力取决于截面承载力或是否发生侧向失稳—侧向扭转屈曲。通常，侧向扭转屈曲是工字形截面或 H 形截面钢构件绕强轴受弯时的控制模式。当梁中有以下一种情况发生时，就不会发生侧向扭转屈曲，只需确定梁的对梁截面承载力：①梁截面绕弱轴 z 轴弯曲；②采用附属钢构件或其他方法对梁的侧向进行约束；③梁截面抗扭刚度高，且绕两个主轴弯曲的抗弯刚度接近，如封闭空心截面。通常选择工字形或 H 形截面和矩形空心截面作为梁截面，因为这些截面绕强轴的抗弯承载力和抗弯刚度较高。

如果截面是紧凑型截面（1 类或 2 类截面），截面抗弯承载力可由其塑性承载力得到。另一方面，细长截面（3 类或 4 类截面）的抗弯承载力应按其弹性承载力计算。

当距弹性中性轴（e.n.a.）最远点的正应力达到屈服强度 f_y 时，即为截面的弹性抗弯承载力，相应的弯矩用弹性弯矩 M_{el} 表示。使截面发生完全塑性的弯矩称为塑性弯矩 M_{pl}。在计算钢截面塑性弯矩时，仅当截面对称时塑性中性轴（p.n.a.）才通过形心，如矩形截面、等翼缘的工字形或 H 形截面。在非对称截面如 T 形截面的情况下，移动中性轴将截面分成等面积的两部分。绕水平轴的弹性弯矩和塑性弯矩由下式给出：

$$M_{el} = \frac{I}{v} f_y = W_{el} f_y \tag{1.42}$$

$$M_{pl} = A_c f_y d_c + A_t f_y d_t = (S_c + S_t) f_y = W_{pl} f_y \tag{1.43}$$

式中，I 为截面关于弹性中性轴（通过截面形心）的惯性矩；v 为从边缘到弹性中性轴的最大距离；$W_{el} = I/v$ 为弹性弯曲模量；A_c 和 A_t 分别为受压区和受拉区的面积（相等）；f_y 为材料的屈服强度；d_c 和 d_t 分别为截面受压区和受拉区形心到塑性中性轴的距离；W_{pl} 为相对于塑性中性轴的塑性弯曲模量，通过面积 A_c 和 A_t 的一次矩相加得到（$W_{pl} = S_c + S_t$）。对于对称截面，这些计算较为简单，因为弹性中性轴和塑性中性轴重合，从而 $d_c = d_t$。

标准截面如工字形或者 H 形截面绕强轴（y 轴）弯曲时，典型的失稳现象是侧向扭转屈曲。侧向扭转屈曲的特点是截面受压区（工字形或 H 形截面的受压翼缘）发生横向变形。这部分的性能和受压构件相似，但还受到受拉部位的连续约束，受拉部分最初没有任何侧移倾向。

基于弹性临界弯矩 M_{cr} 的设计过程可以解释这一现象，其中弹性临界弯矩 M_{cr} 为无缺陷梁最大弯矩的理论值，该值引起所谓的侧向扭转屈曲。设置防止横向位移和扭转支撑、但允许翘曲和绕截面轴（y 和 z）弯曲扭转的简支梁承受常弯矩 M_y（"标准情况"）时的弹性临界弯矩由下式计算：

$$M_{cr}^E = \frac{\pi}{L}\sqrt{GI_T EI_z\left(1+\frac{EI_W\pi^2}{L^2 GI_T}\right)} \tag{1.44}$$

式中，I_z 为截面绕 z 轴（弱轴）的惯性矩，I_T 为扭转常数，I_W 为翘曲常数，L 为梁侧向支撑截面间的长度，E 和 G 分别为弹性模量和剪切模量。尽管式（1.44）是根据工字形或 H 形截面的构件推导的，但对其他弹性双对称截面的构件也适用。对于标准截面，均匀扭转常数 I_T 和翘曲常数 I_W 通常由型钢表提供。

式（1.44）可用于计算双对称截面并承受恒定弯矩简支梁的弹性临界弯矩（"标准情况"）。然而实际上经常发生其他情况，如梁截面不对称、梁上有其他支撑条件、梁受到不同形式的荷载，因此会得到不同的弯矩图。在实际应用中使用适用于大多数情况的近似公式，最常用的是式（1.45），适用于承受绕强轴 y 轴弯矩作用的构件，且截面是绕弱轴 z 对称的单轴对称截面（Boissonnade 等，2006）。对于式（1.44）和（1.45）不适用的弹性临界弯矩计算，建议用户参考文献（Simões da Silva 等，2013）或使用的计算方法，如有限元法。

$$M_{cr} = C_1\frac{\pi^2 EI_z}{(k_z L)^2}\left\{\left[\left(\frac{k_z}{k_w}\right)^2\frac{I_W}{I_z}+\frac{(k_z L)^2 GI_T}{\pi^2 EI_z}+(C_2 z_g - C_3 z_j)^2\right]^{0.5}-(C_2 z_g - C_3 z_j)\right\} \tag{1.45}$$

式中，C_1、C_2 和 C_3 为根据弯矩图和支撑条件确定的系数，表 1.20 和表 1.21 给出了常见情况的 C_1、C_2 和 C_3 取值（Boissonnade 等，2006）；表 1.20 和表 1.21 中的支撑条件为"标准情况"下的条件，然而，侧向弯曲约束和翘曲约束可用下面的参数 k_z 和 k_w 考虑。

k_z 和 k_w 为取决于端部截面支撑条件的有效长度系数。系数 k_z 与端部截面绕弱轴 z 轴的扭转有关，k_w 对应于同一截面的翘曲约束。系数 k_z 和 k_w 在 0.5（约束变形）和 1（自由变形）之间变化，一端自由一端约束时系数取 0.7。因为大多数实际情况的约束只是局部的，可保守地取 $k_z = k_w = 1.0$。

$z_g = (z_a - z_s)$，式中 z_a 和 z_s 分别为相对于截面形心的荷载作用点和剪切中心点的坐标；受压区 z_a 和 z_s 取正，受拉区取负。

$z_j = z_s - \left(0.5\int_A (y^2 + z^2)(z/I_y)dA\right)$ 为反映截面关于 y 轴不对称程度的参数。对于双对称截面（如等翼缘的工字形或 H 形截面）的梁，z_j 为零；在最大弯矩截面，当关于 z 轴具有最大面积二次矩的翼缘受压时，z_j 取正值。

对于单轴对称工字形或 H 形截面的情况，只有满足条件 $-0.9 \leqslant \Psi_f \leqslant 0.9$ 才可使用表 1.20 和表 1.21。

2. 截面承载力

在不受剪力作用的情况下，每个截面的弯矩设计值 M_{Ed} 应满足（第 6.2.5 (1)）：

$$\frac{M_{Ed}}{M_{c,Rd}} \leqslant 1.00 \tag{1.46}$$

式中 $M_{c,Rd}$ 为设计受弯承载力。关于截面强轴的设计受弯承载力通过下列公式确定〔第 6.2.5 (2) 款〕：

$$M_{c,Rd} = W_{pl}f_y/\gamma_{M0} \quad （第 1、2 类截面） \tag{1.47}$$

梁端弯矩系数 C_1 和 C_3 　　　　　　　　　　表 1.20

荷载和支承条件	弯矩图	k_z	C_1	C_3	
				$\Psi_f \leq 0$	$\Psi_f > 0$
	$\Psi=+1$	1.0	1.00	1.000	
		0.5	1.05	1.019	
	$\Psi=+3/4$	1.0	1.14	1.000	
		0.5	1.19	1.017	
	$\Psi=+1/2$	1.0	1.31	1.000	
		0.5	1.37	1.000	
	$\Psi=+1/4$	1.0	1.52	1.000	
		0.5	1.60	1.000	
M　　ΨM	$\Psi=0$	1.0	1.77	1.000	
		0.5	1.86	1.000	
	$\Psi=-1/4$	1.0	2.06	1.000	0.850
		0.5	2.15	1.000	0.650
	$\Psi=-1/2$	1.0	2.35	1.000	$1.3-1.2\Psi_f$
		0.5	2.42	0.950	$0.77-\Psi_f$
	$\Psi=-3/4$	1.0	2.60	1.000	$0.55-\Psi_f$
		0.5	2.45	0.850	$0.35-\Psi_f$
	$\Psi=-1$	1.0	2.60	$-\Psi_f$	$-\Psi_f$
		0.5	2.45	$-0.125-0.7\Psi_f$	$-0.125-0.7\Psi_f$

■ 承受端弯矩的梁，$C_2 z_g = 0$。

■ $\Psi_f = \dfrac{I_{fc}-I_{ft}}{I_{fc}+I_{ft}}$，式中 I_{fc} 和 I_{ft} 分别为受压和受拉翼缘关于截面弱轴（z 轴）的惯性矩。

■ 当 $\dfrac{\pi}{k_w L}\sqrt{\dfrac{EI_w}{GI_T}} \leq 1.0$ 且 $C_1 \geq 1.0$ 时，C_1 应除以 1.05

承受横向荷载梁的系数 C_1、C_2 和 C_3　　　　　表 1.21

荷载和支承条件	弯矩图	k_z	C_1	C_2	C_3
		1.0	1.12	0.45	0.525
		0.5	0.97	0.36	0.478
		1.0	1.35	0.59	0.411
		0.5	1.05	0.48	0.338
		1.0	1.04	0.42	0.562
		0.5	0.95	0.31	0.539

$$M_{c,Rd} = W_{el,min} f_y / \gamma_{M0} \quad （第 3 类截面） \tag{1.48}$$

$$M_{c,Rd} = W_{eff,min} f_y / \gamma_{M0} \quad （第 4 类截面） \tag{1.49}$$

式中，W_{pl} 为截面塑性弯曲模量；$W_{el,min}$ 为截面最小弹性弯曲模量；$W_{eff,min}$ 为折减有效截面的最小弹性弯曲模量；f_y 为材料屈服强度；γ_{M0} 为分项安全系数。

根据第 6.2.9 条，双向弯曲设计可用塑性（1 类或 2 类截面）或弹性（3 类和 4 类截面）考虑双向相互作用的公式进行验证，即：

$$\left[\frac{M_{y,Ed}}{M_{pl,y,Rd}} \right]^\alpha + \left[\frac{M_{z,Ed}}{M_{pl,z,Rd}} \right]^\beta \leqslant 1.00 \quad （1 或 2 类截面） \tag{1.50}$$

式中，α 和 β 为取决于截面形状的参数，$M_{pl,y,Rd}$ 和 $M_{pl,z,Rd}$ 分别为关于 y 轴和 z 轴的塑性受弯承载力。参数 α 和 β 可保守取为 1.0，也可取第 6.2.9（6）款给定的值，即对于工字形或 H 形截面：$\alpha = 2$，$\beta = 1$；对于空心圆截面：$\alpha = \beta = 2$；对于矩形截面：$\alpha = \beta = 1.66$。

$$\sigma_{x,Ed} \leqslant \frac{f_y}{\gamma_{M0}} \quad （3 或 4 类截面） \tag{1.51}$$

式中，$\sigma_{x,Ed}$ 为按弹性理论确定的纵向应力设计值，3 类截面根据全截面计算，4 类截面根据折减的有效截面计算。

如果满足条件 $0.9 A_{f,net} f_u / \gamma_{M2} \geqslant A_f f_y / \gamma_{M0}$，则可忽略受拉翼缘的螺栓或其他连接件的开孔，式中 $A_{f,net}$ 和 A_f 分别为受拉翼缘的净面积和总面积，γ_{M2} 为分项安全系数（根据规范 EC3-1-8 定义）。如第 6.2.5（5）款所述，腹板受拉区的开孔应按相似的步骤进行考虑。除非开槽或开孔过大，否则可忽略截面受压部位填满紧固件（螺栓、铆钉等）的开孔。

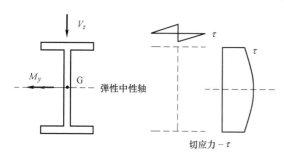

图 1.28　切应力的弹性分布

如图 1.28 所示，腹板提供了大部分的受剪承载力。通常保守地假设剪应力沿腹板高度方向均匀分布，忽略翼缘的受剪承载力，除非翼缘特别厚。规范 EC3-1-1 建议，钢截面受剪承载力应尽可能根据切应力的塑性分布进行计算。

根据第 6.2.6 条，剪力设计值 V_{Ed} 必须满足以下条件：

$$\frac{V_{Ed}}{V_{c,Rd}} \leqslant 1.00 \tag{1.52}$$

式中 $V_{c,Rd}$ 为设计受剪承载力。对于塑性设计，在没有扭转的情况下，设计受剪承载力 $V_{c,Rd}$ 取设计塑性受剪承载力 $V_{pl,Rd}$，而 $V_{pl,Rd}$ 由下式计算：

$$V_{pl,Rd} = A_v(f_y/\sqrt{3})/\gamma_{M0} \tag{1.53}$$

式中 A_v 为剪切面积，对于承受剪力的工字形截面采用如图 1.29 所示的方法确定，剪切面积近似等于截面中与剪力方向平行部分的面积。第 6.2.6 (3) 款给出了标准型钢截面剪切面积的计算公式。此外，商品规格型材规格表也给出了剪切面积值。

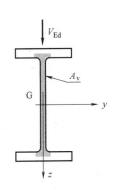

图 1.29　工字形截面的
剪切面积

也可以使用弹性设计的剪切力进行设计。

对于未设加劲肋的腹板，当 $(h_w/t_w) > 72\varepsilon/\eta$ 时，应验证腹板的剪切屈曲承载力，式中 h_w 和 t_w 分别表示腹板的高度和厚度，系数 η 见规范 EC3-1-5，可保守取为 1.0，ε 按关系式 $(235/f_y)^{0.5}$ 确定。

在弹性应力分析中，可用屈服准则验证弯矩与剪力的相互作用。这种方法适用于任何类型的截面，需根据弹性理论公式计算截面危险点的弹性正应力 (σ) 和弹性切应力 (τ)。

对于塑性分析，有几个剪切和弯曲相互作用模型可供使用。规范 EC3-1-1 使用的模型根据剪切区的折减屈服强度 (f_{yr}) 计算折减弯矩（Simões da Silva 等，2013）。

一般情况下，当一个截面同时受到弯矩和剪力作用时，应降低设计塑性受弯承载力以考虑剪力的存在。然而，当剪力值较低时，不会显著降低设计塑性受弯承载力。此外，钢材的应变硬化会抵消设计塑性受弯承载力的降低，因此也可假设对于较低的剪力值，无须降低设计塑性受弯承载力。所以第 6.2.8 节建立了下列弯矩和剪力的相互作用准则：

- 当 V_{Ed} 小于塑性受剪承载力 $V_{pl,Rd}$ 的 50% 时，无需降低设计受弯承载力 $M_{c,Rd}$，除非剪切屈曲使截面承载力降低；

- 当 V_{Ed} 大于等于塑性受剪承载力 $V_{pl,Rd}$ 的 50% 时，应采用剪切区域的折减屈曲强度 $(1-\rho)f_y$ 计算受弯承载力的设计值，式中 $\rho = (2V_{Ed}/V_{pl,Rd} - 1)^2$。

当等翼缘工字形或 H 形截面承受强轴弯矩时，折减的设计塑性受弯承载力 $M_{y,V,Rd}$ 可由下式确定：

$$M_{y,V,Rd} = \left(W_{pl,y} - \frac{\rho A_w^2}{4t_w}\right)\frac{f_y}{\gamma_{M0}}, \text{且 } M_{y,V,Rd} \leqslant M_{y,c,Rd} \tag{1.54}$$

式中，$A_w = h_w t_w$ 为腹板面积（h_w 为腹板高度、t_w 为腹板厚度），$M_{y,c,Rd}$ 为绕 y 轴的设计受弯承载力。

3. 构件承载力

等截面杆的侧向扭转屈曲承载力按下式验证［第 6.3.2.1（1）项］：

$$\frac{M_{Ed}}{M_{b,Rd}} \leqslant 1.00 \tag{1.55}$$

式中，M_{Ed} 为弯矩设计值，$M_{b,Rd}$ 为设计屈曲承载力，由下式确定［第 6.3.2.1（3）项］：

$$M_{b,Rd} = \frac{W_y f_y}{\gamma_{M1}} \tag{1.56}$$

式中：

对于 1 类和 2 类截面 $W_y = W_{pl,y}$；

对于 3 类截面 $W_y = W_{el,y}$；

对于 4 类截面 $W_y = W_{eff,y}$；

χ_{LT} 为侧向扭转屈曲折减系数。

规范 EC3-1-1 提供了两种计算等截面杆折减系数 χ_{LT} 的方法：适用于所有类型截面的一般方法（比较保守）和适用于轧制截面或等效焊接截面的方法。

（1）一般方法

采用一般方法［第 6.3.2.2 款］时，折减系数由下式确定：

$$\chi_{LT} = \frac{1}{\Phi_{LT} + (\Phi_{LT}^2 - \bar{\lambda}_{LT}^2)^{0.5}}，且\ \chi_{LT} \leqslant 1.00 \tag{1.57}$$

式中：$\Phi_{LT} = 0.5\,[1 + \alpha_{LT}(\bar{\lambda}_{LT} - 0.2) + \bar{\lambda}_{LT}^2]$；

α_{LT} 为取决于屈曲曲线的缺陷系数；$\bar{\lambda}_{LT} = [W_y f_y / M_{cr}]^{0.5}$；

M_{cr} 为弹性临界弯矩。

根据构件截面的几何形状采用合适的屈曲曲线，如表 1.22 所示。与不同曲线有关的缺陷系数 α_{LT} 应采用章节 3.3.1 给出的受压构件的 α_{LT} 值（来自 EC3-1-1 的表 6.3）。

侧向扭转屈曲曲线（一般方法） 表 1.22

截面	限制	屈曲曲线
工字形或 H 形轧制截面	$h/b \leqslant 2$	a
	$h/b > 2$	b
工字形或 H 形焊接截面	$h/b \leqslant 2$	c
	$h/b > 2$	d
其他截面	—	d

（2）可选方法—轧制或等效焊接截面

对于第 6.3.2.3 款定义的第二种方法，折减系数 χ_{LT} 由下式确定：

$$\chi_{LT} = \frac{1}{\Phi_{LT} + (\Phi_{LT}^2 - \beta\bar{\lambda}_{LT}^2)^{0.5}}，\begin{array}{l}但\ \chi_{LT} \leqslant 1.00 \\ \chi_{LT} \leqslant 1/\bar{\lambda}_{LT}^2 \end{array} \tag{1.58}$$

式中：$\Phi_{LT} = 0.5[1 + \alpha_{LT}(\bar{\lambda}_{LT} - \bar{\lambda}_{LT,0}) + \beta\bar{\lambda}_{LT}^2]$；

$\bar{\lambda}_{LT,0}$ 和 β 为国家附录定义的参数；建议值为：$\bar{\lambda}_{LT,0} \leqslant 0.4$（最大值）和 $\beta \geqslant 0.75$（最

小值）；

α_{LT} 为相应屈曲曲线的缺陷系数（同一般方法的定义）；

$\bar{\lambda}_{LT}$ 为无量纲柔度系数（同一般方法的定义）；

M_{cr} 为弹性临界弯矩。

相关屈曲曲线见表1.23。

侧向扭转屈曲曲线（可选方法）　　　　　　　　表 1.23

截　　面	界　　限	屈曲曲线(EC3-1-1)
I 或 H 形轧制截面	$h/b \leqslant 2$	b
	$h/b > 2$	c
I 或 H 形焊接截面	$h/b \leqslant 2$	c
	$h/b > 2$	d

对于第二种方法，支承截面间弯矩图的形状可用修正的折减系数 $\chi_{LT,mod}$ 考虑：

$$\chi_{LT,mod} = \frac{\chi_{LT}}{f}, \text{且 } \chi_{LT,mod} \leqslant 1.00 \tag{1.59}$$

参数 f 可由下式计算，也可使用国家附录提供的方法得到。

$$f = 1 - 0.5(1 - k_c)[1 - 2.0(\bar{\lambda}_{LT} - 0.8)^2], \text{且 } f \leqslant 1.00 \tag{1.60}$$

式中 k_c 为修正系数，见表1.24的定义。

修正系数 k_c　　　　　　　　表 1.24

弯　矩　图	k_c
$\Psi = +1$	1.0
$-1 \leqslant \Psi \leqslant 1$	$\dfrac{1}{1.33 - 0.33\Psi}$
	0.94
	0.90
	0.91

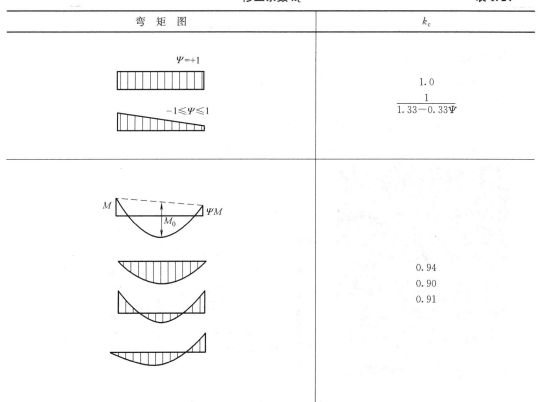

续表

弯 矩 图	k_c
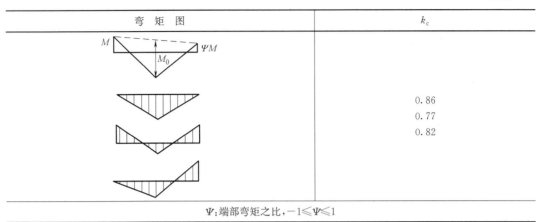	0.86 0.77 0.82

Ψ:端部弯矩之比,$-1\leqslant\Psi\leqslant1$

表 1.24 中给出了三种形式的弯矩图。第一种代表梁端截面受集中弯矩作用，第二种弯矩图代表梁受均布荷载和梁端截面受弯矩作用，第三种对应于梁中部受集中荷载和梁端截面受弯矩作用。因为支承条件已包含于弯矩图中，所以不需再考虑。表 1.24 给出的 k_c 值对应于一些典型情况，有些是精确值，有些是近似值。可从 Boissonnadeetal.（2006）著作得到更多关于 k_c 值的详细信息。

（3）不需验证侧向扭转屈曲的条件

如果满足 $\bar{\lambda}_{LT}\leqslant\bar{\lambda}_{LT,0}$ 或 $M_{Ed}/M_{cr}\leqslant\bar{\lambda}_{LT,0}^2$，则无需验证受弯构件的侧向扭转屈曲（EC3-1-1 中第 6.3.2.2（4）项）。

1.3.4.2 算例

【例 1-4】 对图 1.30 所示建筑物的梁（沿轴线 E）进行安全性校核。该梁中间跨度为 9m，采用截面 IPE600。两侧跨度为 6m（控制跨度），截面为 IPE400，钢材等级 S355。考虑以下两种情况进行侧向屈曲验算：

a）6m 长的梁只在端部支承截面受到侧向支撑；

b）6m 长的梁在端部支承截面和跨中截面受到侧向支撑。

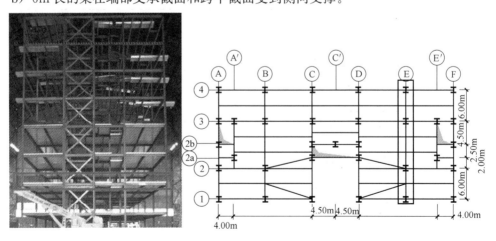

图 1.30 案例研究建筑

1. 梁只在端部支承截面受到侧向支撑

（1）内力图

内力图（忽略轴力）如图 1.31 所示。由图 1.31 可以看出，弯矩和剪力最大的截面是左跨梁的跨中截面，因此设计值为 $M_{Ed}=114.3\text{kN} \cdot \text{m}$ 和 $V_{Ed}=75.9\text{kN}$。

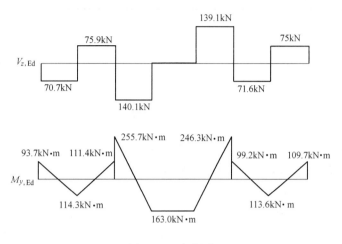

图 1.31 内力图

（2）截面分类—IPE400 截面只受弯矩作用

IPE400 截面的几何性质：$A=84.46\text{cm}^2$，$b=180\text{mm}$，$h=400\text{mm}$，$t_f=13.5\text{mm}$，$t_w=8.6\text{mm}$，$r=21\text{mm}$，$I_y=23130\text{cm}^4$，$i_y=16.55\text{cm}$，$I_z=1318\text{cm}^4$，$i_z=3.95\text{cm}$；$I_T=51.08\text{cm}^4$；$I_W=490\times10^3\text{cm}^6$。S355 钢材的力学性能：$f_y=355\text{MPa}$ 和 $E=210\text{GPa}$。

受弯腹板（内部部分）（EC3-1-1 的表 5.2）

$$\frac{c}{t}=\frac{331}{8.6}=38.49<72\varepsilon=72\times0.81=58.32 \qquad \text{（1 类截面）}$$

受压翼缘（突出部分）（EC3-1-1 的表 5.2）

$$\frac{c}{t}=\frac{(180/2-8.6/2-21)}{13.5}=4.79<9\varepsilon=9\times0.81=7.29 \qquad \text{（1 类截面）}$$

所以等级为 S355 钢材的 IPE400 受弯截面属于 1 类截面。

（3）截面校核

受弯承载力—对于 1 类截面，受弯承载力按下式进行验证：

$M_{Ed}=114.3\text{kN} \cdot \text{m}<W_{pl,y}f_y/\gamma_{M0}=1307\times10^{-6}\times355\times10^3/1.00=464.0\text{kN} \cdot \text{m}$

剪力校核—IPE400 截面的剪切面积为 $A_v=42.69\text{cm}^2$。因此：

$$V_{Ed}=75.9\text{kN}<V_{c,Rd}=V_{pl,Rd}=\frac{42.69\times10^{-4}\times355\times10^3/\sqrt{3}}{1.00}=875.0\text{kN}$$

因为 $h_w/t_w=43.4<72\varepsilon/\eta=72\times0.81/1.00=58.3$（保守取 $\eta=1.0$），不需验证腹板的剪切屈曲承载力。所以 IPE400 截面满足抗剪要求。

弯矩剪力相互作用—由于 $V_{Ed}=75.9\text{kN}<0.50V_{pl,Rd}=437.5\text{kN}$，因此不需因承受剪力而降低抗弯承载力。

（4）侧向扭转屈曲承载力

假设支承条件为"标准情况"，在上翼缘施加荷载，临界弯矩按式（1.45）计算，式中，$L=6.00\text{m}$，$k_z=k_w=1.0$，$C_1\approx1.80$，$C_2\approx1.60$（Boissonnade 等，2006），$z_g=200\text{mm}$，

$$M_{cr}=164.7\text{kN}\cdot\text{m}\Rightarrow\bar{\lambda}_{LT}=(W_yf_y/M_{cr})^{0.5}=(1307\times10^{-6}\times355\times10^3/164.7)^{0.5}=1.68$$

对于工字形轧制截面且 $h/b>2$ 时，有 $\alpha_{LT}=0.34$（按一般方法），

$$\Phi_{LT}=0.5\times[1+\alpha_{LT}(\bar{\lambda}_{LT}-0.2)+\bar{\lambda}_{LT}^2]=2.16$$

$$\chi_{LT}=\frac{1}{\Phi_{LT}+(\Phi_{LT}^2-\bar{\lambda}_{LT}^2)^{0.5}}=\frac{1}{2.16+(2.16^2-1.68^2)^{0.5}}=0.28$$

设计屈曲承载力由下式确定：

$$M_{b,Rd}=0.28\times1307\times10^{-6}\times\frac{355\times10^3}{1.00}=129.9\text{kN}\cdot\text{m}>M_{Ed}=114.3\text{kN}\cdot\text{m}$$

所以 IPE400（S355）截面是安全的（利用率=114.3/129.9=0.88）。

2. 梁端部支承截面和跨中截面受到侧向支撑

（1）截面承载力—同前面的验证。

（2）侧向扭转屈曲承载力

如果还在跨中截面由次梁为梁提供侧向支撑（防止受压翼缘产生侧向位移而发生扭转），则梁抗侧向扭转屈曲性能会得到改善。下面验证图 1.31 所示长 3.00m、两端弯矩为 $M_{Ed,left}=-93.7\text{kN}\cdot\text{m}$ 和 $M_{Ed,right}=114.3\text{kN}\cdot\text{m}$ 梁的侧向扭转屈曲承载力。梁的临界弯矩不会因上翼缘施加荷载而受到影响，因为施加荷载的截面受到侧向约束。

弹性临界弯矩由式（1.45）确定（忽略跨中截面的连续性），式中 $L=3.00\text{m}$，$k_z=k_w=1.0$，$C_1=2.60$（表 1.20）：

$$M_{cr}=1778.8\text{kN}\cdot\text{m}\Rightarrow\bar{\lambda}_{LT}=(W_yf_y/M_{cr})^{0.5}=(1307\times10^{-6}\times355\times10^3/1778.8)^{0.5}=0.51$$

对于工字形轧制截面且 $h/b>2$ 时，有 $\alpha_{LT}=0.34$（按一般方法）

$$\Phi_{LT}=0.5\times[1+\alpha_{LT}(\bar{\lambda}_{LT}-0.2)+\bar{\lambda}_{LT}^2]=0.68$$

$$\chi_{LT}=\frac{1}{\Phi_{LT}+(\Phi_{LT}^2-\bar{\lambda}_{LT}^2)^{0.5}}=\frac{1}{0.68+(0.68^2-0.51^2)^{0.5}}=0.89$$

设计屈曲承载力由下式计算：

$$M_{b,Rd}-0.89\times1307\times10^{-6}\times\frac{355\times10^3}{1.00}=412.9\text{kN}\cdot\text{m}>M_{Ed}=114.3\text{kN}\cdot\text{m}$$

所以 IPE400（S355）截面是安全的（利用率=114.3/412.9=0.28）。

【例 1-5】 图 1.32 所示框架由截面相同的一根梁和一根柱组成。梁左端简支，右端与柱通过刚性节点连接，柱基础为双向支承。梁上翼缘施加 12kN/m 的竖向均布荷载，B 截面施加 20kN 的水平节点荷载。A-B 梁使用钢材等级为 S275 的 IPE 截面按承载能力极限状态设计。假设截面 A 和 B 由次梁提供侧向支撑。

（1）内力

通过弹性分析得到框架内力，如图 1.33 所示。梁承受弯矩和剪力的共同作用，设计值如下：$V_{Ed}=70.0\text{kN}$（B 截面），$M_{Ed}=104.2\text{kN}\cdot\text{m}$（最大值）。

（2）弯矩和剪力共同作用下的截面承载力

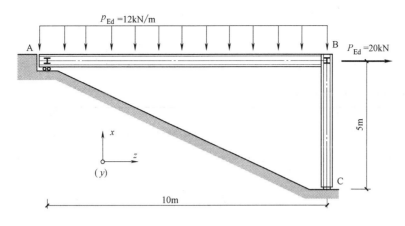

图 1.32　钢框架

假设截面为 1 类或 2 类截面，则：

$$M_{Ed}=104.2\text{kNm}\leqslant W_{pl,y}f_y/\gamma_{M0}$$

$$=\frac{275\times10^3}{1.00}W_{pl,y}$$

$$\Rightarrow W_{pl,y}\geqslant378.9\times10^{-6}\text{m}^3=378.9\text{cm}^3$$

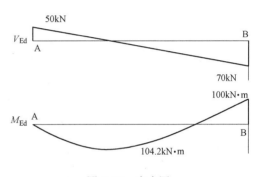

图 1.33　内力图

查商品型材规格表，需采用 $W_{pl,y}=$ 484.0cm³ 的 IPE270 截面。因为梁由开口截面组成，仅端部截面承受侧向支撑，侧向扭转屈曲是控制模式，因此采用 IPE450 截面。

IPE450 截面的几何特性为：$A=98.82\text{cm}^2$，$b=190\text{mm}$，$h=450\text{mm}$，$t_f=14.6\text{mm}$，$t_w=9.4\text{mm}$，$r=21\text{mm}$，$I_z=1676\text{cm}^4$，$I_T=66.87\text{cm}^4$，$I_W=791\times10^3\text{cm}^6$，$W_{pl,y}=1702\text{cm}^3$。钢材 S275 的主要力学性能为：$f_y=275\text{MPa}$，$E=210\text{GPa}$，$G=81\text{GPa}$。

截面分类（EC3-1-1 的表 5.2）：

受弯腹板：

$$\frac{c}{t}=\frac{378.8}{9.4}=40.3<72\varepsilon=72\times0.92=66.2\qquad（1类）$$

受压翼缘：

$$\frac{c}{t}=\frac{190/2-9.4/2-21}{14.6}=4.7<9\varepsilon=9\times0.92=8.3\qquad（1类）$$

截面为 1 类截面，所以验证了基于塑性受弯承载力。

IPE450 截面的剪切面积为 $A_v=50.85\text{cm}^2$，受剪承载力和剪切屈曲（保守取 $\eta=$ 1.0），按以下条件验证：

$$V_{Ed}=70.0\text{kN}<V_{pl,Rd}=\frac{A_vf_y}{\gamma_{M0}\sqrt{3}}=\frac{50.85\times10^{-4}\times275\times10^3}{1.00\times\sqrt{3}}=807.4\text{kN}$$

$$\frac{h_{\mathrm{w}}}{t_{\mathrm{w}}}=\frac{420.8}{9.4}=44.8<72\frac{\varepsilon}{\eta}=72\times\frac{0.92}{1.00}=66.2$$

因为 $V_{\mathrm{Ed}}=70.0\mathrm{kN}<50\%V_{\mathrm{pl,Rd}}=0.50\times807.4=403.7\mathrm{kN}$，无需考虑因承受剪力而降低受弯承载力。

（3）侧向扭转屈曲承载力

本例中，采用规范 EC3-1-1 中第 6.3.2.2 款规定的一般方法验证侧向扭转屈曲。估算临界弯矩时，忽略端部截面 A 和 B 的侧向弯曲和翘曲约束。临界弯矩用式（1.45）确定，式中系数 $C_1\approx1.20$，$C_2\approx0.70$，采用 Boissonnade 等（2006）基于图 1.33 所示的弯矩图确定。

对于 $L=10\mathrm{m}$，考虑到 $k_z=k_{\mathrm{w}}=1.0$ 和 $z_{\mathrm{g}}=225\mathrm{mm}$（上翼缘施加荷载于），弹性临界弯矩为：

$$M_{\mathrm{cr}}=133.4\mathrm{kN\cdot m}$$

长细比由下式确定：

$$\bar{\lambda}_{\mathrm{LT}}=[W_y f_y/M_{\mathrm{cr}}]^{0.5}=(1702\times10^{-6}\times355\times10^3/133.4)^{0.5}=1.87$$

对于工字形截面且 $h/b>2$ 时，有 $\alpha_{\mathrm{LT}}=0.34$（按一般方法）

$$\varPhi_{\mathrm{LT}}=0.5\times[1+\alpha_{\mathrm{LT}}(\bar{\lambda}_{\mathrm{LT}}-0.2)+\bar{\lambda}_{\mathrm{LT}}^2]=2.53$$

$$\chi_{\mathrm{LT}}=\frac{1}{\varPhi_{\mathrm{LT}}+(\varPhi_{\mathrm{LT}}^2-\bar{\lambda}_{\mathrm{LT}}^2)^{0.5}}=0.24$$

设计屈曲承载力由下式确定：

$$M_{\mathrm{b,Rd}}=0.24\times1702\times10^{-6}\times\frac{275\times10^3}{1.00}=112.3\mathrm{kN\cdot m}$$

因为 $M_{\mathrm{b,Rd}}=112.3\mathrm{kN\cdot m}>M_{\mathrm{Ed}}=104.2\mathrm{kN\cdot m}$（利用率为 0.93），所以钢材等级为 S355 的 IPE400 截面安全。

在本例中，侧向扭转屈曲显然是梁承载能力极限状态设计的控制模式。满足截面承载力要求的截面（IPE270）远低于侧向扭转屈曲要求的截面（IPE450），这是因为采用了大长细比（从而有低的侧向和扭转刚度）的开口工字形截面，且上翼缘承受竖向荷载。在这种情况下，可采用中间侧向支撑改进设计方案。

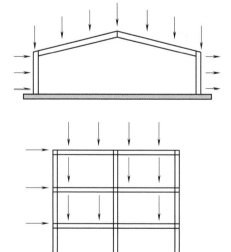

图 1.34　承受弯矩和轴力的钢构件

1.3.5　压弯构件设计

1.3.5.1　规范要求

1. 理论概念

压弯构件是承受弯矩和轴力共同作用的构件（通常是框架结构的垂直构件，如图 1.34 所示）。这种构件的性能由两种效应的组合决定，并随长细比的变化而变化。长细比低时，截面的承载力占主导地位。随着长细比的增加，会出现明显的二阶效应，并且几何缺陷和残余应力的影响变得显著。最终，处于高长细比范围时，屈曲取决于弹性性能，破坏可能由弯曲屈曲（轴压构件的典型情况）或侧向扭转屈曲（受弯构件的典型情况）引起（Simões da Silva 等，2013）。

承受弯矩和轴力构件的性能由不稳定性和塑性的相互作用决定，并受几何和材料缺陷影响。通过下面两个步骤对承受弯矩和轴力的构件进行安全性验证：

（1）截面承载力校核；

（2）构件屈曲承载力校核（一般由弯曲或侧向扭转屈曲控制）。

如前所述（章节 1.2.2.4），基于截面最大承载力所对应的内力的类型对其进行分类，与其数值无关。在承受弯矩和轴力的情况下，截面极限承载力为一条 M-N 曲线。另一个困难是构件稳定性验证时需用到截面类型，而由于内力变化，通常截面类型沿杆件变化。因为规范 EC3-1-1 没有提供解决这两个问题的明确步骤，【例 1-6】采用了 SEMI-COMP＋ project（Greiner 等，2011）的规定。按这个方法，构件屈曲设计的分类是基于有最大一阶利用率的截面建立一个等效类型；截面完全屈服时的中性轴位置（1 类和 2 类间及 2 类和 3 类间的界限）按作用力的比例确定。

2. 截面承载力

截面承载力取决于其塑性能力（1 类或 2 类截面）或弹性能力（3 类或 4 类截面）。当截面承受弯矩和轴力作用时（$N+M_y$、$N+M_z$ 及 $N+M_y+M_z$），按考虑相互作用的公式计算，受弯承载力会降低。用于计算截面弹性能力的相互作用公式是众所周知的简支梁理论公式，适用于任何类型的截面。但计算截面塑性能力时，需根据截面形状选择合适的公式。

第 6.2.9 条规定了弹性范围和塑性范围内考虑弯矩和轴力相互作用的几个公式，这些公式适用于大部分截面。

（1）1 类或 2 类截面

对于 1 类和 2 类截面，应满足下式条件（第 6.2.9.1（2）项）：

$$M_{Ed} \leqslant M_{N,Rd} \tag{1.61}$$

式中，M_{Ed} 为设计弯矩，$M_{N,Rd}$ 为因轴力 N_{Ed} 而折减的设计塑性受弯承载力。

对于轧制或焊接的等翼缘工字形和 H 形截面，不考虑紧固件孔，关于 y 轴和 z 轴的折减塑性受弯承载力 $M_{N,y,Rd}$ 和 $M_{N,z,Rd}$ 可由第 6.2.9.1（5）项得到：

$$M_{N,y,Rd} = M_{pl,y,Rd}\frac{1-n}{1-0.5a}, \text{且 } M_{N,y,Rd} \leqslant M_{pl,y,Rd} \tag{1.62}$$

$$n \leqslant a \text{ 时}, M_{N,z,Rd} = M_{pl,z,Rd} \tag{1.63}$$

$$n > a \text{ 时}, M_{N,z,Rd} = M_{pl,z,Rd}\left[1 - \left(\frac{n-a}{1-a}\right)^2\right] \tag{1.64}$$

式中，$a = (A - 2bt_f)/A$，且 $a \leqslant 0.5$。轴力较小时，塑性受弯承载力的降低不明显，如图 1.35 所示。对于双对称工字形或 H 形截面，如满足第 6.2.9.1（4）项的条件，弯矩和轴力相互作用的影响可忽略。

对于空心圆截面，降低的塑性受弯承载力由下式确定：

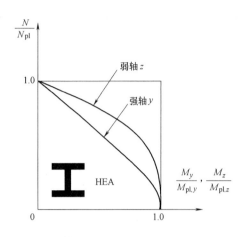

图 1.35　HEA 截面中弯矩和轴力的相互作用

$$M_{N,Rd} = M_{pl,Rd}(1-n^{1.7}) \quad (1.65)$$

对于厚度均匀的中空矩形截面和有等翼缘和等厚腹板焊接箱形截面紧固件孔不需计算的情况，降低的塑性受弯承载力也可由第 6.2.9.1（5）项确定：

$$M_{N,y,Rd} = M_{pl,y,Rd}\frac{1-n}{1-0.5a_w}，且\ M_{N,y,Rd} \leqslant M_{pl,y,Rd}$$
$$(1.66)$$

$$M_{N,z,Rd} = M_{pl,z,Rd}\frac{1-n}{1-0.5a_f}，且\ M_{N,z,Rd} \leqslant M_{pl,z,Rd}$$
$$(1.67)$$

式中，$a_w \leqslant 0.5$，$a_f \leqslant 0.5$，分别为腹板面积和总截面面积之比、翼缘面积和总截面面积之比。

对于承受双向弯曲和轴力的截面，$N+M_y+M_z$ 的相互作用可按下式验证 [EC3-1-1 第 6.2.9.1（6）项]：

$$\left[\frac{M_{y,Ed}}{M_{N,y,Rd}}\right]^{\alpha} + \left[\frac{M_{z,Ed}}{M_{N,z,Rd}}\right]^{\beta} \leqslant 1.00 \quad (1.68)$$

式中，α 和 β 为取决于截面形状的参数，$M_{N,y,Rd}$ 和 $M_{N,z,Rd}$ 分别为绕 y 轴和 z 轴的折减塑性抗弯承载力，采用前面给出的方法计算。α 和 β 取值如下：

- 工字形或 H 形截面 $\alpha=2$；$\beta=5n$ 且 $\beta \geqslant 1$；
- 空心圆截面 $\alpha=\beta=2$；
- 中空矩形截面 $\alpha=\beta=1.66/(1-1.13n^2)$ 且 $\alpha=\beta \leqslant 6$。

（2）3 类或 4 类截面

对于 3 类或 4 类截面，弯矩和轴力的相互作用按下式校核：

$$\sigma_{x,Ed} \leqslant \frac{f_y}{\gamma_{M0}} \quad (1.69)$$

式中，$\sigma_{x,Ed}$ 为考虑了相关紧固件孔由弯矩和轴力引起的局部纵向应力的设计值。应力采用弹性方法计算，3 类截面按总面积计算，4 类截面按有效折减面积计算。另外，对于 4 类截面，应考虑有效折减截面形心轴的偏移产生的弯矩，见第 6.2.9.3（2）项。

（3）弯矩、轴力和剪力的相互作用

弯矩、轴力和剪力的相互作用按下述条件校核（EC3-1-1 第 6.2.10 条）：

1）当 V_{Ed} 小于塑性受剪承载力 $V_{pl,Rd}$ 的 50% 时，按第 6.2.9 条得到的受弯承载力和受压的承载力不需折减；

2）当 V_{Ed} 大于等于塑性受剪承载力 $V_{pl,Rd}$ 的 50% 时，应按受剪区域的折减屈服强度 $(1-\rho)f_y$ 计算可承受的弯矩和轴力，式中 $\rho=(2V_{Ed}/V_{pl,Rd}-1)^2$。

3. 构件承载力

对于同时承受弯矩和压力作用的构件，除一阶弯矩和位移（按未变形的几何形状确定）外，还存在二阶弯矩和位移（"$P-\delta$"效应）。以前，为表示整个长细比范围的情况，提出了各种相互作用的公式。规范 EC3-1-1 采用的方法是基于相互作用公式的线性叠加，即式（1.70）。根据这种方法，轴向压力和弯矩的作用效应线性叠加，轴向压力的非线性作用效应用具体的相互作用系数考虑。

$$f\left(\frac{N}{N_u}, \frac{M_y}{M_{uy}}, \frac{M_z}{M_{uz}}\right) \leqslant 1.00 \qquad (1.70)$$

式中，N、M_y 和 M_z 为作用力，N_u、M_{uy} 和 M_{uz} 为设计承载力，适当考虑相关失稳现象。

规范 EC3-1-1 规定了验证钢结构整体稳定的不同方法，包括不同形式二阶效应（局部 $P\text{-}\delta$ 效应和整体 $P\text{-}\Delta$ 效应）。局部 $P\text{-}\delta$ 效应一般用规范 EC3-1-1 第 6.3 节的方法考虑；整体 $P\text{-}\Delta$ 效应在结构整体分析中直接考虑，或通过适当增加构件屈曲长度间接考虑。

承受弯矩和轴向压力共同作用的双对称截面构件对翘曲变形不敏感，失稳可能是由弯曲屈曲或者侧向扭转屈曲引起的。所以，第 6.3.3（1）款考虑了两种不同的情况：

（1）不容易发生扭转变形的构件，如空心圆截面构件或扭转受到约束的其他截面构件。对于这种构件，失稳模式是弯曲屈曲；

（2）容易发生扭转变形的构件，如扭转未受到约束的开口截面（工字形或 H 形截面）构件。对于这种构件，失稳模式是侧向扭转屈曲。

考虑一个双对称截面单跨构件，"标准"的端部条件，构件受到弯矩和轴向压力作用，应满足下列条件：

$$\frac{N_{Ed}}{\chi_y N_{Rk}/\gamma_{M1}} + k_{yy}\frac{M_{y,Ed}+\Delta M_{y,Ed}}{\chi_{LT}M_{y,Rk}/\gamma_{M1}} + k_{yz}\frac{M_{z,Ed}+\Delta M_{z,Ed}}{M_{z,Rk}/\gamma_{M1}} \leqslant 1.00 \qquad (1.71)$$

$$\frac{N_{Ed}}{\chi_z N_{Rk}/\gamma_{M1}} + k_{zy}\frac{M_{y,Ed}+\Delta M_{y,Ed}}{\chi_{LT}M_{y,Rk}/\gamma_{M1}} + k_{zz}\frac{M_{z,Ed}+\Delta M_{z,Ed}}{M_{z,Rk}/\gamma_{M1}} \leqslant 1.00 \qquad (1.72)$$

式中：

N_{Ed}、$M_{y,Ed}$ 和 $M_{z,Ed}$ 分别为轴向压力设计值和构件关于 y 轴和 z 轴的最大弯矩设计值；

$\Delta M_{y,Ed}$ 和 $\Delta M_{z,Ed}$ 为 4 类截面有效折减区由于形心轴移动产生的弯矩；

χ_y 和 χ_z 分别为关于 y 轴和 z 轴的弯曲屈曲折减系数，根据规范 EC3-1-1 第 6.3.1 条计算；

χ_{LT} 为侧向扭转屈曲折减系数，根据规范 EC3-1-1 第 6.3.2 条计算（对于不易于发生扭转变形的构件，$\chi_{LT}=1.0$）；

k_{yy}、k_{yz}、k_{zy} 和 k_{zz} 为取决于相关失稳和塑性现象的相互作用系数，按附录 A（方法 1）或附录 B（方法 2）确定；

$N_{Rk}=f_y A_i$、$M_{i,Rk}=f_y W_i$ 和 $\Delta M_{i,Ed}$ 根据构件截面的类型按表 1.25 确定。

规范 EC3-1-1 给出计算相互作用系数 k_{yy}、k_{yz}、k_{zy} 和 k_{zz} 的两种方法：由法国、比利时研究人员提出的方法 1 及由澳大利亚、德国研究人员提出的方法 2（Boissonnade 等，2006）。

用于计算 N_{Rk}、$M_{i,Rk}$ 和 $\Delta M_{i,Ed}$ 的数值   表 1.25

类别	1	2	3	4
A_i	A	A	A	A_{eff}
W_y	$W_{pl,y}$	$W_{pl,y}$	$W_{el,y}$	$W_{eff,y}$
W_z	$W_{pl,z}$	$W_{pl,z}$	$W_{el,z}$	$W_{eff,z}$
$\Delta M_{y,Ed}$	0	0	0	$e_{N,y}N_{Ed}$
$\Delta M_{z,Ed}$	0	0	0	$e_{N,z}N_{Ed}$

针对不易发生扭转变形的构件，假设不会发生侧向扭转屈曲。构件的稳定性通过计算关于 y 轴和 z 轴的弯曲屈曲进行校核。这种方法需使用式（1.71）（关于 y 轴的弯曲屈曲）和式（1.72）（关于 z 轴的弯曲屈曲），取 $\chi_{LT}=1.0$，计算不易发生扭转变形构件的相互作用系数 k_{yy}、k_{yz}、k_{zy} 和 k_{zz}。

对于易发生扭转变形的构件，假设侧向扭转屈曲的可能性较大。在这种情况下，应采用式（1.71）和式（1.72）根据规范 EC3-1-1 第 6.3.2 条计算 χ_{LT}，然后计算相互作用系数。

根据方法 1，若 $I_T \geqslant I_y$，则构件不易发生扭转变形，I_T 和 I_y 分别为扭转常数和关于 y 轴的截面惯性矩。如果 $I_T < I_y$，且沿构件存在侧向约束，若满足下式条件，这种情况仍按不易发生扭转变形考虑：

$$\overline{\lambda_0} \leqslant 0.2 \sqrt{C_1} \sqrt[4]{\left(1-\frac{N_{Ed}}{N_{cr,z}}\right)\left(1-\frac{N_{Ed}}{N_{cr,T}}\right)} \tag{1.73}$$

式中，C_1 为取决于侧向支撑截面间弯矩图形状的系数（节 3.4.1.1 确定），$N_{cr,z}$ 和 $N_{cr,T}$ 分别为关于 z 轴弯曲屈曲的弹性临界荷载和扭转屈曲的弹性临界荷载，$\overline{\lambda_0}$ 为恒定弯矩作用计算的侧向扭转屈曲的无量纲长细比。若不满足式（1.73），构件应视为易发生扭转变形的构件。

根据方法 2，下列构件可视为不易发生扭转变形：

（1）空心圆截面构件；

（2）中空矩形截面构件，但根据一些作者（Kaim，2004）的意见，仅当 $h/b \leqslant 10/\overline{\lambda_z}$ 时构件可视为不易发生扭转变形的构件，式中 h 和 b 分别为截面的高度和宽度，$\overline{\lambda_z}$ 为关于 z 轴的无量纲长细比；

（3）受到扭转和侧向约束的开口截面构件。根据 Boissonnade（2006）等的观点，对于开口工字形和 H 形截面且受到连续约束的构件，如满足规范 EC3-1-1 附录 B.2 的条件，可认为构件不易发生扭转变形，其他情况必须进行论证。

对于开口截面如工字形或 H 形截面的构件，如没有足够的扭转约束和侧向约束，应视为易发生扭转变形的构件。侧向约束指截面受压侧受到侧向约束。

1.3.5.2　算例

【例 1-6】　校核图 1.36 所示工业建筑中柱 A-B 的安全性。柱截面为 IPE360，钢材等级为 S355（$E=210\text{GPa}$，$G=81\text{GPa}$），设计荷载见图 1.36。假设剪力足够小，校核可忽略。将结构看作有侧移钢架，所以根据规范 EC3-1-1 中 5.2.2（7）b 的第二种方法，设计内力（图 1.36）通过二阶分析得到，框架平面（平面 x-z）的屈曲长度为 $L_{E,y}=6.0\text{m}$，与实际长度相等。确定 x-y 平面的屈曲长度时，考虑柱底部、中部和顶部有支撑。

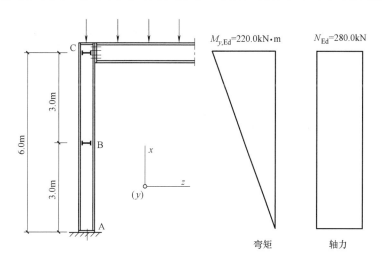

图 1.36 承受强轴弯矩和压力作用的柱

IPE360 的几何特性：$A=72.73\text{cm}^2$，$h=360\text{mm}$，$b=170\text{mm}$，$W_{\text{el},y}=903.6\text{cm}^3$，$W_{\text{pl},y}=1019\text{cm}^3$，$I_y=16270\text{cm}^4$，$i_y=14.95\text{cm}$，$W_{\text{el},z}=122.8\text{cm}^3$，$W_{\text{pl},z}=191.1\text{cm}^3$，$I_z=1043\text{cm}^4$，$i_z=3.79\text{cm}$，$I_T=37.32\text{cm}^4$，$I_W=313.6\times10^3\text{cm}^6$。

（1）截面分类

规范 EC3-1-1 没有给出标准来定义校核构件稳定性时要用到的截面类型，因为一般情况下，沿构件长度内力发生变化，截面类型也相应发生变化。根据 SEMI-COMP＋project（Greiner 等，2011），构件屈曲设计的分类可采用基于最大一阶利用系数截面建立的等效分类。在这种情况下（图 1.37），因为截面 C 的利用系数最大（$UF=0.61$），压弯构件屈曲设计类别与截面 C 的类别一致。因为该截面承受弯矩和轴力作用，腹板分类时必须用

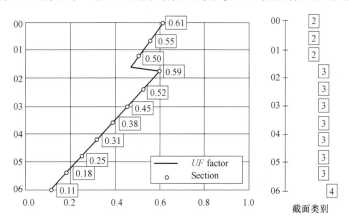

图 1.37 沿构件的利用系数 UF 和截面类型

到的截面完全塑性情况下中性轴的位置取决于弯矩和轴力的关系。根据 SEMI-COMP＋project，全塑性应力分布中性轴的位置按下式计算：

$$\alpha = \frac{1}{2} + \frac{|-220|}{-280} \times \left(\frac{1}{298.6 \times 10^{-3}} - \frac{1}{2 \times 298.6 \times 10^{-3}} \right)$$

$$\left(\sqrt{\left(298.6 \times 10^{-3} \times \frac{(-280)}{(-220)} \right)^2 + \frac{-280^2 \times (4 \times 1019 \times 10^{-6} - (298.6 \times 10^{-3})^2 \times 8 \times 10^{-3})}{(-220)^2 \times 8 \times 10^{-3}} + 4} \right)$$

$$= 0.759$$

对于承受弯矩和轴力作用的腹板

$$c/t = 298.6/8 = 37.3 > \frac{396\varepsilon}{13\alpha - 1} = \frac{396 \times 0.81}{13 \times 0.759 - 1} = 36.2 \qquad \text{（非 1 类）}$$

$$c/t = 298.6/8 = 37.3 < \frac{456\varepsilon}{13\alpha - 1} = \frac{456 \times 0.81}{13 \times 0.759 - 1} = 41.7 \qquad \text{（2 类）}$$

受压翼缘

$$c/t = (170/2 - 8/2 - 18)/12.7 = 5.0 < 9\varepsilon = 9 \times 0.81 = 7.3 \qquad \text{（1 类）}$$

所以截面为 2 类截面。值得注意的是，若截面类型根据截面 A（只受压）的内力确定，那么用于稳定性验算的构件类别为 4 类。

（2）截面承载力验算

由内力图可知截面 C 为内力最大的截面，$M_{y,Ed} = 220.0 \text{kN·m}$，$N_{Ed} = 280.0 \text{kN}$。因为

$$N_{pl,Rd} = f_y A / \gamma_{M0} = 2581.9 \text{kN}$$

$N_{Ed} = 280.0 \text{kN} < 0.25 N_{pl,Rd} = 645.5 \text{kN}$，并且 $N_{Ed} = 280.0 \text{kN} < 0.5 h_w t_w f_y / \gamma_{M0} = 475.1 \text{kN}$，

根据规范 EC3-1-1 第 6.2.9.1（4）项，无须降低塑性受弯承载力，所以：

$$M_{pl,y,Rd} = W_{pl,y} \frac{f_y}{\gamma_{M0}} = 361.7 \text{kN·m} > M_{y,Ed} = 220.0 \text{kN·m}$$

还需要注意的是，严格来讲截面 A 和距顶部 1.20m 截面（分别为 3 类和 4 类截面）的承载力也要进行校核，尽管这里没有给出计算过程，但也对这些截面进行了安全性校核。

（3）构件稳定性验证

本例中只采用了方法 2。因为构件（薄壁开口截面）容易发生扭转变形，认为失稳模式是侧向扭转屈曲。由于 $M_{z,Ed} = 0$，需按下列公式进行验证：

$$\frac{N_{Ed}}{\chi_y N_{Rk}/\gamma_{M1}} + k_{yy} \frac{M_{y,Ed}}{\chi_{LT} M_{y,Rk}/\gamma_{M1}} \leqslant 1.00$$

$$\frac{N_{Ed}}{\chi_z N_{Rk}/\gamma_{M1}} + k_{zy} \frac{M_{y,Ed}}{\chi_{LT} M_{y,Rk}/\gamma_{M1}} \leqslant 1.00$$

然后计算屈曲折减系数 χ_y、χ_z、χ_{LT} 及相互作用系数 k_{yy} 和 k_{zy}。

第 1 步：计算截面承载力特性

$$N_{Rk} = A f_y = 72.73 \times 10^{-4} \times 355 \times 10^3 = 2581.9 \text{kN}$$

$$M_{y,Rk} = W_{pl,y} f_y = 1019 \times 10^{-6} \times 355 \times 10^{3} = 361.7 \text{kN} \cdot \text{m}$$

第 2 步：计算弯曲屈曲折减系数 χ_y 和 χ_z

x-z 平面 $L_{E,y} = 6.0\text{m}$。

$$\bar{\lambda}_y = \frac{L_{E,y}}{i_y} \frac{1}{\lambda_1} = \frac{6.0}{14.95 \times 10^{-2}} \times \frac{1}{93.9 \times 0.81} = 0.53$$

因为 $\alpha_{LT} = 0.21$（EC3-1-1 的表 6.2，H 型钢，$h/b > 1.2$，$t_f < 40\text{mm}$，关于 y 轴弯曲），得到：

$$\Phi_y = 0.68 \Rightarrow \chi_y = 0.90$$

x-y 平面 $L_{E,z} = 3.0\text{m}$，认为次梁限制支撑截面 y 方向的位移。

$$\bar{\lambda}_z = \frac{L_{E,z}}{i_z} \frac{1}{\lambda_1} = \frac{3.0}{3.79 \times 10^{-2}} \times \frac{1}{93.9 \times 0.81} = 1.04$$

由于 $\alpha_{LT} = 0.34$（EC3-1-1 的表 6.2，H 型钢，$h/b > 1.2$，$t_f < 40\text{mm}$，关于 z 轴弯曲），可知：

$$\Phi_z = 1.18 \Rightarrow \chi_z = 0.58$$

第 3 步：使用适用于轧制截面或等效焊接截面的方法计算 χ_{LT}（EC3-1-1 第 6.3.2.3 款）。

支撑截面间的距离 $L = 3.00\text{m}$，用式（1.45）和表 1.20 计算承受不同端部弯矩的构件得：

$$\Psi = 0.50 \Rightarrow C_1 = 1.31 \Rightarrow M_{cr} = 649.9\text{kNm} \Rightarrow \bar{\lambda}_{LT} = 0.75$$

因为 $\alpha_{LT} = 0.49$（H 型钢截面 $h/b > 2 \Rightarrow$ 曲线 c），根据规范 EC3-1-1 第 6.3.2.3 款，取 $\bar{\lambda}_{LT,0} = 0.4$ 和 $\beta = 0.75$，得：

$$\Phi_{LT} = 0.8 \Rightarrow \chi_{LT} = 0.79$$

根据表 1.24（EC3-1-1 的表 6.6）$\Psi = 0.50$，修正系数 k_c 由下式确定：

$$k_c = \frac{1}{1.33 - 0.33\Psi} = 0.86$$

由式（1.60）

$$f = 1 - 0.5 \times (1 - 0.86) \times [1 - 2.0 \times (0.75 - 0.8)^2] = 0.93$$

修正后的侧向扭转屈曲折减系数：

$$\chi_{LT,mod} = 0.79/0.93 = 0.85$$

第 4 步：计算相互作用系数 k_{yy} 和 k_{zy}。

因为构件容易发生扭转变形，相互作用系数由规范 EC3-1-1 的表 B.2 得到。

首先，由支撑截面之间的弯矩图得到均布弯矩的等效系数 C_{my} 和 C_{mLT}，根据 z 方向弯矩得到 C_{my}，根据侧向弯矩得到 C_{mLT}。无侧向位移结构取系数 C_{my}，本算例采用规范 EC3-1-1 第 5.2.2（7）b 项的第二种方法计算。假设构件受到 z 方向支撑，底部和顶部受到侧向支撑，系数 C_{my} 和 C_{mLT} 必须根据构件整个长度方向的弯矩图计算。由于弯矩图为线性分布，即 $M_{y,Ed,base} = 0$、$M_{y,Ed1/2height} = -110\text{kN} \cdot \text{m}$ 和 $M_{y,Ed,top} = -220\text{kN} \cdot \text{m}$，根据规范 EC3-1-1 的表 B.2 有：

$$\Psi = M_{y,\text{Ed,base}} / M_{y,\text{Ed,top}} = (0)/(-220) = 0.0$$
$$C_{my} = 0.60 + 0.4 \times (0.0) = 0.60 (>0.40)$$

以及

$$\Psi = M_{y,\text{Ed,1/2height}} / M_{y,\text{Ed,top}} = (-110)/(-220) = 0.5$$
$$C_{mLT} = 0.60 + 0.4 \times (0.5) = 0.80 (>0.40)$$

相互作用系数 k_{yy} 和 k_{zy} 由下式确定：

$$k_{yy} = C_{my}\left[1 + (\bar{\lambda}_y - 0.2)\frac{N_{\text{Ed}}}{\chi_y N_{\text{Rk}}/\gamma_{\text{M1}}}\right] = 0.60 \times \left[1 + (0.53 - 0.2) \times \frac{280.0}{0.90 \times 2581.9/1.00}\right]$$
$$= 0.624$$

因为

$$k_{yy} = 0.624 \leqslant C_{my}\left(1 + 0.8\frac{N_{\text{Ed}}}{\chi_y N_{\text{Rk}}/\gamma_{\text{M1}}}\right) = 0.658$$

所以 $k_{yy} = 0.624$。

$$k_{zy} = \left[1 - \frac{0.1\bar{\lambda}_z}{(C_{mLT} - 0.25)}\frac{N_{\text{Ed}}}{\chi_z N_{\text{Rk}}/\gamma_{\text{M1}}}\right] = \left[1 - \frac{0.1 \times 1.04}{(0.80 - 0.25)} \times \frac{280.0}{0.58 \times 2581.9/1.00}\right]$$
$$= 0.966$$

因为

$$k_{zy} = 0.966 \geqslant \left(1 - \frac{0.1}{(C_{mLT} - 0.25)}\frac{N_{\text{Ed}}}{\chi_z N_{\text{Rk}}/\gamma_{\text{M1}}}\right) = 0.947$$

所以 $k_{zy} = 0.966$。

第 5 步：用式（1.71）和（1.72）进行验证：

$$\frac{280.0}{0.90 \times 2581.9/1.00} + 0.624 \times \frac{220.0}{0.85 \times 361.7/1.00} = 0.56 < 1.00$$
$$\frac{280.0}{0.58 \times 2581.9/1.00} + 0.966 \times \frac{220.0}{0.85 \times 361.7/1.00} = 0.88 < 1.00$$

因此钢材等级为 S355 的 HEB320 截面满足要求。

【例 1-7】 建筑首层梁柱安全性校核，如图 1.38 所示。构件长 4.335m，由钢材等级为 S355 的 HEB320 截面组成。对不同荷载组合的结构分析得到设计内力，如图 1.38 所示。根据内力图做如下简化假设之后进行设计验证：①剪力很小，可忽略；②弯矩线性分布。这样底端内力的设计值 $N_{\text{Ed}} = 1704.0$kN，$M_{y,\text{Ed}} = 24.8$kN·m。

HEB320 截面相关的几何特性：$A = 161.3\text{cm}^2$；$W_{pl,y} = 2149\text{cm}^3$，$I_y = 30820\text{cm}^4$，$i_y = 13.82\text{cm}$；$I_z = 9239\text{cm}^4$，$i_z = 7.57\text{cm}$，$I_T = 225.1\text{cm}^4$，$I_W = 2069 \times 10^3 \text{cm}^6$。材料的力学性能：$f_y = 355$MPa，$E = 210$GPa，$G = 81$GPa。

（1）截面分类

因为轴力很大，只按轴力对截面进行分类（保守方法）。因为截面 HEB320 承受轴向荷载的能力较高，即使在这种荷载条件下仍有足够强度，所以截面为 1 类截面。

（2）截面承载力校核

根据内力图，底部截面为内力最大的截面，$M_{y,\text{Ed}} = 24.8$kN·m，$N_{\text{Ed}} = 1704.0$kN。

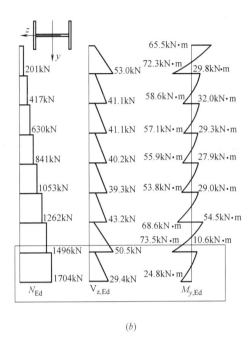

(a) (b)

图1.38 案例研究建筑物

(a) 建筑物；(b) 内力图

$$N_{\text{pl,Rd}}=Af_y/\gamma_{\text{M0}}=161.3\times10^{-4}\times355\times10^3/1.00=5726.2\text{kN}$$

因为 $N_{\text{Ed}}=1704.0\text{kN}<N_{\text{pl,Rd}}=5726.2\text{kN}$，满足受压承载力要求。

因为 $N_{\text{Ed}}=1704.0\text{kN}>0.25N_{\text{pl,Rd}}=1431.5\text{kN}$，根据第6.2.9.1（4）项，需考虑塑性受弯承载力降低，计算如下：

$$M_{\text{pl},y,\text{Rd}}=\frac{W_{\text{pl},y}f_y}{\gamma_{\text{M0}}}=\frac{2149\times10^{-6}\times355\times10^3}{1.00}=762.9\text{kN}\cdot\text{m}$$

$$n=\frac{N_{\text{Ed}}}{N_{\text{pl,Rd}}}=\frac{1704.0}{5726.2}=0.30;a=\frac{A-2bt_f}{A}=\frac{161.3-2\times30\times2.05}{161.3}=0.24$$

$$M_{\text{N},y,\text{Rd}}=M_{\text{pl},y,\text{Rd}}\frac{1-n}{1-0.5a}=762.9\times\frac{1-0.30}{1-0.5\times0.24}=606.9\text{kN}\cdot\text{m}$$

因为 $M_{y,\text{Ed}}=24.8\text{kN}\cdot\text{m}<M_{\text{N},y,\text{Rd}}=606.9\text{kN}\cdot\text{m}$，同时考虑轴力的情况，受弯承载力满足要求。

（3）构件稳定性验证

本例只使用了方法2。因为构件（薄壁开口截面）容易发生扭转位移，认为侧向扭转屈曲是相关的失稳模式。因为 $M_{z,\text{Ed}}=0$，应满足下列条件：

$$\frac{N_{\text{Ed}}}{\chi_y N_{\text{Rk}}/\gamma_{\text{M1}}}+k_{yy}\frac{M_{y,\text{Ed}}}{\chi_{\text{LT}}M_{y,\text{Rk}}/\gamma_{\text{M1}}}\leqslant1.00$$

$$\frac{N_{\text{Ed}}}{\chi_z N_{\text{Rk}}/\gamma_{\text{M1}}}+k_{zy}\frac{M_{y,\text{Ed}}}{\chi_{\text{LT}}M_{y,\text{Rk}}/\gamma_{\text{M1}}}\leqslant1.00$$

需采用如下步骤来计算屈曲折减系数 χ_y、χ_z、χ_{LT} 和相互作用系数 k_{zz} 和 k_{zy}。

第 1 步：截面承载力特性

$$N_{Rk} = Af_y = 161.3 \times 10^{-4} \times 355 \times 10^3 = 5726.2 \text{kN}$$

$$M_{y,Rk} = W_{pl,y}f_y = 2149 \times 10^{-6} \times 355 \times 10^3 = 762.9 \text{kN} \cdot \text{m}$$

第 2 步：屈曲折减系数 χ_y 和 χ_z

平面 x-z——$L_{E,y} = 4.335 \text{m}$

$$\bar{\lambda}_y = \frac{L_{E,y}}{i_y}\frac{1}{\lambda_1} = \frac{4.335}{13.58 \times 10^{-2}} \times \frac{1}{93.9 \times 0.81} = 0.42$$

因为 $\alpha_{LT} = 0.34$（EC3-1-1 的表 6.2，H 形轧制截面，$h/b = 320/300 = 1.07 < 1.2$，$t_f = 20.5 \text{mm} < 40 \text{mm}$，并且关于 y 轴弯曲），可得：

$$\Phi_y = 0.62 \Rightarrow \chi_y = 0.92$$

平面 x-y——$L_{E,z} = 4.335 \text{m}$。

$$\bar{\lambda}_z = \frac{L_{E,z}}{i_z}\frac{1}{\lambda_1} = \frac{4.335}{7.57 \times 10^{-2}} \times \frac{1}{93.9 \times 0.81} = 0.75$$

因为 $\alpha_{LT} = 0.49$（EC3-1-1 的表 6.2，H 形轧制截面，$h/b = 320/300 = 1.07 < 1.2$，$t_f = 20.5 \text{mm} < 40 \text{mm}$，绕 z 轴弯曲），可得：

$$\Phi_z = 0.92 \Rightarrow \chi_z = 0.69$$

第 3 步：使用适用于轧制截面或等效焊接截面的可选方法计算 χ_{LT}［EC3-1-1 第 6.3.2.3 项］。

支撑截面间的长度 $L = 4.335 \text{m}$。使用软件 LTbeam（2002）计算承受端部不等弯矩作用的构件，可得：

$$M_{cr} = 5045.1 \text{kN} \cdot \text{m} \Rightarrow \bar{\lambda}_{LT} = 0.39$$

因为 $\alpha_{LT} = 0.34$（H 形轧制截面 $h/b = 320/300 = 1.07 < 1.2$[①]$\Rightarrow$曲线 b），根据规范 EC3-1-1 第 6.3.2.3 项，取 $\bar{\lambda}_{LT,0} = 0.4$ 和 $\beta = 0.75$，有：

$$\Phi_{LT} = 0.56 \Rightarrow \chi_{LT} = 0.99$$

根据表 1.24（EC3-1-1 的表 6.6），$\Psi = 10.6/(-24.8) = -0.43$，修正系数 k_c 由下式确定：

$$k_c = \frac{1}{1.33 - 0.33\Psi} = \frac{1}{1.33 - 0.33 \times (-0.43)} = 0.68$$

由式（1.60）

$$f = 1 - 0.5 \times (1 - 0.68) \times [1 - 2.0 \times (0.39 - 0.8)^2] = 0.89$$

修正侧向扭转屈曲折减系数由下式确定：

$\chi_{LT,mod} = 0.99/0.89 = 1.11 > 1.00$，所以应采用 $\chi_{LT,mod} = 1.00$。

第 4 步：相互作用系数 k_{yy} 和 k_{zy}。

因为属于容易发生扭转变形的构件，相互作用系数从规范 EC3-1-1 的表 B.2 得到。

---

① 原著为 2，根据表 1.19 改为 1.2。

首先，根据支撑截面之间的弯矩图得到均布弯矩的等效系数 C_{my} 和 C_{mLT}，由 z 方向弯矩得到 C_{my}，根据侧向弯矩得到 C_{mLT}。无侧向位移结构取系数 C_{my}，采用规范 EC3-1-1 第 5.2.2（7）b 项的第二种方法进行计算。假设构件 z 方向受到支撑，顶部和底部受到侧向支撑，系数 C_{my} 和 C_{mLT} 一定要根据沿构件全长的弯矩图进行计算。因为弯矩呈线性分布，$M_{y,Ed,base}=24.8kN\cdot m$，$M_{y,Ed,top}=-10.4kN\cdot m$，根据规范 EC3-1-1 的表 B.2：

$$\Psi=M_{y,Ed,top}/M_{y,Ed,base}=(-10.6)/(24.8)=-0.43$$
$$C_{my}=C_{mLT}=0.60+0.4\times(-0.43)=0.43(>0.40)$$

相互作用系数 k_{yy} 和 k_{zy} 按下式确定：

$$k_{yy}=C_{my}\left[1+(\bar{\lambda}_y-0.2)\frac{N_{Ed}}{\chi_y N_{Rk}/\gamma_{M1}}\right]=0.43\times\left[1+(0.42-0.2)\times\frac{1704.0}{0.92\times5726.2/1.00}\right]=0.46$$

因为 $k_{yy}=0.46\leqslant C_{my}\left(1+0.8\frac{N_{Ed}}{\chi_y N_{Rk}/\gamma_{M1}}\right)=0.54$，所以 $k_{yy}=0.46$。

$$k_{zy}=\left[1-\frac{0.1\bar{\lambda}_z}{(C_{mLT}-0.25)}\frac{N_{Ed}}{\chi_z N_{Rk}/\gamma_{M1}}\right]=\left[1-\frac{0.1\times0.75}{(0.43-0.25)}\times\frac{1704.0}{0.69\times5726.2/1.00}\right]=0.82$$

因为 $k_{zy}=0.82\geqslant\left(1-\frac{0.1}{(C_{mLT}-0.25)}\frac{N_{Ed}}{\chi_z N_{Rk}/\gamma_{M1}}\right)=0.76$，所以 $k_{zy}=0.82$。

第 5 步：验证式（1.71）和式（1.72）：

$$\frac{1704.0}{0.92\times5726.2/1.00}+0.43\times\frac{24.8}{1.00\times762.9/1.0}=0.34<1.00$$

$$\frac{1704.0}{0.69\times5726.2/1.00}+0.82\times\frac{24.8}{1.00\times762.1/1.00}=0.46<1.00$$

所以钢材等级 S 355 的截面 HEB 320 满足承载力要求。

【例 1-8】考虑图 1.39 所示的支撑钢悬臂构件 B-C 的柱 A-B。柱截面 A 固定，顶部截面 B 可自由转动，但两个水平方向的位移受约束。柱由钢材等级 S 355（$E=210GPa$，$G=81GPa$）的矩形中空截面 SHS 200mm×150mm×8mm（热加工）构成。假设所示荷载已经考虑了承载能力极限状态，根据规范 EC3-1-1 校核柱的安全性。

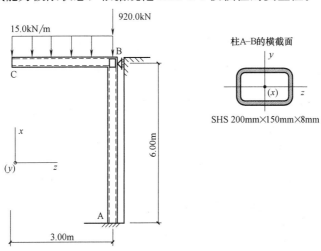

图 1.39　采用矩形中空截面构件的结构

（1）内力图

由给定的设计荷载得到的内力如图 1.40 所示。

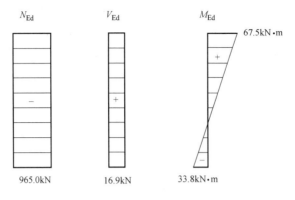

图 1.40 内力图

（2）截面承载力校核

SHS 200mm×150mm×8mm 相关几何特性如下：$A=52.75\text{cm}^2$，$W_{pl,y}=358.8\text{cm}^3$，$W_{el,y}=297.1\text{cm}^3$，$I_y=2971\text{cm}^4$，$i_y=7.505\text{cm}$，$W_{pl,z}=293.7\text{cm}^3$，$W_{el,z}=252.6\text{cm}^3$，$I_z=1894\text{cm}^4$，$i_z=5.992\text{cm}$，$I_T=3643\text{cm}^4$。

因为构件的截面已知，可根据规范 EC3-1-1 第 5.5 节进行截面分类。对于承受可变弯矩和轴力作用的构件，截面的类别可能沿构件发生变化。尽管校核截面承载力时没有难度（每种截面根据其类型设计），但验证构件稳定性时定义截面类型会比较复杂，因为是整体性校核。本例采用了简化的方法，即验证最不利情况（只有受压截面）的截面类型。所以，对于较长的一侧，根据表 1.1（EC3-1-1 的表 5.2）。

$$c/t\approx(b-3t)/t=(200-3\times8)/8=22.0<33\varepsilon=33\times0.81=26.7 \qquad \text{（1 类）}$$

属于受压 1 类截面，其他应力组合均可视为 1 类截面。

根据第 6.2.9.1（5）项，按式（1.62）计算有轴力共同作用时关于 y 轴的受弯承载力：

$$M_{N,y,Rd}=M_{pl,y,Rd}\frac{1-n}{1-0.5a_w}\leqslant M_{pl,y,Rd}$$

对于内力最大的截面（柱顶截面），$N_{Ed}=965.0\text{kN}$，$M_{y,Ed}=67.5\text{kN}\cdot\text{m}$ 有

$$n=\frac{N_{Ed}}{N_{pl,Rd}}=\frac{965.0}{52.75\times10^{-4}\times355\times10^3/1.00}=0.52$$

$$a_w=\frac{A-2bt}{A}=\frac{52.75-2\times15\times0.8}{52.75}=0.55>0.5\Rightarrow a_w=0.5$$

$$M_{pl,y,Rd}=358.8\times10^{-6}\times\frac{355\times10^3}{1.00}=127.4\text{kN}\cdot\text{m}$$

折减的设计塑性受弯承载力由下式计算：

$$M_{N,y,Rd}=127.4\times\frac{1-0.52}{1-0.5\times0.5}=81.5\text{kN}\cdot\text{m}<M_{pl,y,Rd}\Rightarrow M_{N,y,Rd}=81.5\text{kN}\cdot\text{m}$$

所以 $M_{Ed}=67.5\text{kN}\cdot\text{m}<M_{N,y,Rd}=81.5\text{kN}\cdot\text{m}$。

因为构件承受恒定剪力作用，所有截面的受剪承载力都需进行校核。

根据第 6.2.6（3）款：

$$A_v = \frac{Ah}{b+h} = \frac{52.75 \times 20}{15+20} = 30.14 \text{cm}^2$$

$$V_{pl,Rd} = \frac{A_v f_y}{\gamma_{M0} \sqrt{3}} = \frac{30.14 \times 10^{-4} \times 355 \times 10^3}{1.00 \times \sqrt{3}} = 617.7 \text{kN}$$

因为 $V_{Ed} = 16.9 \text{kN} < V_{pl,Rd} = 617.7 \text{kN}$，所以受剪承载力满足要求。

对于腹板剪切屈曲，根据第 6.2.6（6）款，$\eta = 1.0$，

$$h_w/t_w \approx (h-3t)/t = (200-3\times8)/8 = 22.0 < 72\varepsilon/\eta = 58.3$$

所以无需剪切屈曲校核。

根据规范 EC3-1-1 第 6.2.8 条，应验证截面 B 的弯矩、轴力和剪力的共同作用。因为 $V_{Ed} = 16.9 \text{kN} < 0.50 V_{pl,Rd} = 0.50 \times 617.7 = 308.9 \text{kN}$，所以无需考虑共同相互作用而降低截面的承载力。

（3）构件稳定性校核

对于承受单向弯矩（关于 y 轴）和压力作用的压弯构件，使用1类截面，应满足下列条件：

$$\frac{N_{Ed}}{\chi_y N_{Rk}/\gamma_{M1}} + k_{yy} \frac{M_{y,Ed}}{\chi_{LT} M_{y,Rk}/\gamma_{M1}} \leqslant 1.00$$

$$\frac{N_{Ed}}{\chi_z N_{Rk}/\gamma_{M1}} + k_{zy} \frac{M_{y,Ed}}{\chi_{LT} M_{y,Rk}/\gamma_{M1}} \leqslant 1.00$$

相互作用系数 k_{yy} 和 k_{zy} 可按第 6.3.3 条给出的方法 1 或方法 2 计算；为进行比较，本例采用两种方法。

1）方法 1

因为构件截面是矩形中空截面，$I_T = 3643 \text{cm}^4 > I_y = 2971 \text{cm}^4$，构件不易发生扭转变形，所以失稳模式为弯曲屈曲，无需验证侧向扭转屈曲，式（1.71）和式（1.72）中取 $\chi_{LT} = 1.00$。采用如下步骤计算相互作用系数 k_{yy} 和 k_{zy}。

第 1 步：截面承载力特性

$$N_{Rk} = A f_y = 52.75 \times 10^{-4} \times 355 \times 10^3 = 1872.6 \text{kN}$$

$$M_{y,Rk} = W_{pl,y} f_y = 358.8 \times 10^{-6} \times 355 \times 10^3 = 127.4 \text{kN} \cdot \text{m}$$

第 2 步：弯曲屈曲折减系数 χ_y 和 χ_z

平面 x-z（关于 y 轴屈曲）：$L_{E,y} = 0.7 \times 6.0 = 4.2 \text{m}$

$$\overline{\lambda}_y = \frac{L_{E,y}}{i_y} \frac{1}{\lambda_1} = \frac{4.2}{7.505 \times 10^{-2}} \times \frac{1}{93.9 \times 0.81} = 0.74$$

$\alpha = 0.21$，为曲线 a（EC3-1-1 的表 6.2，热加工中空截面）；

$$\Phi = 0.83 \Rightarrow \chi_y = 0.83$$

平面 x-y（关于 z 轴屈曲）：$L_{E,z} = 0.7 \times 6.0 = 4.2 \text{m}$。

$$\overline{\lambda}_z = \frac{L_{E,z}}{i_y} \frac{1}{\lambda_1} = \frac{4.2}{5.992 \times 10^{-2}} \times \frac{1}{93.9 \times 0.81} = 0.92$$

$\alpha = 0.21$，为曲线 a（EC3-1-1 的表 6.2，热加工中空截面）；

$$\Phi = 1.00 \Rightarrow \chi_z = 0.72$$

第 3 步：辅助项的计算，包括系数 C_{yy} 和 C_{zy}（取决于破坏时截面塑性发展程度的系数），按规范 EC3-1-1 的表 A.1 确定

$$N_{cr,y} = \frac{\pi^2 EI_y}{L_{E,y}^2} = \frac{210 \times 10^6 \times 2971 \times 10^{-8} \pi^2}{4.2^2} = 3490.8 \text{kN}$$

$$N_{cr,z} = \frac{\pi^2 EI_z}{L_{E,z}^2} = \frac{210 \times 10^6 \times 1894 \times 10^{-8} \pi^2}{4.2^2} = 2225.4 \text{kN}$$

$$\mu_y = \frac{1 - \dfrac{N_{Ed}}{N_{cr,y}}}{1 - \chi_y \dfrac{N_{Ed}}{N_{cr,y}}} = \frac{1 - \dfrac{965.0}{3490.8}}{1 - 0.83 \times \dfrac{965}{3490.8}} = 0.94$$

$$\mu_z = \frac{1 - \dfrac{N_{Ed}}{N_{cr,z}}}{1 - \chi_z \dfrac{N_{Ed}}{N_{cr,z}}} = \frac{1 - \dfrac{965.0}{2225.4}}{1 - 0.72 \times \dfrac{965}{2225.4}} = 0.82$$

$$w_y = \frac{W_{pl,y}}{W_{el,y}} = \frac{358.8}{297.1} = 1.21 (<1.5)$$

$$w_z = \frac{W_{pl,z}}{W_{el,z}} = \frac{293.7}{252.6} = 1.16 (<1.5)$$

$$n_{pl} = \frac{N_{Ed}}{N_{Rk}/\gamma_{M1}} = \frac{965.0}{1872.6/1.00} = 0.52$$

$$\bar{\lambda}_{max} = \max(\bar{\lambda}_y, \bar{\lambda}_z) = \max(0.74; 0.92) = 0.92$$

因为构件不容易发生扭转变形，根据规范 EC3-1-1 的表 A.1，均布弯矩的等效系数按 $C_{my} = C_{my,0}$ 和 $C_{mLT} = 1.0$ 确定，系数 $C_{my,0}$ 由规范 EC3-1-1 的表 A.2 得到。因为弯矩呈线性分布，$M_{y,Ed,base} = -33.8 \text{kN} \cdot \text{m}$，$M_{y,Ed,top} = 67.5 \text{kN} \cdot \text{m}$，

$$\Psi_y = M_{y,Ed,base}/M_{y,Ed,top} = -33.8/67.5 = -0.50$$

$$C_{my,0} = 0.79 + 0.21\Psi_y + 0.36(\Psi_y - 0.33)\frac{N_{Ed}}{N_{cr,y}}$$

$$= 0.79 + 0.21 \times (-0.5) + 0.36 \times (-0.5 - 0.33) \times \frac{965.0}{3490.8} = 0.60$$

$$C_{my} = C_{my,0} = 0.60$$

因为 $I_T > I_y \Rightarrow a_{LT} = 0 \Rightarrow b_{LT} = d_{LT} = 0$，系数 C_{yy} 和 C_{zy} 按下式确定：

$$C_{yy} = 1 + (w_y - 1)\left[\left(2 - \frac{1.6}{w_y}C_{my}^2\bar{\lambda}_{max} - \frac{1.6}{w_y}C_{my}^2\bar{\lambda}_{max}^2\right)n_{pl}\right] \geqslant \frac{W_{el,y}}{W_{pl,y}} \Longleftrightarrow$$

$$C_{yy} = 1 + (1.21 - 1) \times \left[\left(2 - \frac{1.6}{1.21} \times 0.60^2 \times 0.92 - \frac{1.6}{1.21} \times 0.60^2 \times 0.92^2\right) \times 0.52\right] = 1.13$$

$$(>W_{el,y}/W_{pl,y} = 297.1/358.8 = 0.83)$$

$$C_{zy} = 1 + (w_y - 1)\left[\left(2 - 14\frac{C_{my}^2\bar{\lambda}_{max}^2}{w_y^5}\right)n_{pl}\right] \geqslant 0.6\sqrt{\frac{w_y}{w_z}}\frac{W_{el,y}}{W_{pl,y}} \Longleftrightarrow$$

$$C_{zy}=1+(1.21-1)\times\left[\left(2-14\times\frac{0.60^2\times0.92^2}{1.21^5}\right)\times0.52\right]=1.04$$

$$\left(>0.6\sqrt{\frac{w_y}{w_z}}\frac{W_{el,y}}{W_{pl,y}}=0.6\times\sqrt{\frac{1.21}{1.16}}\times\frac{297.1}{358.8}=0.51\right)$$

第 4 步：相互作用系数 k_{yy} 和 k_{zy}

基于已经计算的所有辅助项，考虑到截面为 1 类截面，按规范 EC3-1-1 的表 A.1，相互作用系数 k_{yy} 和 k_{zy} 为：

$$k_{yy}=C_{my}C_{mLT}\frac{\mu_y}{1-\dfrac{N_{Ed}}{N_{cr,y}}}\frac{1}{C_{yy}}=0.60\times1.0\times\frac{0.94}{1-\dfrac{965.0}{3490.8}}\times\frac{1}{1.13}=0.69$$

$$k_{zy}=C_{my}C_{mLT}\frac{\mu_z}{1-\dfrac{N_{Ed}}{N_{cr,y}}}\frac{1}{C_{zy}}0.6\sqrt{\frac{w_y}{w_z}}=0.60\times1.0\times\frac{0.82}{1-\dfrac{965.0}{3490.8}}\times\frac{1}{1.04}\times0.6\sqrt{\frac{1.21}{1.16}}=0.40$$

由式（1.71）和式（1.72）得：

$$\frac{N_{Ed}}{\chi_y N_{Rk}/\gamma_{M1}}+k_{yy}\frac{M_{y,Ed}}{\chi_{LT}M_{y,Rk}/\gamma_{M1}}=\frac{965.0}{0.83\times1872.6/1.0}+0.69\times\frac{67.5}{1.0\times127.4/1.00}=0.99<1.00$$

$$\frac{N_{Ed}}{\chi_z N_{Rk}/\gamma_{M1}}+k_{zy}\frac{M_{y,Ed}}{\chi_{LT}M_{y,Rk}/\gamma_{M1}}=\frac{965.0}{0.72\times1872.6/1.00}+0.40\times\frac{67.5}{1.00\times127.4/1.00}=0.93<1.00$$

所以，钢材等级为 S355 的矩形中空截面 200mm×150mm×8mm 按方法 1 验算满足要求。

2）方法 2

因为构件截面为矩形中空截面，侧向弯曲刚度和侧向扭转刚度较高，所以无需验证其侧向扭转屈曲，取 $\chi_{LT}=1.0$。方法 2 与方法 1 只是相互作用系数不同，方法 2 直接计算这些系数。

因为构件不容易发生扭转变形，相互作用系数可按规范 EC3-1-1 的表 B.1 确定。

因为弯矩呈线性分布，$M_{y,Ed,base}=-33.8\text{kN}\cdot\text{m}$，$M_{y,Ed,top}=67.5\text{kN}\cdot\text{m}$，有

$$\Psi_y=M_{y,Ed,base}/M_{y,Ed,top}=-33.8/67.5=-0.50$$

根据规范 EC3-1-1 的表 B.3：

$$C_{my}=0.6+0.4\times(-0.50)=0.40(\geqslant0.40)$$

根据方法 1 对 1 类截面的计算，相互作用系数 k_{yy} 和 k_{zy} 由下式确定：

$$k_{yy}=C_{my}\left[1+(\bar{\lambda}_y-0.2)\frac{N_{Ed}}{\chi_y N_{Rk}/\gamma_{M1}}\right]=0.40\times\left[1+(0.74-0.2)\right.$$

$$\left.\times\frac{965.0}{0.83\times1872.6/1.00}\right]=0.53$$

因为 $k_{yy}=0.53<C_{my}\left[1+0.8\dfrac{N_{Ed}}{\chi_y N_{Rk}/\gamma_{M1}}\right]=0.60$，取 $k_{yy}=0.53$。

根据方法 2，对于承受轴力和绕 y 轴单向弯矩共同作用的矩形中空截面，可取 $k_{zy}=0$。由式（1.71）和式（1.72）得：

$$\frac{965.0}{0.83\times1872.6/1.00}+0.53\times\frac{67.5}{1.00\times127.4/1.00}=0.90<1.00$$

$$\frac{965.0}{0.72\times1872.6/1.00}=0.72<1.00$$

所以按方法 2 验算，钢材等级为 S 355 的 RHS 200mm×150mm×8mm 矩形中空截面满足要求。值得注意的是，本例中方法 1 得到的结果比方法 2 更为保守。

参 考 文 献

[1] Boissonnasde N., Greiner, R., Jaspart J. P., Lindner, J. 2006. New design rules in EN 1993-1-1 for member stability, ECCS Technical Committee 8 – Structural Stability, P119, European Convention for Constructional Steelwork, Brussels.

[2] EN 10020：2000. Definition and classification of grades of steel, European Committee for Standardization, Brussels. CEN.

[3] EN 10025-1：2004. Hot rolled products of structural steels – Part 1：General technical delivery conditions, European Committee for Standardization, Brussels. CEN.

[4] EN 10210-1：2006. Hot finished structural hollow sections of non-alloy and fine grain steels – Part 1：Technical delivery conditions, European Committee for Standardization, Brussels. CEN.

[5] EN 10219-1：2006. Cold formed welded structural hollow sections of non-alloy and fine grain steels – Part 1：Technical delivery conditions, European Committee for Standardization, Brussels. CEN.

[6] EN 1090-2：2008＋A1：2011. Execution of steel and aluminium structures – Part 2：Technical requirements for steel structures, European Committee for Standardization, Brussels. CEN.

[7] EN 14399-1：2005. High-strength structural bolting assembling for preloaded – Part 1：General requirements, European Committee for Standardization, Brussels. CEN.

[8] EN 15048-1：2007. Non-preloaded structural bolting assemblies – Part 1：General requirements, European Committee for Standardization, Brussels. CEN.

[9] EN 1990：2002. Eurocode, Basis of Structural Design, European Committee for Standardization, Brussels. CEN.

[10] EN1991-1-1：2002. Eurocode 1：Actions on structures - Part 1-1：General actions - Densities, self-weight, imposed loads for buildings, European Committee for Standardization, Brussels. CEN.

[11] EN1991-1-4：2005. Eurocode 1：Actions on Structures – Part 1-4：General Actions – Wind actions, European Committee for Standardization, Brussels. CEN.

[12] EN1993-1-1：2005. Eurocode 3：Design of Steel Structures. Part 1. 1：General rules and rules for buildings. CEN.

[13] EN1993-1-5：2006. Eurocode 3：Design of Steel Structures. Part 1. 5：Plated structural elements. CEN.

[14] EN1993-1-8：2005. Eurocode 3：Design of Steel Structures, Part 1. 8：Design of joints, European Committee for Standardization, Brussels. CEN.

[15] Franssen, J. M., Vila Real, P. 2010. Fire design of steel structures, ECCS Eurocode Design Manuals, ECCS Press / Ernst&Sohn.

[16] Greiner, R., Lechner, A., Kettler, M., Jaspart, J. P., Weynand, K., Ziller, C., Oerder, R., Herbrand, M., Simões da Silva, L., Dehan, V. 2011. Design guidelines for crosssection and member design according to Eurocode 3 with particular focus on semicompact sections, Valorisation Project SEMICOMP＋："Valorisation action of plastic member capacity of semi-compactsteel sections-a more economic approach", RFS2- CT-2010-00023, Brussels.

［17］ Kaim，P. 2004. Spatial buckling behaviour of steel members under bending and compression，PhD Thesis，Graz University of Technology，Austria.

［18］ LTBeam. 2002. Lateral Torsional Buckling of Beams，LTBeam version 1. 0. 11，CTICM，France.

［19］ Simões da Silva，L. ，Simões，R. ，Gervásio，H. 2013. Design of Steel Structures，ECCS Eurocode Design Manuals. Brussels：Ernt & Sohn A Wiley Company，1st Edition.

第 2 章

栓接、焊接和柱基础

2.1 螺栓连接、铆钉连接和销钉连接

2.1.1 螺栓连接

等级为 4.6、4.8、5.6、5.8、6.8、8.8 和 10.9 的螺栓常用于螺栓连接，其屈服强度标准值 f_{yb} 和极限抗拉强度标准值 f_{ub} 如表 2.1 所示。

螺栓屈服强度和极限抗拉强度标准值（EN 1993-1-8 表 3.1）　　　　表 2.1

螺栓等级	4.6	4.8	5.6	5.8	6.8	8.8	10.9
f_{yb}（N/mm²）	240	320	300	400	480	640	900
f_{ub}（N/mm²）	400	400	500	500	600	800	1000

钢铆钉材料性能、尺寸规格和公差应符合各国家规范的规定，等级为 8.8 和 10.9 的螺栓组通常都满足。锚固螺栓受剪而名义屈服强度不超过 640N/mm²，或不受剪而名义屈服强度不超过 900N/mm² 时，可采用 EN 19993-1-8 规定的材料。承担剪力的螺栓连接应按下列类型之一进行设计：

1. A 型：承压型螺栓连接

该类连接使用等级为 4.6～10.9 的螺栓，无须预加载，且对接触面没有特殊要求。设计极限剪力不应超过设计抗剪承载力和设计受压承载力。

2. B 型：正常使用极限状态抗滑移螺栓连接

该类连接应使用等级为 8.8 和 10.9 的螺栓，正常使用极限状态下不应发生滑移。正常使用设计剪力不应超过设计抗滑承载力。设计极限剪力不应超过设计抗剪承载力和设计受压承载力。

3. C 型：承载能力极限状态抗滑移螺栓连接

该类连接应使用等级为 8.8 和 10.9 的螺栓，承载能力极限状态下不应发生滑移。设计极限剪力不应超过设计抗滑承载力和设计受压承载力。此外，对受拉的连接应校核承载能力极限状态下螺栓孔处净截面的塑性承载力设计值 $N_{net,Rd}$（见 EN 1993-1-1 第 6.2 节）。

以上三种连接的设计校核总结列于表 2.2 中。

承受拉力的螺栓连接应按下列类型之一进行设计：

4. D 型：非预加载螺栓连接

该类连接使用等级为 4.6～10.9 的螺栓，无须进行预加载。若连接处频繁承受变化的拉伸荷载，则不应采用此类连接。但这类连接可用于抵抗一般风荷载。

5. E 型：预加载螺栓连接

该类连接使用预加载的等级为 8.8 和 10.9 的紧固螺栓。

2.1.2 螺栓孔、铆钉孔定位

螺栓和铆钉间距、端距、边距的最大值和最小值如表 2.3 和图 2.1 所示。疲劳荷载作用下结构的螺栓和铆钉间距、端距、边距的最大值和最小值见 EN 1993-1-9。

表 2.2

螺栓连接类型（EN 1993-1-8 表 3.2）

类型	标准	说明
剪切连接		
A 承压型螺栓连接	$F_V, E_d \leqslant F_V, R_d$ $F_V, E_d \leqslant F_b, R_d$	无需预加载， 可使用等级为 4.6～10.9 的螺栓
B 正常使用极限状态抗滑移螺栓连接	$F_V, E_{d,ser} \leqslant F_S, R_{d,ser}$ $F_V, E_d \leqslant F_V, R_d$ $F_V, E_d \leqslant F_b, R_d$	预加载， 应使用等级为 8.8 或 10.9 的螺栓
C 承载能力极限状态抗滑移螺栓连接	$F_V, E_d \leqslant F_S, R_d$ $F_V, E_d \leqslant F_b, R_d$ $F_V, E_d \leqslant N_{net}, R_d$	预加载， 应使用等级为 8.8 或 10.9 的螺栓
受拉连接		
D 非预加载螺栓连接	$F_t, E_d \leqslant F_t, R_d$ $F_t, E_d \leqslant B_p, R_d$	无需预加载， 可使用等级为 4.6～10.9 的螺栓
E 预加载螺栓连接	$F_t, E_d \leqslant F_t, R_d$ $F_t, E_d \leqslant B_p, R_d$	预加载， 应使用等级为 8.8 或 10.9 的螺栓

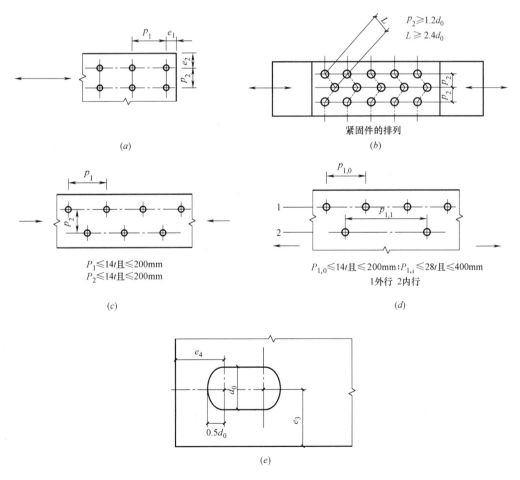

图 2.1　紧固件端距、边距和间距符号（EN 1993-1-8 图 3.1）

（*a*）紧固件间距符号；（*b*）错列间距符号；（*c*）受压构件的错列间距；（*d*）受拉构件的错列间距

（*e*）槽孔的端距、边距

间距、端距和边距的最大值和最小值（EN 1993-1-8 表 3.3） 表 2.3

距离、间距 （图 3.1）	最小值	最大值[①②③]		符合 EN 10025-5 的 钢材建造的结构
		符合 EN 10025-2 但不符合 EN 10025-5 的钢材建造的结构		
		钢材暴露于大气或 受其他腐蚀影响	钢材未暴露于大气或 不受其他腐蚀影响	钢材无防护条 件下使用
端距 e_1	$1.2d_0$	$4t + 40\text{mm}$		$8t$ 和 125mm 中 的较大值
边距 e_2	$1.2d_0$	$4t + 40\text{mm}$		$8t$ 和 125mm 中 的较大值
槽孔距离 e_3	$1.5d_0^{④}$			
槽孔距离 e_4	$1.5d_0^{④}$			
间距 p_1	$2.2d_0$	$14t$ 和 200mm 中 的较小值	$14t$ 和 200mm 中 的较小值	$14t_{\min}$ 和 175mm 中的较小值
间距 $p_{1.0}$		$14t$ 和 200mm 中的较小值		
间距 $p_{1,i}$		$28t$ 和 400mm 中的较小值		
间距 $p_2^{⑤}$	$2.4d_0$	$14t$ 和 200mm 中 的较小值	$14t$ 和 200mm 中 的较小值	$14t_{\min}$ 和 175mm 中的较小值

① 间距、端距和边距的最大值通常无限制，但下列情况除外：

——对于受压构件，需避免局部失稳及防止暴露构件的腐蚀；

——对于受拉的暴露构件，需防止腐蚀。

② 根据 EN 1993-1-1，应以 $0.6p_1$ 作屈曲长度计算紧固件间受压板的局部失稳承载力。若 p_1/t 小于 9ε，无须校核紧固件间的局部屈曲。边距不应超过受压构件突出部分的局部屈曲要求（EN 1993-1-1）。端距不受此限制。

③ t 为较薄外连接部分的厚度。

④ 槽孔的尺寸限制见 EN 1090-2。

⑤ 若两紧固件间的最小距离 L 大于等于 $2.4d_0$，则紧固件最小行距取 $p_2=1.2d_0$（见图 2.1 (b)）。

2.1.3 单个紧固件的设计承载力

受剪或受拉的单个紧固件的设计承载力如表 2.4 所示。对于预加载螺栓，设计预加荷载 $F_{p,Cd}$ 按下式计算：

$$F_{p,Cd}=\frac{0.7A_s f_{ub}}{\gamma_{M7}} \tag{2.1}$$

单个螺栓螺纹部分的受拉承载力、抗剪承载力设计值如表 2.4 所示。对于切削螺纹螺栓，如锚固螺栓或螺纹符合 EN 1090 要求的圆钢制成的螺杆，应使用表 2.4[①] 中的相关数值。对于螺纹不符合 EN 1090 要求的切削螺纹螺栓，表 2.4 中的数值应乘系数 0.85。表 2.4 的设计抗剪承载力 $F_{v,Rd}$ 仅用于名义螺栓孔距不超过规范 EN 1090-2 规定的正常孔距的情况。如果螺栓组的设计受压承载力大于等于螺栓组设计抗剪承载力，也可采用按 2mm 间隙孔的 M12 和 M14 螺栓。此外，对于等级为 4.8、5.8、6.8、8.8 和 10.9 的螺栓，设计抗剪承载力 $F_{v,Rd}$ 应取表 2.4 中数值乘以 0.85 后的值。

---

① 原著为表 2.5，应为表 2.4。

配合螺栓应按正常孔洞螺栓的设计方法进行设计。配合螺栓的螺纹不应包括在剪切面内。承压长度中配合螺栓螺纹部分的长度不应超过板厚的三分之一，见图 2.2。

如图 2.3 所示，对于单排螺栓单搭接节点，应在螺栓头和螺母下方放置垫圈。单铆钉不应用于单搭接节点。使用 8.8 级或 10.9 级螺栓时，对只有一个螺栓或一排螺栓的单搭接节点应使用硬化垫圈。各螺栓的设计受压承载力 $F_{b,Rd}$ 应限制为

$$F_{b,Rd} \leqslant \frac{1.5 d t f_u}{\gamma_{M2}} \qquad (2.2)$$

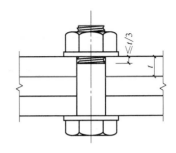

图 2.2 配合螺栓承压段的有螺纹螺杆部分（EN 1993-1-8 图 3.2）

如图 2.4 所示，当传递剪力、压力荷载的螺栓或铆钉穿过盖板，且盖板总厚度 t_p 大于公称直径 d 的三分之一时，设计抗剪承载力 $F_{v,Rd}$ 应乘以下面折减系数 β_p：

$$\beta_p = \frac{9d}{8d + 3t_p} \leqslant 1 \qquad (2.3)$$

对于两边均有盖板的双剪连接，t_p 取较厚盖板的厚度。

受剪或受拉的单个螺栓的设计承载力（EN 1993-1-8 表 3.4） 表 2.4

破坏模式	
每个剪切面的抗剪承载力	$F_{v,Rd} = \dfrac{\alpha_v A f_{ub}}{\gamma_{M2}}$ 1）若剪切面通过螺栓螺纹部分（A 为螺栓面积 A_s 中拉应力区的面积）： 等级为 4.6、5.6 和 8.8 的螺栓：$\alpha_v = 0.6$ 等级为 4.8、5.8、6.8 和 10.9 的螺栓：$\alpha_v = 0.5$ 2）若剪切面通过螺栓无螺纹部分（A 为螺栓总截面面积）：$\alpha_v = 0.6$
受压承载力①②③	$F_{b,Rd} = \dfrac{k_1 \alpha_b f_u d t}{\gamma_{M2}}$ 式中，α_b 为 f_{ub}/f_u、1.0 和下列值中的最小值（沿荷载传递方向）：端部螺栓：$e_1/3d_0$；内部螺栓：$(p_1/3d_0) - 0.25$； 在垂直于荷载传递的方向，系数 k_1 值为 1）对于边缘螺栓，k_1 为 $2.8e_2/d_0 - 1.7$ 和 2.5 中的较小值； 2）对于内部螺栓，k_1 为 $1.4e_2/d_0 - 1.7$ 和 2.5 中的较小值。
受拉承载力②	$F_{t,Rd} = \dfrac{k_2 A_s f_{ub}}{\gamma_{M2}}$ 埋头螺栓 $k_2 = 0.63$，其他 $k_2 = 0.9$。
受冲切承载力	$B_{p,Rd} = \dfrac{0.6 \pi d_m t_p f_u}{\gamma_{M2}}$
拉剪承载力	$\dfrac{F_{v,Ed}}{F_{v,Rd}} + \dfrac{F_{t,Ed}}{1.4 F_{t,Rd}} \leqslant 1$

① 螺栓受压承载力 $F_{b,Rd}$：
对于大孔径螺栓，为标准孔径螺栓受压承载力的 0.8 倍。
对于槽孔纵轴垂直力传递方向的螺栓，为正常圆孔螺栓受压承载力的 0.6 倍。
② 对于埋头螺栓：
受压承载力 $F_{b,Rd}$ 取决于板厚度 t，等于连接板厚度减沉孔深度的一半；
确定受拉承载力 $F_{t,Rd}$ 时，沉孔角度和深度应符合 EN 1090-2，否则应相应调整受拉承载力 $F_{t,Rd}$。
③ 螺栓荷载不平行于边缘时，螺栓受压承载力可按平行和垂直端部方向分别进行校核。

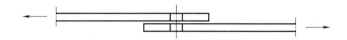

图 2.3　单排螺栓单搭接节点（EN 1993-1-8 图 3.3）

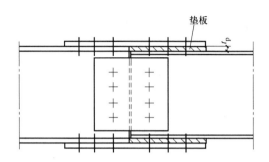

图 2.4　借助垫板的连接（EN 1993-1-8 图 3.4）

如果各紧固件的设计抗剪承载力 $F_{v,Rd}$ 大于等于其设计受压承载力 $F_{b,Rd}$，则紧固件组的设计承载力可取为各紧固件的设计受压承载力 $F_{b,Rd}$ 之和。否则，紧固件组的设计承载力应取为紧固件个数与紧固件组中各紧固件设计承载力最小值的乘积。

2.1.4　长连接节点

如图 2.5 所示，沿力的传递方向，节点两端紧固件中心的距离为 L_j。根据表 2.5 计算的所有紧固件的设计抗剪承载力 $F_{v,Rd}$ 应乘以折减系数 β_{Lf} 进行折减，折减系数由下式确定：

$$\beta_{Lf}=1-\frac{L_j-15d}{200d}, 0.75 \leqslant \beta_{Lf} \leqslant 1 \tag{2.4}$$

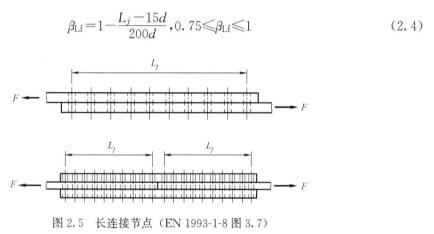

图 2.5　长连接节点（EN 1993-1-8 图 3.7）

2.1.5　抗滑移连接

等级为 8.8 或 10.9 的预加载螺栓的设计抗滑承载力为

$$F_{s,Rd}=\frac{k_s n \mu}{\gamma_{M3}}F_{p,C} \tag{2.5}$$

式中，k_s 为按表 2.5 取值的系数；n 为摩擦面的数量；μ 为摩擦面滑移系数，通过试验或查表 2.6 确定。

对于等级为 8.8 和 10.9 的紧固螺栓，式（2.5）中的预加力 $F_{p,C}$ 按下式计算：

$$F_{p,C}=0.7A_s f_{ub} \tag{2.6}$$

k_s 的取值（EN 1993-1-8 表 3.6）　　　　　　　　　　　　　　　　表 2.5

类　　型	k_s
螺栓位于一般孔中	1.00
螺栓位于较大孔径或短槽孔中，且槽轴垂直于力的传递方向	0.85
螺栓位于长槽孔中，且槽轴垂直于力传递方向	0.70
螺栓位于短槽孔中，且槽轴平行于力传递方向	0.76
螺栓位于长槽孔中，且槽轴平行于力传递方向	0.63

预加载螺栓滑移系数 μ（EN 1993-1-8 表 3.7）　　　　　　　　　　表 2.6

摩擦面类别	滑移系数 μ	摩擦面类别	滑移系数 μ
A	0.5	C	0.3
B	0.4	D	0.2

若抗滑移连接除受剪力 $F_{V,Ed}$ 或 $F_{V,Ed,ser}$ 作用外，还受拉力 $F_{t,Ed}$ 或 $F_{t,Ed,ser}$ 作用，且在其作用下有滑动趋势，则每个螺栓的设计抗滑承载力按下列公式计算：

B 型连接：

$$F_{s,Rd,serv}=\frac{k_s n\mu(F_{p,C}-0.8F_{t,Ed,serv})}{\gamma_{M3}} \tag{2.7}$$

C 型连接：

$$F_{s,Rd}=\frac{k_s n\mu(F_{p,C}-0.8F_{t,Ed})}{\gamma_{M3}} \tag{2.8}$$

在抗弯连接中，若受压侧的接触力与施加的拉力相互抵消，则无须折减抗滑承载力。

2.1.6　抗局部撕裂设计

局部撕裂破坏包括螺栓组中沿孔径剪切面的剪切破坏及沿螺栓孔连线的螺栓组受拉面的拉裂破坏，图 2.6 所示为撕裂区域。对于受轴心荷载作用的对称螺栓组，抗局部撕裂设计承载力 $V_{eff,1,Rd}$ 按下式计算：

$$V_{eff,1,Rd}=\frac{A_{nt}f_u}{\gamma_{M2}}+\frac{A_{nv}f_y}{\sqrt{3}\gamma_{M0}} \tag{2.9}$$

对于受偏心荷载作用的螺栓组，抗局部剪切撕裂设计承载力 $V_{eff,2,Rd}$ 按下式计算：

$$V_{eff,2,Rd}=0.5\frac{A_{nt}f_u}{\gamma_{M2}}+\frac{A_{nv}f_y}{\sqrt{3}\gamma_{M0}} \tag{2.10}$$

式中，A_{nt} 为受拉区的净面积，A_{nv} 为受剪区的净面积。

确定下列情况的设计承载力时，应考虑节点偏心率和螺栓间距、边距的影响：

① 非对称构件；

② 非对称连接的对称构件，如单肢连接的角钢。

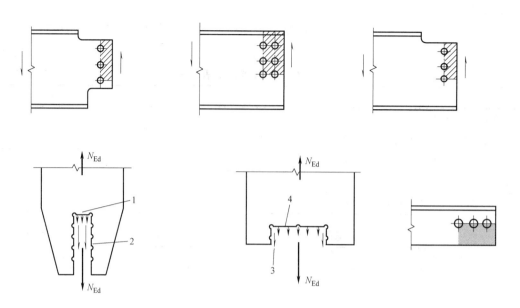

图 2.6　局部撕裂（EN 1993-1-8 图 3.9）

1—较小拉力；2—较大剪力；3—较小剪力；4—较大拉力

如图 2.7 所示，可将用单排螺栓单肢连接的受拉角钢视为有效净截面上受到轴心荷载作用的情况，其设计承载力按下列公式计算：

单个螺栓：

$$N_{u,Rd} = \frac{2.0(e_2 - 0.5d_0)tf_u}{\gamma_{M2}} \tag{2.11}$$

两个螺栓：

$$N_{u,Rd} = \frac{\beta_2 A_{net} f_u}{\gamma_{M2}} \tag{2.12}$$

三个或多个螺栓：

$$N_{u,Rd} = \frac{\beta_3 A_{net} f_u}{\gamma_{M2}} \tag{2.13}$$

式中：β_2 和 β_3 为取决于间距 p_1 的折减系数，详见表 2.7。对于 p_1 的中间值，β 可按线性插值法取值；A_{net} 为角钢的净面积。对于在较短肢进行连接的不等肢角钢，A_{net} 取肢长等于其短肢长的等效等肢角钢的净截面面积。

折减系数 β_2、β_3（EN 1993-1-8 表 3.8）　　　　　　　　　表 2.7

间　距		$\leqslant 2.5 d_0$	$\geqslant 5 d_0$
两个螺栓	β_2	0.4	0.7
三个或多个螺栓	β_3	0.5	0.7

2.1.7　销钉连接

对销钉连接不要求转动的特殊情况下，若销钉长度小于其直径的 3 倍，可按单螺栓连

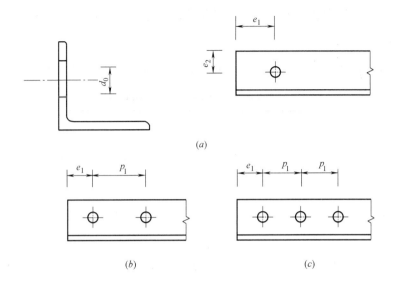

图 2.7　单肢连接的角钢（EN 1993-1-8 图 3.9）

（a）单个螺栓；（b）两个螺栓；（c）三个螺栓

接进行设计。对于其他情况，EN 1993-1-8 第 3.13 节给出了设计模型。当销钉有松动的风险时，必须对其进行保护。

2.1.8　算例——双角钢螺栓连接

如图 2.8 所示，设计一个由两个截面尺寸为 L80×6 的角钢构成的受拉组件螺栓连接，钢材采用 S355。组件受 580kN 的拉力 N_{Ed} 作用，连接到 8mm 厚的节点板上。

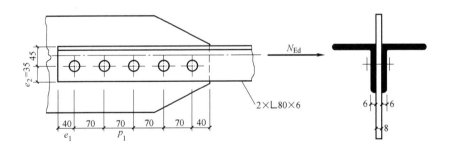

图 2.8　双角钢螺栓连接

采用等级 6.8 的全螺纹螺栓 M20。

首先校核有孔截面的承载力。

$$N_{u,Rd} = \frac{0.9 A_{net} f_u}{\gamma_{M2}} = \frac{0.9 \times 2 \times (935 - 22 \times 6) \times 510}{1.25} = 589.7 \text{kN} > N_{Ed} = 580 \text{kN}$$

对于螺纹处受剪的双剪切面螺栓，每个螺栓的抗剪承载力为

$$F_{v,Rd} = 2 \frac{\alpha_v A_s f_{ub}}{\gamma_{M2}} = 2 \times \frac{0.6 \times 245 \times 600}{1.25} = 141.1 \text{kN}$$

如图 2.8 所示，分端螺栓和内部螺栓计算螺栓设计受压承载力。系数 k_1 和 α_b 计算如下：

（1）端螺栓：

$$k_1 = \min\left(2.8\frac{e_2}{d_0} - 1.7; 2.5\right) = \min\left(2.8 \times \frac{35}{22} - 1.7; 2.5\right) = \min(2.75; 2.5) \rightarrow k_1 = 2.5$$

$$\alpha_b = \min\left\{\begin{array}{c} \dfrac{e_1}{3d_0} \\[2mm] \dfrac{f_{ub}}{f_u} \\[4mm] \\ 1.0 \end{array}\right\} = \min\left\{\begin{array}{c} \dfrac{40}{3.22} \\[2mm] \dfrac{600}{360} \\[4mm] \\ 1.0 \end{array}\right\} = \min\left\{\begin{array}{c} 0.606 \\[2mm] 1.176 \\[4mm] \\ 1.0 \end{array}\right\} = 0.606$$

（2）内部螺栓：

$$k_1 = \min\left(2.8\frac{e_2}{d_0} - 1.7; 2.5\right) = \min\left(2.8 \times \frac{35}{22} - 1.7; 2.5\right) = \min(2.75; 2.5) \rightarrow k_1 = 2.5$$

$$\alpha_b = \min\left\{\begin{array}{c} \dfrac{p_1}{3d_0} - \dfrac{1}{4} \\[2mm] \dfrac{f_{ub}}{f_u} \\[4mm] \\ 1.0 \end{array}\right\} = \min\left\{\begin{array}{c} \dfrac{70}{3.22} - \dfrac{1}{4} \\[2mm] \dfrac{600}{360} \\[4mm] \\ 1.0 \end{array}\right\} = \min\left\{\begin{array}{c} 0.811 \\[2mm] 1.176 \\[4mm] \\ 1.0 \end{array}\right\} = 0.811$$

因节点板厚 8mm，比两个角钢的厚度 12mm 小，受压承载力由节点板确定。因此端螺栓的受压承载力为

$$F_{b,Rd} = \frac{k_1 \alpha_b d t f_u}{\gamma_{M2}} = \frac{2.5 \times 0.606 \times 20 \times 8 \times 510}{1.25} = 98.9\text{kN}$$

内部螺栓的受压承载力为

$$F_{b,Rd} = \frac{2.5 \times 0.811 \times 20 \times 8 \times 510}{1.25} = 132.4\text{kN}$$

因受压承载力低于抗剪承载力，该设计主要取决于受压承载力。将端螺栓和内部螺栓的受压承载力相加，5 个螺栓组成连接的承载力为

$$98.9 + 3 \times 132.4 + 98.9 = 595.0\text{kN} > 580\text{kN} = N_{Ed}$$

需要说明的是，本例分别考虑内部螺栓和端螺栓的受压承载力。也可保守地将受压承载力取为内部螺栓和端螺栓的较小值（这里为端螺栓），此时，连接的设计承载力为 $5 \times 98.9 = 494.5 \text{ kN}$。

2.2 焊接

2.2.1 几何形状和尺寸

本节规定了适用于符合 EN 1993-1-1 的可焊结构钢，且材料厚度不小于 4mm。这些

规定对熔焊金属力学性能与基材力学性能匹配的焊接节点也适用。对于薄型材料的焊接，参考 EN 1993 第 1.3 节的规定。对于厚度不小于 2.5mm 的结构空心截面的焊接，EN 1993-1-8 第 7 章给出了指导。EN ISO 14555 和 EN ISO 13918 中有栓钉焊的进一步指导。栓钉焊的参考标准见 EN 1994-1-1。

本指南包含角焊缝设计、全角焊缝设计、对接焊缝设计、塞焊缝设计和喇叭形坡口焊设计。对接焊可为全熔透焊或部分熔透焊，全角焊和塞缝焊可为圆形孔或延伸孔。最常用的节点类型和焊接类型见 EN ISO 17659。

角焊缝可用于角度为 60°～120° 熔合面的连接。角度小于 60° 也可采用，但应按部分熔透焊处理。对于角度大于 120° 的情况，角焊缝承载力应按 EN 1990 附录 D：基于试验的设计的规定通过试验确定。若角焊止于部件端部或侧边，则需进行连续回焊，直到与拐角处至少两个焊脚长度的距离，除非无法接近或由于节点形状而无法实施。对于断续焊，这一规定只适用于拐角处最后一个断续角焊缝。端部回焊应在图中标出。

腐蚀环境不应使用断续角焊缝。断续角焊缝中，每一焊缝长度 L_w 两端的间隔长度 L_1、L_2 应满足图 2.9 的要求，且间隔长度 L_1 或 L_2 应取焊缝异侧和同侧焊缝端部距离中的较小值。在每处断续角焊中，各连接部分端部均应有一段焊接缝。几块板通过断续角焊连

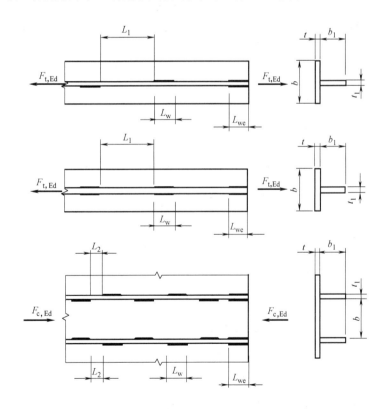

L_{we} 取 $0.75b$ 和 $0.75b_1$ 中的较小值

对于受拉组合构件：L_1 取 $16t$、$16t_1$ 和 200mm 中的最小值

对于受压或受剪组合构件：L_2 取 $12t$、$12t_1$、$0.25b$ 和 200mm 中的最小值

图 2.9　断续角焊缝（EN 1993-1-8 图 4.1）

接而成的组合构件中，板两侧均应留有长度至少为窄板宽度 3/4 的连续角焊缝，见图 2.9。

全角焊包括圆形孔或延伸孔角焊，只用于传递剪力或阻止重叠部分的失稳、分离。全角焊的圆形孔直径或延伸孔宽度不应小于被包含部分厚度的 4 倍。除端部延伸到构件边缘的情况，延伸孔端部应为半圆形。全角焊缝中心间距不应超过防止局部屈曲的基本值。

全熔透焊为焊接完全熔透且基材贯穿整个节点厚度的焊接，部分熔透焊为节点熔透深度小于基材全厚度的焊接。不应使用断续熔透焊。对单边部分熔透焊的设计应考虑偏心率的影响。

2.2.2 角焊缝的设计承载力

角焊缝的有效长度 L_{eff} 应取为焊缝的全尺长度，可用焊缝总长度减去两倍的焊缝有效厚度 a。如果此焊缝从起点到终点的整个长度均为全尺寸，则无须在起点或终点处对焊缝的有效长度进行折减。有效长度小于 30mm 和 6 倍焊喉厚度中较大值的角焊缝设计不应考虑承担荷载。

如图 2.10 所示，角焊缝有效厚度 a 应取为垂直于熔合面和焊缝表面间最大三角形（等腰或非等腰）外边方向的高度。角焊缝有效厚度不应小于 3mm。如图 2.11 所示，如果初步试验表明总能达到要求的熔透程度，确定深熔角焊缝设计承载力时可考虑附加焊喉厚度。

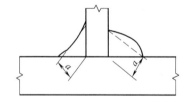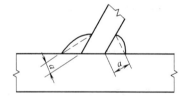

图 2.10　角焊缝的焊喉厚度（EN 1993-1-8 图 4.3）

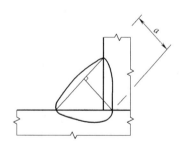

图 2.11　深熔角焊缝的焊喉厚度（EN 1993-1-8 图 4.4）

在该方法中，将单位焊接长度上传递的力分解为平行和垂直于焊缝纵轴的分量及焊喉面（焊缝有效截面）的法向和切向分量。焊缝有效截面面积 $A_w = \Sigma a \times L_{eff}$。焊缝有效截面的位置假定集中在底部。假定焊缝截面上应力为均匀分布，得到图 2.12 所示的正应力和切应力。校核焊缝设计承载力时，不考虑平行于焊缝轴的正应力 $\sigma_\parallel$。若使用不同材料强度等级的几部分进行焊接，应按强度等级较低材料的性能进行设计。

若下面两个条件均满足，则角焊缝有足够的设计承载力：

$$\sqrt{\sigma_\perp^2 + 3(\tau_\perp^2 + \tau_\parallel^2)} \leqslant \frac{f_u}{\beta_w \gamma_{M2}} \text{ 且 } \sigma_\perp \leqslant \frac{f_u}{\gamma_{M2}} \tag{2.14}$$

式中，f_u 为连接中较弱部分的名义极限受拉承载力；β_w 为从表 2.8 选择的相关系数。

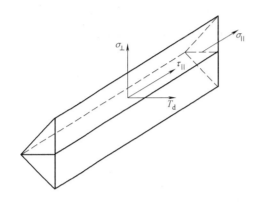

$\sigma_\perp$ 为垂直于焊缝有效截面的正应力；

$\sigma_\parallel$ 为平行于焊缝轴线方向的正应力；

$\tau_\perp$ 为焊缝有效截面上垂直于焊缝轴的切应力；

$\tau_\parallel$ 为焊缝有效截面上平行于焊缝轴的切应力。

图 2.12　角焊缝有效截面的应力（EN 1993-1-8 图 4.5）

角焊缝的相关系数 $\boldsymbol{\beta_w}$（EN 1993-1-8 表 4.1）　　　　　　　　表 2.8

标准和钢材等级			β_w
EN 10025	EN 10210	EN 10219	
S235 S235 W	S235 H	S235 H	0.80
S275 S275 N/NL S275 M/ML	S275 H S275 NH/NLH	S275 H S275 NH/NLH S275 MH/MLH	0.85
S355 S355 N/NL S355 M/ML S355 W	S355 H S355 NH/NLH	S355 H S355 NH/NLH S355 MH/MLH	0.90
S420 N/NL S420 M/ML		S420 MH/MLH	1.00
S460 N/NL S460 M/ML S460 Q/QL/QL1	S460 NH/NLH	S460 NH/NLH S460 MH/MLH	1.00

全角焊缝的设计承载力采用 EN 1993-1-8 第 4.5 节的方法确定。

2.2.3　对接焊缝的设计承载力

若焊接耗材较为合适，且所有焊接受拉部件的最小屈服强度和最小抗拉强度不低于其母材相应强度的规定值，应按连接件的薄弱部位确定全熔透对接焊缝的设计承载力。

部分熔透对接焊缝的设计承载力应按规范 EN 1993-1-8 第 4.5.2 条给出的深熔角焊缝方法确定。部分熔透对接焊的焊喉厚度不应大于所能达到的熔透深度。

图 2.13 所示为由叠加角焊缝强化过的两个部分熔透对接焊缝组成的 T 形节点。若扣除未焊缝隙后总的名义焊接厚度不小于形成 T 形节点接头部分的厚度 t，且未焊接缝隙不超过 $t/5$ 和 3mm 中的较小值，则该 T 形节点可按全熔透对接焊确定其设计承载力，见 EN 1993-1-8 第 4.7.1 条。不满足 EN 1993-1-8 第 4.7.3 条的 T 形节点的设计承载力，应根据熔透量按 EN 1993-1-8 第 4.5 节的角焊缝或深熔角焊缝方法确定。焊喉厚度应由角焊缝或部分熔透对接焊的相关规范确定。

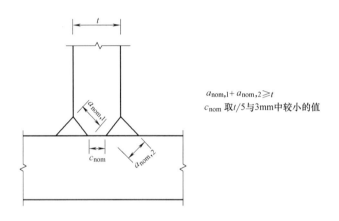

$a_{nom,1} + a_{nom,2} \geqslant t$
c_{nom} 取 $t/5$ 与 3mm 中较小的值

图 2.13　有效全熔透的 T 形对接焊缝（EN 1993-1-8 图 4.6）

2.2.4　非加强翼缘的连接

如图 2.14 所示，横板或梁翼缘焊接于 I 形、H 形或其他截面支撑构件的非加强翼缘时，施加的垂直于非加强翼缘的力不应超过 I 形和 H 形截面支撑构件腹板的设计承载力、横向板件作用下的设计承载力和支撑翼缘的设计承载力中的任何设计承载力。

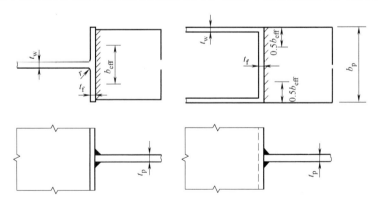

图 2.14　非加强 T 形节点的有效宽度（EN 1993-1-8 图 4.8）

对于非加强的 I 形或 H 形截面，有效宽度 b_{eff} 按下式计算：

$$b_{\mathrm{eff}} = t_{\mathrm{w}} + 2s + 7kt_{\mathrm{f}} \tag{2.15}$$

其中

$$k = \frac{t_{\mathrm{f}} f_{\mathrm{y,f}}}{t_{\mathrm{p}} f_{\mathrm{y,p}}} \leqslant 1 \tag{2.16}$$

式中，$f_{\mathrm{y,f}}$ 为 I 形或 H 形截面翼缘部分的屈服强度；$f_{\mathrm{y,p}}$ 为焊接于 I 形或 H 形截面板的屈服强度；尺寸 s 取值如下：

(1) 轧制的 I 形或 H 形截面：　　　　$s = r$ (2.17)

(2) 焊接的 I 形或 H 形截面：　　　　$s = \sqrt{2}a$ (2.18)

I 形或 H 形截面非加强型翼缘有效宽度 b_{eff} 的详细规定见 EN 1993-1-8 第 4.10 节；对于其他类型截面，如箱形或槽形截面，与翼缘宽度类似，连接板宽度的确定同样见 EN 1993-1-8 第 4.10 节。

2.2.5　长连接节点

考虑到沿长度方向应力分布不均匀的影响，搭接节点处角焊缝的设计承载力应乘以折减系数 β_{Lw}。这不适用于沿焊缝的应力分布与相邻基材的应力分布一致的情况，如板梁的翼缘和腹板焊接的情况。当搭接节点长度超过 $150a$ 时，折减系数 β_{Lw} 取 $\beta_{\mathrm{Lw,1}}$，即：

$$\beta_{\mathrm{Lw}} = 1.2 - \frac{0.2L_j}{150a} \leqslant 1 \tag{2.19}$$

式中，L_j 为沿力方向搭接部分的总长度。

2.2.6　算例——双角钢焊接

设计双角钢受拉构件的焊接连接，角钢截面尺寸为 L80×6，材料为钢 S235。板件承受 $N_{\mathrm{Ed}} = 400\mathrm{kN}$ 的拉力，相连桁架板的厚度为 8mm，见图 2.15。

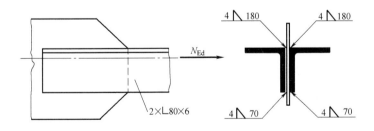

图 2.15　受拉双角钢的焊接连接

假定焊喉厚度 $a = 4\mathrm{mm}$。

作用在截面上的力分布在焊接区域，肢背焊缝受到下面力的作用：

$$F_{\mathrm{w1}} = N_{\mathrm{Ed}} \frac{e}{b} = 400 \times 10^3 \times \frac{21.7}{80} = 108.5\mathrm{kN}$$

肢尖焊缝所受到的力为

$$F_{\mathrm{w2}} = N_{\mathrm{Ed}} \frac{b-e}{b} = 400 \times 10^3 \times \frac{80-21.7}{80} = 291.5\mathrm{kN}$$

焊缝仅受纵向切应力 $\tau_{\parallel}$ 作用：

$$\tau_{\parallel} = \frac{F_{\mathrm{w}}}{a\ell} \leqslant \frac{f_{\mathrm{u}}}{\sqrt{3}\beta_{\mathrm{w}}\gamma_{\mathrm{M2}}}$$

两面肢背焊缝需要的长度为

$$l_1 = \frac{F_{\mathrm{w1}}\sqrt{3}\beta_{\mathrm{w}}\gamma_{\mathrm{M2}}}{af_{\mathrm{u}}} = \frac{108.5\times10^3\times\sqrt{3}\times0.8\times1.25}{2\times4\times360} = 65.3\mathrm{mm}$$

肢尖焊缝需要的长度为

$$l_2 = \frac{F_{\mathrm{w2}}\sqrt{3}\beta_{\mathrm{w}}\gamma_{\mathrm{M2}}}{af_{\mathrm{u}}} = \frac{291.5\times10^3\times\sqrt{3}\times0.8\times1.25}{2\times4\times360} = 175.3\mathrm{mm}$$

故当焊喉厚度 $a=4\mathrm{mm}$ 时，需要的焊缝长度为 70mm 和 180mm。

2.2.7　算例——端头板的简单连接

使用等级为 4.6 的 M16 螺栓设计一个 IPE 截面主梁的短端板连接，如图 2.16 所示。施加竖向剪力 $V_{\mathrm{Ed}}=48.8\mathrm{kN}$。主梁连接到截面为 HEB260 的柱腹板上，材料为钢 S235。

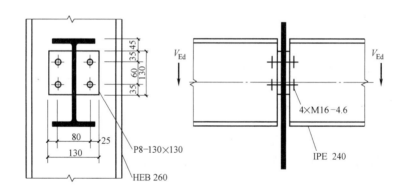

图 2.16　端头板连接

短端板连接的承载力取决于连接梁的抗剪承载力。传递剪力到端板的梁截面的抗剪承载力为

$$V_{\mathrm{pl,Rd}} = \frac{A_{\mathrm{v}}f_{\mathrm{y}}}{\sqrt{3}\gamma_{\mathrm{M0}}} = \frac{6.2\times130\times235}{\sqrt{3}\times1.00} = 109.4\mathrm{kN} > 48.8\mathrm{kN} = V_{\mathrm{Ed}} \quad （满足）$$

一个受剪螺栓（M16，等级 4.6）的设计承载力为

$$F_{\mathrm{v,Rd}} = \frac{\alpha_{\mathrm{v}}A_{\mathrm{s}}f_{\mathrm{ub}}}{\gamma_{\mathrm{M2}}} = \frac{0.6\times157\times400}{1.25} = 30.1\mathrm{kN}$$

四个螺栓的设计承载力为

$$4F_{\mathrm{v,Rd}} = 4\times30.1 = 120.4\mathrm{kN} > 48.8\mathrm{kN} = V_{\mathrm{Ed}} \quad （满足）$$

四个螺栓的设计受压承载力取决于 $t=10.0\mathrm{mm}$ 的柱腹板，因此

$$\alpha_b = \min \begin{Bmatrix} \dfrac{e_1}{3d_0} \\[2mm] \dfrac{p_1}{3d_0} - \dfrac{1}{4} \\[2mm] \dfrac{f_{ub}}{f_u} \\[2mm] 1 \end{Bmatrix} = \min \begin{Bmatrix} \dfrac{35}{3 \times 18} \\[2mm] \dfrac{60}{3 \times 18} - \dfrac{1}{4} \\[2mm] \dfrac{400}{360} \\[2mm] 1 \end{Bmatrix} = \min \begin{Bmatrix} 0.648 \\[2mm] 0.861 \\[2mm] 1.111 \\[2mm] 1 \end{Bmatrix} = 0.648$$

$$k_1 = \min \begin{Bmatrix} 2.8\dfrac{e_2}{d_0} - 1.7 \\[2mm] 1.4\dfrac{e_2}{d_0} - 1.7 \\[4mm] \\[2mm] 2.5 \end{Bmatrix} = \min \begin{Bmatrix} 2.8 \times \dfrac{25}{18} - 1.7 \\[2mm] 1.4 \times \dfrac{80}{18} - 1.7 \\[4mm] \\[2mm] 2.5 \end{Bmatrix} = \min \begin{Bmatrix} 2.188 \\[2mm] 4.522 \\[4mm] \\[2mm] 2.5 \end{Bmatrix} = 2.188$$

$$F_{b,Rd} = 4\frac{k_1 \alpha_b d t f_u}{\gamma_{M2}} = 4 \times \frac{2.188 \times 0.648 \times 16 \times 10 \times 360}{1.25} = 261.3\text{kN} > 97.6\text{kN}$$

$$= 2 \times 48.8\text{kN（满足）}$$

3mm 厚角焊缝的承载力：

$$F_{w,Rd} = \frac{aLf_u}{\sqrt{3}\beta_w \gamma_{M2}} = \frac{2 \times 3 \times 130 \times 360}{\sqrt{3} \times 0.8 \times 1.25} = 162.1\text{kN} > 48.8\text{kN} \quad \text{（满足）}$$

综合上述验算结果，连接设计满足要求。

注：所给简化方法中，一些承载力类型例如受弯端板承载力、连接承载力和水平力下的极限承载力，认为已通过合适的设计实现。更多资料可参考 Jaspart 等（2009）及 BCSA 和 SCI（2002）的文献。

2.2.8 算例——鳍形板连接

验算图 2.17 所示次梁与柱通过鳍形板的连接。连接传递竖向剪力 $V_{Ed} = 30$kN，设计使用 S235 钢、等级 5.6 的 M20 全螺纹螺栓。

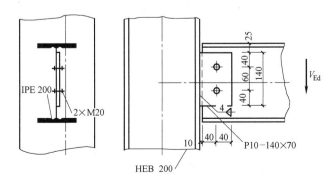

图 2.17 鳍形板连接

全螺纹螺栓的设计抗剪承载力为

$$F_{v,Rd} = \frac{\alpha_v A_s f_{ub}}{\gamma_{M2}} = \frac{0.6 \times 245 \times 500}{1.25} = 58.8kN$$

螺栓的设计受压承载力通过鳍形板系数 k_1 和 α_b 进行估算，两个系数为

$$k_1 = \min\left(2.8\frac{e_2}{d_0} - 1.7; 2.5\right) = \min\left(2.8 \times \frac{40}{22} - 1.7; 2.5\right) = \min(3.4; 2.5) = 2.5$$

$$\alpha_b = \min\begin{Bmatrix} \dfrac{e_1}{3d_0} \\ \dfrac{p_1}{3d_0} - 0.25 \\ \dfrac{f_{ub}}{f_u} \\ 1 \end{Bmatrix} = \min\begin{Bmatrix} \dfrac{40}{3 \times 22} \\ \dfrac{60}{3 \times 22} - 0.25 \\ \dfrac{500}{360} \\ 1 \end{Bmatrix} = \min\begin{Bmatrix} 0.606 \\ 0.659 \\ 1.389 \\ 1 \end{Bmatrix} = 0.606$$

一个螺栓的设计受压承载力为

$$F_{b,Rd} = \frac{k_1 \alpha_b dt f_u}{\gamma_{M2}} = \frac{2.5 \times 0.606 \times 20 \times 10 \times 360}{1.25} = 109.1kN$$

类似于螺栓的受压承载力，梁腹板的受压承载力也可利用鳍形系数 k_1 和 α_b 进行估算：

$$\alpha_b = \min\begin{Bmatrix} \dfrac{e_1}{3d_0} \\ \dfrac{p_1}{3d_0} - \dfrac{1}{4} \\ \dfrac{f_{ub}}{f_u} \\ 1 \end{Bmatrix} = \min\begin{Bmatrix} \dfrac{65}{3 \times 22} \\ \dfrac{60}{3 \times 22} - \dfrac{1}{4} \\ \dfrac{500}{360} \\ 1 \end{Bmatrix} = \min\begin{Bmatrix} 0.985 \\ 0.659 \\ 1.389 \\ 1 \end{Bmatrix} = 0.659$$

$$F_{b,Rd} = \frac{k_1 \alpha_b dt f_u}{\gamma_{M2}} = \frac{2.5 \times 0.659 \times 20 \times 5.6 \times 360}{1.25} = 53.1kN$$

两个螺栓连接的承载力：

$$V_{Rd} = 2 \times \min(F_{v,Rd}; F_{b,Rd}) = 2 \times \min(58.8; 109.1; 53.1) = 106.2kN > 30kN = V_{Ed} \quad （满足）$$

作用于螺栓的偏心剪力在焊缝处产生的弯矩为

$$M_{Ed} = V_{Ed}e = 30 \times 0.05 = 1.5kN \cdot m$$

弯矩在鳍形板平面产生的正应力：

$$\sigma_w = \frac{M_{Ed}}{W_{el,W}} = \frac{M_{Ed}}{\dfrac{2al^2}{6}} = \frac{1.5 \times 10^6}{\dfrac{2 \times 4 \times 140^2}{6}} = 57.4MPa$$

该应力可分解为垂直和平行于焊缝轴的两个分量：

$$\tau_\perp = \sigma_\perp = \frac{\sigma_w}{\sqrt{2}} = \frac{57.4}{\sqrt{2}} = 40.6MPa$$

$$\tau_{\parallel} = \frac{V_{Ed}}{2al} = \frac{30 \times 10^3}{2 \times 4 \times 140} = 26.8 \text{MPa}$$

角焊缝设计承载力验算：

$$\sqrt{\sigma_{\perp}^2 + 3(\tau_{\perp}^2 + \tau_{\parallel}^2)} = \sqrt{40.6^2 + 3(40.6^2 + 26.8^2)} = 93.5\text{MPa} < 360.0\text{MPa} = \frac{f_u}{\beta_w \gamma_{M2}}$$

$$= \frac{360}{0.8 \times 1.25}$$

$$\sigma_{\perp} = 40.6\text{MPa} < \frac{f_u}{\gamma_{M2}} = \frac{360}{1.25} = 288\text{MPa} \quad （满足）$$

$$\tau_{\parallel} = \frac{V_{Ed}}{2al} = \frac{30 \times 10^3}{2 \times 4 \times 140} = 26.8\text{MPa}$$

如图 2.18 所示，鳍形板临界区的设计抗局部撕裂承载力为受拉和受剪承载力之和：

$$V_{eff2,Rd} = \frac{0.5 A_{nt} f_u}{\gamma_{M2}} + \frac{A_{nv} f_y}{\sqrt{3} \gamma_{M0}}$$

式中，A_{nt} 为截面受拉区的净面积，A_{nv} 为截面受剪区的净面积。

$$A_{nv} = 10 \times (40 + 60 - 22 - 22/2) = 670\text{mm}^2$$

$$A_{nt} = 10 \times (40 - 22/2) = 290\text{mm}^2$$

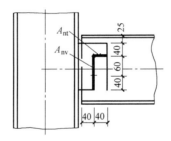

图 2.18　鳍形板的临界截面

设计抗局部撕裂承载力验算：

$$V_{eff2,Rd} = \frac{0.5 \times 290 \times 360}{1.25} + \frac{670 \times 235}{\sqrt{3} \times 1.00} = 132.7\text{kN} > 30\text{kN} = V_{Ed} \quad （满足）$$

毛截面抗剪承载力验算：

$$V_{pl,Rd} = \frac{A_v f_y}{\sqrt{3} \gamma_{M0}} = \frac{10 \times 140 \times 235}{\sqrt{3} \times 1.00} = 189.9\text{kN} > 30\text{kN} = V_{Ed} \quad （满足）$$

梁腹板的设计局部抗剪承载力可用与鳍形板类似的方法进行估算，见图 2.19。由图可知

$$A_{nt} = 5.6 \times (40 - 22/2) = 162.5\text{mm}^2$$

$$A_{nv} = 5.6 \times (25 + 40 + 60 - 22 - 22/2) = 515.2\text{mm}^2$$

梁腹板抗剪承载力验算：

$$V_{eff2,Rd} = \frac{0.5 \times 162.4 \times 360}{1.25} + \frac{515.2 \times 235}{\sqrt{3} \times 1.00} = 93.3\text{kN} > 30\text{kN} = V_{Ed} \quad （满足）$$

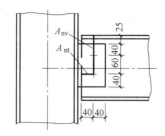

图 2.19　梁的临界截面

对于 3 类截面，校核其受弯承载力：

$$M_{el,Rd}=\frac{W_{el}f_y}{\gamma_{M0}}=\frac{\dfrac{10\times140^2}{6}\times235}{1.00}=7.7\text{kN}\cdot\text{m}>1.5\text{kN}\cdot\text{m}=M_{Ed}\quad（满足）$$

因此，连接设计满足条件。

注：所给简化方法中，一些承载力类型例如鳍形板受弯承载力、鳍形板安装时的面外受弯承载力、连接承载力和水平力下的连接极限承载力，认为已通过合适的设计实现。完整设计的更多资料可参考 Jaspart 等（2009）及 BCSA 和 SCI（2002）的文献。

2.3　柱基础

2.3.1　设计承载力

根据底板的塑性力平衡和 EN1993-1-8：2006，Wald 等（2008，3-20）阐述了柱基承载力的计算方法。如图 2.20 所示，按作用荷载的组合分为三种模式：

模式一：由于法向荷载作用大导致锚栓中无拉力，受拉区出现拉应力前混凝土就开始破坏。

模式二：底板受小于混凝土极限承载力的法向力作用，单排锚栓出现拉力。混凝土被压陷时并未达到其承压强度，破坏是由螺栓屈服或底板形成塑性机构导致的。

模式三：底板受法向拉力作用，双排锚栓均出现拉应力。刚度变化决定于螺栓屈服或底板的塑性机制。这种模式通常发生在设计用于只承受拉力的底板上，且可能导致底板与混凝土分离。[①]

连接受轴力 N_{Ed} 和弯矩 M_{Ed} 作用，如图 2.21 所示。根据受拉区的承载力 $F_{T,Rd}$ 确定中性轴位置，然后假定内力塑性分布确定受弯承载力 M_{Rd}。为简化模型，只考虑其有效面积，详见 Cestruco（2003）的著作。利用有效宽度为 c 的等效 T 截面计算底板下等效刚性板起作用的部分的有效面积 A_{eff}。假定压力作用在受压区的中心。拉力作用于锚栓，若存在多行螺栓，则作用在中间位置。同其他组合结构截面，应仔细校核承载能力极限状态下

———————————

① 原著为 "lead to contact of baseplate to the concrete block"，根据上下文，译者认为应为导致底板与混凝土分离。

的承载力以及正常使用极限状态下连接的弹性性能。承载能力极限状态下系统的破坏荷载非常重要，详见 BCSA and SCI（2013）的文献。使用荷载作用下校核混凝土的弹性性能，混凝土基础不应破坏。但可能产生裂缝，随着时间的推移混凝土墙的钢筋可能会逐渐发生锈蚀，最后导致建筑物的破坏。

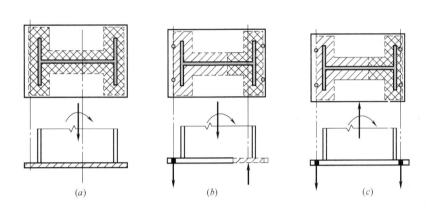

图 2.20　底板力的平衡

（a）锚栓无拉力；（b）单排锚栓受拉；（c）双排锚栓受拉

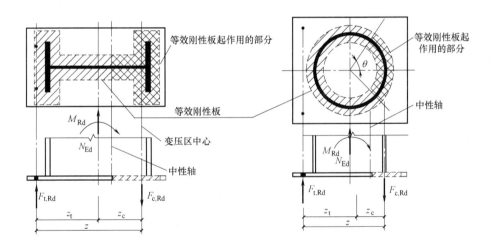

图 2.21　单排锚栓受拉情况下柱基础力的平衡

根据图 2.21，按下式计算力的平衡：

$$N_{Ed} = F_{c,Rd} + F_{t,Rd} \tag{2.20}$$

$$M_{Rd} = F_{c,Rd} \times z_c + F_{t,Rd} \times z_t \tag{2.21}$$

其中

$$F_{c,Rd} = A_{eff} \times f_{jd} \tag{2.22}$$

式中，A_{eff} 为底板下的有效面积；z_t 为受拉区高度；z_c 为受压区高度。

受压承载力 $F_{c,Rd}$ 和受拉承载力 $F_{t,Rd}$ 的计算在后面讨论。根据图 2.21，如果当

$$e = \frac{M_{Rd}}{N_{Ed}} \geqslant z_c \tag{2.23}$$

时锚栓出现拉力，则可推得受拉区和受压区的公式：

$$\frac{M_{Rd}}{z}-\frac{N_{Ed}\times z_c}{z}\leqslant F_{c1,Rd} \tag{2.24}$$

$$\frac{M_{Rd}}{z}+\frac{N_{Ed}\times z_{c1}}{z}\leqslant F_{c,Rd} \tag{2.25}$$

从而，在轴力 N_{Ed} 作用下柱基础受弯承载力 M_{Rd} 按下式计算：

若锚栓有拉力：

$$M_{Rd}=\min\begin{cases}F_{t,Rd}\times z+N_{Ed}\times z_c\\F_{c,Rd}\times z-N_{Ed}\times z_t\end{cases} \tag{2.26}$$

若锚栓无拉力，两部分均受压：

$$M_{Rd}=\min\begin{cases}F_{c1,Rd}\times z+N_{Ed}\times z_c\\F_{c,Rd}\times z-N_{Ed}\times z_{c1}\end{cases} \tag{2.27}$$

上面公式是针对 I 形或 H 形开口截面的。对于矩形空心截面 RHS，可直接取两个腹板。对于圆形或椭圆形空心截面 CHS/EHS，则使用扇形坐标另作推导，详见 Horova 等（2011）的著作。有效面积 $A_{eff}=2\theta rc$ 取决于角度 θ。受压区的力臂和承载力按下式计算：

$$z_c=r\cos\frac{\theta}{2} \tag{2.28}$$

$$F_{c,Rd}=F_{c1,Rd}=\pi rc \tag{2.29}$$

2.3.2　抗弯刚度

Wald 等的文献（2008，3-20）给出的底板刚度计算方法与梁柱连接刚度计算方法类似，两种方法的不同之处在于底板节点计算必须考虑法向力。图 2.22 的刚性模型表示了加载方法、翼缘受压面积、底板力的分配以及中性轴的位置。

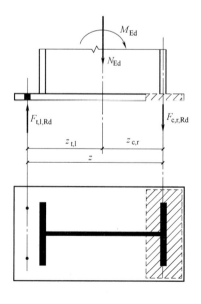

图 2.22　柱基础底板连接的刚度模型

通过计算刚度来考虑有效面积。压力 $F_{c,Rd}$ 作用在受压区中心，拉力 $F_{t,Rd}$ 作用在锚栓处。底板转动抗弯刚度按如下恒定偏心率的比例加载情况确定。

$$e = \frac{M_{Rd}}{N_{Ed}} = \text{const} \tag{2.30}$$

根据偏心率大小，柱基础承载力按锚栓受力状态表现为三种模式，详见 Wald 等的文献（Wald et al.，2008，3-20）。大偏心下单排螺栓受拉，见图 2.23（a）中的模式一；锚栓无拉力的小偏心情况，见图 2.23（b）中的模式二；双排锚栓受拉，见图 2.23（c）中的模式三。

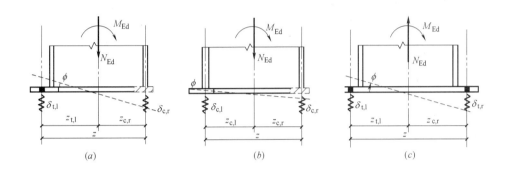

图 2.23 基础底板的力学模型

（a）单排锚栓参与工作；（b）锚栓未参与工作；（c）双排锚栓均参与工作

柱基础各部分的变形 δ_t 和 δ_c 取决于受拉区刚度系数 k_t 和受压区刚度系数 k_c。

$$\delta_{t,l} = \frac{\dfrac{M_{Ed}}{z} - \dfrac{N_{Ed} \times z_c}{z}}{E k_t} = \frac{M_{Ed} - N_{Ed} \times z_c}{E z k_t} ① \tag{2.31}$$

$$\delta_{c,r} = \frac{\dfrac{M_{Ed}}{z} + \dfrac{N_{Ed} \times z_t}{z}}{E k_c} = \frac{M_{Ed} + N_{Ed} \times z_t}{E z k_c} ② \tag{2.32}$$

式中：z_t/z_c 为受拉区/受压区边缘到轴力中心的距离；z 为内力臂；E 为钢材弹性模量。

由上式计算出比例加载下底板的转角，见图 2.24。

$$\phi = \frac{\delta_{t,l} + \delta_{c,r}}{z} = \frac{1}{E z^2} \times \left(\frac{M_{Ed} - N_{Ed} \times z_c}{k_t} + \frac{M_{Ed} + N_{Ed} \times z_t}{k_c} \right) \tag{2.33}$$

通过转角得到底板初始刚度：

$$S_{j,ini} = \frac{E z^2}{\dfrac{1}{k_c} + \dfrac{1}{E z_t^2}} = \frac{E z^2}{\sum \dfrac{1}{k}} \tag{2.34}$$

弯矩-转角曲线的非线性部分可由系数 μ 描述，μ 表示转动刚度和弯矩之比，参见 EN 1993-1-8：2006。

---

① 原著式中为 z_t，根据式（2.33）改为 z_c。

② 原著式中为"—"，根据式（2.33）改为"+"。

$$\mu = \frac{S_{j,\text{ini}}}{S_j} = \left(\kappa \frac{M_{\text{Ed}}}{M_{\text{Rd}}}\right)^{\xi} \geqslant 1 \text{①} \tag{2.35}$$

式中：κ 为考虑曲线开始出现非线性的系数，$\kappa = 1.5$；ξ 为曲线形状参数，$\xi = 2.7$。

上述刚度公式是针对 I/H 形开口截面推导得出的。对于矩形空心截面 RHS，可直接考虑两个腹板。对于圆形/椭圆形空心截面 CHS/EHS，应重新推导，参见 Horová 等的文献（2011）。

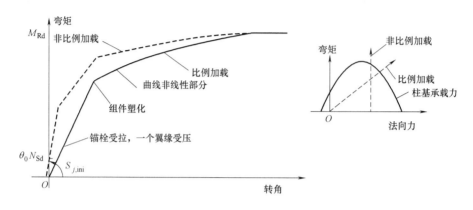

图 2.24　比例加载下的弯矩-转角曲线

2.3.3　底板受弯和混凝土受压的构件

底板受弯和混凝土受压为钢与混凝土连接处受压区的受力状态。这种构件的承载力主要取决于柔性底板下混凝土的受压承载力，底板柔度影响混凝土的承载力。轴心受压时，混凝土应力分布不均匀，而是根据其厚度集中分布在板下柱底区域。在设计中，用折减有效面积的完全刚性板替代弹性底板进行计算。底板和混凝土间的灌浆层会影响构件的强度和刚度，所以计算中要考虑灌浆层。其他影响构件承载力的主要因素包括混凝土强度、受压区面积、板在混凝土基础的位置、混凝土基础的尺寸及配筋。柱基受弯连接的刚度主要受锚固螺栓伸长的长度影响。受压混凝土通常比受拉锚固螺栓的刚度更大。主要受轴向压力作用时，混凝土和受压底板的变形很重要。假设有效面积上的压应力均匀分布，构件承载力 $F_{\text{Rd,u}}$ 按下式计算：

$$F_{\text{Rd,u}} = A_{c0} f_{jd} \tag{2.36}$$

受集中压力作用节点的受压承载力设计值 f_{jd} 按如下方法确定。混凝土承载力按 EN 1992-1-1：2004 第 6.7（2）节的公式计算，见图 2.25。

$$F_{\text{Rd,u}} = A_{c0} f_{cd} \sqrt{\frac{A_{c1}}{A_{c0}}} \leqslant 3.0 A_{c0} f_{cd} \tag{2.37}$$

其中，

$$A_{c0} = b_1 d_1 \tag{2.38}$$

---

① 原著第三式分母也为 M_{Ed}，应为 M_{Rd}。

式中，A_{c0} 为承压面积；A_{c1} 为最大扩大面积。从基础整体性能考虑对混凝土基础高度限制如下：

$$h \geq b_2 - b_1, \quad h \geq d_2 - d_1 \tag{2.39}$$

$$3b_1 \geq b_2, 3d_1 \geq d_2 \tag{2.40}$$

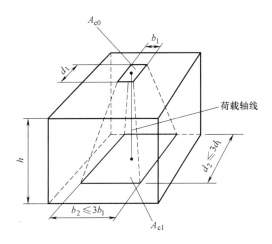

图 2.25　混凝土应力扩散和承压强度

从上述几何限制得到如下结果：

$$f_{jd} = \frac{\beta_j F_{Rd,u}}{b_{eff} I_{ef}} = \frac{\beta_j A_{c0} f_{cd} \sqrt{\frac{A_{c1}}{A_{c0}}}}{A_{c0}} = \beta_j f_{cd} k_j \leq \frac{3 A_{c0} f_{cd}}{A_{c0}} = 3.0 f_{cd} \tag{2.41}$$

式中 β_j 表示考虑灌浆后板承载力受灌浆层质量影响的系数。在灌浆层承载力特征值不低于混凝土承载力特征值的 0.2 倍，且灌浆层厚度小于底板最小尺寸 0.2 倍的情况下，取 $\beta_j = 2/3$。其他情况下要求对灌浆层进行检测，见图 2.26。计算中压应力分布按 45°角考虑，参见 Steenhuis 等的文献（2008）。

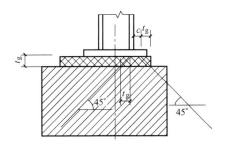

图 2.26　灌浆层模型

若施工质量好，预计底板发生弹性变形时，弹性底板下混凝土的应力均匀分布。有效宽度 c 按底板弹性受弯承载力和作用于底板的弯矩相等的原则确定。作用的荷载如图 2.27 所示。

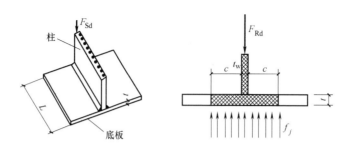

图 2.27 只校核弹性变形时将底板视为悬臂梁

底板单位长度的弹性弯矩为

$$M' = \frac{1}{6}t^2\frac{f_y}{\gamma_{M0}}$$ (2.42)

跨度为 c、承受分布荷载作用的底板单位长度的弯矩为

$$M' = \frac{1}{2}f_jc^2$$ (2.43)

式中，f_j 为由式（2.41）得到的混凝土承压强度，有效宽度 c 由下式计算：

$$c = t\sqrt{\frac{f_y}{3f_{jd}\times\gamma_{M0}}}$$ (2.44)

面积为 A_p 的弹性底板用面积为 A_{eq} 的等效刚性底板代替，见图 2.28。从而可将有效面积上的承压应力视为均匀分布，构件承载力由下式计算：

$$F_{Rd,u} = A_{eq}\times f_{jd}$$ (2.45)

承载力 $F_{Rd,u}$ 应大于作用荷载 F_{Ed}

$$F_{Ed}\leqslant F_{Rd,u}$$ (2.46)

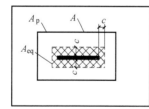 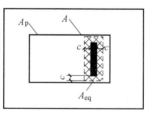 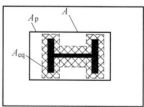

图 2.28 底板下的有效面积

Steenhuis 等的文献（2008）也给出了底板受弯和混凝土受压构件的刚度计算模型。影响构件刚度的因素有：底板柔度、混凝土弹性模量和混凝土基础的尺寸。在荷载作用下，柔性矩形板可能被压入混凝土基础。根据构件变形及上述其他参数，可得刚度系数的计算公式：

$$k_c = \frac{E_c\sqrt{t\times L}}{0.72E}$$ (2.47)

式中，t 为底板厚度；L 为 T 形件长度。

2.3.4　底板受弯和锚固螺栓受拉的构件

受弯底板和受拉锚栓的分析模型是按照 T 形构件视为梁柱端板连接建立的，见图 2.29。然而这种模型与连接模型性能上有一定差异。为了将压力传递到混凝土基础，需要比较厚的底板。由于垫板、底板和灌浆层均较厚，需要更长的锚固螺栓，具有较大的柔性，可嵌入混凝土基础中。垫片和螺栓头的影响可能更大。

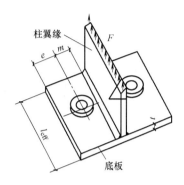

图 2.29　T 形构件——受拉锚固螺栓和受弯底板

由于螺栓的自由长度变长，可能引起更大的变形。与普通螺栓相比，锚固螺栓会表现出一定的延性。当其受拉时，底板经常会从混凝土表面脱离，见图 2.30。受弯矩作用时则表现出不同的性能。螺栓头和垫片区利于改变 T 形件力的分布，但在计算构件刚度时这种影响并不显著。端板连接的所有这些差异均包含在分解法中，参见 EN 1993-1-8：2006。构件强度和刚度的计算模型见 Wald 等的文献（2008，3-20）。

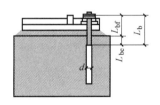

图 2.30　锚固螺栓的长度

当柱基础受到如图 2.31 所示的弯矩作用时，锚固螺栓传递拉力。这种加载方式会引起锚固螺栓伸长和底板弯曲。变形的螺栓可能导致破坏，也可能使底板达到其屈服强度。

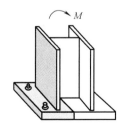

图 2.31　受弯矩作用时的受拉区和等效 T 形件

如图 2.32 所示，柱及与之连接的底板组成 T 形件模型。

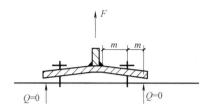

图 2.32　无顶撬力情况下与混凝土块分离的 T 形件

　　根据是否存在顶撬力，底板 T 形件有两种变形模型。底板与混凝土基础分离的情况下，无顶撬力 Q，见图 2.33。另一种情况下，底板边缘与混凝土基础接触，螺栓受附加顶撬力 Q 的作用，该力由 T 形件边缘的接触力平衡，见图 2.33。

　　当底板和混凝土基础接触时，可用梁理论描述 T 形件变形后的形状。

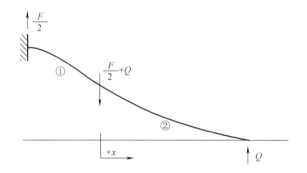

图 2.33　T 形件的梁模型和顶撬力 Q

　　T 形件的变形曲线由如下微分方程描述：

$$EI\delta'' = -M \tag{2.48}$$

对梁模型 1 和模型 2 分别建立上述方程，结合相应的边界条件进行求解，得到顶撬力 Q，

$$Q = \frac{F}{2} \times \frac{3(m^2 nA - 2L_b I)}{2n^2 A(3m+n) + 3L_b I} \tag{2.49}$$

　　当底板与混凝土表面接触时，螺栓出现顶撬力；相反，底板和混凝土基础因长螺栓变形而发生分离时则不会出现顶撬力。需要确定顶撬力出现与否的界限。若 $n=1.25m$，则界限可表示为

$$L_{b,\min} = \frac{8.82 m^3 A_s}{l_{eff} t^3} < L_b \tag{2.50}$$

　　式中，A_s 为螺栓截面面积；L_b 为锚固螺栓的等效长度；l_{eff} 为 T 形件的等效长度，采用屈服线方法确定，后面会介绍。

　　对于嵌入式螺栓，长度 L_b 根据图 2.30[①] 确定，表示为

---

① 原著为图 2.34，应为图 2.30。

$$L_b = L_{bf} + L_{be} \tag{2.51}$$

式中，L_{be} 为有效螺栓长度，取为 $8d$。

当螺栓长度 $L_b > L_{b,min}$ 时，无顶撬力。用上述公式可得出底板厚度界限值 t_{lim}（参见 Wald 等的文献，2008，21-50）：

$$t_{lim} = 2.066m \cdot \sqrt[3]{\frac{A_s}{l_{eff}L_b}} \tag{2.52}$$

若底板受压力和弯矩作用而不受拉，可忽略顶撬力；其他情况则需考虑。

有效长度为 l_{eff} 的受拉 T 形件翼缘的设计承载力按三种可能的塑性破坏机制的最小承载力确定。每种破坏机制对应于一种失效模式。图 2.34[①] 所示为与混凝土基础接触的 T 形件的破坏模式，参见 EN 1993-1-8：2006。

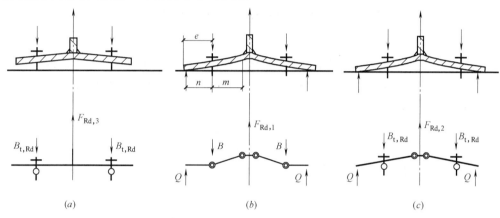

图 2.34　与混凝土基础接触的 T 形件的破坏模式
(a) 模式 3；(b) 模式 1；(c) 模式 2

（1）模式 1

该失效模式中，采用薄底板和高强锚固螺栓的 T 形件折断。底板形成四个铰的塑性铰机制。

$$F_{1,Rd} = \frac{4l_{eff}m_{pl,Rd}}{m} \tag{2.53}$$

（2）模式 2

该模式是介于失效模式 1 和 3 之间的形式。底板形成两个塑性铰，同时锚固螺栓达到极限强度。

$$F_{2,Rd} = \frac{2l_{eff}m_{pl,Rd} + \sum B_{t,Rd} \times n}{m+n} \tag{2.54}$$

（3）模式 3

T 形件采用厚底板和弱锚固螺栓时出现失效模式 3，失效由螺栓断裂引起。

$$F_{3,Rd} = \sum B_{t,Rd} \tag{2.55}$$

T 形件的设计强度为三种可能失效模式中强度的最小值。

[①]　原著为图 2.33，应为图 2.34。

$$F_{Rd} = \min(F_{1,Rd}, F_{2,Rd}, F_{3,Rd}) \tag{2.56}$$

与端板连接相比，由于锚固螺栓较长、底板较厚，T形件向上受拉脱离混凝土基础时，顶撬力消失，出现新的破坏模式，见图2.35。这种特殊的失效模式称为模式1-2。

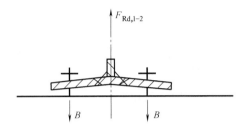

图2.35 与混凝土基础无接触的T形件，模式1-2

（4）模式1-2

这种失效或是由受拉锚固螺栓的支撑作用引起的，或是由板受弯屈服引起的，在这种情况下T形件翼缘形成双塑性铰机制。由于受拉螺栓的变形小，这种失效不会在梁柱连接处出现，参见Wald等的文献（2008，21-50）。

$$F_{1\text{-}2,Rd} = \frac{2l_{eff}m_{pl,Rd}}{m+n} \tag{2.57}$$

模式1-2和T形件与混凝土接触时的失效模式之间的关系如图2.36所示。

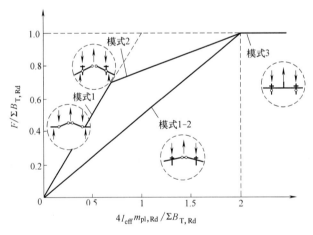

图2.36 失效模式1-2

模式1-2与其他模式之间的界限同有顶撬力和无顶撬力的界限一样，用螺栓长度的限值 $L_{b,min}$ 确定。

模式1-2中，底板可能发生大变形，可能导致混凝土基础和T形件边缘接触（这种情况也可能产生顶撬力）。荷载作用下出现失效模式1或模式2。但达到这些失效模式对应的承载力需要非常大的变形。如此大的变形，设计中是不允许出现的。综上所述，在无顶撬力的情况下T形件的设计承载力取为

$$F_{Rd} = \min(F_{1\text{-}2,Rd}, F_{3,Rd}) \tag{2.58}$$

T形件的等效长度

采用屈服线法进行计算时，T形件的等效长度 l_{eff} 对确定承载力很重要。EN 1993-1-8：2006 将屈服线模式分为圆形屈服线和非圆形屈服线两种情况，见图 2.37。圆形与非圆形模式的主要区别与 T 形件和刚性基础间的接触有关。接触只可能出现在非圆形模式中，顶撬力也只在这种情况下出现。这在下列失效模式中加以考虑。

（1）模式 1

顶撬力对底板失效和塑形铰的形成没有影响，因此公式适用于圆形和非圆形屈服线模式。

（2）模式 2

第一个塑性铰出现在 T 形件腹板。塑性机制在底板中形成，底板边缘开始与混凝土基础接触，从而锚固螺栓出现顶撬力，可观察到螺栓断裂现象。因此，模式 2 只在允许顶撬力出现的非圆形屈服线模式下发生。

（3）模式 3

这种模式不是由板的屈服引起的，适用于任何 T 形件。设计中应选用合适的 T 形件有效长度，对于模式 1：

$$l_{eff,1} = \min(l_{eff,cp}; l_{eff,np}) \tag{2.59}$$

对于模式 2：

$$l_{eff,2} = \min(l_{eff,np}) \tag{2.60}$$

文献（Wald et al.，2008，21-50）的表 2.9、表 2.10、图 2.37 和图 2.38 给出了有接触和无接触两种情况下典型底板的 l_{eff} 值，符号见图 2.36。

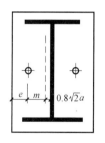

图 2.37　螺栓位于翼缘内的
T 形件的有效长度

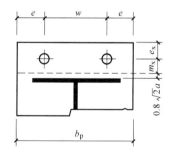

图 2.38　螺栓位于翼缘外的
T 形件的有效长度

螺栓位于翼缘内的 T 形件的有效长度　　表 2.9

有 顶 撬 力	无 顶 撬 力
$l_1 = 2am - (4m - 1.25e)$	$l_1 = 2am - (4m + 1.25e)$
$l_2 = 2\pi m$	$l_2 = 4\pi m$
$l_{eff,1} = \min(l_1; l_2)$	$l_{eff,1} = \min(l_1; l_2)$
$l_{eff,2} = l_1$	$l_{eff,2} = l_1$

螺栓位于翼缘外的 T 形件的有效长度 l_{eff} 表 2.10

有顶撬力	无顶撬力
$l_1=4am_x+1.25e_x$	$l_1=4am_x+1.25e_x$
$l_2=2\pi m_x$	$l_2=2\pi m_x$
$l_3=0.5b_p$	$l_3=0.5b_p$
$l_4=0.5w+2m_x+0.625e_x$	$l_4=0.5w+2m_x+0.625e_x$
$l_5=e+2m_x+0.625e_x$	$l_5=e+2m_x+0.625e_x$
$l_6=\pi m_x+2e$	$l_6=2\pi m_x+4e$
$l_7=\pi m_x+w$	$l_7=2(\pi m_x+w)$
$l_{\text{eff},1}=\min(l_1;l_2;l_3;l_4;l_5;l_6;l_7)$	$l_{\text{eff},1}=\min(l_1;l_2;l_3;l_4;l_5;l_6;l_7)$
$l_{\text{eff},2}=\min(l_1;l_2;l_3;l_4;l_5)$	$l_{\text{eff},2}=\min(l_1;l_2;l_3;l_4;l_5)$

可采用 Steenhuis（2008）文献的方法计算底板刚度。与 T 形件承载力类似，构件刚度也受底板和混凝土基础间接触的影响（Wald 等，2008，3-20）。螺栓拉力 F_b 所引起的底板变形为

$$\delta_p=\frac{1}{2}\frac{F_b m^3}{3EI}=\frac{2F_b m^3}{E\cdot l_{\text{eff}}t^3}=\frac{2F_b m^3}{E\cdot k_p} \tag{2.61}$$

螺栓变形为

$$\delta_p=\frac{F_b L_b}{E_b A_b}=\frac{F_b}{E_b k_b} \tag{2.62}$$

T 形件刚度为

$$k_T=\frac{F_b}{E(\delta_p+\delta_b)} \tag{2.63}$$

下式成立时 T 形件存在顶撬力：

$$\frac{A_s}{L_b}\geqslant\frac{l_{\text{eff,ini}}t^3}{8.82m^3} \tag{2.64}$$

底板和螺栓的刚度系数分别为

$$k_p=\frac{l_{\text{eff,ini}}t^3}{m^3}=\frac{0.85l_{\text{eff}}t^3}{m^3} \tag{2.65}$$

$$k_b=1.6\frac{A_s}{L_b} \tag{2.66}$$

下式成立时无顶撬力：

$$\frac{A_s}{L_b}\leqslant\frac{l_{\text{eff,ini}}t^3}{8.82m^3}① \tag{2.67}$$

此时底板和螺栓刚度系数按下列公式计算：

$$k_p=\frac{F_p}{E\delta_p}=\frac{l_{\text{eff,ini}}t^3}{2m^3}=\frac{0.425l_{\text{eff}}t^3}{m^3} \tag{2.68}$$

---

① 原著为"$\geqslant$"，与式(2.64)完全相同，应是错误的，改为"$\leqslant$"。

$$k_b = \frac{F_p}{E\delta_p} = 2.0\frac{A_s}{L_b} \tag{2.69}$$

受弯底板和受拉螺栓构件的刚度可由上述简化分析归纳为

$$\frac{1}{k_T} = \frac{1}{k_{b,i}} + \frac{1}{k_{p,i}} \tag{2.70}$$

对于底板，用螺母下的螺栓垫片弥补存在的公差。螺栓垫片/螺母面积的影响将改变 T 形件的几何特性。这种影响利用等效惯性矩 $I_{p,bp}$ 和在先前刚度 k_p 上考虑附加刚度 k_w 来反映。

2.3.5　锚固螺栓受剪

通常剪力通过底板和灌浆之间的摩擦传递。最大摩擦力取决于底板与灌浆间的法向压力和摩擦系数。剪力随着水平位移的增加而增加，直至达到最大摩擦力。此后，随着位移增加摩擦阻力保持不变，而通过锚固螺栓传递的荷载则进一步增加。由于灌浆层没有足够强度来抗螺栓和灌浆之间的挤压应力，锚固螺栓可能发生较大弯曲变形。试验表明了锚固螺栓的弯曲变形、灌浆的破碎和混凝土的最终开裂。EN 1993-1-8 第 6.2.2 条给出了锚固螺栓抗剪承载力的分析模型，推导过程参见 Gresnigt 等的文献（2008）。此外，锚固螺栓的预紧力对摩擦阻力有利。然而，因为预紧力具有松弛、与柱法向力相互作用等不确定性，现行标准中均忽略这种有利影响。

设计抗剪承载力 $F_{v,Rd}$ 可由下式计算：

$$F_{v,Rd} = F_{f,Rd} + nF^{①}_{vb,Rd} \tag{2.71}$$

式中，$F_{f,Rd}$ 为底板与灌浆层之间的设计摩擦阻力；n 为底板上锚固螺栓的数目；$F_{vb,Rd}$ 为 $F_{1,vb,Rd}$ 和 $F_{2,vb,Rd}$ 中的较小值，其中 $F_{1,vb,Rd}$ 为锚固螺栓的抗剪承载力。

$F_{f,Rd}$ 按下式计算：

$$F_{f,Rd} = C_{f,d}N_{c,Sd} \tag{2.72}$$

式中，$C_{f,d}$ 为底板与灌浆层之间的摩擦系数，对水泥砂浆可采用 $C_{f,d} = 0.20$；$N_{c,Sd}$ 为柱轴力设计值，若柱轴力为拉力，则 $F_{f,Rd} = 0$。

$F_{2,vb,Rd}$ 按下式计算：

$$F_{2,vb,Rb} = \frac{\alpha_b f_{ub} A_s}{\gamma_{M2}} \tag{2.73}$$

式中，A_s 为受拉螺栓或锚固螺栓的面积；α_b 为与锚固螺栓屈服强度有关的系数，按下式计算：

$$\alpha_b = 0.44 - 0.0003 f_{yb} \tag{2.74}$$

f_{yb} 为锚固螺栓的名义屈服强度，$235\text{N/mm}^2 \leqslant f_{yb} \leqslant 640\text{N/mm}^2$；$\gamma_{M2}$ 为锚固螺栓的分项安全系数。

2.3.6　算例——简单柱基础

验算图 2.39 所示柱基础的承载力。柱截面为 HE 200 B，混凝土基础尺寸为 850mm×

---

① 原著中该式似错误，少个"n"。

850mm×900mm，底板厚度18mm，钢材S235，混凝土强度等级为C12/15，$\gamma_c=1.50$，$\gamma_{M0}=1.00$。

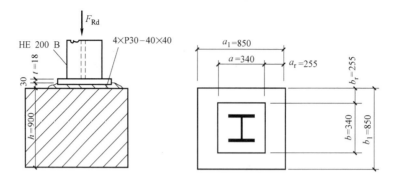

图2.39　简单柱基础设计

混凝土设计强度

考虑 a_1（或 b_1）的最小值：

$$a_1=b_1=\min\begin{cases}a+2a_r=340+2\times255=850\\3a=3\times340=1020\\a+h=340+900=1240\end{cases}=850\text{mm}$$

满足条件 $a_1=b_1=850\text{mm}>a=340\text{mm}$，故应力集中系数为

$$k_j=\sqrt{\frac{a_1\times b_1}{a\times b}}=\sqrt{\frac{850\times850}{340\times340}}=2.5$$

混凝土设计强度由下式计算：

$$f_{jd}=\frac{\beta_j F_{Rd,u}}{b_{eff}l_{ef}}=\frac{\beta_j A_{c0} f_{cd}\sqrt{\dfrac{A_{c1}}{A_{c0}}}}{A_{c0}}=\beta_j f_{cd}k_j=0.67\times\frac{12.0}{1.5}\times2.5=13.4\text{MPa}$$

柔性底板

用刚性板代替柔性底板，如图2.40所示。条带的宽度为

$$c=t\sqrt{\frac{f_y}{3\times f_{jd}\times\gamma_{M0}}}=18\sqrt{\frac{235}{3\times13.4\times1.00}}=43.5\text{mm}$$

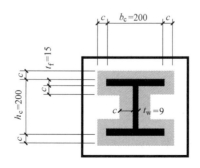

图2.40　底板下的有效面积

H 形底板的有效面积等于矩形面积减去未接触的中央区域面积，因此：

$$A_{\text{eff}} = \min(b; b_c + 2c) \times \min(a; h_{ef} + 2c) - \max[\min(b; b_c + 2c) - t_w - 2c; 0] \times \max(h_c - 2t_f - 2c; 0)$$
$$= (200 + 2 \times 43.5) \times (200 + 2 \times 43.5) - (200 + 2 \times 43.5 - 9 - 2 \times 43.5) \times (200 - 2 \times 15 - 2 \times 43.5)$$
$$= 82369 - 15853 = 66516 \text{mm}^2$$

设计承载力

受压柱基础的设计承载力为

$$N_{\text{Rd}} = A_{\text{eff}} \times f_{jd} = 66516 \times 13.4 = 891 \times 10^3 \text{N}$$

柱脚

柱脚的设计承载力

$$N_{\text{pl,Rd}} = \frac{A_c \times f_y}{\gamma_{M0}} = \frac{7808 \times 235}{1.00} = 1835 \times 10^3 \text{N} > N_{\text{Rd}}$$

式中 A_c 为柱的面积。柱脚的承载力高于柱基础的承载力，所以柱基础按柱的承载力进行设计，柱的承载力由柱的抗屈曲承载力决定。

2.3.7　算例——固定柱基础

计算图 2.41 所示柱基础的受弯承载力和弯曲刚度。柱长 4m，截面为 HE 200 B，受轴力 $F_{\text{Sd}} = 500 \text{kN}$ 作用。根据土体条件采用尺寸为 $1600 \text{mm} \times 1600 \text{mm} \times 1000 \text{mm}$ 的 C25/30 混凝土基础。底板厚 30mm，钢材强度为 S235。安全系数取 $\gamma_{\text{Mc}} = 1.50$，$\gamma_{\text{Ms}} = 1.15$，$\gamma_{\text{M0}} = 1.00$，$\gamma_{\text{M2}} = 1.25$。底板与混凝土用四个直径为 22mm 的锚固螺栓连接，$f_{\text{uk}} = 470 \text{MPa}$。

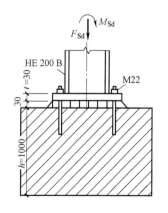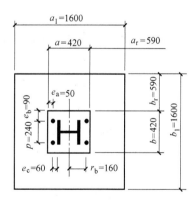

图 2.41　固定柱基础设计

底板受弯和锚固螺栓受拉的构件

$a_{\text{wf}} = 6 \text{mm}$ 角焊缝的力臂为

$$m = 60 - 0.8 \times a_{\text{wf}} \times \sqrt{2} = 60 - 0.8 \times 6 \times \sqrt{2} = 53.2 \text{mm}$$

不考虑顶撬力底板 T 形件的最小长度为

$$l_{eff,1} = min \times \begin{cases} 4m + 1.25e_a = 4 \times 53.2 + 1.25 \times 50 = 275.3 \\ 2\pi m = 2\pi \times 53.2 = 334.3 \\ b \times 0.5 = 420 \times 0.5 = 210 \\ 2m + 0.625e_a + 0.5p = 2 \times 53.2 + 0.625 \times 50 + 0.5 \times 240 = 257.7 \\ 2m + 0.625e_a + e_b = 2 \times 53.2 + 0.625 \times 50 + 90 = 227.7 \\ 2\pi m + 4e_b = 2\pi \times 53.2 + 4 \times 90 = 694.3 \\ 2\pi m + 2p = 2\pi \times 53.2 + 2 \times 240 = 814.3 \end{cases}$$

$l_{eff,1} = 210mm$

栓钉的有效长度 L_b 为

$$L_b = min(h_{eff}; 8d) + t_g + t + \frac{t_n}{2} = 150 + 30 + 30 + \frac{19}{2} = 219.5mm$$

有两个栓钉 T 形件的承载力为

$$F_{T,1-2,Rd} = \frac{2l_{eff,1}t^2 f_y}{4m\gamma_{M0}} = \frac{2 \times 210 \times 30^2 \times 235}{4 \times 53.2 \times 1.00} = 417.4kN$$

所求承载力由 2 个 M22 栓钉的受拉承载力控制，受拉栓钉的面积 $A_s = 303mm^2$。

$$F_{T,3,Rd} = 2 \times B_{t,Rd} = 2 \times \frac{0.9 f_{uk} A_s}{\gamma_{M2}} = 2 \times \frac{0.9 \times 470 \times 303}{1.25} = 205.1kN$$

受拉锚固螺栓和受弯底板的构件刚度系数分别为

$$k_b = 2.0 \times \frac{A_s}{L_b} = 2.0 \times \frac{303}{219.5} = 2.8mm$$

$$k_p = \frac{0.425 \times L_{beff} \times t^3}{m^3} = \frac{0.425 \times 210 \times 30^3}{53.2^3} = 16.0mm$$

底板受弯和混凝土基础受压的构件

为分析受压承载力，连接系数按下式计算：

$$a_1 = b_1 = min \begin{cases} a + 2a_r = 420 + 2 \times 590 = 1600 \\ 3a = 3 \times 420 = 1260 \\ a + h = 420 + 1000 = 1420 \end{cases} = 1260mm$$

$a_1 = b_1 = 1260 > a = b = 420mm$，因此

$$k_j = \sqrt{\frac{a_1 \times b_1}{a \times b}} = \sqrt{\frac{1260 \times 1260}{420 \times 420}} = 3.0$$

灌浆层不影响混凝土受压承载力，因为

$$0.2 \times min(a;b) = 0.2 \times min(420;420) = 84mm > 30mm = t_g$$

故混凝土承压强度为

$$f_{jd} = \frac{2}{3} \times \frac{k_j \times f_{ck}}{\gamma_{Mc}} = \frac{2}{3} \times \frac{3.00 \times 25}{1.5} = 33.3MPa$$

根据竖向力的平衡：

$$F_{sd} = A_{eff} f_{jd} - F_{t,Rd}$$

在受拉区强度充分利用的情况下混凝土受压面积按下式计算：

$$A_{\mathrm{eff}}=\frac{F_{\mathrm{Sd}}+F_{\mathrm{Rd,3}}}{f_{jd}}=\frac{500\times10^3+205.1\times10^3}{33.3}=21174\,\mathrm{mm}^2$$

将柔性底板换为具有等效面积的刚性板，绕柱截面的条带宽度（图 2.42）为

$$c=t\sqrt{\frac{f_{\mathrm{y}}}{3\times f_{jd}\times\gamma_{\mathrm{M0}}}}=30\sqrt{\frac{235}{3\times33.3\times1.00}}=46.0\mathrm{mm}$$

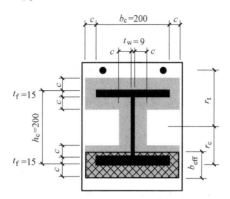

图 2.42　底板下的有效面积

等效宽度如图 2.43 所示，从而

$$a_{\mathrm{eq}}=t_{\mathrm{f}}+2.5t\ =\ 15+2.5\times30=90\mathrm{mm}$$

底板受弯和柱受压的刚度系数：

$$k_{\mathrm{c}}=\frac{E_{\mathrm{c}}}{1.275E_{\mathrm{s}}}\times\sqrt{a_{\mathrm{eq}}\times b_{\mathrm{c}}}=\frac{31000}{1.275\times210000}\times\sqrt{90\times200}=15.5\mathrm{mm}$$

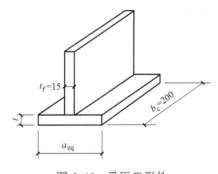

图 2.43　受压 T 形件

底板承载力

实际有效宽度：

$$b_{\mathrm{eff}}=\frac{A_{\mathrm{eff}}}{b_{\mathrm{c}}+2c}=\frac{21174}{200+2\times46.0}=72.5\mathrm{mm}<t_{\mathrm{f}}+2c=15+2\times46.0=107.0\mathrm{mm}$$

混凝土对柱对称轴的力臂：

$$r_{\mathrm{c}}=\frac{h_{\mathrm{c}}}{2}+c-\frac{b_{\mathrm{eff}}}{2}=\frac{200}{2}+46.0-\frac{72.5}{2}=109.8\mathrm{mm}$$

柱基础受弯承载力：

$$M_{\mathrm{Rd}}=F_{\mathrm{T,3,Rd}}\times r_{\mathrm{t}}+A_{\mathrm{eff}}\times f_{jd}\times r_{\mathrm{c}}$$

$$= 205.1 \times 10^3 \times 160 + 21174 \times 33.3 \times 109.8 = 110.2 \text{kN} \cdot \text{m}$$

即在 $N_{Sd} = 500 \text{kN}$ 的轴力作用下，柱基础的受弯承载力 $M_{Rd} = 110.2 \text{kN} \cdot \text{m}$。

柱端承载力

柱轴心受压时的设计承载力：

$$N_{pl,Rd} = \frac{A f_y}{\gamma_{M0}} = \frac{7808 \times 235}{1.00} = 1835 \times 10^3 \text{N} > N_{Rd} = 500 \text{kN}$$

柱受弯承载力：

$$M_{pl,Rd} = \frac{W_{pl} f_{yk}}{\gamma_{M0}} = \frac{642.5 \times 10^3 \times 235}{1.00} = 151.0 \text{kN} \cdot \text{m}$$

轴力与弯矩的相互作用将使柱受弯承载力降低：

$$M_{Ny,Rd} = M_{pl,Rd} \frac{1 - \dfrac{N_{Sd}}{N_{pl,Rd}}}{1 - 0.5 \dfrac{A - 2b t_f}{A}} = 151.0 \times \frac{1 - \dfrac{500}{1835}}{1 - 0.5 \dfrac{7808 - 2 \times 200 \times 15}{7808}} = 124.2 \text{kN} \cdot \text{m}$$

柱基础只基于作用力进行设计，而不基于柱的承载力进行设计。

底板刚度

受拉构件和受压构件对柱基础中性轴的力臂 z_t、z_c 为：

$$z_t = \frac{h_c}{2} + e_c = \frac{200}{2} + 60 = 160 \text{mm}$$

$$z_c = \frac{h_c}{2} - \frac{t_f}{2} = \frac{200}{2} - \frac{15}{2} = 92.5 \text{mm}$$

受拉区、栓钉和 T 形件的刚度系数：

$$k_t = \frac{1}{\dfrac{1}{k_b} + \dfrac{1}{k_p}} = \frac{1}{\dfrac{1}{2.8} + \dfrac{1}{16.0}} = 2.4 \text{mm}$$

为计算柱基础的初始刚度，需要计算力臂：

$$z = z_t + z_c = 160 + 92.5 = 252.5 \text{mm}$$

$$a = \frac{k_c \times z_c - k_t \times z_t}{k_c + k_t} = \frac{15.5 \times 92.5 - 2.4 \times 160}{15.5 + 2.4} = 58.6 \text{mm}$$

偏心距：

$$e = \frac{M_{Rd}}{F_{Sd}} = \frac{110.2 \times 10^6}{500 \times 10^3} = 220.4 \text{mm}$$

针对上述偏心距的弯曲刚度为

$$S_{j,ini} = \frac{e}{e + a} \times \frac{E_s z^2}{\mu \sum_i \dfrac{1}{k_i}} = \frac{220.4}{220.4 + 58.6} \times \frac{210000 \times 252.5^2}{1 \times \left(\dfrac{1}{2.4} + \dfrac{1}{15.5} \right)} = 37.902 \times 10^9 \text{N} \cdot \text{mm/rad}$$

$$= 37902 \text{kN} \cdot \text{m/rad}$$

刚度分类

比较柱基础的抗弯刚度与柱的抗弯刚度，对柱基础进行分类。对于长为 $L_c = 4\text{m}$，截面为 HE 200 B 的柱，相对抗弯刚度为

$$\overline{S}_{j,\text{ini}} = S_{j,\text{ini}} \times \frac{L_c}{E_s I_c} = 37.902 \times 10^9 \times \frac{4000}{210000 \times 56.96 \times 10^6} = 13.0$$

因为

$$\overline{S}_{j,\text{ini}} = 13.0 > 12.0 = \overline{S}_{j,\text{ini,EC3},n}; \quad \overline{S}_{j,\text{ini}} = 13.0 < 30.0 = \overline{S}_{j,\text{ini,EC3},n}$$

所以，所设计的柱基础对于有支撑框架是刚性的，对于无侧移框架是半刚性的。

参 考 文 献

［1］ BCSA and SCI. 2002. Joints in steel construction. Simple connections（Reprinted Edition）（P212），Volume 1：Design Methods（P205）and Volume 2：Practical Applications（P206/92），BCSA and SCI，ISBN 978-1-85942-072-0.

［2］ BCSA and SCI. 2013. Joints in Steel Construction Moment-Resisting Joints to Eurocode 3（P398），BCSA and SCI，ISBN 978-1-85-942209-0.

［3］ Cestruco. 2003. Questions and Answers to Design of Structural Connections According to Eurocode 3，CTU，138 p. ISBN 80-01-02754-6，URL：www. fsv. cvut. cz/ cestruco.

［4］ EN 10025-2＋A1：1996. Hot rolled products of structural steels - Part 2：Technical delivery conditions for non-alloy structural steels，CEN，Brussels.

［5］ EN 10025-2＋A1：2004. Hot rolled products of structural steels - Part 5：Technical delivery conditions for structural steels with improved atmospheric corrosion resistance，CEN，Brussels.

［6］ EN 1992-1-1：2004. AC：2008，AC2010，Eurocode 2：Design of concrete structures － Part 1-1：General rules and rules for buildings.

［7］ EN 1993-1-1：2005. AC2006，AC 2009. Eurocode 3，Design of steel structures，Part 1. 1，General rules and rules for buildings，European Committee for Standardization（CEN），Brussels，91 p.

［8］ EN 1993-1-8：2013. Eurocode 3，Design of steel structures，Part 1. 8，General rules，Design of joints，European Committee for Standardization（CEN），ed. 2，Brussels，2013，133 p.

［9］ EN 1994-1-1：2004. AC：2009. Eurocode 4：Design of composite steel and concrete structures － Part 1-1：General rules and rules for buildings. CEN，Brussels.

［10］ EN ISO 13918：2000. Welding - Studs and ceramic ferrules for arc stud welding，CEN，Brussels. Gresnigt，N.，Romeijn，A.，Wald，F.，Steenhuis M. 2008. Column Bases in Shear and Normal Force，Heron. 87-108.

［11］ Horová，K.，Wald，F.，Sokol，Z. 2011. Design of Circular Hollow Section Base Plates，in Eurosteel 2011 6th European Conference on Steel and Composite Structures. Brussels，2011（1）249-254.

［12］ ISO 14555：2014. Welding － Arc stud welding of metallic materials，CEN，Brussels，2014.

［13］ ISO 17659：2004. Welding - Multilingual terms for welded joints with illustrations，CEN，Brussels.

［14］ Jaspart，J. P.，Demonceau，J. F.，Renkin，S.，Guillaume，M. L. 2009. European Recommendations for the Design of Simple Joints in Steel Structures，ECCS，92 p.，ISBN 92-9147-000-95.

［15］ Steenhuis，M.，Wald，F.，Sokol，Z.，Stark，J. W. B. 2008. Concrete in Compression and Base Plate in Bending，Heron 53. 51-68.

[16] Wald，F.，Sokol，Z.，Jaspart，J. P. 2008. Base Plate in Bending and Anchor Bolts in Tension，Heron 53. 21-50.

[17] Wald，F.，Sokol，Z.，Steenhuis，M.，Jaspart，J. P. 2008. Component Method for Steel Column Bases，Heron 53. 3-20.

第 3 章

钢结构抗弯节点设计

3.1 概述

3.1.1 框架设计中节点建模的传统方法

目前的建筑结构设计过程通常包括以下步骤：

• 建立框架模型（包括刚接节点或铰接节点的选择）；

• 确定梁和柱的初始尺寸；

• 确定承载能力极限状态（ULS）和正常使用极限状态（SLS）下各荷载组合的内力和弯矩（荷载效应）；

• ULS 和 SLS 验算；

• 修改构件尺寸直到满足所有设计要求；

• 进行节点设计以抵抗相关构件端部力（求得的端部力或实际构件能够传递的最大端部力）；最终设计应与之前对节点刚度做的假设（框架模型）一致。

这种方法是简单和可行的，因为设计人员习惯于仅将节点视为铰接或刚接，这种方法将节点设计与构件设计完全分离。实际上，节点设计通常是在后续阶段由其他人员或其他公司完成的。

认识到大部分节点实际上是介于刚性节点和铰接节点的，欧洲规范 3 和欧洲规范 4 采用了一种半连续方法来考虑这种情况，有望使结构设计更为经济。

3.1.2 半连续方法

通常认为实际节点的转动性能处于刚性和铰接这两种极端情况的中间状态。

下面考虑节点处的弯矩和转动进行分析（图 3.1）。

当节点各部分的刚度都足够大时（即理想无限刚度），认为节点是刚性的，连接到该节点各构件的端部转角均相同（图 3.1（a））。节点按刚体进行整体转动，即通常框架结构分析方法中的节点转动。

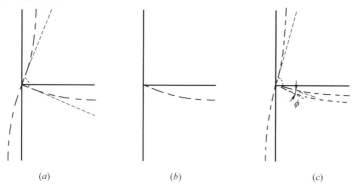

图 3.1　按刚度对节点的分类

（a）刚性节点；（b）铰接节点；（c）半刚性节点

若节点没有刚度，则无论其他连接构件的性能如何，梁都表现为简支梁（图 3.1
(b)），节点为铰接节点。

对于中间情况（刚度不为 0 也不是无限大），传递的弯矩使得两连接构件的绝对转角
不同（图 3.1 (c)），这种节点是半刚性的。

半刚性节点可通过在两个连接构件端点之间加一弹簧进行模拟。弹簧的转动刚度 S_i
为联系传递弯矩 M_i 和相对转角 ϕ 的参数，相对转角是两连接构件绝对转角的差值。

当转动刚度 S_i 为零或相对较小时，节点属于铰接节点；反之当转动刚度 S_i 为无穷大
或相对较大时，节点属于刚性节点。中间情况属于半刚性节点。

对于半刚性节点，荷载将连接件之间产生弯矩 M_i 和相对转角 ϕ。弯矩和相对转角根
据节点性能通过本构关系确定，如图 3.2 所示。为简单起见，这里假设结构分析中节点为
弹性性能。

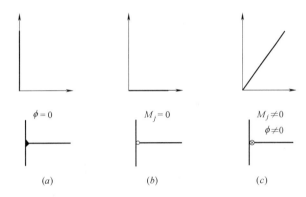

图 3.2　节点模型（弹性整体分析）
(a) 刚性节点；(b) 铰接节点；(c) 半刚性节点

3.1.3 "静力方法"的应用

如同对其他截面分析一样，可按弹性或塑性方法验算节点强度。

在弹性方法中，节点的设计应使广义 Von Mises 应力不超过材料的强度。

但是钢材具有明显的延性，根据钢材的塑性变形能力，设计人员提出了"塑性"设计
方法，允许节点单元的局部应力发生塑性重分布。

欧洲规范允许钢结构设计采用塑性设计方法。节点和连接件的设计参见规范 EN1993-
1-8 的第 2.5（1）节。当然，塑性方法的使用有限制条件，包括钢材延性不足或连接件延
性不足的情况，如螺栓和焊缝。就钢材本身而言，使用欧洲规范（如 EN 10025）规定的
钢材即保证了材料的延性。对于非延性节点单元，EN1993-1-8 提出了专门要求。

EN1993-1-8 第 2.5（1）节简单论述了极限分析的"静力"定理。该定理在截面分析
中（如弯曲分析）的应用众所周知，按这一理论进行分析时拉应力和压应力均为矩形分
布，对于不需因考虑板屈曲而对板延性进行限制的 1 类或 2 类截面，对应的弯矩为塑性抵
抗弯矩。对于连接件和节点，使用静力定理可能不是很直观，但设计人员仍可选择使用。

采用静力定理进行分析首先要确定截面应力或连接件和节点内静力容许分布，即对结

构进行整体分析得到的，与截面或节点/连接件的所受外力相平衡的应力或内力。静力定理还要求满足塑性协调条件，截面或节点/连接件的塑性承载力和延性均需满足要求。

一般情况下会有多个满足静力和塑性协调的可能分布，通常这些分布不遵守"运动容许"准则；只有精确的分布才能满足以下三个要求：平衡条件、塑性条件和位移协调条件。然而事实上，只要发生塑性变形的截面或节点/连接件有局部变形能力（延性），就不需考虑这一问题。只要满足后一条件，静力定理即可确保任意静力和塑性条件下截面或节点/连接件的承载力小于真实承载力（因而偏于安全）。假设的分布和真实分布越接近，估计的承载力就越接近于真实承载力。

3.1.4 分解法

3.1.4.1 概述

就刚度、强度和延性而言，节点的性能是设计的关键。有以下三种设计方法：

（1）试验方法；

（2）数值方法；

（3）分析方法。

对于设计人员来说，分析方法通常是唯一可行的方法。分析方法根据力学原理和"节点组件"的几何特征确定节点性能。

EN 1998-1-8 规定了通用的分析方法，即分解法。该方法适用于任意钢节点或复合节点，不受几何形状、加载方式（轴力或弯矩等）和构件截面类型的限制。

分解法是各种荷载（包括静力荷载、动力荷载、火灾、地震等）作用下确定节点性能的便捷通用方法。

3.1.4.2 分解法介绍

一般将节点视为一个整体进行研究，而分解法的独创性在于将节点视为一组独立的基本组件。对于图 3.3（a）所示的节点（假定为带延伸端板，主要受弯的连接节点），其相关组件（即内力传递区域）如下：

（1）柱的受压腹板；

（2）梁的受压翼缘和受压腹板；

（3）柱的受拉腹板；

（4）柱的受弯翼缘；

（5）受拉螺栓；

（6）受弯端板；

（7）梁的受拉腹板；

（8）柱的受剪腹板

不论受拉、受压或受剪，这些基本组件均有各自的强度和刚度。柱腹板同时受压、受拉和受剪。同一节点同时存在这些应力显然会导致应力相互作用，降低对各基本分量的抵抗能力。

分解法的应用步骤如下：

（1）确定所考虑节点的有效组件；

（2）确定各独立基本组件的刚度、强度特性（初始刚度、设计承载力等特性或整体变形曲线）；

（3）装配所有组件，确定整个节点的刚度或强度特性（初始刚度、设计承载力等特性或整体变形曲线）。

（4）装配过程中，由各独立组件的力学性能得到整个节点的力学性能。根据第 3.1.3 节的静态定理定义如何将作用在节点上的外力分配为作用在各组件上的内力，既要满足平衡统计，又要反映组件性能。

（5）EN 1993-1-8 提供了如何应用分解法确定节点初始刚度和设计抗弯承载力的指南，并涉及了延性问题。

（6）应用分解法要求对基本组件性能有足够的认识。表 3.1 列出了 EN 1993-1-8 中承受静力荷载的组件。这些组件的组合能够得到各种类型的节点，基本上能够满足需要。图 3.3 给出了多个节点模型。

EN 1993-1-8 中的组件列表

表 3.1

序号	组件		序号	组件	
1	柱的受剪腹板	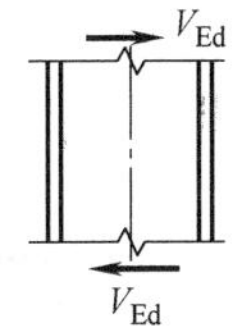 V_{Ed} / V_{Ed}	6	受弯翼缘夹板	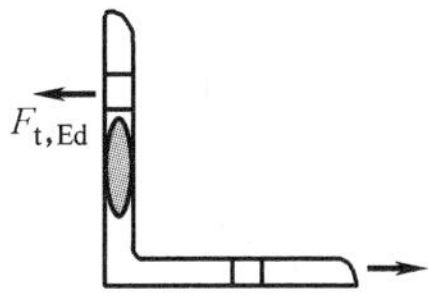 $F_{t,Ed}$
2	柱的横向受压腹板	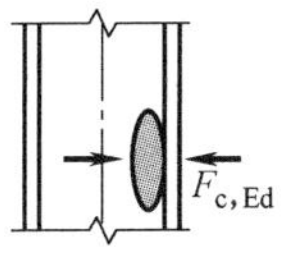 $F_{c,Ed}$	7	梁或柱的受压翼缘和腹板	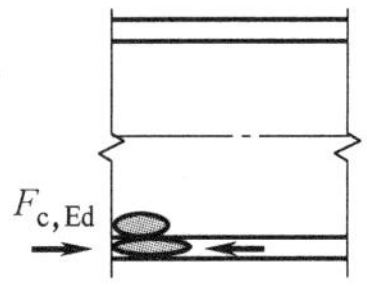 $F_{c,Ed}$
3	柱的横向受拉腹板	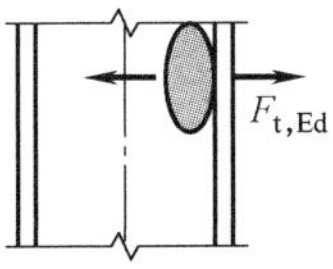 $F_{t,Ed}$	8	梁的受拉腹板	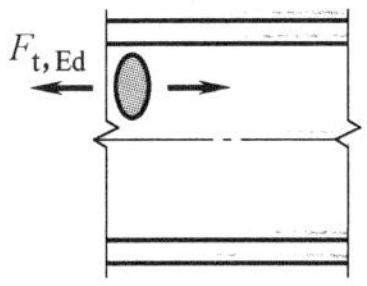 $F_{t,Ed}$
4	柱的受弯翼缘	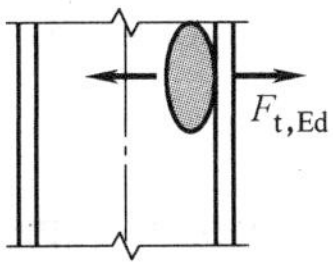 $F_{t,Ed}$	9	受拉或受压板	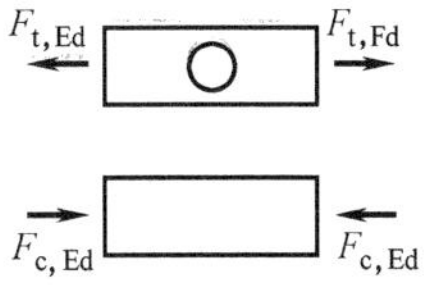 $F_{t,Ed}$ / $F_{t,Ed}$ / $F_{c,Ed}$ / $F_{c,Ed}$
5	受弯端板	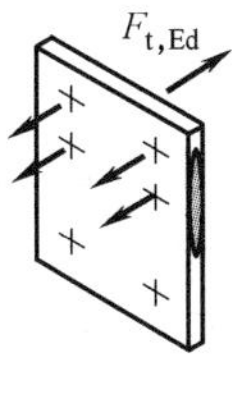 $F_{t,Ed}$	10	受拉螺栓	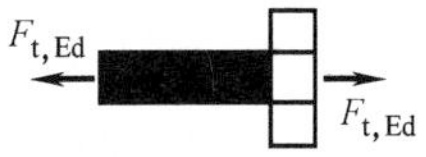 $F_{t,Ed}$ / $F_{t,Ed}$

序号	组件		序号	组件	
11	受剪螺栓	$F_{v,Ed}$	12	承压螺栓（梁翼缘、柱翼缘、端板或夹板）	$F_{b,Ed}$

为了使钢结构的设计高效、经济，欧洲规范给出了更多的选择，其中节点设计是重要一环。框架分析中节点细部设计和考虑节点性能的方法将显著影响钢结构造价。

然而，没有简单快捷的设计工具，开发高性能的钢结构对于设计人员来说很费时。在欧洲规范的发展过程中讨论过不同的方案。一方面希望欧洲规范提供安全、稳健和经济的设计方法，当然这使设计变得复杂；另一方面欧洲规范的用户希望采用简单的设计规定，这又与希望使钢结构更为经济的需求相冲突。若将标准规定得过于简单，则不能通过上述新方法来获益。

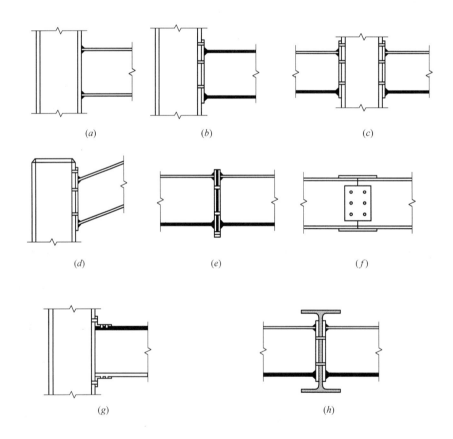

图 3.3　EN 1993-1-8 中的钢梁柱节点、梁-梁连接和梁拼接节点模型

（a）焊接节点；（b）带外伸端板的栓接节点；（c）带平端板的双节点（双面布置）；（d）平端板节点
（e）端板式梁拼接；（f）盖接式梁拼接；（g）带夹板角钢翼缘的栓接节点；
（h）梁-梁连接（双面布置）

显然，一直都有为钢结构设计制定更先进标准的要求。分解法是其中一种应用广泛的方法。基于规范中给定的方法，需为设计人员提供简单的设计工具，这是设计人员可接受的、获得经济设计方案的最佳途径。

3.1.4.3　节点设计工具的类型

为有效设计节点，工程师不仅要有理论知识，还需简单的设计工具。如今，不同国家的多个机构或公司提供了三种不同的设计工具。设计人员可根据多方面的要求选择最合适的设计工具。

1. 设计表

设计表是一种标准化的节点布置表格，包括细部尺寸和强度、刚度、延性等力学性质。使用设计表是设计节点的最快捷方式。然而，节点布置改变均需重新计算，设计表不再有用。此时可采用计算书。

2. 计算书

计算书是一套简单的设计公式，可进行简单快速的手算。由于是简化计算，结果可能比较保守、有效范围较窄。设计表和计算书均可在设计手册中查找。

3. 软件

最灵活的方法是使用软件。当然，需花一定时间输入所有节点细节，但适用范围广，对如布置变化之类的重新计算也很方便。

要想在实践中很好地使用设计工具，设计人员不仅要了解分解法，还要了解各组件的特性及组件装配的主要原理。实践是获得这方面知识的最好方式，设计人员在其职业生涯中肯定有机会将 EN1993-1-8 中的模型和方法用于某些节点。因此本章详细介绍了分解法在端板连接梁柱节点设计中的应用。

3.2　结构分析和设计

3.2.1　概述

框架及其组成部分的设计包括两个步骤，即框架整体分析和单个截面或构件设计。

基于框架组件性能的假设（弹性或塑性）和框架几何响应的假设（一阶或二阶理论），框架整体分析是确定所考虑结构受到规定荷载作用时的内力与位移。完成整体分析即确定了整个结构的内力和位移后，即可进行框架组件的设计和验算，包括验算结构承受正常使用荷载（正常使用极限状态-SLS）和极限荷载（承载能力极限状态-ULS）时是否满足要求的设计准则。

根据欧洲规范 3，可采用以下四种分析方法进行分析，也列于表 3.2。

（1）线弹性一阶分析；

（2）塑性（或弹塑性）一阶分析；

（3）线弹性二阶分析；

（4）塑性（或弹塑性）二阶分析。

四种框架分析方法　　　　　　　　　　　　表 3.2

几何效应的假设 (线性或非线性)		假定的材料准则(线性或非线性)	
		弹性	塑性
几何效应的假设 (线性或非线性)	一阶	线弹性一阶分析	塑性(或弹塑性)一阶分析
	二阶	线弹性二阶分析	塑性(或弹塑性)二阶分析

设计人员选择合适的分析方法是非常重要的一步，如第 3.1.1 节所述，这会显著影响验算次数和性质。然而，方法选择并不是随意的，下面总结欧洲规范 3 的建议。

3.2.1.1　弹性或塑性分析和验算

选择弹性还是塑性分析方法取决于构件截面类型（1 类、2 类、3 类或 4 类）。

截面类型反映了受压截面可能的局部屈曲方式是否会影响截面承载力或延性。

除对 1 类截面（至少在塑性铰位置）构件构成的框架进行塑性（弹塑性）分析外，所有情况下都必须对框架进行弹性分析。

截面或构件的验算也取决于截面类型。表 3.3 总结了欧洲规范 3 给出的各种情况。

弹性和塑性（弹塑性）分析方法的选择和设计方法　　　　表 3.3

截面类型	框架分析	截面/构件验算	可采用的整体分析 方法(E=弹性； P=塑性)
1 类	塑性	塑性	P-P
	弹性	塑性	E-P
	弹性	弹性	E-E
2 类	弹性	塑性	E-P
	弹性	弹性	E-E
3～4 类	弹性	弹性	E-E

3.2.1.2　一阶分析或二阶分析方法

几何非线性可能会影响构件或整个框架的响应，导致局部失稳（弯曲屈曲、扭转屈曲、侧扭屈曲等）或整体失稳现象（整体侧移不稳定）。

结构分析的目的是确定作用于结构的外力与构件截面内力之间的平衡关系。根据表达平衡方程时所考虑的结构几何形状，可分为一阶分析或二阶分析：

（1）一阶分析采用结构的初始形状；

（2）二阶分析考虑结构变形的后实际形状。

分别考虑与 $P\text{-}\Delta$ 效应和 $P\text{-}\delta$ 效应有关的两类二阶分析。$P\text{-}\Delta$ 效应决定着结构可能的侧向不稳定现象，而 $P\text{-}\delta$ 效应控制着构件不稳定性的发展。完整的二阶分析考虑了所有二阶几何效应（构件侧移）。在这种情况下，完成结构分析后不需再进行构件检查。

设计人员在框架分析中通常不考虑 $P\text{-}\delta$ 效应（与构件屈曲相关的二阶效应），而是在框架分析后承载能力极限状态（ULS）验算时检查构件的屈曲。设计中要确定是否考虑 $P\text{-}\Delta$ 效应，这是通过验算结构是否满足"有侧移"或"无侧移"准则（EN 1993-1-1 中的

"α_{cr}"准则）来完成的。

"无侧移框架"是指框架刚度非常大，受到平面内水平力作用时可忽略由各层水平位移产生的附加力和弯矩，这意味着可忽略整体二阶效应。不能忽略二阶效应的框架称为"有侧移框架"。

图 3.4 总结了可供设计人员使用的各种选择，既包括框架分析，也包括框架分析后进一步对截面或构件承载能力极限状态（ULS）的各种验算。

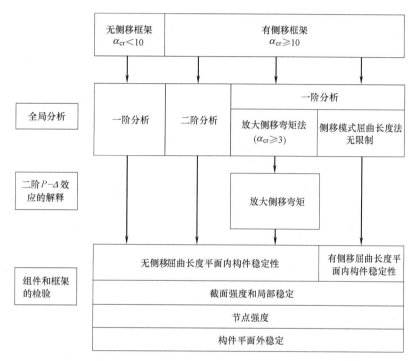

图 3.4　整体分析的各种方法与设计流程（"全局分析"改为"整体分析"）

3.2.1.3　节点响应与框架分析集成和设计过程

传统上，进行框架分析时需先假设节点是完全铰接的或完全刚接的。进一步分析时，设计的节点应具有与假设一致的性能。第 3.1 节中已经指出，按半刚性节点设计会带来显著的经济效益。

针对某个特定截面，其特性为自身刚度、强度和延性，在结构分析和设计中要考虑节点的实际性质。例如，前面章节中提到的"截面"当延伸到"构件或节点截面"时意义不变。从操作角度，需要考虑"节点建模"、"节点分类"和"节点理想化"这些概念。下面对此进行讨论。

3.2.2　节点建模

3.2.2.1　概述

节点性能影响框架结构的响应，因此框架分析和设计中要建立节点模型，如同建立梁柱模型那样。通常考虑以下几种节点建模方式：

（1）根据转动刚度：

刚接模型；

铰接模型。

（2）根据强度：

全强度模型；

部分强度模型；

铰接模型。

当关心节点的转动刚度时，"刚接"意味着无论所受弯矩多大，相互连接的构件之间均不会发生相对转动。"铰接"则假设构件之间为完全（即无摩擦）铰接。事实上，可放松这些定义，如第3.2.4节对节点类型的阐述，可将相对柔的、不完全铰接节点近似视为铰接的，将刚度相对较大而又不完全是刚接的节点近似视为刚性的。第3.2.4节将说明刚接节点和铰接节点的刚度界限。

关于节点强度，全强度节点强于连接件中较弱的构件，这与局部强度节点不同。在工程中，当节点用来传递内力而非提供连接件的全部承载力时，使用局部强度节点。铰接节点不传递弯矩。第3.2.4节将从概念上讨论节点的分类标准。

综合考虑转动刚度和节点强度，采取以下三种节点模型：

（1）刚接/全强度模型；

（2）刚接/部分强度模型；

（3）铰接模型。

然而，就节点转动刚度而言，从经济角度出发既不将节点设计为刚接的，也不设计为铰接的，而是设计为半刚接的，因此产生了新的节点模型：

（1）半刚接/全强度模型；

（2）半刚接/部分强度模型。

为简化设计，EN 1993-1-8采用三种节点模型考虑各种组合（表3.4）。

（1）连续型：仅为刚接/全强度情况；

（2）半连续型：包括刚接/局部强度、半刚接/全强度和半刚接/局部强度3种情况；

（3）简单型：仅为铰接情况。

节点模型类型 表3.4

刚度	强度		
	全强度	局部强度	铰接
刚接	连续	半连续	—
半刚接	半连续	半连续	—
铰接	—	—	简单

这些术语的含义如下：

（1）连续：节点能够完全传递连接件间的转动；

（2）半连续：节点仅部分传递连接件间的转动；

（3）简单：节点不限制连接件间的转动。

这些术语的解释取决于所采用的框架分析方法。在框架整体弹性分析中，只有节点的刚度性质与节点模型有关。在刚-塑性分析中节点的主要特性是强度。在其他情况下，节点建模方式同时与节点刚度和强度有关。表 3.5 给出了这些情况。

节点模型和框架分析　　　　　　　　　　　表 3.5

模型	框架分析方法		
	弹性分析	刚-塑性分析	弹性-理想塑性分析和弹塑性分析
连续	刚接	全强度	刚接/全强度
半连续	半刚接	局部强度	刚接/局部强度 半刚接/全强度 半刚接/局部强度
简单	铰接	铰接	铰接

3.2.2.2　节点变形模拟和变形原因

对于一些节点，如梁柱节点，EN 1993-1-8 第 5.3 节区分了连接的荷载和柱腹板的荷载，从而进行建筑框架设计时，要求从理论上考虑产生这两种变形的原因。

然而，这只有通过能够对两种变形源分别建立模型的复杂计算机程序才能实现框架结构分析。对于大多数已有软件，用一个集中于连接件轴线交点的转动弹簧简化剪力节点模型。

3.2.2.3　基于欧洲规范 3 简化模型

对于大多数工程应用，对连接和腹板性能单独建立模型既不实用也不可行，因此本节介绍只考虑节点性能的简化建模方法，这也是 EN 1993-1-8 采用的方法。表 3.6 说明了典型节点的简化建模方法和基本术语（简单、半连续和连续）。

根据 EN 1993-1-8 的简化节点模型　　　　　表 3.6

节点模型	梁柱节点主轴弯曲	梁接头	柱基
简单			
半连续			
连续			

3.2.3 节点理想化

描述节点真实非线性性能的弹簧并不适用于日常设计。然而可在精度损失不大的情况下采用理想化的弯矩-转角曲线。最简单的理想化模型是理想弹塑性模型（图 3.5（a））。这种模型的优点是与传统的受弯构件截面模型相似（图 3.5（b））。在欧洲规范 3 中，对应于屈服平台的弯矩 $M_{j,\mathrm{Rd}}$ 称为设计抗弯承载力，可理解为节点的拟塑性抗弯承载力。忽略应变强化效应和可能的薄膜效应，图 3.5 给出了实际 M-ϕ 曲线与理想屈服曲线的差异。

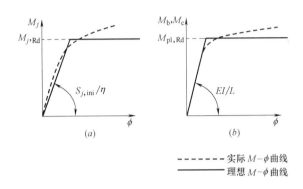

图 3.5 双线性弯矩-转角曲线
（a）节点；（b）构件

后面将讨论恒定刚度值。

事实上，有多种理想化节点 M-ϕ 曲线的方法，其中之一与框架分析方法有关。

3.2.3.1 弹性分析中的弹性理想化

弹性分析的主要问题是确定节点的转动刚度。

欧洲规范 3 的第 1-8 部分提供了两种节点 M-ϕ 曲线，见图 3.6：

（1）节点弹性承载力的验算（图 3.6（a））：设刚度等于初始刚度 $S_{j,\mathrm{ini}}/\eta$；在框架分析结束时，应检查节点承受的设计弯矩是否小于最大节点的弹性抗弯承载力，即 $2/3M_{j,\mathrm{Rd}}$；

（2）节点塑性承载力的验算（图 3.6（b））：设刚度等于虚拟刚度，其值介于初始刚度和对应于 $M_{j,\mathrm{Rd}}$ 的割线刚度之间，定义为 $S_{j,\mathrm{ini}}$。理想化的目的是用"等效"刚度"代替"节点实际的非线性性能，当 M_{Ed} 小于或等于 $M_{j,\mathrm{Rd}}$ 时假定有效。表 3.7 列出了 EN 1993-1-8 中 η 的建议值。

刚度修正系数

表 3.7

连接类型	梁-柱连接节点	其他类型的节点（梁-梁连接、梁接头、柱-基础连接）
焊接	2	3
螺栓端板	2	3
螺栓翼缘夹板	2	3.5
底板	—	3

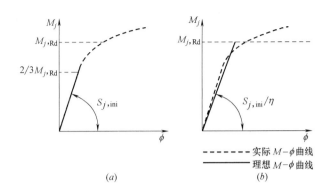

图 3.6　$M\text{-}\phi$ 曲线的弹性段表达

3.2.3.2　刚塑性分析中的刚塑性理想化

刚塑性分析中只需设计抗弯承载力 $M_{j,\text{Rd}}$。为使节点处形成可转动的塑性铰，应验算节点是否有足够的转动能力，见图 3.7。

3.2.3.3　弹塑性分析中的非线性理想化

这种情况下刚度和承载力性能同样重要。理想化模型包括双线性、三线性或完全非线性曲线，如图 3.8 所示。同样，在塑性铰可能形成于转动的节点处，应具有必需的转动能力。

图 3.7　$M\text{-}\phi$ 曲线的刚-塑性表达

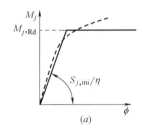 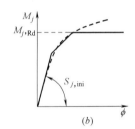 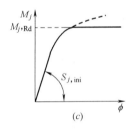

图 3.8　$M\text{-}\phi$ 曲线的非线性表达
(a) 双线性；(b) 三线性；(c) 非线性

3.2.4　节点分类

3.2.4.1　概述

第 3.2.2 节已经阐述框架整体分析需建立节点模型，并介绍了 3 种不同的节点模型：简单模型、半连续模型和连续模型。同时还解释了节点模型的类型既依赖于框架分析方法，也依赖于按刚度、强度对节点的分类（表 3.5）。

分类标准用来定义节点的刚度类型和强度类型，同时也用来确定分析时应采用的节点模型的类型，具体描述如下。

3.2.4.2　基于节点力学性能的分类

通过简单比较节点设计刚度与刚度上下限，对刚度进行分类（图 3.9）。为简单起见，不管分析中采用何种理想化节点类型，确定的刚度上下限要便于直接与节点初始设计刚度进行比较（图 3.6 和图 3.8）。

强度分类仅包括节点设计抗弯矩承载力与"全强度"界限和"铰接"界限的比较（图 3.10）。

图 3.9 刚度分类上下限   图 3.10 强度分类上下限

需要说明的是，由于是考虑设计特性，不允许根据试验得到的节点 $M\text{-}\phi$ 特性进行分类。

3.2.5 延性分类

3.2.5.1 一般概念

通过经验和适当细部设计可得到铰接节点，有足够的转动能力承担需要的转动。

对于抗弯节点，要引入延性类型的概念来考虑转动能力问题。

对于大多数结构节点，$M\text{-}\phi$ 特征曲线是双线性的（图 3.11（a））。初始斜率 $S_{j,\text{ini}}$ 对应节点的弹性变形，然后节点（一个或多个组成部分）逐渐屈服直至达到设计抗弯承载力 $M_{j,\text{Rd}}$，之后表现为极限性能（$S_{j,\text{post-lim}}$），这时开始出现应变强化和可能的薄膜效应。薄板承受横向拉力时薄膜效应显著，如短轴节点处和连接矩形空心截面柱的节点。

实际上很多试验中（图 3.11（a）），由于节点的局部大变形如较大的相对转动，节点总是在未达到最大弯矩 $M_{j,\text{u}}$ 前就失效。在其他试验中（图 3.11（b）），失效可能是深度屈服（材料断裂），某个组成部件不稳定（如柱腹板受压或受压梁翼缘、梁腹板屈曲），或焊缝、螺栓脆性破坏。

在一些节点中，某一组件的过早失效使节点不能达到较高的抗弯承载力和转动能力，之后的极限阶段非常有限，$M_j\text{-}\phi$ 不能呈现明显的双线性特征（图 3.11（c））。

如第 3.2.3 节所述，整体分析之前要求将实际的 $M_j\text{-}\phi$ 曲线理想化。对于梁和柱截面，塑性整体分析可参考塑性铰的概念。

在框架承受荷载和发生内力重分布时，形成塑性铰要求出现铰的节点有足够的转动能力。即必须有足够长的屈服平台 ϕ_{pl}（图 3.12），从而能够发生内力重分布。

对于梁柱截面，已经确认满足要求的准则可用来选取截面的类型，从而确定框架整体分析的类型。

结构节点在很多方面是非常相似的，可按下面内容对其类型进行区分：

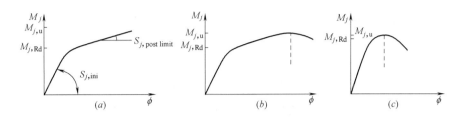

图 3.11　节点 M-ϕ 特征曲线

（a）无限延性；（b）有限延性；（c）无延性

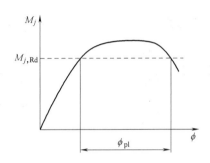

图 3.12　塑性转动能力

（1）类节点：通过节点内力充分塑性重分布达到设计抗弯承载力 $M_{j,\mathrm{Rd}}$，且有足够的转动能力，必要时，在没有特殊限制的情况下允许按塑性框架进行分析和设计；

（2）类节点：通过节点内力充分塑性重分布可使弯矩达到 $M_{j,\mathrm{Rd}}$，但转动能力有限。必须进行弹性框架分析，分析可与节点塑性验算同时进行。只要对可能出现铰节点的转动能力要求不是很高，也允许按塑性框架进行分析。因此分析之前要比较具有的转动能力和需要的转动能力；

（3）类节点：脆性破坏（或失稳）限制了抗弯承载力，不允许节点内力发生充分的重分布。必须按弹性节点进行验算。

因为任何破坏模式和承载力水平下设计抗弯承载力 $M_{j,\mathrm{Rd}}$ 均已知，不需像构件截面一样定义第 4 类节点。

3.2.5.2　节点类型的要求

在欧洲规范 3 中，确定节点设计抗弯承载力的过程为设计人员提供了其他信息，例如：

（1）失效模式；

（2）失效时节点的内力。

按照这一过程，设计人员可直接了解节点内力是否完全发生塑性重分布，若是，则该节点属于 1 类或 2 类节点；若不是，则节点属于 3 类节点。

对于 1 类或 2 类节点，知道了失效模式特别是导致失效的组件，则可判断该节点是否有足够转动能力，是否可进行整体塑性分析。具体见 EN 1993-1-8。

3.3 节点分析实例

3.3.1 基本数据

图 3.13 所示为典型的钢框架梁柱节点，图中示出了节点细部设计。连接选用受拉区延伸端板。节点用四行螺栓连接，钢材等级选用 S235。

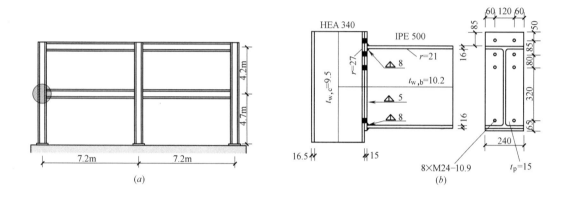

图 3.13 建筑钢框架节点及节点细部设计

（a）钢框架；（b）节点细部（单位：mm）

本算例分析节点承受负弯矩时的强度和刚度，同时计算抗剪承载力。按欧洲规范 3，分项系数如下：

$$\gamma_{M0}=1.00;\gamma_{M1}=1.00;\gamma_{M2}=1.25;\gamma_{Mb}=1.25;\gamma_{Mw}=1.25 \tag{3.1}$$

最后按结构分析中该节点的模型进行分类。

下面根据 EN 1993-1-8 的规定对节点进行详细计算。按规范图 6.8 的主要步骤计算抗弯承载力。

3.3.2 确定组件性能

3.3.2.1 组件1——柱的受剪腹板

根据图 3.13，柱腹板受剪面积等于 $4495mm^2$，因此，柱受剪腹板的承载力为

$$V_{wp,Rd}=\frac{0.9\times235\times4495}{1000\sqrt{3}\times1.0}=548.88kN\Rightarrow\frac{548.88}{1.0}=548.88kN \tag{3.2}$$

3.3.2.2 组件2——柱的受压腹板

柱腹板有效宽度为

$$b_{eff,c,wc,2}=t_{fb}+2\sqrt{2}a_{fb}+5(t_{fc}+s)+s_p$$
$$=16+2\sqrt{2}\times8+5\times(16.5+27)+15+3.69$$
$$=274.81mm \tag{3.3}$$

大部分情况下，柱腹板的纵向应力 $\sigma_{com,Ed}\leqslant0.7f_{y,wc}$，因此 $k_{wc}=1.0$。单侧节点情况

下 β 可偏安全取为 1.0。从而

$$\omega=\omega_1=\cfrac{1}{\sqrt{1+1.3\left(\cfrac{b_{\mathrm{eff,c,wc}}t_{\mathrm{wc}}}{A_{\mathrm{vc}}}\right)^2}} \tag{3.4}$$

$$=\cfrac{1}{\sqrt{1+1.3\times(274.81\times9.5/4495)^2}}=0.834$$

腹板长细比：

$$\overline{\lambda_{\mathrm{p}}}=0.932\sqrt{\cfrac{b_{\mathrm{eff,c,wc}}d_{\mathrm{wc}}f_{\mathrm{y,wc}}}{Et_{\mathrm{wc}}{}^2}}=0.932\times\sqrt{\cfrac{274.81\times243\times235}{210000\times9.5^2}}=0.848 \tag{3.5}$$

折减系数：

$$\rho=\cfrac{(\overline{\lambda_{\mathrm{p}}}-0.2)}{\overline{\lambda_{\mathrm{p}}}^2}=\cfrac{(0.848-0.2)}{0.848^2}=0.901 \tag{3.6}$$

因为 $\rho<1.0$，柱受压腹板承载力由局部屈曲控制。因此：

$$F_{\mathrm{c,wc,Rd}}=\cfrac{0.834\times1.0\times274.81\times9.5\times235}{1.0\times1000}=511.67\mathrm{kN}$$

$$\leqslant\cfrac{0.834\times1.0\times0.901\times274.81\times9.5\times235}{1.0\times1000}=460.9\mathrm{kN} \tag{3.7}$$

3.3.2.3　组件 3——柱的受拉腹板

为计算组件承载力，需确定其有效长度，有效长度值与组件 4 "柱的受弯翼缘" 的值相同（见本书 3.3.2.4 部分）。需确定如图 3.14 所示 4 种情况的承载力：

（1）单排螺栓承载力；

（2）1、2 排螺栓组成的螺栓群承载力；

（3）1、2、3 排螺栓组成的螺栓群承载力；

（4）2、3 排螺栓组成的螺栓群承载力。

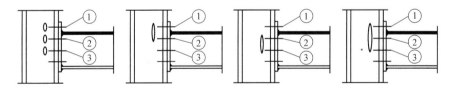

图 3.14　螺栓和螺栓群

第一步，考虑每排螺栓的性能。此时 1、2、3 排螺栓的承载力是相同的：

$$F_{\mathrm{t,wc,Rd}}=\cfrac{0.86\times247.1\times9.5\times235}{1.0\times1000}=474\mathrm{kN} \tag{3.8}$$

式中：$b_{\mathrm{eff,c,wc}}=l_{\mathrm{eff,CFB}}=247.1\mathrm{mm}$

$$\omega=\cfrac{1}{\sqrt{1+1.3\times(247.1\times9.5/4495)^2}}=0.86$$

1、2 排螺栓组成的螺栓群的承载力：

$$F_{\mathrm{t,wc,Rd}}=\cfrac{0.781\times332.1\times9.5\times235}{1.0\times1000}=579.04\mathrm{kN} \tag{3.9}$$

式中：$b_{\text{eff,c,wc}} = l_{\text{eff,CFB}} = (166.05 + 166.05) = 332.1\text{mm}$

$$\omega = \frac{1}{\sqrt{1 + 1.3 \times (332.1 \times 9.5/4495)^2}} = 0.781$$

1、2、3 排螺栓组成的螺栓群的承载力：

$$F_{\text{t,wc,Rd}} = \frac{0.710 \times 412.1 \times 9.5 \times 235}{1.0 \times 1000} = 653.21\text{kN} \tag{3.10}$$

式中：$b_{\text{eff,c,wc}} = l_{\text{eff,CFB}} = (166.05 + 82.5 + 163.55) = 412.1\text{mm}$

$$\omega = \frac{1}{\sqrt{1 + 1.3 \times (412.1 \times 9.5/4495)^2}} = 0.710$$

最后，2、3 排螺栓组成的螺栓群的承载力：

$$F_{\text{t,wc,Rd}} = \frac{0.785 \times 327.1 \times 9.5 \times 235}{1.0 \times 1000} = 573.25\text{kN} \tag{3.11}$$

式中：$b_{\text{eff,c,wc}} = l_{\text{eff,CFB}} = (163.55 + 163.55) = 327.1\text{mm}$

$$\omega = \frac{1}{\sqrt{1 + 1.3 \times (327.1 \times 9.5/4495)^2}} = 0.785$$

3.3.2.4 组件 4——柱的受弯翼缘

该组件采用了 T 型钢，还需确定以下参数：

$$m = \frac{w_1}{2} - \frac{t_{\text{wc}}}{2} - 0.8r_c = \frac{120}{2} - \frac{9.5}{2} - 0.8 \times 27 = 33.65\text{mm}$$

$$e = \frac{b_c}{2} - \frac{w_1}{2} = \frac{300}{2} - \frac{120}{2} = 90\text{mm}$$

$$e_1 = 50\text{mm}$$

$$e_{\min} = \min(e; w_2) = \min(90; 60) = 60\text{mm} \tag{3.12}$$

可用规范 EN 1993-1-8 的表 6.4 计算如图 3.15 所示不同屈服线时的有效长度：

(1) 单排螺栓；

(2) 1、2 排螺栓组成的螺栓群；

(3) 1、2、3 排螺栓组成的螺栓群；

(4) 2、3 排螺栓组成的螺栓群。

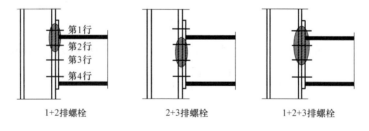

图 3.15 各排螺栓和螺栓群

由于第 4 排螺栓的位置靠近受压中心，抗弯能力有限，这里忽略不计。这种情况下可假设第 4 排螺栓的抗剪能力全部用于满足节点的设计抗剪承载力要求。然而，必要时也可认为第 4 排螺栓处于受拉区，考虑其对抗弯承载力的贡献。

第 1 排螺栓—单独承载时的有效长度（图3.16）：

$$l_{\text{eff,cp}}=2\pi m=2\pi\times 33.65=211.43\text{mm}$$

$$l_{\text{eff,cp}}=4m+1.25e=4\times 33.65+1.25\times 90$$

$$=247.1\text{mm}$$

(3.13)

图 3.16 第 1 排螺栓——单独承载时

第 1 排螺栓—作为螺栓群的首排螺栓承载时的有效长度（图3.17）：

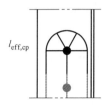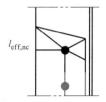

图 3.17 第 1 排螺栓——作为螺栓群的首排螺栓承载时

$$l_{\text{eff,cp}}=\pi m+p=33.65\pi+85=190.71\text{mm}$$

$$l_{\text{eff,nc}}=2m+0.625e+0.5p$$

$$=2\times 33.65+0.625\times 90+0.5\times 85=166.05\text{mm}$$

(3.14)

第 2 排螺栓—单独承载时的有效长度（图3.18）：

$$l_{\text{eff,cp}}=2\pi m=2\pi\times 33.65=211.43\text{mm}$$

$$l_{\text{eff,nc}}=4m+1.25e=4\times 33.65+1.25\times 90=247.1\text{mm}$$

(3.15)

第 2 排螺栓—作为螺栓群中的首排螺栓承载时的有效长度（图3.19）：

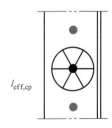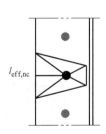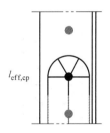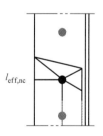

图 3.18 第 2 排螺栓—单独承载时

图 3.19 第 2 排螺栓——作为螺栓群中的首排螺栓承载时

$$l_{\text{eff,cp}}=\pi m+p=33.65\pi+80=185.71\text{mm}$$

$$l_{\text{eff,nc}}=2m+0.625e+0.5p$$

$$=2\times 33.65+0.625\times 90+0.5\times 80=163.55\text{mm}$$

(3.16)

第 2 排螺栓—作为螺栓群中最后一排螺栓承载时的有效长度（图3.20）：

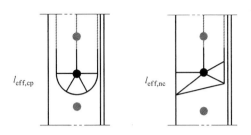

图 3.20　第 2 排螺栓—作为螺栓群中最后一排螺栓承载时

$$l_{\text{eff,cp}} = \pi m + p = 33.65\pi + 85 = 190.71\text{mm}$$

$$l_{\text{eff,nc}} = 2m + 0.625e + 0.5p = 2 \times 33.65 + 0.625 \times 90 + 0.5 \times 85 = 166.05\text{mm}$$

(3.17)

第 2 排螺栓—作为螺栓群中中间一排螺栓承载时的有效长度（图 3.21）：

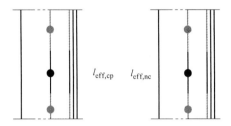

图 3.21　第 2 排螺栓—作为螺栓群中中间一排螺栓承载时

$$l_{\text{eff,cp}} = 2p = 2 \times \frac{85 + 80}{2} = 165.0\text{mm}$$

(3.18)

$$l_{\text{eff,nc}} = p = \frac{85 + 80}{2} = 82.5\text{mm}$$

第 3 排螺栓—独自承载时的有效长度（图 3.22）：

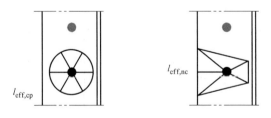

图 3.22　第 3 排螺栓—独自承载时

$$l_{\text{eff,cp}} = 2\pi m = 2\pi \times 33.65 = 211.43\text{mm}$$

$$l_{\text{eff,nc}} = 4m + 1.25e = 4 \times 33.65 + 1.25 \times 90 = 247.1\text{mm}$$

(3.19)

第 3 排螺栓—作为螺栓群中最后一排螺栓承载时的有效长度（图 3.23）：

$$l_{\text{eff,cp}} = \pi m + p = 33.65\pi + 80 = 185.7\text{mm}$$

$$l_{\text{eff,nc}} = 2m + 0.625e + 0.5p$$

(3.20)

$$= 2 \times 33.65 + 0.625 \times 90 + 0.5 \times 80 = 163.55\text{mm}$$

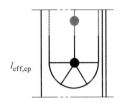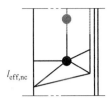

图 3.23　第 3 排螺栓——作为螺栓群中最后一排螺栓承载时

下面根据上述计算的有效长度确定承载力。

1、2、3 排螺栓各自的承载力：

第 1 种模式

$$F_{T,1,Rd} = \frac{4M_{pl,1,Rd}}{m} = \frac{4 \times 3381.76}{33.65} = 401.99 kN \tag{3.21}$$

式中：$M_{pl,1,Rd} = \frac{0.25 l_{eff} t_{fc}^2 f_{y,c}}{\gamma_{M0}} = \frac{0.25 \times 211.43 \times 16.5^2 \times 235}{1.0 \times 1000} = 3381.76 kN \cdot mm$

第 2 种模式

$$F_{T,2,Rd} = \frac{2 \times 3952.29 + 42.0625 \times 2 \times 254.16}{33.65 + 42.0625} = 386.80 kN \tag{3.22}$$

式中：

$$M_{pl,2,Rd} = \frac{0.25 l_{eff,nc} t_{fc}^2 f_{y,c}}{\gamma_{M0}} = \frac{0.25 \times 247.1 \times 16.5^2 \times 235}{1.0 \times 1000} = 3952.29 kN \cdot mm$$

$$F_{t,Rd} = \frac{0.9 \times 1000 \times 53}{1.25 \times 1000} = 254.16 kN$$

$$n = \min(e_{\min}; 1.25m = 1.25 \times 33.65 = 42.0625) = 42.0625 mm$$

第 3 种模式

$$F_{T,3,Rd} = 2 \times 254.16 = 508.32 kN \tag{3.23}$$

1、2 排螺栓组成的螺栓群的承载力（图 3.24）：

该例中的屈服模式是非圆屈服模式。

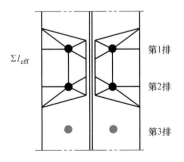

图 3.24　1、2 排螺栓组成的螺栓群的承载力

第 1 种模式

$$F_{T,1,Rd} = \frac{4 \times 5311.84}{33.65} = 631.42 kN \tag{3.24}$$

式中：$M_{pl,1,Rd}=\dfrac{0.25\times(166.05+166.05)\times16.5^2\times235}{1.0\times1000}=5311.84\text{kN}\cdot\text{mm}$

第2种模式

$$F_{T,2,Rd}=\frac{2\times5311.84+42.0625\times4\times254.16}{33.65+42.0625}=705.12\text{kN} \tag{3.25}$$

式中：$M_{pl,2,Rd}=\dfrac{0.25\times(166.05+166.05)\times16.5^2\times235}{1.0\times1000}=5311.84\text{kN}\cdot\text{mm}$

第3种模式

$$F_{T,3,Rd}=4\times254.16=1016.64\text{kN} \tag{3.26}$$

第1排到第3排螺栓组成的螺栓群的承载力（图3.25）：

第1种模式

$$F_{T,1,Rd}=\frac{4\times6591.41}{33.65}=783.53\text{kN} \tag{3.27}$$

式中：$M_{pl,1,Rd}=\dfrac{0.25\times(166.05+82.5+163.55)\times16.5^2\times235}{1.0\times1000}=6591.41\text{kN}\cdot\text{mm}$

第2种模式

$$F_{T,2,Rd}=\frac{2\times6591.41+42.0625\times6\times254.16}{33.65+42.0625}=1021.32\text{kN} \tag{3.28}$$

式中：$M_{pl,2,Rd}=\dfrac{0.25\times(166.05+82.5+163.55)\times16.5^2\times235}{1.0\times1000}=6591.41\text{kN}\cdot\text{mm}$

第3种模式

$$F_{T,3,Rd}=6\times254.16=1524.96\text{kN} \tag{3.29}$$

2、3排螺栓组成的螺栓群的承载力（图3.26）：

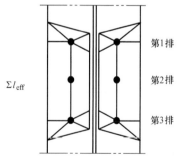

图3.25　第1排到第3排螺栓
组成的螺栓群的承载力

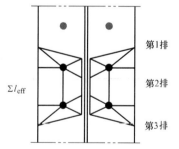

图3.26　2、3排螺栓组成的
螺栓群的承载力

第1种模式

$$F_{T,1,Rd}=\frac{4\times5231.86}{33.65}=621.92\text{kN} \tag{3.30}$$

式中：$M_{pl,1,Rd}=\dfrac{0.25\times(163.55+163.55)\times16.5^2\times235}{1.0\times1000}=5231.86\text{kN}\cdot\text{mm}$

第2种模式

$$F_{T,2,Rd}=\frac{2\times5231.86+42.0625\times4\times254.16}{33.65+42.0625}=703.00\text{kN} \tag{3.31}$$

式中：$M_{\text{pl,2,Rd}}=\dfrac{0.25\times(163.55+163.55)+16.5^2\times235}{1.0\times1000}=5231.86\text{kN}\cdot\text{mm}$

第 3 种模式

$$F_{\text{T,3,Rd}}=4\times254.16=1016.64\text{kN} \tag{3.32}$$

3.3.2.5　组件 5——受弯端板

同样采用 T 型钢，需确定以下参数：

$e_x=50\text{mm}$

$m_x=u_2-0.8a_f\sqrt{2}-e_x=85-0.8\times8\sqrt{2}-50=25.95\text{mm}$

$w=120\text{mm}$

$e=60\text{mm}$

$m=\dfrac{w}{2}-\dfrac{t_{\text{wb}}}{2}-0.8a_{\text{fb}}\sqrt{2}=60-5.1-0.8\times5\sqrt{2}=49.29\text{mm}$

$m_2=e_x+e_{1-2}-u_2-t_{\text{fb}}-0.8a_{\text{fb}}\sqrt{2}=50+85-85-16-0.8\times8\sqrt{2}=24.95\text{mm}$

$n_x=\min(e_x;\ 1.25m_x=1.25\times25.95=32.44)=32.44\text{mm} \tag{3.33}$

如上所述，计算抗弯承载力时忽略了第 4 排螺栓的削弱效应。有效长度可从 EN 1993-1-8 的表 6.6 得到。因为梁翼缘的存在，1、2 排螺栓之间不能出现屈服线，所以只考虑 2、3 排螺栓组成的螺栓群的情况。第 2 排螺栓靠近梁翼缘，因此需计算此排螺栓的 α 系数，为此需确定以下两个参数（见 EN 1993-1-8 的图 6.11）。

$$\left.\begin{array}{l}\lambda_1=\dfrac{m}{m+e}=\dfrac{49.24}{49.24+60}=0.45\\[2mm]\lambda_2=\dfrac{m_2}{m+e}=\dfrac{24.95}{49.24+60}=0.23\end{array}\right\}\to\alpha=7.21 \tag{3.34}$$

第 1 排螺栓—独自承载时的有效长度（图 3.27）：

$$l_{\text{eff,cp,1}}=2\pi m_x=2\pi\times25.95=163.05\text{mm}$$

$$l_{\text{eff,cp,2}}=\pi m_x+w=25.95\pi+120=201.52\text{mm}$$

$$l_{\text{eff,cp,3}}=\pi m_x+2e=25.95\pi+2\times60=201.52\text{mm}$$

$$l_{\text{eff,nc,1}}=4m_x+1.25e_x=4\times25.95+1.25\times50=166.3\text{mm}$$

$$l_{\text{eff,nc,2}}=e+2m_x+0.625e_x=60+2\times25.95+0.625\times50=143.15\text{mm}$$

$$l_{\text{eff,nc,3}}=0.5b_p=0.5\times240=120\text{mm}$$

$$l_{\text{eff,nc,4}}=0.5w+2m_x+0.625e_x=0.5\times120+2\times25.95+0.625\times50=143.15\text{mm} \tag{3.35}$$

第 2 排螺栓—独自承载时的有效长度（图 3.28）：

$$l_{\text{eff,cp}}=2\pi m=2\pi\times49.24=309.40\text{mm}$$

$$l_{\text{eff,nc}}=\alpha m=7.21\times49.24=355.02\text{mm} \tag{3.36}$$

第 2 排螺栓—作为螺栓群中首排螺栓承载时的有效长度（图 3.29）：

$$l_{\text{eff,cp}}=\pi m+p=49.24\pi+80=234.69\text{mm}$$

$$l_{\text{eff,nc}}=0.5p+\alpha m-(2m+0.625e) \tag{3.37}$$

$$=0.5\times80+7.21\times49.24-(2\times49.24+0.625\times60)=259.04\text{mm}$$

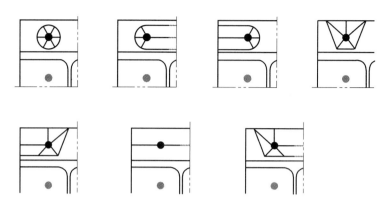

图 3.27 第一排螺栓——独自承载时的有效长度

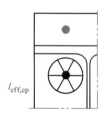
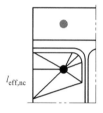
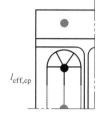
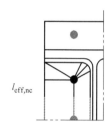

图 3.28 第 2 排螺栓——独自
承载时的有效长度

图 3.29 第 2 排螺栓——作为螺栓群
中首排螺栓承载时的有效长度

第 3 排螺栓—独自承载时的有效长度（图 3.30）：

$$l_{\mathrm{eff,cp}}=2\pi m=49.24\times 2\pi=309.40\mathrm{mm}$$

$$l_{\mathrm{eff,nc}}=4m+1.25e=4\times 49.24+1.25\times 60=271.96\mathrm{mm} \tag{3.38}$$

第 3 排螺栓—作为螺栓群中末排螺栓时的有效长度（图 3.31）：

$$l_{\mathrm{eff,cp}}=\pi m+p=49.24\pi+80=234.69\mathrm{mm}$$

$$l_{\mathrm{eff,nc}}=2m+0.625e+0.5p=2\times 49.24+0.625\times 60+0.5\times 80=175.98\mathrm{mm} \tag{3.39}$$

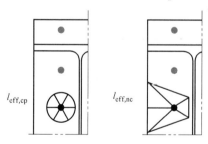
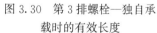
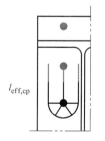
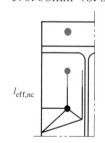

图 3.30 第 3 排螺栓—独自承
载时的有效长度

图 3.31 第 3 排螺栓—作为螺栓
群中末排螺栓时的有效长度

下面计算上面各种情况对应的承载力（图 3.32）。

（1）第 1 排螺栓独自承载时的承载力：

第 1 种模式

$$F_{\mathrm{T,1,Rd}}=\frac{4M_{\mathrm{pl,1,Rd}}}{m_{\mathrm{x}}}=\frac{4\times 1586.25}{25.95}=244.51\mathrm{kN} \tag{3.40}$$

式中：$M_{pl,1,Rd} = \dfrac{0.25 \times 120 \times 15^2 \times 235}{1.0 \times 1000} = 1586.25 \text{kN} \cdot \text{mm}$

第 2 种模式

$$F_{T,2,Rd} = \frac{2M_{pl,2,Rd} + n_x \sum F_{t,Rd}}{m_x + n_x} = \frac{2 \times 1586.25 + 32.44 \times 2 \times 254.16}{25.95 + 32.44} = 336.74 \text{kN}$$

$$(3.41)$$

式中：$M_{pl,2,Rd} = \dfrac{0.25 \times 120 \times 15^2 \times 235}{1.0 \times 1000} = 1586.25 \text{kN} \cdot \text{mm}$

第 3 种模式

$$F_{T,3,Rd} = 2 \times 254.16 = 508.32 \text{kN} \tag{3.42}$$

（2）第 2 排螺栓独自承载时的承载力：

第 1 种模式

$$F_{T,1,Rd} = \frac{4 \times 4089.88}{49.24} = 332.24 \text{kN} \tag{3.43}$$

式中：$M_{pl,1,Rd} = \dfrac{0.25 \times 309.40 \times 15^2 \times 235}{1.0 \times 1000} = 4089.88 \text{kN} \cdot \text{mm}$

第 2 种模式

$$F_{T,2,Rd} = \frac{2 \times 4692.92 + 60 \times 2 \times 254.16}{49.24 + 60} = 365.11 \text{kN} \tag{3.44}$$

式中：$M_{pl,2,Rd} = \dfrac{0.25 \times 355.02 \times 15^2 \times 235}{1.0 \times 1000} = 4692.92 \text{kN} \cdot \text{mm}$

第 3 种模式

$$F_{T,3,Rd} = 2 \times 254.16 = 508.32 \text{kN} \tag{3.45}$$

（3）第 3 排螺栓独自承载时的承载力：

第 1 种模式

$$F_{T,1,Rd} = \frac{4 \times 3594.97}{49.24} = 292.04 \text{kN} \tag{3.46}$$

式中：$M_{pl,1,Rd} = \dfrac{0.25 \times 271.96 \times 15^2 \times 235}{1.0 \times 1000} = 3594.97 \text{kN} \cdot \text{mm}$

第 2 种模式

$$F_{T,2,Rd} = \frac{2 \times 3594.97 + 60 \times 2 \times 254.16}{49.24 + 60} = 345.01 \text{kN} \tag{3.47}$$

式中：$M_{pl,2,Rd} = \dfrac{0.25 \times 271.96 \times 15^2 \times 235}{1.0 \times 1000} = 3594.97 \text{kN} \cdot \text{mm}$

第 3 种模式

$$F_{T,3,Rd} = 2 \times 254.16 = 508.32 \text{kN} \tag{3.48}$$

（4）2、3 排螺栓组成的螺栓群的承载力：

第 1 种模式

$$F_{T,1,Rd} = \frac{4 \times 5750.42}{49.24} = 467.13 \text{kN} \tag{3.49}$$

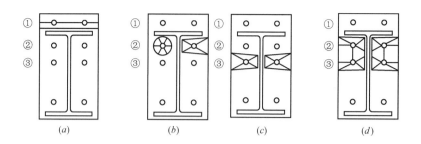

图 3.32　各种情况的承载力

式中：$M_{pl,1,Rd} = \dfrac{0.25 \times (259.04 + 175.98) \times 15^2 \times 235}{1.0 \times 1000} = 5750.42 \text{kN} \cdot \text{mm}$

第 2 种模式

$$F_{T,2,Rd} = \frac{2 \times 5750.42 + 60 \times 4 \times 254.16}{49.24 + 60} = 663.67 \text{kN} \tag{3.50}$$

式中：$M_{pl,2,Rd} = \dfrac{0.25 \times (259.04 + 175.98) \times 15^2 \times 235}{1.0 \times 1000} = 5750.42 \text{kN} \cdot \text{mm}$

第 3 种模式

$$F_{T,3,Rd} = 4 \times 254.16 = 1016.64 \text{kN} \tag{3.51}$$

3.3.2.6　组件 6——梁的受压翼缘和梁腹板

根据从产品目录中得到的这种组件的性质，其承载力估算如下：

$$F_{c,fb,Rd} = \frac{515.59}{0.5 - 0.016} = 1065.3 \text{kN} \tag{3.52}$$

3.3.2.7　组件 7——梁的受拉腹板

此组件只考虑 2、3 排螺栓。下面给出第 2 排和第 3 排螺栓独自的承载力（图 3.33（a）和（b））以及两排螺栓组成的螺栓群的承载力（图 3.33（c））：

第 2 排螺栓独自的承载力：

$$F_{t,wb,Rd} = \frac{309.40 \times 10.2 \times 235}{1.0 \times 1000} = 741.63 \text{kN} \tag{3.53}$$

第 3 排螺栓独自的承载力：

$$F_{t,wb,Rd} = \frac{271.96 \times 10.2 \times 235}{1.0 \times 1000} = 651.89 \text{kN} \tag{3.54}$$

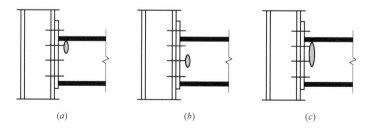

图 3.33　组件 7——梁的受拉腹板

2、3 排螺栓组成的螺栓群的承载力：

$$F_{t,wb,Rd} = \frac{(259.04 + 175.98) \times 10.2 \times 235}{1.0 \times 1000} = 1042.74kN \qquad (3.55)$$

3.3.3　组件装配

第 1 排螺栓单独可承担的荷载

柱的受弯翼缘：	401.99kN
柱的受拉腹板：	474.00kN
受弯端板：	244.51kN

$$F_{1,min} = 244.51kN$$

第 2 排螺栓单独可承担的荷载

柱的受弯翼缘：	401.99kN
柱的受拉腹板：	474.00kN
受弯端板：	332.24kN
梁受拉腹板：	741.63kN

$$F_{2,min} = 332.24kN$$

第 3 排螺栓单独可承担的荷载

柱的受弯翼缘：	401.99kN
柱的受拉腹板：	474.00kN
受弯端板：	292.04kN
梁的受拉腹板：	651.89kN

$$F_{3,min} = 292.04kN$$

各排螺栓独自承担的荷载如图 3.34 所示。

考虑螺栓群效应（仅由第 1、2 排螺栓组成的螺栓群）。

第 1、2 排螺栓单独的承载力之和：

$$F_{1,min} + F_{2,min} = 244.51 + 332.24 = 576.75kN$$

$$(3.56)$$

将该值与 1、2 排螺栓构成的螺栓群可承担的荷载进行比较

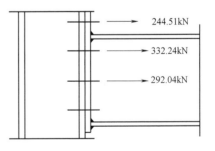

图 3.34　各排螺栓独自承担的荷载

柱的受弯翼缘：	631.42kN
柱的受拉腹板：	579.04kN

$$F_{1+2,min} = 579.04kN$$

因为螺栓群的承载力大于螺栓排独自的承载力之和，第 1、2 排螺栓均能达到其单独的承载力（即这些螺栓排可承受的最大荷载不会受螺栓群效应的影响）。

考虑螺栓群效应（仅由 1、2、3 排螺栓构成的螺栓群）。

第 1、2、3 排螺栓单独的承载力之和：

$$F_{1,\min}+F_{2,\min}+F_{3,\min}=244.51+332.24+292.04=868.79\text{kN} \qquad (3.57)$$

将该值与 1、2、3 排螺栓构成的螺栓群可承担的荷载进行比较

柱的受弯翼缘：　　　　　　　　　783.53kN

柱的受拉腹板：　　　　　　　　　653.21kN

$$F_{1+2+3,\min}=653.21\text{kN}$$

螺栓群承载力小于各螺栓排单独的承载力之和。因此，螺栓群中每排螺栓可承担的荷载达不到其单独的承载力，必须考虑折减。第 3 排螺栓可承担的荷载计算如下：

$$F_{3,\min,\text{red}}=F_{1+2+3,\min}-F_{1,\min}-F_{2,\min}=653.21-244.51-332.24=76.46\text{kN} \quad (3.58)$$

考虑螺栓群效应（仅由第 2、3 排螺栓组成的螺栓群）。

考虑到前述折减，第 2、3 排螺栓单独的承载力之和：

$$F_{2,\min}+F_{3,\min,\text{red}}=332.24+76.46=408.7\text{kN} \qquad (3.59)$$

将该值与 2、3 排螺栓构成的螺栓群可承担的荷载进行比较

柱的受弯翼缘：　　　　　　　　　621.92kN

柱的受拉腹板：　　　　　　　　　573.25kN

受弯端板：　　　　　　　　　　　467.13kN

梁的受拉腹板：　　　　　　　　　1042.7kN

$$F_{2+3,\min}=467.13\text{kN}$$

因为螺栓群承载力大于单独螺栓排的承载力之和，认为每排螺栓均能达到其单独的承载力。

为确保节点内力平衡，需将受拉螺栓排的承载力与其他组件进行比较。考虑螺栓群效应后，1、2、3 排螺栓的最大抗拉承载力之和（图 3.35）：

$$F_{1,\min}+F_{2,\min}+F_{3,\min,\text{red}}=244.51+332.24+76.46=653.17\text{kN} \qquad (3.60)$$

将该值与下列荷载进行比较：

柱的受剪腹板：　　　　　　　　　548.88kN

柱的受压腹板：　　　　　　　　　460.90kN

梁的受压翼缘和梁腹板：　　　　　1065.3kN

$$F_{\text{glob},\min}=460.90\text{kN}$$

可见，柱受压腹板的承载力限制了螺栓排可承担的最大荷载。从第 3 排螺栓开始，需对螺栓排可承担的荷载进行折减：

$$F_{1,\min}+F_{2,\min}=244.51+332.24-576.75\text{kN}>F_{\text{glob},\min}=460.90\text{kN}$$

$$\Rightarrow F_{3,\min,\text{red}}=0\text{kN}$$

$$F_{2,\min,\text{red}}=F_{\text{glob},\min}-F_{1,\min}=460.9-244.51=216.39\text{kN} \qquad (3.61)$$

由于组件作为一个"整体"（这里柱腹板受压）工作，第 2 排螺栓的承载力发挥有限，可认为第 3 排螺栓对节点设计抗弯承载力无贡献。各排螺栓最终可承担的荷载如图 3.36 所示。

3.3.4　确定设计抗弯承载力

设计抗弯承载力计算如下：

$$M_{j,\text{Rd}}=244.5\times0.527+216.4\times0.442=224.5\text{kN}\cdot\text{m} \qquad (3.62)$$

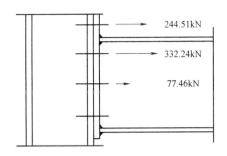

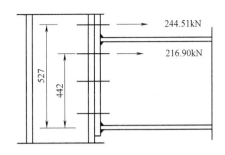

图 3.35　考虑螺栓群效应后各排　　　　　图 3.36　各排螺栓最终可承担的荷载[②]
　　　螺栓可承担的最大荷载[①]

3.3.5　确定转动刚度

首先根据规范 EN 1993-1-8 的表 6.11 确定节点各组成部分的刚度系数。表 3.8 给出了这些系数，EN 1993-1-8 表 6.11 中的计算公式在此不再给出。

刚度系数　　　　　　　　　　　　　　　　表 3.8

组件	刚度系数
柱的受剪腹板	$k_1 = \dfrac{0.38 \times 4495}{1.0 \times \left(500 - \dfrac{16}{3} + 85 - 50 - \dfrac{85}{2}\right) \times 10^{-3}} = 3.53$
柱的受压腹板	$k_2 = \dfrac{0.7 \times 274.81 \times 9.5}{243} = 7.52$
柱的受拉腹板	$k_{3.1} = \dfrac{0.7 \times 166.05 \times 9.5}{243} = 4.54$ $k_{3.2} = \dfrac{0.7 \times 82.5 \times 9.5}{243} = 2.26$ $k_{3.3} = \dfrac{0.7 \times 163.55 \times 9.5}{243} = 4.48$ 忽略第 4 排螺栓的贡献
柱的受弯翼缘	$k_{4.1} = \dfrac{0.9 \times 166.05 \times 16.5^3}{33.65^3} = 17.62$ $k_{4.2} = \dfrac{0.9 \times 82.5 \times 16.5^3}{33.65^3} = 8.75$ $k_{4.3} = \dfrac{0.9 \times 163.55 \times 16.5^3}{33.65^3} = 17.35$
受弯端板	$k_{5.1} = \dfrac{0.9 \times 120 \times 15^3}{25.95^3} = 20.86$ $k_{5.2} = \dfrac{0.9 \times 234.69 \times 15^3}{49.24^3} = 5.97$ $k_{5.3} = \dfrac{0.9 \times 175.98 \times 15^3}{49.24^3} = 4.48$
梁的受压腹板和梁翼缘	$k_6 = \infty$
受拉螺栓	$k_{10} = \dfrac{1.6 \times 353}{15 + 16.5 + (15 + 19)/2} = 11.65$

---

①　根据式（3.58），图中 77.46 可能应为 76.46。

②　根据式（3.61），图中 216.90 可能应为 216.39。

其次，根据规范 EN 1998-1-8 第 6.3.3.1 款的规定对组件进行装配。每排螺栓的有效刚度系数如下：

$$k_{eff,1} = \cfrac{1}{\cfrac{1}{4.54} + \cfrac{1}{17.62} + \cfrac{1}{11.65} + \cfrac{1}{20.86}} = 2.43，h_1 = 527 \text{mm}$$

$$k_{eff,2} = \cfrac{1}{\cfrac{1}{2.26} + \cfrac{1}{8.75} + \cfrac{1}{11.65} + \cfrac{1}{5.97}} = 1.23，h_2 = 442 \text{mm}$$

$$k_{eff,3} = \cfrac{1}{\cfrac{1}{4.48} + \cfrac{1}{17.35} + \cfrac{1}{11.65} + \cfrac{1}{4.48}} = 1.70，h_3 = 362 \text{mm} \qquad (3.63)$$

与节点受拉区有关的有效刚度系数：

$$z_{eq} = \frac{2.43 \times 527^2 + 1.23 \times 442^2 + 1.70 \times 362^2}{2.43 \times 527 + 1.23 \times 442 + 1.70 \times 362} = 466.44 \text{mm}$$

$$\Rightarrow k_{eq} = \frac{2.43 \times 527 + 1.23 \times 442 + 1.7 \times 362}{466.44} = 5.23 \text{mm} \qquad (3.64)$$

最后，根据关于 EN 1993-1-8 的式（6.27）计算节点刚度：

$$S_{j,ini} = \frac{210000 \times 466.44^2}{\cfrac{1}{5.23} + \cfrac{1}{7.52} \times \cfrac{1}{3.53}} \times 10^{-6} = 75.214 \text{MN} \cdot \text{m/rad} \qquad (3.65)$$

3.3.6 抗剪承载力计算

剪力由 4 排螺栓承担。假定 4 排螺栓为非预应力螺栓，抗剪承载力受限于受剪螺栓杆的承载力或连接板（即柱翼缘或端板）的承压强度。在前述的情况中，介绍了如何根据规范 EN 1993-1-8 表 3.4 的建议对这些失效模式应用设计的规定；采用这些规定，可认为所考虑的失效模式就是"螺栓受剪"的模式。

$$F_{v,Rd} = \frac{\alpha_v f_{ub} A_s}{\gamma_{M2}} = \frac{0.5 \times 1000 \times 353}{1.25} \times 10^{-3} = 141.2 \text{kN} \qquad (3.66)$$

图 3.36 中，较高位置的螺栓承受剪力作用。然而，如上所示，一半螺栓受拉来承受弯矩作用。因此，应折减这些螺栓的抗剪承载力以考虑承受拉力。规范 EN 1993-1-8 建议将这些螺栓的抗剪承载力乘以系数 0.4/1.4。

按下式计算节点的抗剪承载力：

$$V_{Rd} = 4F_{v,Rd}\left(1 + \frac{0.4}{1.4}\right) = 726.2 \text{kN} \qquad (3.67)$$

3.4 节点和框架优化设计

3.4.1 概述

本节介绍几种着重节点性能的钢框架设计方法。实际设计通常按下列方式，由一方或双方完成：

（1）方式 A：工程办公室（简称"工程师"）和钢材制造商（简称"制造商"）设计；

（2）方式 B1：只由工程办公室（工程师）设计；

（3）方式 B2：只由钢材制造商（制造商）设计。

设计完成后，由钢材制造商开始制造。

针对上述 3 种情况，表 3.9 给出了设计和制造部分的职务分工。

钢结构设计/制造过程中的角色与任务

表 3.9

任务	方式 A	方式 B1	方式 B2
构件设计	工程师	工程师	制造商
节点设计	制造商	工程师	制造商
制造	制造商	制造商	制造商

理想的设计过程一方面是使结构满足建筑要求，另一方面是在整体成本最小的前提下保证其安全性、适用性和耐久性。参与设计的双方同样关心这些性能和成本，以优化各自利润。

在方式 A 中，工程师对构件进行设计而钢材制造商对节点进行设计。工程师负责确定节点需满足的力学要求，之后制造商考虑制造方面的问题，按照要求对节点进行设计。由于双方分工工作，制造商采用的节点制造方案可能不是最优的。事实上，这种节点制造方案依赖于工程师已经确定的梁柱尺寸。例如，工程师可能追求构件尺寸最小化，导致节点需加强以达到安全和适用性的要求。若工程师选择大一点的构件尺寸，可能节点就不用太复杂，从而使整个结构更经济（图 3.37）。

在方式 B1 中，工程师同时对构件和节点进行设计。因此既能够在构件设计时考虑节点力学特性，从而寻求整体成本最优化。然而工程师可能在制造方面的知识有限（所用机械、材料、螺栓等级和间距、可焊性等），因此这种方法可能引起制造成本的增加。

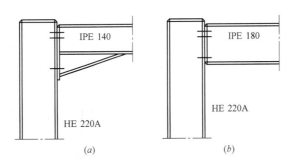

图 3.37　两种不同经济性的方案

（a）加腋栓接端板；（b）栓接平端板

就整体经济性而言，方式 B2 最理想。构件和节点的设计的确应由了解制造方面知识的制造商负责。

在论述这些方法之前，有必要介绍有关节点方面的术语。

节点分为简单节点、半连续节点和连续节点。这是一般术语，与强度或刚度或二者有关。因为对大多数读者来讲还是新概念，第 3.2.2 节对节点的概念已经做了详细解释。在下面涉及框架整体分析方法的两种情况下会衍生出更常用的术语。

（1）框架整体弹性分析中只考虑节点刚度。这样，简单节点为铰接节点，连续节点为刚接节点，而半连续节点为半刚接节点；

（2）刚塑性分析只考虑节点强度。这样，简单节点为铰接节点，连续节点为全强度节点，而半连续节点为部分强度节点。

下面对上述不同的情况进行讨论。为简单起见，假定框架整体分析基于弹性分析方法。然而，这并不是一种限定；若采用其他分析方法，也能得出类似结论。

对于钢框架结构设计，设计人员可采用以下方法：

（1）传统设计方法

假定节点简单或连续。先设计构件，再设计节点。该方法可用于方式 A、B1 和 B2，是欧洲几乎所有国家的普遍做法。

（2）一致设计方法

开始进行框架整体分析时就考虑构件和节点的性质。这种方法一般用于方式 B1 和 B2，也可用于方式 A。

（3）折中设计方法

构件和节点最好由一方单独设计（方式 B1 或 B2）。

3.4.2 传统设计方法

传统设计方法假定节点简单或者连续。简单节点能够传递框架整体分析中的内力，但不能提供较大的抗弯承载力，这可能对梁柱构件的性能产生不利影响。只要所施加的弯矩不超过节点抗弯承载力，连续节点仅在连接件间发生有限的相对转动。

对简单节点或连续节点的假设，将设计分为两个或多个独立部分，各部分设计独立进行。传统钢框架结构设计包括 8 个步骤（图 3.38）。

第一步：结构理想化是将框架实际性质转化为框架分析所需的性质。通常将梁和柱模拟为杆，根据采用的框架分析方法赋予杆的性质。例如若采用弹性分析方法，只需考虑构件的刚度性质，节点模拟为铰接或刚接（图 3.39）。

第二步：根据相关标准确定荷载。

第三步：根据以往工程项目的设计经验，设计人员通常先对梁柱进行初步设计，简称为"预设计"。若设计人员经验有限，采用简单的设计规定可以确定构件的大致尺寸。在预设计中，一方面应假设截面应力分布（弹性的、塑性的）；另一方面，在可能的情况下应允许截面发生塑性重分布。因此，需假设构成框架节点的类型，该假设的有效性需在第五步中进行验算。

第四步：框架整体分析输入的参数依赖于分析方法。进行弹性分析时，输入的参数包括框架几何形状、荷载和构件抗弯刚度；进行刚塑性分析时，输入的参数包括框架几何形状、荷载和构件承载力；进行弹塑性分析时，既需输入构件承载力，也需输入构件抗弯刚度。不管采用何种分析方法，框架整体分析都要输出内力和位移的分布和大小（刚塑性分

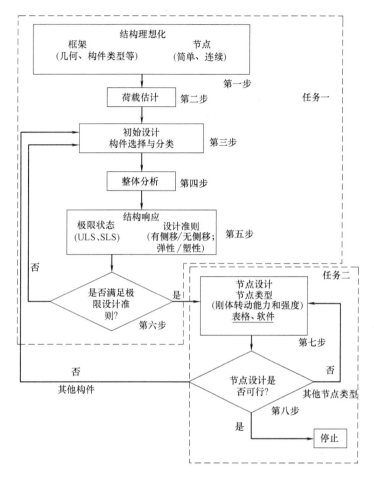

图 3.38　传统设计方法（简单/连续节点）

析不能给出有关位移的信息）。

第五步：极限状态验算通常包括分析正常加载条件下框架的位移和构件的位移（正常使用极限状态，简称 SLS）、构件截面承载力（承载能力极限状态，简称 ULS）以及框架和构件的稳定性（ULS）。还要检查对截面类型所做的假设（见第三步）。

第六步：当极限承载力或结构某部分承载力不满足要求时，应调整构件尺寸。第一种情况应增大节点尺寸，第二种情况应减小节点尺寸。通常由设计人员根据其经验和技巧确定。

第七、八步：节点设计首先应考虑构件尺寸和节点所要承担的内力。节点设计的目的是实现内力在连接件之间安全、可靠地传递。此外，采用简单节点时，制造商应确认节点处不会出现较大的弯矩。对于连续节点，制造商应检查节点是否满足第一步所做假设（如进行框架整体弹性分析时，节点刚度是否足够大），必要时还要检查节点转动能力是否满足要求。

确定节点力学性能也称为节点特征描述（见 3.2.3 节）。确定节点是简单节点还是连续节点，需参考节点分类的内容（见 3.2.4.2 节）。

虽然已有符合欧洲规范 3 要求的节点特性规定（见 3.1.4 节，应用见 3.3 节），但设计工具在设计中是非常有用的，可使设计任务快速完成。通常，设计人员可从提供了节点

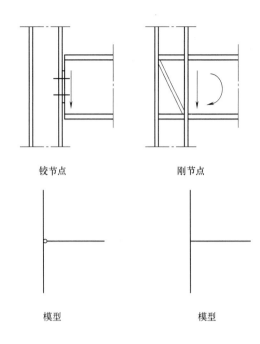

铰节点　　　　　　　刚节点

模型　　　　　　　　　模型

图 3.39　铰节点和刚节点模型（整体弹性分析）

强度、刚度和转动能力的表格中选择合适的节点。专用软件也可用来获得节点信息，将节点整体布置方案输入计算机，就可得到节点的强度、刚度和转动能力。计算机辅助设计是一个交互式反复试验的过程，例如设计人员首先制定一个简单的方案，然后调整节点布置不断改进，直到满足所有强度和刚度条件。

节点力学性能应符合框架整体分析时节点建模的要求。可能需要调整节点设计或构件设计，无论是哪种情况，需不断重复设计方法中的某些步骤。

3.4.3　一致设计方法

在一致设计方法中，整体分析与计算得到的真实节点响应完全一致（图 3.40）。因此，该设计方法在以下几个方面不同于 3.4.1.2 节的传统设计方法：

1. 结构概念

在结构概念设计阶段需模拟节点的真实力学性能。

2. 初步设计

在预设计阶段，构件设计人员根据经验选择节点，确定节点组件信息，包括端板或夹板尺寸，螺栓位置、数量和直径，柱翼缘和梁翼缘尺寸，柱腹板厚度和深度等。

3. 力学性能确定

在第四步中确定所选构件和节点的结构响应。首先根据非线性性能可能产生的结果分析节点的特性（见 3.2.3 节），其次是模型化节点的性能曲线，如采用线性或双线性节点性能曲线（见 3.2.3 节），性能曲线是框架整体分析输入的一部分内容。

4. 框架整体分析

为实现框架整体分析，用弹簧模拟框架的各节点，称为建模（见第 3.2.2 节）。

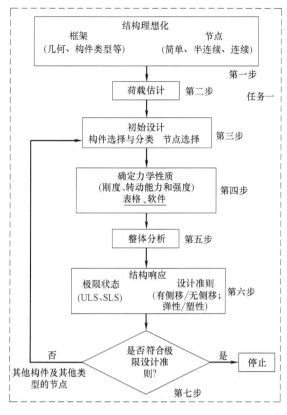

图 3.40 一致设计方法

3.4.4 折中设计方法

第 3.4.1.2 节（简单节点或连续节点框架）和第 3.4.1.3 节（半连续节点框架）介绍的两种设计方法为两种极端情况，除此之外，也可使用介于这两种方法中间的设计方法。例如图 3.38 中的设计过程也适用于半连续节点。采用中间设计方法时，首先假设节点为简单或连续节点，进行节点选择，然后（即第八步之后）考虑节点的真实性能进行计算，最后按类似于图 3.40 的流程进行设计。但由于这种方法涉及迭代，增加了计算成本，因此不建议使用。

Maquoi 等（1997）讨论了中间设计方法的一些应用技巧。

3.4.5 经济方面的考虑

1. 节约制造和建造成本

（1）刚节点细部优化

一种非常有效的策略是："优化节点细部设计，使得节点刚度接近刚性分类界限，但高于该界限"，如图 3.41 所示。

可按欧洲规范 3 确定节点的实际刚度和刚节点的分类界限。分类边界是将节点视为刚接所需的最低

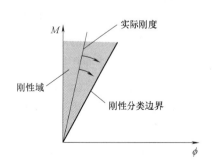

图 3.41 刚节点的优化

143

刚度。若实际节点刚度过高，例如设置了加劲肋，则应验算在满足刚节点标准的前提下，是否可省去部分加劲肋。这不会影响整体设计，却可直接降低节点的制造成本（如减少焊接）。下面的例子采用了这一方法。

采用传统设计方法设计典型门式框架的节点（图 3.42）。

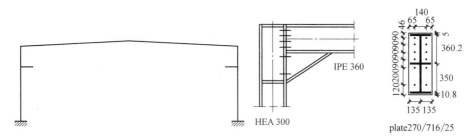

跨度：20.0m，吊车梁：5m 高处
屋顶斜坡：2%～3%，框架间距：6.0m
净空：7.0m，柱基：刚接

图 3.42　刚节点优化算例

要使节点为刚节点，欧洲规范 3 对该无支撑框架有如下要求：

$$S_{j,\mathrm{ini}} \geqslant 25\frac{EI_\mathrm{b}}{L_\mathrm{b}} = 85628\mathrm{kN\cdot m/rad} \tag{3.68}$$

根据 EN 1993-1-8 的图 9.6，节点抗弯承载力和刚度特征值为：

① 设计抗弯承载力 $M_{j,\mathrm{Rd}} = 281.6\mathrm{kN\cdot m}$

② 初始刚度 $S_{j,\mathrm{ini}} = 144971\mathrm{kN\cdot m/rad}$

由此可见，可将节点归为刚节点。为优化节点，按下述方法逐步修正节点细部设计：

① 去除受压侧的加劲肋；

② 再去除受拉侧的加劲肋；

③ 再去除受拉侧的最底层螺栓。

无论如何变化均要求节点仍为刚节点，即节点初始刚度应大于 85628kN·m/rad。表 3.10 给出了节点对应 3 种调整情况的强度和刚度。可以看出，节点设计抗弯承载力小于施加的弯矩，节点仍属刚节点。节点细部设计的变化不会影响构件设计。因此节点制造成本的差别直接影响经济效益。表 3.10 给出了所有方案的制造费用（材料和人工）占初始节点方案制造费用的百分比。除减小制造成本外，改进后的节点还增加了延性。另一种优化刚度的方法是减薄板的厚度，这也会增大延性。其他优点还包括：减少焊缝，使钻孔的准备工作更容易，使冲孔加工成为可能。

（2）半刚接节点的经济效益

从设计拓展受益的第二个策略为："采用半刚接节点，从而自由地优化整体框架和进行节点设计"。

采用刚节点经常导致必须对节点设置加劲肋，由于高昂的制造费用（例如焊接），从而使节点费用提高。在这种情况下，可通过"跨越刚度类型界限"将节点变为半刚性节点获得经济的设计方案（图 3.43：使用半刚接节点进行优化）。

节点细部变化和节省的制造成本① 表 3.10

变化	$M_{j,\text{Rd}}$(kN·m)	$S_{j,\text{ini}}$(kN·m)	刚度类型	相对制造成本*	节省
IPE 360　HEA 300	255.0	92706	刚接	87%	13%
IPE 360　HEA 300	250.6	89022	刚接	73%	27%
IPE 360　HEA 300	247.8	87919	刚接	72%	28%

注：表示相对于图 3.24 节点的制造成本。

从经济的角度选择节点布置，通常会使节点更柔，即得到半刚接节点。框架分析时要考虑节点性能，这可通过将节点模拟末梁端转动弹簧来实现。节点性能影响框架整体性能，即弯矩重分布和位移。因此，与刚节点设计相比，构件尺寸可能会增大。要对节点制造费用的降低与增大构件尺寸所引起的结构成本增加进行比较。只有对成本进行详细计算才能找到最优方案。使用无加劲肋的节点除对经济方面的积极影响外，还有更多优势：更易于与次梁连接，柱翼缘之间可安装给水管道，更易于涂刷涂层，减少腐蚀问题。钢结构建筑将显得更

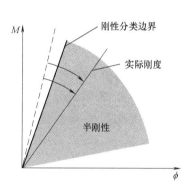

图 3.43　使用半刚接节点进行优化

美观轻盈，且无加劲肋的节点通常延性更好。从承载能力极限状态设计考虑，例如有抗震或稳健性要求时，较大的柔性也是很重要的一个方面。

2. 节约材料成本

前面章节讨论了框架设计包含抗弯连接时的策略，无支撑框架通常要做这方面的考虑。然而对于有支撑框架使用简单节点通常更为经济。通过简支梁弯矩图得到的梁尺寸是跨中弯矩对应的最优尺寸，但对于梁两端这样的尺寸没有必要。同时由于节点不传递弯矩（框架分析所做假设），在施工期间有时需增设临时支撑。然而在许多情况下，假定为名义

① 原著表中第一、二个图没有区别，应是加劲肋没画出。

上铰接的节点（如平齐端板）可视为半刚接节点。此策略为："简单节点可能有一定的刚度，能够传递一定的弯矩——利用这一事实可获得一定效益"。

这能够改善弯矩分布，使框架性能得到改善，即不改变节点细部设计使构件（包括支撑系统）变轻。因此进一步的策略是："分析简单节点性能的微小改善是否能够显著增强框架的性能"。

有时，在未显著增加制造成本的情况下也可使简单节点性能得到改善（例如采用平齐端板而不是短端板）。因为这样节点可有效传递弯矩，弯矩图会变得均衡，构件尺寸减小。这里节点制造成本的增加和结构重量的减小是相互制约的两个方面，需进行权衡。然而最近的研究表明，若考虑节点刚度和承载力的贡献，即采用半刚接节点，将会得到更为经济的方案。

3. 总结与结论

在节点设计方面，有两种方法可使钢结构成本降低：

（1）简化节点细部设计，即减少制造费用。这通常是针对节点传递有效弯矩（传统刚节点）的无支撑框架的；

（2）减小截面尺寸，即减少材料成本。这通常是针对采用简单节点有支撑框架的。

通常这两种方法均需采用半刚接节点。对于刚节点，若节点刚度非常接近刚性类型界限，则可能会找到更为经济的方案。

研究表明了半刚接节点的优势。从经济的观点考虑，优化抗弯连接会降低成本。值得注意的是，与传统设计相比，采用新概念节约的成本，各项研究得到的分析结果是相近的。但应知道，节约的成本依赖于钢材制造商节点设计时的选择和成本计算方法。不同研究表明，半刚接节点设计的成本节约，对于无支撑框架为 20%～25%，对于有支撑框架为 5%～9%。若假设纯钢框架的成本约为办公建筑总成本的 10%，工业建筑总成本的 20%，则无支撑框架总建造成本可节约 4%～5%，有支撑框架总建造成本可节约 1%～2%。

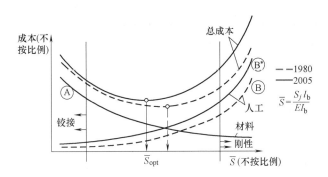

图 3.44　依赖于相对节点刚度的钢结构成本

当然，本文的分析结果不能直接用于比较，使用不同类型的框架时尤其如此。然而可得图 3.44 所示的结论：材料成本和制造（人工）成本依赖于节点的相对刚度。随着节点刚度的增加，材料成本降低（曲线 A），而人工成本增加（曲线 B）。总成本为这两条曲线之和，由此可得总成本的最小值，对应的刚度为"最佳节点刚度"。许多情况下，使结构总成本最小的最优设计的"最佳节点刚度"既不是铰接的也不是刚接的。从过去几十年的趋势看，与材料成本相比，人工成本在明显增加（见实线 B*）。由图 3.44 可清晰地看出"最佳节点刚度"在逐渐变化，趋近于更柔的节点。因此，为了使钢结构的设计更为经济，半刚接节点的使用将会越来越令人关注。

参 考 文 献

［1］　ECCS Technical Committee 11 Composite construction. 1999. Design of composite joints for buildings, ECCS Publication n°109.

［2］　EN 1993 1-1：2005. Eurocode 3：Design of Steel Structures Part 1-1：General rules and rules for buildings, CEN.

［3］　EN 1993 1-8：2005. Eurocode 3：Design of Steel Structures Part 1-8：Design of joints，CEN.

［4］　Ivanyi, M., Baniotopoulos, C. C. 2000. Semi-Rigid Connections in Structural Steelwork, CISM Courses and Lectures N°419, Springer Wien New York.

［5］　Jaspart, J. P., Demonceau, J. F., Renkin, S., Guillaume, L. S. 2009. European Recommendations for the design of simple joints in steel structures, ECCS Technical Committee 10 Structural Connections，ECCS Publication n°126.

［6］　Maquoi, R., Chabrolin, B., Jaspart, J. P. 1997. Frame design including joint behaviour, ECSC Report 18563, Office for Official Publications of the European Communities, Luxembourg, (http：// hdl. handle. net/2268/30506).

［7］　Simoes da Silva, L., Simoes, R., Gervasio, H. 2010. Design of Steel Structures, ECCS Eurocode Design Manual，ECCS, 1st edition.

第 4 章

冷弯型钢设计要点

4.1 介绍

随着更多经济型钢卷尤其是带锌或铝/锌涂层钢卷的生产，世界各地冷弯型钢结构的使用不断增加。这些钢卷经冷成型处理后成为薄壁型钢。因为其厚度一般小于 3mm，所以通常称之为"轻型钢"。然而，随着技术的发展，厚度达 25mm 的截面已可进行冷弯处理，约 8mm 厚的开口截面在建筑结构中的应用已经越来越普遍。这些型钢钢材的屈服应力通常在 250～500MPa 的范围内。随着钢铁生产商生产高强度钢效率的提高，较高屈服应力的钢也变得越来越普遍。

薄壁、高强度钢材的使用使得结构工程师遇到常规钢结构设计中通常不会遇到的设计问题。截面厚度减小导致屈曲承载力（应力）减小，从而更易引起型钢结构失稳；而使用高强度钢通常会使薄壁型钢的屈曲应力和屈服应力近似相等。此外，冷弯成型截面形状往往比热轧钢截面形状要复杂得多，如工字形截面和非卷边槽形截面。冷弯成型截面形状一般是单轴对称或点对称，并且通常在翼缘采用加劲卷边，宽翼缘和腹板采用中间加劲板。简单形状和复杂形状都可成型并应用在结构和非结构中。适用于这些型钢的专用设计标准已经制定。

在欧洲，ECCS 委员会 TC7 于 1987 年首次制定了轻型钢构件设计的欧洲推荐规范（ECCS_49，1987）。该欧洲文件经进一步发展，于 2006 年颁布作为欧洲标准规范 3：钢结构设计。第 1～3 部分包括总则、冷弯薄规格构件和薄板的补充规定（EN1993-1-3，2006）。

在发达国家，冷弯钢结构工程的市场占有率不断提高。出现这种情况的原因包括制造技术和防腐技术的改进，这反过来又提高了产品的竞争力，带来新的应用。最近研究表明，镀锌钢构件涂层的损失特别慢，甚至可减慢到零，所以设计寿命超过 60 年可以得到保证。

冷弯型钢作为结构承载部件应用范围很广，涵盖住宅、写字楼和工业建筑、汽车工业、造船、铁路运输、航空工业、公路工程、农业和工业设备、办公设备、化工、采矿、石油、核能和航天工业。

冷弯构件和压型钢板是由镀膜或未镀膜的热轧或冷轧板带或钢卷制成的钢产品。在误差允许的范围内，其具有等截面或变截面。通常采用下面两种技术中的一种制造：

- 滚轧成型；
- 折叠加工和压弯成型。

第一项技术适用于大批量生产；而第二项技术适用于小批量和特定形状的生产。

冷弯构件可分为两种主要类型：

- 独立结构框架构件（图 4.1）；
- 压型钢板和托架（图 4.2）。

为增加冷弯型钢和钢板的刚度，使用了边缘或中间加劲肋（图 4.3），很容易从图 4.1和图 4.2 中识别。

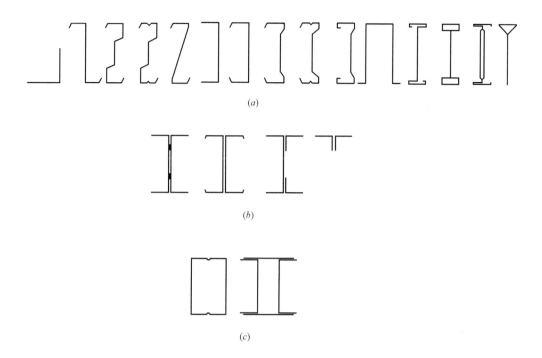

图 4.1　冷弯结构构件的截面典型形式

（a）单开口截面；（b）开口式组合截面；（c）闭口式组合截面

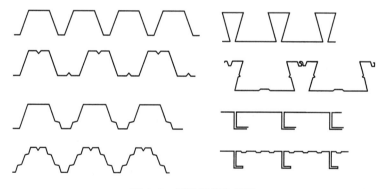

图 4.2　压型钢板和托架

通常，在建筑结构中冷弯型钢有以下优点（Yu，2000）：

• 与较厚的热轧型钢相比，冷弯型钢构件可用于荷载轻、跨度短的情况；

• 可生产出嵌套截面，从而允许紧凑的包装和运输；

• 特殊形状的截面可通过冷成型加工低成本地制造，因此可得到有利的强度重量比；

• 承载板和板面可为楼板、屋顶、墙壁结构提供有用的表面，也可为电线和其他导管提供密闭空间；

• 若承重板与板面以及与支撑构件之间充分连接，承重板不仅可承受垂直于其表面的荷载，还可作为剪切横隔板抵抗平面内的水平荷载。

与其他材料如木材和混凝土相比，冷弯型钢结构构件可实现以下特性：

• 重量轻，强度高，刚度大和不可燃；

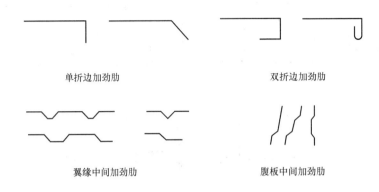

图 4.3 冷弯型钢和钢板加劲肋的典型形式

- 跨度大，可达 12m（Rhodes，1991）；
- 易预制，易大规模生产；
- 架设及安装便捷，材料可回收；
- 很大程度消除了因天气原因而产生的工程延期；
- 细节设计更加精确，无需模板，质量统一；
- 在环境温度下无收缩，无蠕变；
- 抗白蚁、防腐，运输和装卸经济。

结合以上优点可节省施工成本。

4.2 冷弯型钢设计的特殊问题

4.2.1 冷弯型钢的特性（Dubina et al.，2012）

相对于热轧型钢，冷弯型钢的制造工艺使之具有一些独特的性质。首先，冷成型导致钢的应力-应变曲线改变。相对于原材料，冷轧使屈服强度提高，有时还使极限强度提高，弯角处的这种提高显著，翼缘的提高也较明显；而在压弯成型时，翼缘的特性几乎不变。显然，这样的效应不会在热轧型钢的情况中出现，如表 4.1 所示。

制造工艺对热轧和冷弯型材基本强度的影响   表 4.1

成形方法		热轧	冷成型	
			冷轧	压弯成型
屈服强度	弯角	—	高	高
	翼缘	—	适中	—
极限强度	弯角	—	高	高
	翼缘	—	适中	—

屈服强度的提高是由于应变硬化，与冷轧用钢的类型有关。与之相反，极限强度的提高与伴随延性下降的应变时效有关，取决于材料的冶金性能。

设计规范给出了确定相比基本材料冷弯型钢屈服强度提高幅度的公式。

热轧型材会受到热轧后空气冷却造成的残余应力的影响。这些应力大多是薄膜应力，并取决于截面的形状，对屈曲强度有显著影响。因此，残余应力是导致欧洲设计规范（EN 1993-1-1，2005）中热轧型钢设计使用不同屈曲曲线的主要因素。

如图 4.4 所示，对于冷弯型钢，残余应力主要是弯曲应力，相比于薄膜残余应力，其对屈曲强度的影响不是很显著，如表 4.2 所示。

另一方面，与压弯成型相比，冷轧会在截面上产生不同的残余应力，如表 4.2 所示。因此，在屈曲和屈服相互作用的情况下，截面强度可能会不同。

试验表明残余应力的实际分布更为复杂。图 4.5 所示为测得的冷弯型角钢、槽钢和卷边槽钢的残余应力分布（Rondal et al.，1994）。

20 世纪 60 年代欧洲一个大试验项目得到了热成型（碾压和焊接）钢材的试验结果，运用该结果对欧洲屈曲曲线进行了校准。这些曲线基于著名的 Ayrton-Perry 公式，对其中的缺陷系数 α 进行了校准（Rondal and Maquoi，1979a，Rondal and Maquoi，1979b）。

图 4.4　冷弯卷边槽钢中弯曲残余应力的验证

钢型材中不同种类残余应力的大小　　　　　　　　　　表 4.2

成型方法	热轧	冷成型	
		冷轧	压弯成型
薄膜残余应力	高	低	低
弯曲残余应力	低	高	低

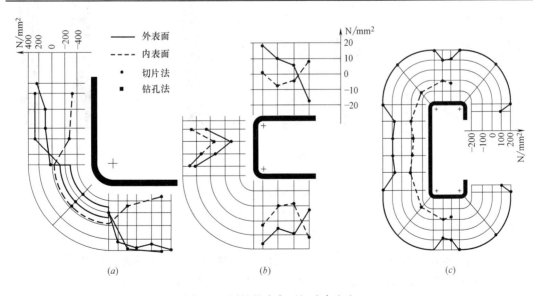

图 4.5　测量的冷弯型钢残余应力

(a) 冷轧角钢；(b) 冷轧 C 形板；(c) U 形压弯板

由于冷弯型钢的力学性能，如冷弯效应和残余应力，与热轧型钢不同，合理的做法是采用不同的屈曲曲线（Dubina，1996）。目前通过数值模拟和试验都可对冷弯型钢的系数 α 进行校准（Dubina，2001），但为简化设计，仍可使用和热成型截面相同的屈曲曲线进行设计（EN 1993-1-1，EN 1993-1-3）。

4.2.2 冷弯型钢设计中特有的问题

薄壁型钢的使用和冷弯制造的影响可能引起一些在使用厚的热轧型钢时通常不会遇到的特殊设计问题。下面对冷弯型钢设计中特有的一些问题进行简要论述。

4.2.2.1 冷弯型钢构件的屈曲强度

型钢有四种屈曲形式，即局部屈曲、整体屈曲、畸变屈曲和剪切屈曲。局部屈曲多见于冷弯型钢，其特点是单个板件发生短波长的屈曲。"整体屈曲"包括立柱的欧拉（弯曲）屈曲和弯扭屈曲，以及横梁的侧向扭转屈曲，有时也称为"刚性体"屈曲，因为任何给定的截面像刚体一样移动而不发生变形。顾名思义，畸变屈曲是截面变形而发生的屈曲。在冷弯型钢中其特点是折线的相对移动。畸变屈曲波长一般在局部屈曲波长和整体屈曲波长之间。截面形状越来越复杂，因此局部屈曲计算也越来越复杂，而畸变屈曲的问题日益突出。

局部屈曲和畸变屈曲可看作是"分段"模式，二者可能相互影响，也可能与整体屈曲相互影响（Dubina，1996）。图 4.6 展示了受压卷边槽钢单一的和相互影响（耦合）的屈曲模式。

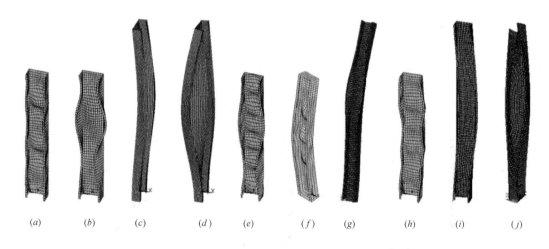

(a)　　　(b)　　　(c)　　　(d)　　　(e)　　　(f)　　　(g)　　　(h)　　　(i)　　　(j)

图 4.6　受压卷边槽钢的屈曲模式

单一模式：(a) 局部（L）；(b) 畸变（D）；(c) 弯曲（F）；(d) 弯扭（FT）；

耦合（互动）模式：(e) L+D；(f) F+L；(g) F+D；(h) FT+L；(i) FT+D；(j) F+FT（Dubina，2004）

这些结果是通过线性屈曲有限元分析（LBA）得到的。对于截面几何性质给定的构件，不同的屈曲模式取决于屈曲长度，如图 4.7 所示（Hancock，2001）。

图 4.7 的曲线是用弹性有限条（FS）软件得到的，描述了屈曲强度和屈曲半波长之间的关系。

曲线中第一个极小值（A 点）出现在半波长为 65mm 时，表示图中所示的局部屈曲模式。局部模式主要由腹板板件的变形构成，翼缘和翼缘边缘加劲部分没有变化。曲线的第二个极小值出现在 B 点，其半波长 280mm。由于没有刚体转动和横截面平移，但发生了翼缘与边缘加劲肋之间的线连接移动，所以这一模式为畸变屈曲模式。在一些文献中，这种模式称为局部扭转模式。B 点的畸变屈曲应力略高于 A 点的局部屈曲应力，因此当一个整个长度方向完全受到支撑的截面受压时，很可能局部屈曲先于畸变屈曲。对于长波长的情况，例如点 C、D、E 处，截面屈曲模式一般为弯曲屈曲或弯扭屈曲。对于这种特殊截面，弯扭屈曲发生时半波长约高达 1800mm，超过此值时发生弯曲屈曲。

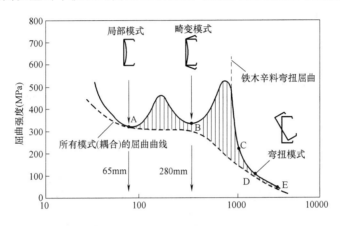

图 4.7　受压卷边槽钢屈曲强度与半波长之间的关系

图 4.7 中的虚线是后添加到原始图中的，它定性地显示了所有模式或耦合模式的详细情况。

截面屈曲模式和整体屈曲模式之间的相互影响使得对缺陷敏感性增加，导致理论屈曲强度降低（见图 4.7 中的影线区）。事实上，由于固有缺陷的存在，屈曲模式间的相互影响经常发生于薄壁构件。

图 4.8 展示了厚壁细长杆（图 4.8 (a)）和薄壁杆（图 4.8 (b)）受压过程中性能的差异；假定理论上两种杆总面积相同，图中展示了理想杆件和有几何缺陷杆件两种情况。

查看厚壁杆件的性能，可看出在 B 点即 N_{el} 处有纤维首先达到屈服应力时，弹塑性曲线开始偏离弹性曲线，在 C 点达到最大（极限）承载力 N_u；过 C 点后承载力逐渐下降，曲线渐进地接近理想刚塑性曲线。弹性理论能够确保直到首次屈服点的挠度和应力以及达到首次屈服时的荷载。刚塑性曲线的位置决定了承载能力的绝对限值，高于该位置，结构不能承受荷载且不能保持平衡状态。刚塑性曲线与弹性曲线相交，对应的荷载为可承受的最大荷载（Murray，1985）。

对于薄壁杆件，截面屈曲（如局部或畸变屈曲）可能发生在开始出现塑性之前。截面屈曲的特点是稳定的超过临界点的路径，杆件不会因此而失效，但是刚度显著降低。杆件失效之前截面的拐角处开始发生屈服（Dubina，2000），此时截面屈曲模式转变为局部塑性机制，几乎同时发生整体屈曲。通过高级有限元模拟，图 4.9 清楚地显示了受压卷边槽

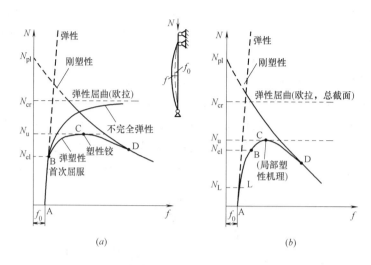

图 4.8 （*a*）受压厚壁细长杆的性能 （*b*）受压薄壁杆的性能

钢杆件的失效机制（Ungureanu and Dubina，2004）。

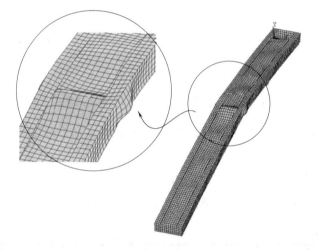

图 4.9 受压卷边槽钢的失效模式（Ungureanu and Dubina，2004）

图 4.10 展示了根据 EN 1993-1-3 计算，考虑完全有效截面（即无局部屈曲效应）和折减（有效）截面（即发生局部屈曲，并与整体屈曲相互影响）的受压卷边槽钢构件屈曲曲线之间的比较。

然而，通过使用边缘加劲肋或中间加劲肋可大大提高薄壁型钢的有效性。薄壁型钢的有效性用梁柱受压壁的承载能力和屈曲强度表达。

4.2.2.2 腹板压屈

冷弯型钢结构构件和薄板在集中荷载作用点以及支撑点的腹板压屈是一个严重问题，有如下几个原因：

• 在冷弯型钢的设计中，常常不能够提供承受荷载和端支座加劲肋。跨越多个支撑点的连续钢板总是这种情况；

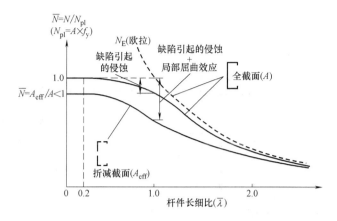

图 4.10　局部屈曲对构件承载力的影响

・冷弯型钢构件腹板的高厚比通常大于热轧结构构件；

・在许多情况下，腹板是倾斜而不是垂直的；

・冷弯型钢构件的翼缘和腹板间通常由有限半径的弯曲板件构成，荷载施加在翼缘上，因此施加的荷载对于腹板是偏心的。

在设计规范中，为防止腹板压屈破坏做了一些特殊规定。

4.2.2.3　扭转刚度

冷弯型钢通常很薄，因此其扭转刚度低。许多通过冷成型生产的截面单轴对称，其剪切中心偏离其形心，如图 4.11（a）所示。因为薄壁梁的剪切中心是使梁没有翘曲，只发生弯曲变形，荷载所必须作用的轴线位置，所以偏离此轴的荷载会使薄壁梁产生相当大的扭转变形，如图 4.11（a）所示。因此，薄壁梁通常需要沿长度方向有间断的或连续的扭转约束，以防止扭转变形。例如，Z 形和 C 形檩条的梁若没有适当支撑，由于其扭转刚度低通常可能发生弯扭屈曲。

此外，沿柱形心轴施加的轴向荷载，其相对于剪切中心轴的偏心可能导致弯扭屈曲在低于弯曲屈曲模式所对应的荷载情况下发生，两种屈曲模式如图 4.11（b）所示。因此，对于这样单轴对称的柱，验算弯扭屈曲模式是必要的。

4.2.2.4　延性和塑性设计

主要是由于截面屈曲（冷弯型钢至多为 4 类或 3 类），也是由于应变硬化引起的冷成型影响，冷弯型钢延性低，通常不允许按塑性方法进行设计。前面针对图 4.8 的相关讨论揭示了这些型材屈服后的低非弹性能力储备。然而对于弯曲构件，设计规范允许利用截面受拉部分非弹性能力储备。

因为延性降低，冷弯型钢不能消散抗震结构的能量。然而冷弯型钢可用于抗震结构，因为可减轻结构重量，但是只允许进行弹性设计，不能减小地震剪力。因此，正如规范 EN 1998-1：2004 所规定的，抗震设计中必须假定折减系数 $q=1$。

4.2.2.5　连接

钢结构连接的常规方法，如螺栓连接和弧焊，均可用于冷弯型钢，但由于其薄壁特性

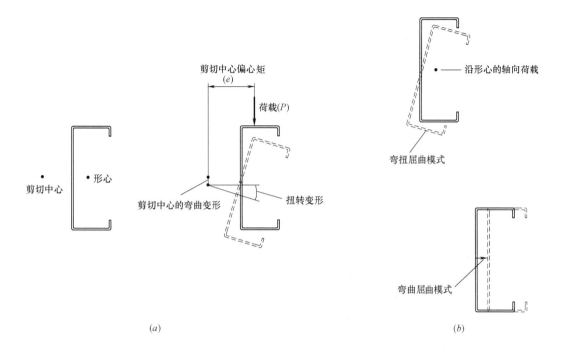

图 4.11　扭转变形

(a) 偏心加载的卷边槽钢梁；(b) 轴向加载的卷边槽钢柱

一般不太合适，所以经常采用更适合薄壁材料的特殊技术。两个薄板件长期连接的方式通常采用抽芯铆钉、自钻螺钉和自攻螺钉。射钉经常用于连接薄壁材料与厚支承构件。最近，冲压连接或铆接技术（Predeschi et al.，1997）得到发展，不需额外的组件，也不会造成镀锌或其他金属涂层的损坏。该技术原本用于汽车工业领域，目前已经成功应用于建筑结构。"Rosette" 系统是另一种创新的连接技术（Makelainen and Kesti，1999），适用于冷弯型钢结构。

因此，连接设计更加复杂，是对设计人员的挑战。

4.2.2.6　框架设计汇编

EN 1993-1-3 给出了冷弯薄规格构件和钢板的设计要求及规定，适用于有涂层或无涂层、薄的热轧或冷轧钢板或钢带制造的冷弯型钢产品，冷弯型钢已经过如冷轧成型或压弯成型的工艺处理。然而，冷弯型钢设计不仅要符合 EN 1993-1-3，还要符合 EN 1993 其他部分的规定（图 4.12），例如 EN 1993-1-1、1-2、1-5、1-6、1-7 和 1-8 等。EN 1090 给出了钢结构包括冷弯薄规格构件和钢板的制作标准。只有当冷弯型构件的公差符合 EN 1090-2：2008 的规定时，该标准给出的计算规则才有效。

欧洲标准 EN 1090 规定了钢结构制作要求，以确保有足够等级的力学强度、稳定性、适用性和耐久性。这些要求用结构的级别来表示。

结构设计应适当考虑其使用环境和预期维护水平，使设计使用年限内的结构退化不至于导致结构性能低于其预期的性能。为使设计的结构足够耐用，需考虑如下因素（见 EN

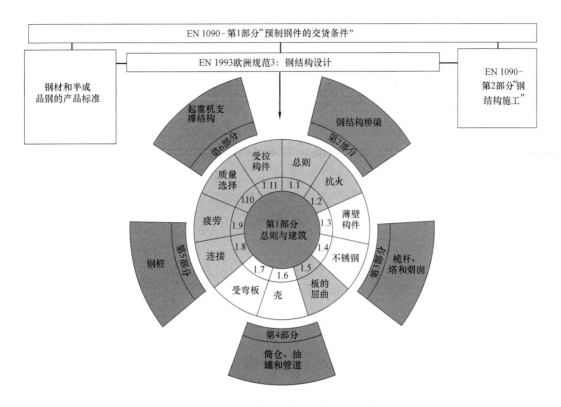

图 4.12　钢结构的标准体系（Sedlacek and Muller，2006）

1990）：

- 结构预期或可预见的用途；
- 所需的设计标准；
- 预期的环境条件；
- 材料和制品的组成、特性及性能；
- 土的性质与结构体系的选择；
- 构件的形状和结构细节；
- 工艺质量和控制水平；
- 特殊防护措施；
- 设计使用年限内的预期维护。

在设计阶段应确定环境条件，从而可评估环境条件对耐久性的影响，并对结构中所用材料的保护提出适当的规定。

应通过选择适当材料或结构冗余以及选择合适的防腐蚀体系来考虑相关的材料性能退化、腐蚀和疲劳的影响。

冷弯型钢结构通常是薄壁结构，这意味着在承载能力极限状态设计中必须考虑稳定性准则。此外，由于结构细长，特别要注意正常使用极限状态准则，如挠度和振动控制。另一方面，复杂形状的截面和特殊的连接技术可能涉及设计的试验，要么是检查解决方案，要么是校准设计公式或模型安全系数。此时，考虑使用 EN 1990 的附录 D 和 EN 1993-1-3：

2006 的第 9 章。规范规定仅限于厚度为 1.0～8.0mm 的钢构件和 0.5～4.0mm 的钢板。若构件的承载力由试验测定，则也可使用较厚的材料。

EN 1993-1-3 第 10 章中包含了如下特殊应用的设计标准：薄板约束梁、薄板约束托架、应力蒙皮设计和穿孔板。这些特殊应用的设计规定往往很复杂，但由于其包含了其他标准或规定中没有的详细方法，因此可能对设计工程师很有用。

作为对此规范应用的支持，欧洲建筑钢结构协会 ECCS 于 2008 年出版了"EN 1993-1-3 的样例"（ECCS_123，2008）。此前在 2000 年，ECCS 也出版过相同主题的实例（ECCS_114，2000）。1995 年，ECCS 出版了应用金属薄板作为楼板的欧洲建议（ECCS_88，1995）。最近，题为"冷弯型钢结构设计"的 ECCS 设计手册已经出版（Dubina at al.，2012）。

4.2.2.7 耐火性

由于截面系数小（即构件的受热体积与截面面积之比），无保护冷弯型钢的耐火性降低。出于同样的原因，用防火涂层防火不是很有效。

喷涂胶凝或石膏基涂料虽然对其他应用非常有效，却一般不能用于镀锌冷弯型钢。然而，冷弯型钢可用作隐藏在吊顶中的梁。用来承受荷载时，通常可用一层"特殊"防火石膏板来实现耐火时间 30min 的防护，若耐火 60min 则需采用两层石膏板。这种石膏板在火灾中具有低收缩和完整性好的特点。楼板和墙壁的平面保护为封闭型钢提供了足够的耐火性能，使其即使在 500℃ 温度下也能保持很高的强度。

在轻型钢结构框架中，覆盖墙和楼板的板材可保护钢材，使其耐火时间可长达 120min，这取决于板的材料和数量。隔热材料、矿棉或岩棉的选择对耐火强度也至关重要。

用作梁和柱的单个冷弯型钢的盒式防护方式与热轧型钢的类似。

非承重构件需要较少的防火保护，因为火灾情况下构件只需满足"隔断"要求。普通石膏板可用于这种情况。

4.2.2.8 腐蚀

决定冷弯型钢耐腐蚀性能的主要因素是钢防护处理的类型和厚度，而不是母材厚度。冷弯型钢的优势是保护涂层可在制造时或滚轧成型前涂装到带钢上。因此，镀锌带钢可通过滚轧制作而无需更进一步的处理。

型钢通常每平方米热浸镀锌 275g（Zn 275），每个面镀锌层的厚度为 $20\mu m$。若按正确的方式建造，镀锌层足以在建筑物整个寿命期内保护型钢抵抗腐蚀。在运输过程中和户外存放时发生的腐蚀对钢影响最为严重。热浸镀锌钢框架构件开孔后一般无需进行处理，因为锌层有修复效应，即转移到未受保护的表面。

在建筑物的寿命期内，热浸镀锌足以保护型钢抵抗腐蚀。英国钢铁公司等研究了热浸镀锌钢螺栓的使用寿命（Burling，1990）。室内每年锌的重量损失约为 $0.1g/m^2$。对表面覆盖塑料薄膜的狭小空间上方的钢板也进行了类似研究。结果表明，重量为 $275g/m^2$ 的锌足够提供约 100 年的耐久性。

4.2.2.9　冷弯型钢结构的可持续性

Burstrand（2000）从环保角度提出选择轻型钢框架结构的原因：

- 轻型钢框架结构是一种无需有机材料的干式施工体系，干式施工大大降低了潮湿问题和病态建筑综合症的风险；
- 钢、石膏和矿物棉是可循环使用的材料；
- 用于轻型钢框架的每种材料（钢、石膏和矿物棉）可 100% 回收利用；
- 建筑组件可拆卸以重新使用；
- 轻型钢框架结构制作、建造过程中的能耗比现场浇筑混凝土框架房屋的能耗低；
- 轻型钢框架结构仅使用了相当于砖混结构房屋约四分之一的原材料；
- 废物少意味着工作场地清洁，建筑构件自重轻确保了良好的工作环境；
- 自重小降低了运输需求。

4.3　截面强度

4.3.1　概述

冷弯型钢构件的单个部件相对于其宽度通常都很薄，当受到压缩、剪切、弯曲或承重时，常在应力低于屈服应力时发生屈曲。这些板件的局部屈曲是冷弯型钢设计考虑的主要因素之一。

众所周知，相比其他类型的结构，薄板的特点是超过临界点后性能稳定。因此，认为是沿着角线装配的薄板组合的冷弯型钢在其达到局部屈曲应力时不一定失效，而是可能在超过局部屈曲荷载的情况下继续承载。

为考虑局部屈曲，当确定截面和构件的强度、校核设计目的时，必须使用有效截面特性。然而，对于受拉构件则使用全截面特性。本节解释了如何合理使用全截面和有效截面特性。

冷弯型钢各板件的局部屈曲是一个主要的设计准则。因此，这些板件的设计需足够安全以防止局部失稳造成的失效，并适当考虑结构构件（例如墙）的后屈曲强度。

谈到"截面强度"时，应考虑以下设计作用力：

- 轴向拉力；
- 轴向压力；
- 弯矩；
- 弯矩和轴向拉力；
- 弯矩和轴向压力；
- 扭矩；
- 剪力；
- 局部横向力；
- 弯矩和剪力；
- 弯矩和局部横向力。

当压应力是由给定的作用方式产生时，必须考虑局部屈曲和畸变屈曲（截面不稳定模式）对截面强度的影响。

原则上，冷弯薄壁型钢构件截面承载力的计算与热轧型钢相比没有差异。然而，因为目前的冷弯型钢截面是第 4 类截面，压缩、弯曲以及压缩和弯曲组合作用的截面强度必须采用有效截面特性来计算。

4.3.2　翼缘翘曲

对于翼缘很宽且薄但稳定的梁，即 b/t 较大且翼缘主要受拉，受弯时翼缘有卷曲的倾向。也就是说，翼缘离腹板最远的部分（工字梁的边缘部分，箱形梁或帽梁的翼缘中间部分）有向中性轴偏转的倾向，如图 4.13 所示。

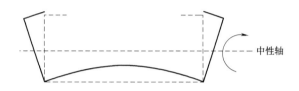

图 4.13　槽形截面梁的翼缘翘曲

翘曲是由于梁的纵向弯曲和翼缘弯曲应力的影响造成的。由 George Winter（1940）首先对这种现象进行了研究。根据宽翼缘工字梁纯弯曲时的性能，很容易解释这一现象（图 4.14）。作用在单位宽度翼缘上力（$\sigma_a t$）的横向分量 p 可由下式确定：

$$p=\frac{\sigma_a t \mathrm{d}\phi}{\mathrm{d}l}=\frac{\sigma_a t}{\rho}=\frac{\sigma_a t}{EI/M} \tag{4.1}$$

式中：σ_a 为翼缘平均弯曲应力；E 为弹性模量；I 为梁截面惯性矩；b_f、h、t、$\mathrm{d}l$、$\mathrm{d}\phi$ 和 ρ 如图 4.14 所示。

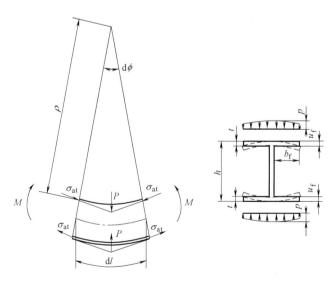

图 4.14　受弯工字梁的翼缘翘曲

若将横向分量 p 视为施加在翼缘上的均匀分布荷载，则可将翼缘视为悬臂板计算翼缘外边缘的翘曲挠度 u（Yu，2000）：

$$u_{\mathrm{f}}=\frac{pb_{\mathrm{f}}^4}{8D}=3\times\left(\frac{\sigma_{\mathrm{a}}}{E}\right)^2\times\left(\frac{b_{\mathrm{f}}^4}{t^2d}\right)\times(1-\nu^2) \tag{4.2}$$

式中：u_{f} 为翼缘外缘挠度；D 为板抗弯刚度，$D=Et^2/12(1-\nu)^2$；ν 为泊松比。

ECCS 建议（ECCS_49，1987；EN 1993-1-3 的早期版本）按下式计算翘曲位移，适用于受压和受拉以及有无加劲肋的翼缘：

$$u_{\mathrm{f}}=\frac{2\sigma_{\mathrm{a}}^2 b_{\mathrm{f}}^4}{E^2 t^2 z} \tag{4.3}$$

式中：b_{f} 为箱形和帽形截面腹板间距离的一半，或从腹板伸出翼缘部分的宽度（见图 4.15）；z 为所考虑翼缘到中性轴（$N.A.$）的距离，其他符号与式（4.2）中符号的定义相同。

当通过有效截面计算得出翼缘的实际应力时，应力平均值（σ_{a}）通过有效截面的应力乘以翼缘有效面积与翼缘总面积的比值得到。

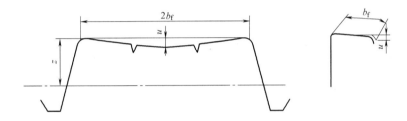

图 4.15　翼缘翘曲的几何参数

翼缘翘曲通常主要取决于翼缘宽厚比，同时也随腹板高度及截面的整体几何特征显著变化。浅腹板梁和小拉力构件特别容易产生翼缘翘曲。

若挠度未超过截面高度的 5%，计算中可忽略翼缘翘曲。

4.3.3　剪力滞后

对于一般形状的梁，翼缘的正应力受到从腹板向翼缘传递的剪力流的影响。这些剪应力使翼缘产生剪应变，对于常规尺寸，剪切应变的影响可忽略不计。然而，若翼缘（相对于其长度）异常宽，随着到腹板的距离增加，剪应变使翼缘中的弯曲正应力减小。这种现象称为剪力滞后（图 4.16）。

设计中考虑这种应力变化最简单的方法是用折减承受均匀应力作用的（有效）宽度来代替非均匀应力翼缘的实际宽度 b_{f}（$b\approx 2b_{\mathrm{f}}$）（Winter，1970）。

对于短跨上承受集中荷载的宽翼缘梁，

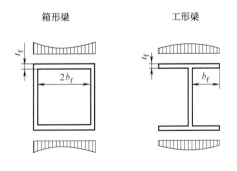

图 4.16　由于剪力滞后短梁受压和受拉翼缘的弯曲正应力分布

剪力滞后效应非常明显；跨宽比越小，影响越大。对于承受均匀荷载的梁来说，剪力滞后效应通常可忽略不计，除非 L/b_f 的值约小于 10，如图 4.17 所示。

若梁的跨度 L 小于 $30b_f$，且在梁上作用一个集中荷载或几个间距大于 $2b_f$ 的荷载，则无论是受拉翼缘还是受压翼缘，其有效设计宽度值仅限取表 4.3 中的值。Winter 于 20 世纪 40 年代初给出了这些值（Winter，1940），美国（AISI S100-07）、澳大利亚/新西兰的设计规范都采用了这些值（AS/NZ S-4600：2005）。

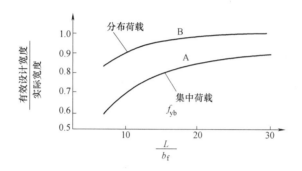

图 4.17　确定短跨梁翼缘有效宽度的分析曲线

宽翼缘短梁有效设计宽度与实际宽度的最大比值　　　　　　　表 4.3

L/b_1	比值	L/b_1	比值
30	1.00	14	0.82
25	0.96	12	0.78
20	0.91	10	0.73
18	0.89	8	0.67
16	0.86	6	0.55

注：表中 L 为简支梁的全跨度或连续梁反弯点之间的距离或悬臂梁长度的两倍。

表 4.3[①] 给出的有效宽度比的值对应于图 4.17 的曲线 A。对于均布荷载，从图 4.17 的曲线 B 可看出，对于任意跨宽比，由剪力滞后引起的宽度降低很小，小到实际上可忽略不计。

根据 EN 1993-1-5，若弯矩为零的点之间的长度 L_e 小于 $50b_f$，受弯构件的翼缘应考虑剪力滞后效应的影响。

剪力滞后现象对舰艇设计和飞机设计有显著影响。然而，在冷弯型钢结构中，梁很少这么宽，因此不必考虑剪力滞后现象。

4.3.4　薄壁型钢的截面屈曲模式

4.3.4.1　局部屈曲和畸变屈曲

截面失稳模式是指局部屈曲和畸变屈曲。如图 4.18 和图 4.19 所示，当两个边都在纵向方向保持平直时，平面板件（如冷弯型钢截面的侧面）局部屈曲的特征是其半波长和板件宽度相当。

---

① 原著为表 4.5，应有错，改为表 4.3。

截面畸变屈曲包含如图 4.18 所示边缘/翼缘部分绕翼缘/腹板接合点的转动。畸变屈曲也称为"加劲肋屈曲"或"局部扭转屈曲"。这种情况中，腹板和边缘/翼缘的畸变屈曲发生在相同的半波长内，这一半波长大于局部屈曲半波长。有中间加劲单元构件畸变屈曲的特点是中间加劲单元有垂直于单元所在平面的位移（图 4.19）。

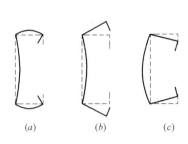

图 4.18 受压卷边槽钢截面
的局部屈曲和畸变屈曲

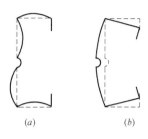

图 4.19 腹板中间加劲卷边槽
钢的局部屈曲和畸变屈曲

局部屈曲描述了薄板的性能，可对其进行相应的求解。畸变屈曲既可视为弹性地基上长板（如翼缘/卷边装配）的临界弹性屈曲问题（见 EN 1993-1-3），也可视为翼缘/卷边截面柱的侧向扭转屈曲问题（Schafer 和 Pekoz，1999）。

4.3.4.2 薄平壁受压屈曲

考虑到受压壁在屈曲前阶段应力均匀分布（图 4.20（a）），然而屈曲后变为非均匀分布（图 4.20（b）），随着荷载的增加，应力不断向边缘支撑部分集中，直到达到屈服强度（图 4.20（c）），平板开始失效。

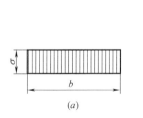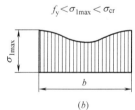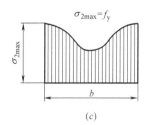

图 4.20 加劲受压板件的连续应力分布

（a）屈曲前阶段；（b）屈曲后中间阶段；（c）屈曲后最终阶段

板的弹性后屈曲特性可通过大挠度理论进行分析。然而已经表明，因为其复杂性，大挠度微分方程的求解方法在实际设计中应用很少。为此，1932 年 Von Karman 等人提出了"有效宽度"的概念。在这种方法中，不考虑分布在整个板宽度 b_f 上的非均匀应力 $\sigma_x(y)$，而是假设总荷载 P 均匀分布在虚拟的有效宽度 b_{eff} 上，该均匀分布应力等于边缘应力 σ_{max}，如图 4.21 所示。选取有效宽度 b_{eff} 使得实际非均匀应力分布曲线下的面积等于两部分等效矩形阴影面积之和，两矩形的总宽度为 b_{eff}，应力强度等于边缘应力 σ_{max}，即：

$$P = \sigma_{med}bt = \int_0^b \sigma_x(y)t\mathrm{d}y = \sigma_{max}b_{eff}t \tag{4.4}$$

σ_{max} 的变化会引起有效宽度 b_{eff} 的变化（图 4.22）。因此，当 σ_{max} 等于 f_y 时即得到最小有效宽度（图 4.20 (c)）。

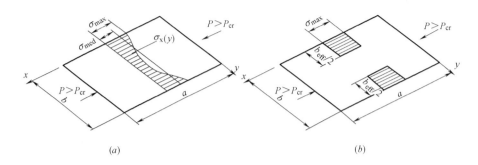

图 4.21　单轴受压简支板的应力分布

(a) 实际应力分布；(b) 基于"有效宽度"方法的等效应力分布

在极限情况下 $\sigma_{max} = f_y$，也可认为有效宽度 b_{eff} 代表的是板达到强度极限时的特定宽度，此时所施加的应力（$\sigma_{max} = f_y$）导致屈曲。因此对于长板，用于强度设计的 b_{eff} 的值可通过式（4.6）确定：

$$\sigma_{max} = f_y = \frac{k_\sigma \pi^2 E}{12(1-\nu^2)(b_{eff}/t)^2} = \sigma_{cr,eff} \tag{4.5}$$

或

$$b_{eff} = \frac{\pi t \sqrt{k_\sigma}}{\sqrt{12(1-\nu^2)}} \times \sqrt{\frac{E}{f_y}} \tag{4.6}$$

或

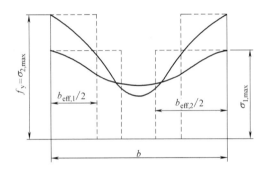

图 4.22　按最大边缘应力得到的有效宽度

$$b_{eff} = Ct\sqrt{\frac{E}{f_y}} \tag{4.7}$$

其中

$$C = \sqrt{k_\sigma \pi^2 / 12(1-\nu^2)} \tag{4.8}$$

对于给定类型的板件，C 为取决于屈曲系数 k_σ 的常数。

若 $k_\sigma = 4$，$\nu = 0.3$，则 $C = 1.9$，式（4.7）变为：

$$b_{eff} = 1.9t\sqrt{\frac{E}{f_y}} \tag{4.9}$$

这是 1932 年提出的用于加劲板件设计的 Von Karman 公式。

整板的临界弹性屈曲应力由下式确定：

$$\sigma_{cr} = \frac{k_\sigma \pi^2 E}{12(1-\nu^2)(b/t)^2} \tag{4.10}$$

替换得

$$\frac{b_{\mathrm{eff}}}{b} = \sqrt{\frac{\sigma_{\mathrm{cr}}}{f_{\mathrm{y}}}} \tag{4.11}$$

相对或折减的板的长细比 $\bar{\lambda}_{\mathrm{p}}$ 定义为：

$$\bar{\lambda}_{\mathrm{p}} = \sqrt{\frac{f_{\mathrm{y}}}{\sigma_{\mathrm{cr}}}} = \frac{1.052}{\sqrt{k}} \times \frac{b}{t} \times \sqrt{\frac{f_{\mathrm{y}}}{E}} = \frac{b/t}{28.4\varepsilon\sqrt{k}} \tag{4.12}$$

式中 $\varepsilon = \sqrt{235/f_{\mathrm{y}}}$。

最后，宽度为 b 的受压薄壁构件（如板）的有效宽度 b_{eff} 按下式计算：

$$b_{\mathrm{eff}} = \rho b \tag{4.13}$$

式中

$$\rho = \frac{b_{\mathrm{eff}}}{b} = \frac{1}{\bar{\lambda}_{\mathrm{p}}} \leqslant 1 \tag{4.14}$$

这是板在后屈曲范围内的折减系数。

事实上，式（4.13）是由式（4.6）表示的最初的 Von Karman 公式的另一种形式。式（4.11）给出了承载能力极限状态计算的有效宽度。在后屈曲中间阶段，当 $\sigma_{\mathrm{cr}} < \sigma_{\max} < f_{\mathrm{y}}$ 时，有效宽度可由下式得到：

$$b_{\mathrm{eff}} = Ct\sqrt{\frac{E}{\sigma_{\max}}} \tag{4.15}$$

或

$$\frac{b_{\mathrm{eff}}}{b} = \sqrt{\frac{\sigma_{\mathrm{cr}}}{\sigma_{\max}}} \tag{4.16}$$

相应的板的相对长细比定义为：

$$\bar{\lambda}_{\mathrm{p}} = \sqrt{\frac{\sigma_{\max}}{\sigma_{\mathrm{cr}}}} \tag{4.17}$$

对于两个纵向边缘简支的板（即 $k_\sigma = 4$），由式（4.8）得到 C 的值为 1.9，该公式已经采用较大 b/t 比值的板进行了试验验证。因此，对于 b/t 不是很大的板，Winter 于 1946 年提出 C 的另一种表达式：

$$C = 1.9 \times \left[1 - 0.415 \times \left(\frac{t}{b}\right) \times \sqrt{\frac{E}{f_{\mathrm{y}}}}\right] \tag{4.18}$$

因此得到有效宽度公式

$$\rho = \frac{b_{\mathrm{eff}}}{b} = \sqrt{\frac{\sigma_{\mathrm{cr}}}{f_{\mathrm{y}}}} \times \left(1 - 0.22\sqrt{\frac{\sigma_{\mathrm{cr}}}{f_{\mathrm{y}}}}\right) \leqslant 1 \tag{4.19}$$

或用板的相对长细比 $\bar{\lambda}_{\mathrm{p}}$ 表示

$$\rho = \frac{b_{\mathrm{eff}}}{b} = \frac{1}{\bar{\lambda}_{\mathrm{p}}} \times \left(1 - \frac{0.22}{\bar{\lambda}_{\mathrm{p}}}\right) \tag{4.20}$$

有效宽度取决于边缘应力 $\sigma_{\max}$ 和比值 b/t。当 $\rho = 1$，即 $b = b_{\mathrm{eff}}$ 时，板全部有效。显然，当 $\bar{\lambda}_{\mathrm{p}} \leqslant 0.673$（图 4.23）或满足下式时，就是这种情况。

$$\frac{b}{t} < \left(\frac{b}{t}\right)_{\mathrm{lim}} = 16.69\varepsilon\sqrt{k_\sigma} \tag{4.21}$$

其中

$$\varepsilon = \sqrt{235/f_y} \tag{4.22}$$

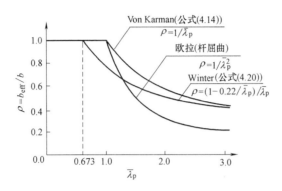

图 4.23 折减系数 ρ 与板相对长细比 $\overline{\lambda}_p$ 间的关系

对于边缘加劲或腹板类型的简支板件和一个纵边自由的非加劲板件或翼缘类型板件，将 $k_\sigma = 4$ 和 $k_\sigma = 0.425$ 分别代入式（4.21），得到下列比值 b/t 的限值：

• 腹板型板件

$$\left(\frac{b}{t}\right)_{\text{lim}} = 38.4\varepsilon \tag{4.23}$$

• 翼缘型板件

$$\left(\frac{b}{t}\right)_{\text{lim}} = 12.5\varepsilon \tag{4.24}$$

常用钢材等级 S235、S275 和 S355 的比值 b/t 限值见表 4.4。

有效或等效宽度方法给出了简单的设计规则，并表明了接近极限状态时板的性能。

有效宽度的 Winter 公式（4.20）已用于薄壁钢结构的一些主要设计规范（EN 1993-1-3：2006，AISI S100-07，AS/NZS 4600：2005）。尽管是半经验性质的，对于加劲（腹板类型）板件，Winter 公式的计算结果令人相当满意。然而，对于非加劲（翼缘类型）板件，该式屈曲系数采用 0.425 或 0.43，对于强度和刚度都过于保守。

双支撑受压构件的有效宽度可由表 4.5 确定，外部受压板件的有效宽度由表 4.6 确定（EN 1993-1-3：2006）。

平面板件的理论平面宽度 b_p 按 EN 1993-1-3：2006 确定。在倾斜腹板中，平面板件的宽度可取斜高。

加劲和非加劲板件 $(b/t)_{\text{lim}}$ 的值　　　　　　　　　　　　表 4.4

钢材等级	f_y(N/mm²)	板件类型	
		加劲	非加劲
S235	235	38	12.5
S275	275	35	11.5
S355	355	31	10

表 4.5 和表 4.6 中用于确定有效宽度 b_{eff} 的折减系数 ρ 应基于达到截面承载力时相关

板件的最大压应力 $\sigma_{\mathrm{com,Ed}}$（基于有效截面进行计算，并考虑可能的二阶效应）。

若 $\sigma_{\mathrm{com,Ed}} = f_{\mathrm{yb}}/\gamma_{\mathrm{M0}}$，折减系数 ρ 应根据 EN 1993-1-5 按以下方法求得：

• 内部受压板件：

$$\rho = 1 \qquad\qquad 若\ \bar{\lambda}_{\mathrm{p}} \leqslant 0.5 + \sqrt{0.085 - 0.055\Psi} \qquad (4.25a)$$

$$\rho = \frac{\bar{\lambda}_{\mathrm{p}} - 0.055(3+\psi)}{\bar{\lambda}_{\mathrm{p}}^2} < 1.0 \qquad 若\ \bar{\lambda}_{\mathrm{p}} > 0.5 + \sqrt{0.085 - 0.055\psi} \qquad (4.25b)$$

内部受压板件　　　　　　　　表 4.5

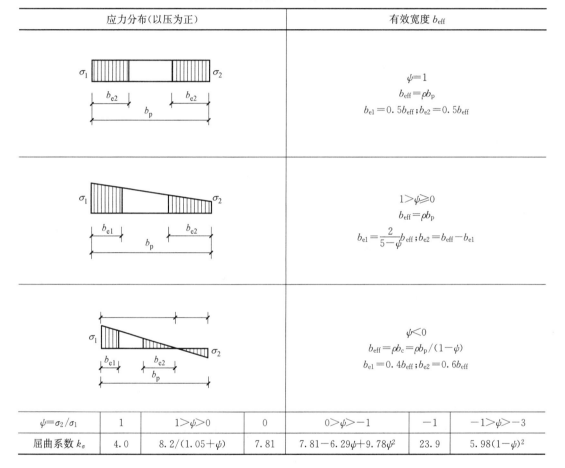

应力分布（以压为正）	有效宽度 b_{eff}
	$\psi = 1$ $b_{\mathrm{eff}} = \rho b_{\mathrm{p}}$ $b_{\mathrm{e1}} = 0.5 b_{\mathrm{eff}}; b_{\mathrm{e2}} = 0.5 b_{\mathrm{eff}}$
	$1 > \psi \geqslant 0$ $b_{\mathrm{eff}} = \rho b_{\mathrm{p}}$ $b_{\mathrm{e1}} = \dfrac{2}{5-\psi} b_{\mathrm{eff}}; b_{\mathrm{e2}} = b_{\mathrm{eff}} - b_{\mathrm{e1}}$
	$\psi < 0$ $b_{\mathrm{eff}} = \rho b_{\mathrm{c}} = \rho b_{\mathrm{p}}/(1-\psi)$ $b_{\mathrm{e1}} = 0.4 b_{\mathrm{eff}}; b_{\mathrm{e2}} = 0.6 b_{\mathrm{eff}}$

$\psi = \sigma_2/\sigma_1$	1	$1 > \psi > 0$	0	$0 > \psi > -1$	-1	$-1 > \psi > -3$
屈曲系数 k_σ	4.0	$8.2/(1.05+\psi)$	7.81	$7.81 - 6.29\psi + 9.78\psi^2$	23.9	$5.98(1-\psi)^2$

• 外部受压板件（翼缘型）：

$$\rho = 1 \qquad\qquad 若\ \bar{\lambda}_{\mathrm{p}} \leqslant 0.748 \qquad (4.26a)$$

$$\rho = \frac{\bar{\lambda}_{\mathrm{p}} - 0.188}{\bar{\lambda}_{\mathrm{p}}^2} < 1.0 \qquad 若\ \bar{\lambda}_{\mathrm{p}} > 0.748 \qquad (4.26b)$$

式中，板的长细比 $\bar{\lambda}_{\mathrm{p}}$ 由下式确定：

$$\bar{\lambda}_{\mathrm{p}} = \sqrt{\frac{f_{\mathrm{yb}}}{\sigma_{\mathrm{cr}}}} = \frac{b_{\mathrm{p}}/t}{28.4\varepsilon\sqrt{k_\sigma}} \qquad (4.27)$$

式中：k_σ 为表 4.5 和表 4.6 中的相关屈曲系数；ε 为系数 $\sqrt{235/f_{\mathrm{y}}}$，$f_{\mathrm{y}}$ 的单位为 $\mathrm{N/mm^2}$；ψ 为应力比；t 为厚度；σ_{cr} 为板的临界弹性屈曲应力。

外部受压板件 表 4.6

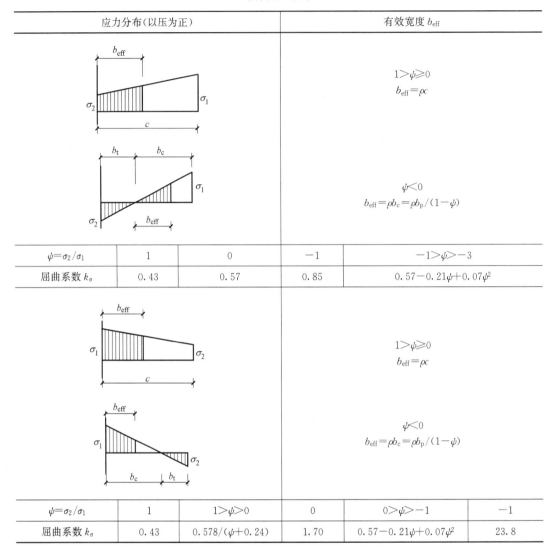

应力分布（以压为正）			有效宽度 b_{eff}	

上半部分：

$1 > \psi \geqslant 0$
$b_{eff} = \rho c$

$\psi < 0$
$b_{eff} = \rho b_c = \rho b_p / (1-\psi)$

$\psi = \sigma_2 / \sigma_1$	1	0	-1	$-1 > \psi > -3$
屈曲系数 k_σ	0.43	0.57	0.85	$0.57 - 0.21\psi + 0.07\psi^2$

下半部分：

$1 > \psi \geqslant 0$
$b_{eff} = \rho c$

$\psi < 0$
$b_{eff} = \rho b_c = \rho b_p / (1-\psi)$

$\psi = \sigma_2 / \sigma_1$	1	$1 > \psi > 0$	0	$0 > \psi > -1$	-1
屈曲系数 k_σ	0.43	$0.578/(\psi + 0.24)$	1.70	$0.57 - 0.21\psi + 0.07\psi^2$	23.8

若 $\sigma_{com,Ed} < f_{yb}/\gamma_{M0}$，折减系数 ρ 采用类似的方式确定，但板的折减长细比 $\bar\lambda_{p,red}$ 由下式确定：

$$\bar\lambda_{p,red} = \bar\lambda_p \sqrt{\frac{\sigma_{com,Ed}}{f_{yb}/\gamma_{M0}}} \tag{4.28}$$

然而，当验证板件的设计屈曲承载力或进行二阶分析时，为计算 A_{eff}、e_N 和 W_{eff} 的值，板件的长细比 $\bar\lambda_p$ 应根据其屈服强度 f_y 或根据二阶分析得到的 $\sigma_{com,Ed}$ 确定。

第二种方法二阶计算时需要迭代，迭代过程中内力和弯矩按有效截面确定，而有效截面由前一次迭代确定的内力和弯矩得出。正常使用极限状态有效宽度计算的折减系数 ρ 采用类似的方法确定，但要使用下式表示板件折减长细比：

$$\bar\lambda_{p,ser} = \bar\lambda_p \sqrt{\frac{\sigma_{com,Ed,ser}}{f_{yb}}} \tag{4.29}$$

式中　$\sigma_{com,Ed,ser}$ 为相关板件在正常使用极限状态荷载作用下的最大压应力（按有效截面计算）。

EN 1993-1-3 给出了确定带边缘/中间加劲，受压/弯曲应力作用的截面特性的详细规则。

确定承受应力梯度作用的翼缘板件的有效宽度时，表 4.5 和表 4.6 中的应力比 ψ 可按全截面的性质确定。

确定腹板板件的有效宽度时，表 4.5 中的应力比 ψ 可根据受压翼缘的有效面积及腹板的总面积确定。

4.3.4.3　畸变屈曲

对局部屈曲性能的直觉是：随着宽厚比（b/t）增大，局部屈曲临界应力减小。这一事实使工程师能很好地针对局部屈曲进行设计。畸变屈曲难以有类似的直觉。

C 形截面受压构件的畸变屈曲由腹板/翼缘连接处的转动刚度控制；腹板高则比较柔，为翼缘/腹板连接处提供的转动刚度就小，导致腹板高更易发生畸变屈曲。若翼缘窄，腹板将发生局部屈曲，其波长接近翼缘畸变屈曲，且与局部屈曲相比在较低应力下产生畸变屈曲。若翼缘过宽，不需考虑局部屈曲，但要考虑保持翼缘在适当位置所需的加劲肋尺寸。对于实际加劲肋长度，宽翼缘也会引起低畸变应力。较长的卷边有利于阻止翼缘的畸变，但容易引起局部屈曲。

畸变屈曲的波长通常在局部屈曲和整体屈曲之间，如图 4.24 所示。

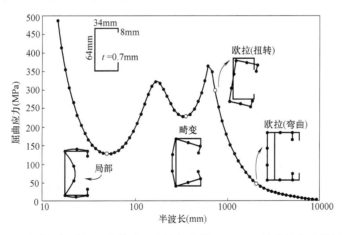

图 4.24　卷边槽钢柱弹性屈曲模式和半波长曲线（Schafer 的有线条法分析，2001）

Lau 和 Hancock（1987）及 Schafer 和 Peköz（1999）等提出了计算简单截面（如 C 形和支架形截面）弹性畸变屈曲应力的手算方法。然而，手算畸变屈曲比较繁琐，有限元法（FEM）或有限条法（FSM）等数值方法是确定局部屈曲和畸变屈曲弹性屈曲应力的有效方法。已证明有限条法是一个很有用的方法，因为与有限元法相比，求解时间短，在纵向无需离散化。有限条法假设边界条件为端部简支，适用于沿截面长度方向出现多重半波长的较长截面。

广义梁理论（GBT）能够考虑截面的畸变，是常规工程梁理论的延伸（Silvestre 和

Camotim，2002a；Silvestre 和 Camotim，2002b；Silvestre 和 Camotim，2003），由于求解时间短，对铰接和固接的构件都适用。里斯本技术大学开发了一个用户友好的 GBT 程序 GBTUL（http：//www.civil.ist.utl.pt/gbt），该程序能够进行等截面薄壁杆件的弹性屈曲和振动分析。

另一个薄壁构件弹性屈曲分析的程序是 CUFSM（http：//www.ce.jhu.edu/bschafer/cusm/），CUFSM 采用半解析有限条法分析薄壁构件的截面稳定（Schafer 和 Ádány，2006）。

EN 1993-1-3：2006 没有关于畸变屈曲的明确规定。但可从规范给出的边缘或中间加劲肋受压平面板件规定的解释中确定计算方案。

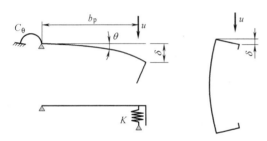

图 4.25　根据 EN 1993-1-3 确定弹簧刚度 k

边缘或中间加劲肋受压板件的设计基于加劲肋为受压板件提供了连续局部约束的假设进行。约束的弹簧刚度取决于边界条件和截面相邻平面板件的抗弯刚度。加劲肋的弹簧刚度可通过在截面加劲肋位置每单位长度上施加单位荷载来确定，如图 4.25 所示。转动弹簧刚度 C_θ 体现了截面腹板部分的抗弯刚度。单位长度的弹簧刚度 K 由下式确定：

$$K = u/\delta \tag{4.30}$$

式中：δ 为单位荷载 u 产生的加劲肋挠度。

Timoshenko 和 Gere（1961）给出了弹性地基上长杆的弹性临界屈曲应力，其中首选波长自由发展，弹性临界屈曲应力为：

$$\sigma_{cr} = \frac{\pi^2 E I_s}{A_s \lambda^2} + \frac{I}{A_s \pi^2} K \lambda^2 \tag{4.31}$$

式中：A_s 和 I_s 为根据 EN 1993-1-3 确定的加劲肋有效截面面积和截面惯性矩，图 4.26 描述了边缘加劲肋的情况；$\lambda = L/m$ 为半波长；m 为半波长个数。

使临界应力最小，出式（4.31）可导出长杆屈曲的第一阶半波长：

$$\lambda_{cr} = \sqrt[4]{\frac{E I_s}{K}} \tag{4.32}$$

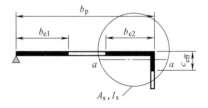

图 4.26　边缘加劲肋的有效截面面积

对于无限长长杆，临界屈曲应力为

$$\sigma_{cr} = \frac{2 \sqrt{K E I_s}}{A_s} \tag{4.33}$$

EN 1993-1-3 中给出了式（4.33），这种方法没有考虑柱长的影响，而是假定柱足够长，能发生整数倍半波长。在中间加劲肋的情况下，求解过程相似，但忽略相邻平面板件的转动刚度，并假定加劲肋平面板件为简支。

事实上，对于边缘或中间加劲肋板件，抗畸变屈曲设计仅限于加劲肋的有效性验算。如果进行全面的分析，规范要求设计人员自由选取各种数值方法。

4.3.5　根据 EN 1993-1-3 的抗局部屈曲和畸变屈曲设计

4.3.5.1　一般规定

根据 EN 1993-1-3，当对截面进行抗局部屈曲和畸变屈曲设计时，需考虑以下的一般规定：

- 确定冷弯型构件和钢板的强度和刚度，需考虑局部屈曲和畸变屈曲的影响；
- 局部屈曲的影响可采用有效截面性能考虑，基于易于发生局部屈曲板件的有效宽度计算；
- 应考虑有效截面形心轴相对于总截面形心轴的可能位移；
- 计算局部屈曲承载力的公式中，屈服强度 f_y 应取 f_{yb}；
- 确定截面强度时，受压板件的有效宽度应根据达到截面强度时板件的压应力 $\sigma_{com,Ed}$ 确定；
- 设计中使用两种截面：全截面和有效截面，其中后者与加载形式（压缩、主轴弯曲等）有关；
- 对于适用性验证，受压板件的有效宽度应根据正常使用极限状态荷载下的板件压应力 $\sigma_{com,Ed,ser}$ 确定；
- 当畸变屈曲构成临界失效模式时需予以考虑。

4.3.5.2　边缘或中间加劲的平面板件

边缘或中间加劲肋受压板件的设计应按加劲肋的性能相当于有连续局部约束的受压构件的假设进行，约束的弹簧刚度取决于边界条件和相邻平面板件的抗弯刚度。

加劲肋的弹簧刚度应按每单位长度上施加单位荷载 u 来确定，如图 4.27 所示。单位长度的弹簧刚度 K 由下式确定：

$$K=u/\delta \tag{4.34}$$

式中，δ 为作用在加劲截面有效部分形心处（b_1）的单位荷载 u 产生的加劲肋挠度。

由截面几何形状确定转动弹簧刚度 C_θ、$C_{\theta 1}$ 和 $C_{\theta 2}$ 的值，应考虑同一板件中存在其他加劲肋可能产生的影响，或考虑截面上其他受压板件的影响。

对于边缘加劲肋，挠度 δ 由下式计算：

$$\delta=\theta b_p+\frac{ub_p^3}{3}\times\frac{12(1-v^2)}{Et^3} \tag{4.35}$$

其中：

$$\theta=ub_p/C_\theta \tag{4.36}$$

在卷边 C 形截面和卷边 Z 形截面有边缘加劲肋的情况下，C_θ 按图 4.27（c）施加的单位荷载 u 确定。

下式为翼缘 1 弹簧刚度 K_1 的值：

$$K_1=\frac{Et^3}{4(1-v^2)}\times\frac{1}{b_1^2h_w+b_1^3+0.5b_1b_2h_wk_f} \tag{4.37}$$

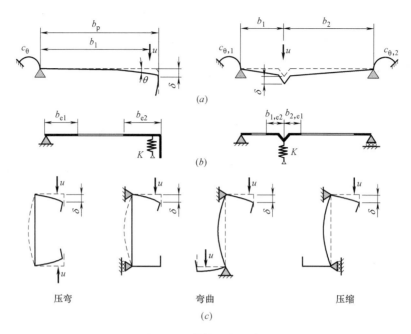

图 4.27 弹簧刚度的确定

（a）实际系统；（b）等效系统；（c）C 形和 Z 形截面 δ 的计算

式中：b_1 为从腹板与翼缘连接处到翼缘 1 边缘加劲肋（包括翼缘的有效部分 b_{e2}）有效面积重心的距离（图 4.27（a））；b_2 为从腹板与翼缘连接处到翼缘 2 边缘加劲肋（包括翼缘的有效部分）有效面积重心的距离；h_w 为腹板高度。

若翼缘 2 受拉（如梁绕 y-y 轴弯曲），$k_f=0$；若翼缘 2 受压（如构件轴向受压），$k_f = A_{s2}/A_{s1}$；受压对称截面 $k_f=1$。

A_{s1} 和 A_{s2} 分别为翼缘 1 和翼缘 2 边缘加劲肋（包括翼缘的有效部分 b_{e2}，见图 4.27（b））的有效面积。

对于中间加劲肋，转动弹簧刚度 $C_{\theta1}$ 和 $C_{\theta2}$ 的值可保守地取为 0，挠度 δ 可按下式计算：

$$\delta = \theta b_p + \frac{u b_1^2 b_2^2}{3(b_1+b_2)} \times \frac{12(1-v^2)}{Et^3} \tag{4.38}$$

畸变屈曲（加劲肋弯曲屈曲）承载力折减系数 χ_d 根据相对长细比 $\bar{\lambda}_d$ 按下式计算：

$$\bar{\lambda}_d \leqslant 0.65 \text{ 时}, \chi_d = 1 \tag{4.39a}$$

$$0.65 < \bar{\lambda}_d \leqslant 1.38 \text{ 时}, \chi_d = 1.47 - 0.723\bar{\lambda}_d \tag{4.39b}$$

$$\bar{\lambda}_d \geqslant 1.38 \text{ 时}, \chi_d = \frac{0.66}{\bar{\lambda}_d} \tag{4.39c}$$

其中

$$\bar{\lambda}_d = \sqrt{f_{yb}/\sigma_{cr,s}} \tag{4.39d}$$

式中：$\sigma_{cr,s}$ 为加劲肋的弹性临界应力。

对于边缘和中间同时有加劲肋的平面板件，若没有精确的计算方法，中间加劲肋的影响可忽略。

边缘加劲肋的截面应包括加劲肋的有效部分（如图 4.28 中的板件 c 或板件 c 和 d）加平面板件 b_p 的相邻有效部分 b_{e2}。

在确定边缘加劲肋所依附的平面板件的强度时不应考虑边缘加劲肋，除非满足下列条件：

- 加劲肋与平面板件间的角度在 $45°\sim135°$ 之间；
- 突出的宽度 c 不小于 $0.2b$，其中 b 和 c 如图 4.28 所示；
- 单折边加劲肋比值 b/t 不超过 60，双折边加劲肋不超过 90。

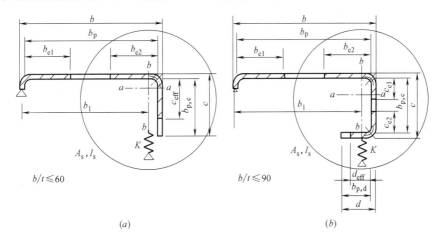

图 4.28　边缘加劲肋
（a）单折边加劲肋；（b）双折边加劲肋

求解过程如图 4.29 所示，图 4.30 和图 4.31 给出了示意图。具体步骤如下：

第 1 步：假定加劲肋提供完全约束，并且 $\sigma_{com,Ed}=f_{yb}/\gamma_{M0}$，确定有效宽度和加劲肋初始有效截面。

第 2 步：利用加劲肋初始有效截面确定畸变屈曲（加劲肋的弯曲屈曲）的折减系数，考虑连续弹簧约束的影响。

第 3 步：进行迭代以改善加劲肋屈曲折减系数的值。

图 4.28 中所示有效宽度 b_{e1} 和 b_{e2} 的初始值通过假定平面板件 b_p 在两个纵向边缘受到支撑（表 4.5），按 4.3.4.2 中确定。

图 4.28 中所示有效宽度 c_{eff} 和 d_{eff} 的初始值按下列公式确定：

- 单折边加劲肋：

$$c_{eff}=\rho b_{p,c} \tag{4.40a}$$

式中，ρ 从第 4.3.4.2 节得到，只是屈曲系数 k_σ 的值由下式给出：

- $b_{p,c}/b_p\leqslant0.35$ 时，$\qquad k_\sigma=0.5$ $\tag{4.40b}$

- $0.35<b_{p,c}/b_p\leqslant0.6$ 时，$k_\sigma=0.5+\sqrt[3]{(b_{p,c}/b_p-0.35)^2}$ $\tag{4.40c}$

- 双折边加劲肋：

$$c_{eff}=\rho b_{p,c} \tag{4.40d}$$

式中 ρ 从第 4.3.4.2 节得到，只是双支撑板件的屈曲系数 k_σ 按表 4.5 取值，并且

$$d_{\mathrm{eff}}=\rho b_{\mathrm{p,c}} \qquad (4.40e)$$

式中 ρ 从第 4.3.4.2 节得到，只是外部板件的屈曲系数 k_σ 按表 4.6 取值。

边缘加劲肋的有效截面面积 A_s 按下式计算：

$$A_\mathrm{s}=t(b_{\mathrm{e}2}+c_{\mathrm{eff}}) \qquad (4.41a)$$

$$A_\mathrm{s}=t(b_{\mathrm{e}2}+c_{\mathrm{e}1}+c_{\mathrm{e}2}+d_{\mathrm{eff}}) \qquad (4.41b)$$

对于边缘加劲肋，弹性临界屈曲应力 $\sigma_{\mathrm{cr,s}}$ 按下式计算：

$$\sigma_{\mathrm{cr,s}}=\frac{2\sqrt{KEI_\mathrm{s}}}{A_\mathrm{s}} \qquad (4.42)$$

式中：K 为单位长度的弹簧刚度；I_s 为加劲肋有效截面惯性矩，取为有效面积 A_s 关于有效截面形心轴 a—a 的惯性矩，见图 4.29。

边缘加劲肋畸变屈曲（加劲肋弯曲屈曲）承载力的折减系数 χ_d 采用前面的方法由 $\sigma_{\mathrm{cr,s}}$ 得到。

若 $\chi_\mathrm{d}<1$，有效面积可通过迭代改进，开始迭代时采用由 §§4.3.4.2 中的公式得到的 ρ 的修正值，式中 $\sigma_{\mathrm{com,Ed,i}}=\chi_\mathrm{d}f_{\mathrm{yb}}/\gamma_{\mathrm{M0}}$：

$$\bar{\lambda}_{\mathrm{p,red}}=\bar{\lambda}_\mathrm{p}\sqrt{\chi_\mathrm{d}} \qquad (4.43)$$

考虑到弯曲屈曲，加劲肋的折减有效面积 $A_{\mathrm{s,red}}$ 应为：

$$A_{\mathrm{s,red}}=\chi_\mathrm{d}A_\mathrm{s}\frac{f_{\mathrm{yb}}/\gamma_{\mathrm{M0}}}{\sigma_{\mathrm{com,Ed}}} \quad 但是 \ A_{\mathrm{s,red}}\leqslant A_\mathrm{s}$$

$$(4.44)$$

式中：$\sigma_{\mathrm{com,Ed}}$ 为根据有效截面计算的加劲肋中心线的压应力。

4.3.5.3 设计实例

图 4.30 和图 4.31 展示了受弯或受压冷弯型钢有效截面性能的计算。

确定有效截面的性能时，折减有效面积 $A_{\mathrm{s,red}}$ 通过对包含于 A_s 的所有板件取折减厚度 $t_{\mathrm{red}}=tA_{\mathrm{red}}/A_\mathrm{s}$ 得到。

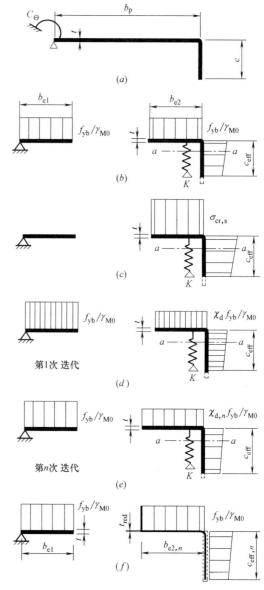

图 4.29　带有边缘加劲肋翼缘的抗压强度
(a) 全截面和边界条件；(b) 第 1 步：$K=\infty$ 时按 $\sigma_{\mathrm{com,Ed}}=f_{\mathrm{yb}}/\gamma_{\mathrm{M0}}$ 计算有效截面；(c) 第 2 步：第 1 步中加劲肋有效面积 A_s 的弹性临界应力 $\sigma_{\mathrm{cr,s}}$；(d) 加劲肋有效面积 A_s 折减强度 $\chi_\mathrm{d}f_{\mathrm{yb}}/\gamma_{\mathrm{M0}}$，折减系数 χ_d 根据 $\sigma_{\mathrm{cr,s}}$ 计算；(e) 第 3 步：重复步骤 1，即用折减压应力 $\sigma_{\mathrm{com,Ed,I}}=\chi_\mathrm{d}f_{\mathrm{yb}}/\gamma_{\mathrm{M0}}$ 计算有效宽度，χ_d 采用前次迭代的值，重复迭代直到 $\chi_{\mathrm{d},n}\approx\chi_{\mathrm{d},(n-1)}$，但 $\chi_{\mathrm{d},n}\leqslant\chi_{\mathrm{d},(n-1)}$；(f) 采用与 $\chi_{\mathrm{d},n}$ 相对应的有效截面 $b_{\mathrm{e}2}$、c_{eff} 和折减厚度 t_{red}

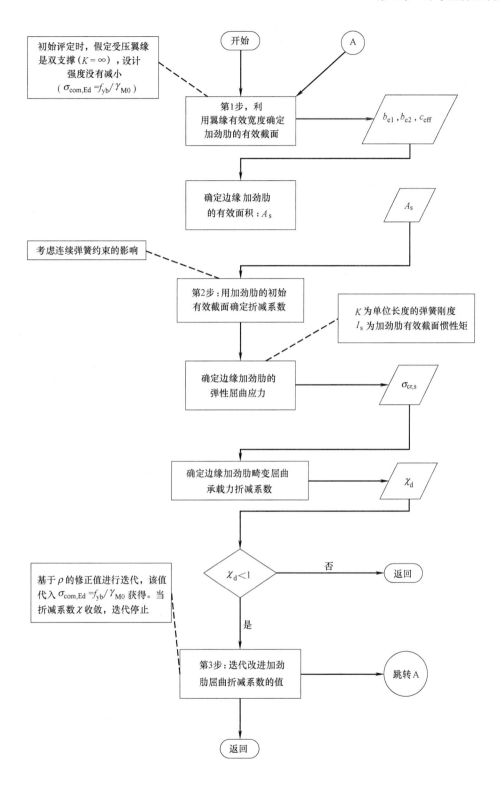

图 4.30　受压翼缘和卷边的有效截面性质确定——一般（迭代）
过程（SF038a-EN -EU，AccessSteel 2006）

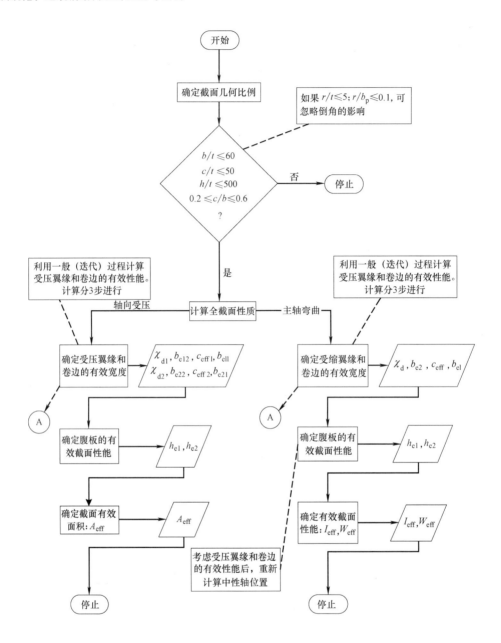

图 4.31　冷弯型钢截面在受压或弯曲情况下有效截面性质的计算

(SF038a-EN -EU，AccessSteel 2006)

1. 基本参数

截面尺寸及材料属性：

总高度	$h = 150\text{mm}$
受压翼缘总宽度	$b_1 = 57\text{mm}$
受拉翼缘总宽度	$b_2 = 41\text{mm}$

卷边总宽度	$c=16\text{mm}$
内半径	$r=3\text{mm}$
名义厚度	$t_{\text{nom}}=1\text{mm}$
钢板厚度	$t=0.96\text{mm}$
基本屈服强度	$f_{\text{yb}}=350\text{N/mm}^2$
弹性模量	$E=210000\text{N/mm}^2$
泊松比	$\upsilon=0.3$
分项系数	$\gamma_{\text{M0}}=1.00$
腹板高度	$h_{\text{p}}=h-t_{\text{nom}}=150-1=149\text{mm}$
受压翼缘宽度	$b_{\text{p1}}=b_1-t_{\text{nom}}=47-1=46\text{mm}$
受拉翼缘宽度	$b_{\text{p2}}=b_2-t_{\text{nom}}=41-1=40\text{mm}$
卷边宽	$c_{\text{p}}=c-t_{\text{nom}}/2=16-1/2=15.5\text{mm}$

2. 几何比例检验

若满足以下条件，则可采用 EN 1993-1-3 的设计方法：

$b/t\leqslant60$ $b_1/t=47/0.96=48.96<60$ —满足

$c/t\leqslant50$ $c/t=16/0.96=16.67<50$ —满足

$h/t\leqslant5000$ $h/t=150/0.96=156.25<500$ —满足

为提供足够的刚度，避免加劲肋本身屈曲，加劲肋的尺寸应在以下范围内：

$0.2\leqslant c/b\leqslant0.6$ $c/b_1=16/47=0.34$ $0.2<0.34<0.6$ —满足

                       $c/b_2=16/41=0.39$ $0.2<0.39<0.6$ —满足

如满足以下条件则可忽略倒角的影响（第 3.2.1 节，式（3.2））：

$r/t\leqslant5$ $r/t=3/0.96=3.125<5$ —满足

$r/b_{\text{p}}\leqslant0.10$ $r/b_{\text{p1}}=3/47=0.06<0.10$ —满足

                     $r/b_{\text{p2}}=3/41=0.07<0.10$ —满足

3. 全截面性能

$$A_{\text{br}}=t(2c_{\text{p}}+b_{\text{p1}}+b_{\text{p2}}+h_{\text{p}})=0.96\times(2\times15.5+46+40+149)=255.36\text{mm}^2$$

4. 中性轴位置到受压翼缘的距离

$$z_{\text{b1}}=\frac{\left[c_{\text{p}}(h_{\text{p}}-c_{\text{p}}/2)+b_{\text{p2}}h_{\text{p}}+h_{\text{p}}^2/2+c_{\text{p}}^2/2\right]t}{A_{\text{br}}}=72.82\text{mm}$$

5. 受压翼缘和卷边的有效截面性能

采用一般（迭代）过程计算受压翼缘和卷边（带边缘加劲肋的平面板件）的有效性能。计算分 3 步进行（§§3.7.3.2.2）：

（1）第 1 步：使用翼缘有效宽度得到加劲肋初始有效截面，该有效宽度是假定受压翼缘双支撑加劲肋提供完全约束（$K=\infty$）且设计强度无减小（$\sigma_{\text{com,Ed}}=f_{\text{yb}}/\gamma_{\text{M0}}$）的情况下确定的。

受压翼缘的有效宽度

应力比：$\psi=1$（均匀受压），所以内部受压板件的屈曲系数 $k_{\sigma}=4$

$$\varepsilon = \sqrt{235/f_{yb}}$$

相对长细比：

$$\bar{\lambda}_{p,b} = \frac{b_{p1}/t}{28.4\varepsilon\sqrt{k_\sigma}} = \frac{46/0.96}{28.4 \times \sqrt{235/350} \times \sqrt{4}} = 1.03$$

宽度折减系数：

$$\rho = \frac{\bar{\lambda}_{p,b} - 0.055(3+\psi)}{\bar{\lambda}_{p,b}^2} = \frac{1.03 - 0.55 \times (3+1)}{1.03^2} = 0.764 < 1$$

有效宽度：

$$b_{eff} = \rho b_{p1} = 0.764 \times 46 = 35.14mm$$

$$b_{e1} = b_{e2} = 0.5 b_{eff} = 0.5 \times 35.14 = 17.57mm$$

<u>折边有效宽度</u>

屈曲系数：

若 $c_p/b_{p1} \leqslant 0.35$：$\qquad\qquad k_\sigma = 0.5$

若 $0.35 < c_p/b_{p1} \leqslant 0.6$：$\qquad\quad k_\sigma = 0.5 + 0.83\sqrt[3]{(c_p/b_{p1} - 0.35)^2}$

$c_p/b_{p1} = 15.5/46 = 0.337 < 0.35$ 所以 $k_\sigma = 0.5$

相对长细比（第 3.7.2 节，式（3.38））：

$$\bar{\lambda}_{p,c} = \frac{c_p/t}{28.4\varepsilon\sqrt{k_\sigma}} = \frac{15.5/0.96}{28.4 \times \sqrt{235/350} \times \sqrt{0.5}} = 0.981$$

宽度折减系数：

$$\rho = \frac{\bar{\lambda}_{p,c} - 0.188}{\bar{\lambda}_{p,c}^2} = \frac{0.981 - 0.188}{0.981^2} = 0.824, \rho \leqslant 1$$

有效宽度（§§3.7.3.2.2，式（3.47））：

$$c_{eff} = \rho c_p = 0.824 \times 15.5 = 12.77mm$$

边缘加劲肋有效面积（§§3.7.3.2.2，式（3.48））：

$$A_s = t(b_{e2} + c_{eff}) = 0.96 \times (17.57 + 12.77) = 29.126mm^2$$

第 2 步：考虑连续弹性约束的影响下，利用加劲肋初始有效截面确定折减系数。

边缘加劲肋的弹性临界屈曲应力为：

$$\sigma_{cr,s} = \frac{2\sqrt{KEI_s}}{A_s}$$

式中：K 为单位长度的弹簧刚度（§§3.7.3.1，式（3.44））：

$$K = \frac{Et^3}{4(1-v^2)} \times \frac{1}{b_1^2 h_p + b_1^3 + 0.5 b_1 b_2 h_p k_f}$$

式中：b_1 为腹板到受压加劲肋（上翼缘）有效面积中心的距离，按下式计算

$$b_1 = b_{p1} - \frac{b_{e2} t b_{e2}/2}{(b_{e2} + c_{eff})t} = 46 - \frac{17.57 \times 0.96 \times 17.57/2}{(17.57 + 12.77) \times 0.96} = 40.913mm$$

绕 y-y 轴弯曲时，$k_f = 0$；$K = 0.161N/mm$；I_s 为加劲肋的有效面积惯性矩，按下式计算：

$$I_s = \frac{b_{e2}t^3}{12} + \frac{c_{eff}^3 t}{12} + b_{e2}t\left[\frac{c_{eff}^2}{2(b_{e2}+c_{eff})}\right]^2 + c_{eff}t\left[\frac{c_{eff}}{2} - \frac{c_{eff}^2}{2(b_{e2}+c_{eff})}\right]^2 \Rightarrow I_s = 457.32\text{mm}^4$$

所以，边缘加劲肋的弹性临界屈曲应力为：

$$\sigma_{cr,s} = \frac{2 \times \sqrt{0.161 \times 210000 \times 457.32}}{29.126} = 270.011\text{N/mm}^2$$

<u>边缘加劲肋的厚度折减系数 χ_d</u>

相对长细比：

$$\bar{\lambda}_d = \sqrt{f_{yb}/\sigma_{cr,s}} = \sqrt{350/270.011} = 1.139$$

折减系数：

若 $\bar{\lambda}_d \leqslant 0.65$ 　　　　　　$\chi_d = 1.0$

若 $0.65 < \bar{\lambda}_d < 1.38$ 　　　$\chi_d = 1.47 - 0.723\bar{\lambda}_d$

若 $\bar{\lambda}_d \geqslant 1.38$ 　　　　　　$\chi_d = 0.66/\bar{\lambda}_d$

$\Rightarrow 0.65 < \bar{\lambda}_d = 1.139 < 1.38$ 　所以 　$\chi_d = 1.47 - 0.723 \times 1.139 = 0.646$

第3步：因为加劲肋的屈曲折减系数 $\chi_d < 1$，需进行迭代以改进加劲肋屈曲折减系数的值。

迭代根据 ρ 的修正值进行，ρ 的修正值按下式确定：

$$\sigma_{com,Ed,i} = \chi_d f_{yb}/\gamma_{M0} \qquad \bar{\lambda}_{p,red} = \bar{\lambda}_p \sqrt{\chi_d}$$

当折减系数 χ 收敛时，迭代停止。

初始值（第1次迭代）：　　　最终值（第 n 次迭代）：

$\chi_d = 0.646$ 　　　　　　　　$\chi_d = \chi_{d,n} = 0.614$

$b_{e2} = 17.57\text{mm}$ 　　　　　　$b_{e2} = b_{e2,n} = 20.736\text{mm}$

$c_{eff} = 12.77\text{mm}$ 　　　　　　$c_{eff} = c_{eff,n} = 12.77\text{mm}$

受压翼缘和卷边有效性能的最终值为：

$\chi_d = 0.614$ 　　　$b_{e2} = 20.736\text{mm}$ 　　　$c_{eff} = 12.77\text{mm}$ 　　　$b_{e1} = 17.57\text{mm}$

$t_{red} = t\chi_d = 0.96 \times 0.614 = 0.589\text{mm}$

6. 腹板的有效截面性能

中性轴位置到受压翼缘的距离：

$$h_c = \frac{c_p(h_p - c_p/2) + b_{p2}h_p + h_p^2/2 + c_{eff}^2\chi_d/2}{c_p + b_{p2} + h_p + b_{e1} + (b_{e2} + c_{eff})\chi_d} = 79.5\text{mm}$$

应力比：

$$\psi = \frac{h_c - h_p}{h_c} = \frac{79.5 - 149}{79.5} = -0.874$$

屈曲系数：

$$k_\sigma = 7.81 - 6.29\psi + 9.78\psi^2 = 20.78 \text{①}$$

相对长细比：

---

① 原著为20.76，实际计数为20.78，下面两式做了相应修改。

$$\bar{\lambda}_{p,h}=\frac{h_p/t}{28.4\epsilon\sqrt{k_\sigma}}=\frac{149/0.96}{28.4\times\sqrt{235/350}\times\sqrt{20.78}}=1.463$$

宽度折减系数：

$$\rho=\frac{\bar{\lambda}_{p,h}-0.055(3+\psi)}{\bar{\lambda}_{p,h}^2}=\frac{1.463-0.055\times(3-0.874)}{1.463^2}=0.629$$

腹板受压区有效宽度：

$h_{eff}=\rho h_c=0.629\times79.5=50mm$

靠近受压翼缘：

$h_{e1}=0.4h_{eff}=0.4\times50=20mm$

靠近中性轴：

$h_{e2}=0.6h_{eff}=0.6\times50=30mm$

靠近受压翼缘腹板的有效宽度：

$h_1=h_{e1}=20mm$

靠近受拉翼缘：

$h_2=h_p-(h_c-h_{e2})=149-(79.5-30)=99.5mm$

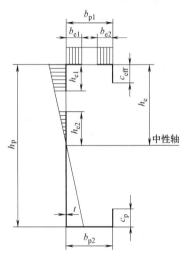

7. 有效截面性能

有效截面面积：

$$A_{eff}=t[c_p+b_{p2}+h_1+h_2+b_{e1}+(b_{e2}+c_{eff})\chi_d]$$
$$A_{eff}=0.96\times[15.5+40+20+99.5+17.57+(20.736+12.77)\times0.614]$$
$$A_{eff}=204.62mm^2$$

中性轴位置到受压翼缘的距离：

$$z_c=\frac{t[c_p(h_p-c_p/2)+b_{p2}h_p+h_2(h_p-h_2/2)+h_1^2/2+c_{eff}^2\chi_d/2]}{A_{eff}}=85.74mm$$

中性轴位置到受拉翼缘的距离：

$$z_t=h_p-z_c=149-85.74=63.26mm$$

截面惯性矩：

$$I_{eff,y}=\frac{h_1^3t}{12}+\frac{h_2^3t}{12}+\frac{b_{p2}t^3}{12}+\frac{c_p^3t}{12}+\frac{b_{e1}t^3}{12}+\frac{b_{e2}(\chi_dt)^3}{12}+\frac{c_{eff}^3(\chi_dt)}{12}+$$
$$c_pt(z_t-c_p/2)^2+b_{p2}tz_t^2+h_2t(z_t-h_2/2)^2+h_1t(z_c-h_1/2)^2+$$
$$b_{e1}tz_c^2+b_{e2}(\chi_dt)z_c^2+c_{eff}(\chi_dt)(z_c-c_{eff}/2)^2$$
$$I_{eff,y}=668197mm^4$$

有效截面模量：

—受压翼缘

$$W_{eff,y,c}=\frac{I_{eff,y}}{z_c}=\frac{668197}{85.74}=7793mm^3$$

—受拉翼缘

$$W_{eff,y,t}=\frac{I_{eff,y}}{z_t}=\frac{668197}{63.26}=10563mm^3$$

4.4　杆件强度

4.4.1　概述

前面各节分析了不同应力状态下薄壁冷弯型钢构件的截面强度和性能。本节讨论长度和端部支撑或其他结构连接及杆件约束成为决定截面强度特性的附加参数的问题，特别是解决不稳定设计及适用性条件问题。

杆件的不稳定特征通常是稳定的临界后模式。然而，两种稳定对称的临界后模式相互作用可产生一个不稳定的耦合非对称模式，致使构件对缺陷高度敏感。在这种情况下，临界荷载将显著降低。

如第 4.2.2.1 节所述，薄壁细长构件性能的特点是不稳定模式的耦合或相互作用。

设计引起的耦合意味着选择的结构几何尺寸会导致两个或多个屈曲模式可能同时发生（参见 Dubina，2001）。对于这种情况，基于同步模式设计原理的优化起着很重要的作用，设计人员对该原理的态度起决定性的作用。在实践中这种类型的耦合最令人关注。然而，因为这种情况对缺陷的敏感性最大，所以与耦合点对应的理论极限荷载的削弱也最大，需采用准确的方法进行计算。

4.4.2　受压构件

4.4.2.1　第 4 类构件的相关屈曲

为考虑薄壁截面（第 4 类）局部屈曲和整体屈曲的相互影响，按有效截面均匀受压计算承载力。出于实际原因，EN 1993-1-3 对薄壁冷弯型钢采用了相同的方法。事实上，尽管不同的制造工艺会影响缺陷的性质和程度，导致冷弯型钢性能不同，但基于热轧型钢试验得到的屈曲曲线同样可用于冷弯型钢。

若施加荷载的作用线通过构件有效截面的中性轴，则构件承受轴心受压。若作用线与全截面的形心不重合，应考虑由形心轴线偏移产生的弯矩（图 4.32）。

为考虑局部屈曲的影响，截面强度表示为：

$$N = A_{\text{eff}} f_y \tag{4.45}$$

式中，A_{eff} 为截面有效面积，采用有效宽度的方法计算。

引入 $A_{\text{eff}} = QA$，式中，A 为全截面面积，Q 为基于有效宽度原理计算的折减系数，则有效或折减截面强度可表示如下：

$$N = A_{\text{eff}} f_y = QA f_y \tag{4.46}$$

因此，Ayrton-Perry 公式可写为：

$$(Q - \overline{N})(1 - \overline{\lambda}^2 \overline{N}) = \alpha(\overline{\lambda} - 0.2)\overline{N} \tag{4.47}$$

式中，$\overline{N} = N/QA f_y$，并且

$$\overline{\lambda} = \sqrt{\frac{A_{\text{eff}} f_y}{N_{\text{cr}}}} = \frac{\lambda}{\lambda_1}\sqrt{Q} \tag{4.48}$$

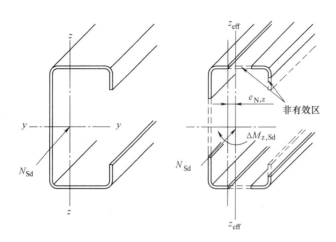

图 4.32 有效截面中性轴的偏移

式（4.48）为局部-整体相关屈曲的 Ayrton-Perry 公式。

考虑薄壁构件相关屈曲的分析还有其他方法，这些方法在某种程度上能更好地再现交互现象的本质。下面概括其中的两种方法。

4.4.2.2 根据 EN 1993-1-3 设计

应同时符合 EN 1993-1-1（规范的 §§6.3.1）中关于第 4 类截面受压均匀构件屈曲承载力的规定和 EN 1993-1-3 中 §§6.2.1 的规定。

受压构件应按下式对屈曲进行验证：

$$\frac{N_{Ed}}{N_{b,Rd}} \leqslant 1 \tag{4.49}$$

式中：N_{Ed} 为压力设计值；$N_{b,Rd}$ 为受压构件屈曲承载力设计值。

第 4 类截面受压构件的设计屈曲承载力应按下式计算：

$$N_{b,Rd} = \frac{\chi A_{eff} f_y}{\gamma_{M1}} \tag{4.50}$$

式中，χ 为相关屈曲模式的折减系数。

对于第 4 类非对称截面构件，由于有效截面形心轴的偏心，应考虑附加弯矩 ΔM_{Ed}（见 EN 1993-1-1 §§6.2.2.5（4），相互影响可根据 EN 1993-1-1 §§6.3.3 进行设计）。

对于轴向受压构件，合适的无量纲长细比 $\bar{\lambda}$、χ 的值应按下式根据相关的屈曲曲线确定：

$$\chi = \frac{1}{\phi + \sqrt{\phi^2 - \bar{\lambda}^2}} \leqslant 1 \tag{4.51}$$

其中：

$$\phi = 0.5 \times [1 + \alpha(\bar{\lambda} - 0.2) + \bar{\lambda}^2]$$

$$\bar{\lambda} = \sqrt{\frac{A_{eff} f_y}{N_{cr}}} \text{（第4类截面）}$$

式中：α 为缺陷系数；N_{cr} 为基于全截面性质的相关屈曲模态的弹性临界力，按下式计算：

$$N_{cr} = \frac{\pi^2 EI}{L^2} \tag{4.52}$$

从表 4.7 和表 4.8 得到相应屈曲曲线的缺陷系数 α。

屈曲曲线的缺陷系数 表 4.7

屈曲曲线	a_0	a	b	c	d
缺陷系数	0.13	0.21	0.34	0.49	0.76

弯曲屈曲的设计屈曲承载力 $N_{b,Rd}$ 应根据所用截面类型、屈曲轴和屈曲强度采用合适的屈曲曲线，根据 EN 1993-1-1 确定。

对于长细比 $\bar{\lambda} \leqslant 0.2$ 或 $N_{Ed}/N_{cr} \leqslant 0.04$ 的情况，可忽略屈曲的影响，只检验截面强度。

对于弯曲屈曲，应从表 4.8 得到合适的屈曲曲线，表 4.8 未包括截面的屈曲曲线可类推得到。

确定封闭组合截面的屈曲承载力时应采用下面某一屈曲曲线：

- 与平板材料基本屈曲强度 f_{yb} 对应的屈曲曲线 b，构件由该材料经冷成形工艺制成；
- 假设 $A_{eff} = A$，与冷弯构件的平均屈服强度 f_{ya} 对应的屈曲曲线 c。

合适的无量纲长细比 $\bar{\lambda}$ 为：

$$\bar{\lambda} = \sqrt{\frac{A_{eff} f_y}{N_{cr}}} = \frac{L_{cr}}{i} \frac{\sqrt{\dfrac{A_{eff}}{A}}}{\lambda_1} \tag{4.53}$$

式中：L_{cr} 为所考虑屈曲平面中的屈曲长度；i 为关于相关轴的回转半径，按截面性质确定：

$$\lambda_1 = \pi \sqrt{\frac{E}{f_y}}$$

缺陷系数 α 的相应值如表 4.7 所示。

对于如图 4.33 所示的单轴对称开口截面构件，应考虑构件弯扭屈曲承载力小于弯曲屈曲承载力的可能性。

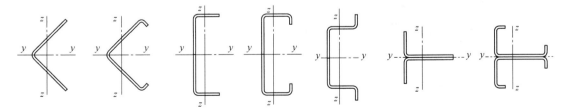

图 4.33　易发生弯扭屈曲的单轴对称截面

对于点对称开口截面（如十字形截面或等翼缘 Z 形檩条）的构件，应考虑构件扭转屈曲承载力小于弯曲屈曲承载力的可能性。

对于非对称开口截面构件，情况相似甚至更复杂。

扭转或弯扭屈曲的设计屈曲承载力 $N_{b,Rd}$ 应由式（4.50）求得，采用从表 4.8 得到绕 z-z 轴屈曲的相关屈曲曲线。若确定角钢和卷边角钢的弯曲屈曲强度，则 y-y 轴为相关轴。

简支柱扭转屈曲和弯扭屈曲的弹性临界力 $N_{cr,T}$、$N_{cr,FT}$ 分别按式（4.54）和式（4.55）确定。

各类截面的合适屈曲曲线

表 4.8

截面类型		屈曲轴	屈曲曲线
	使用 f_{yb}	任意轴	b
	使用 f_{ya} *	任意轴	c
		y-y	a
		z-z	b
		任意轴	b
或其他截面		任意轴	c

注：* 表示不应采用平均屈服强度 f_{ya}，除非 $A_{eff} = A_g$

$$N_{cr,T} = \frac{1}{i_0^2}\left(GI_t + \frac{\pi^2 EI_w}{L_{cr,T}^2}\right) \tag{4.54}$$

$$N_{cr,FT} = \frac{N_{cr,y}}{2\beta}\left[1 + \frac{N_{cr,T}}{N_{cr,y}} - \sqrt{\left(1+\frac{N_{cr,T}}{N_{cr,y}}\right)^2 - 4\beta\frac{N_{cr,T}}{N_{cr,y}}}\right] \tag{4.55}$$

式中：G 为剪变模量；I_t 为全截面扭转常数；I_w 为全截面弯曲常数；i_y 为全截面关于 y-y 轴的回转半径；i_z 为全截面关于 z-z 轴的回转半径；$L_{cr,T}$ 为构件扭转屈曲的屈曲长度；y_0、z_0 为相对于全截面形心的剪切中心坐标（关于 y-y 轴对称的截面 $z_0 = 0$）；i_0 为极坐标回转半径，按下式计算：

$$i_0^2 = i_y^2 + i_z^2 + y_0^2 + z_0^2 \tag{4.56}$$

$N_{cr,y}$ 为关于 y-y 轴弯曲屈曲的临界荷载；β 为按下式确定的系数：

$$\beta = 1 - (y_0/i_0)^2 \tag{4.57}$$

在双对称截面的情况下（即 $y_0 = z_0 = 0$），不存在弯扭屈曲。因此，所有屈曲模式即 $N_{cr,y}$、$N_{cr,z}$ 和 $N_{cr,T}$ 是非耦合的。

对于关于 y-y 轴对称的截面（例如 $z_0 = 0$），弯扭屈曲的弹性临界力 $N_{cr,FT}$ 按式 (4.55) 确定。

对于各端部的实际连接，l_T/L_T 的取值如下：

- 连接提供抵抗扭转和翘曲部分约束时为 1.0，见图 4.34（a）；
- 连接提供抵抗扭转和翘曲有效约束时为 0.7，见图 4.34（b）。

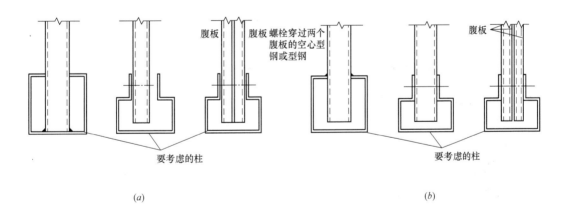

图 4.34　实际连接中的扭转和翘曲约束

（a）可提供部分扭转和翘曲约束的连接；（b）可提供有效扭转和翘曲约束的连接

扭转屈曲或弯扭屈曲长度 l_T 的确定应考虑构件长度 L_T 两端受到的扭转和翘曲约束的程度。

4.4.2.3　设计实例

本例为一受压内墙立柱的设计。该墙柱两端铰接，由两根冷弯薄壁卷边槽钢背靠背组成。假设槽钢间的连接是刚性的（例如焊接），两端间没有使用约束抵抗屈曲。

图 4.35 和图 4.36 展示了受压冷弯型钢构件的设计过程。

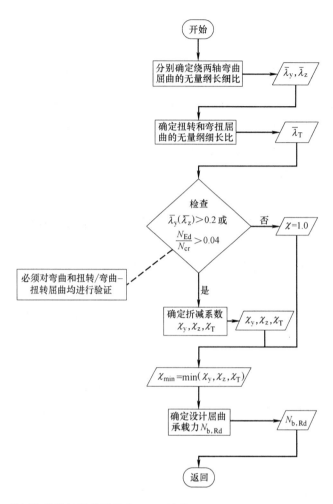

图 4.35 受压构件设计屈曲承载力 $N_{b,Rd}$ 计算（SF039a-EN-EU，Access Steel 2006）

1. 基本参数 （见图 4.37）

柱的高度	$H=3.0\text{m}$
楼板跨度	$L=6.00\text{m}$
楼板格栅间距	$S=0.6\text{m}$

作用于楼板的分布荷载：

—恒荷载： 1.5kN/m $\quad q_G=1.5\times0.6=0.9\text{kN/m}$

—活荷载： 3.0kN/m $\quad q_Q=3.0\times0.6=1.8\text{kN/m}$

承载能力极限状态下上层和屋面的集中荷载： $\quad Q=7.0\text{kN}$

卷边槽形截面尺寸及材料性能：

总高度	$h=150\text{mm}$
翼缘总宽度	$b=40\text{mm}$
卷边总宽度	$c=15\text{mm}$
内半径	$r=3\text{mm}$

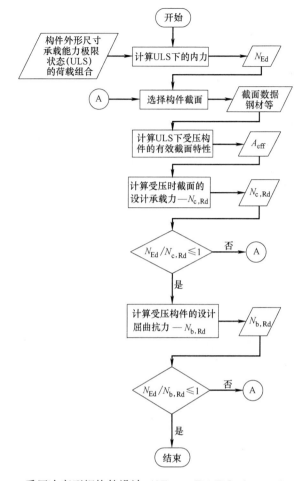

图 4.36　受压冷弯型钢构件设计（SF039a-EN-EU，Access Steel 2006）

名义厚度	$t_{nom}=1.2mm$
钢板厚度	$t=1.16mm$
钢材等级	S350GD+Z
基本屈服强度	$f_{yb}=350N/mm^2$
弹性模量	$E=210000N/mm^2$
泊松比	$\nu=0.3$
剪变模量	$G=\dfrac{E}{2(1+\nu)}=81000N/mm^2$
分项系数	$\gamma_{M0}=1.0，\gamma_{M1}=1.0，\gamma_G=1.35，\gamma_Q=1.50$

承载能力极限状态下作用于外柱（受压）的集中荷载：

$$N_{Ed}=(\gamma_G q_G+\gamma_Q q_Q)L/2+Q=(1.35\times0.9+1.50\times1.80)\times5/2+7=16.79kN$$

2. 全截面性能

总截面面积：

$$A=592mm^2$$

189

回转半径：
$$i_y = 57.2\text{mm} \quad i_z = 18\text{mm}$$

截面惯性矩：

y-y：$I_y = 1.936 \times 10^6 \text{mm}^4$

z-z：$I_z = 19.13 \times 10^4 \text{mm}^4$

翘曲常数：$I_w = 4.931 \times 10^8 \text{mm}^6$

扭转常数：$I_t = 266\text{mm}^4$

有效截面特性：当截面只承受压力时，有效面积为

$$A_{eff} = 322\text{mm}^2$$

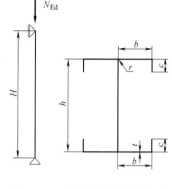

图 4.37 内墙立柱及截面尺寸

3. 截面强度检验

应满足下式要求：

$$\frac{N_{Ed}}{N_{c,Rd}} \leqslant 1$$

其中：

$$N_{c,Rd} = A_{eff} f_{yb} / \gamma_{M0}$$

因为截面双对称，所以形心轴 y-y 的偏移为：

$$e_{Ny} = 0$$

强度验算：

$$\frac{16.79 \times 10^3}{322 \times 350 / 1.0} = 0.149 < 1 \quad \text{——满足}$$

4. 屈曲承载力检验

轴向受压构件应满足：

$$\frac{N_{Ed}}{N_{b,Rd}} \leqslant 1$$

其中 $N_{b,Rd} = \dfrac{\chi A_{eff} f_y}{\gamma_{M1}}$

式中，χ 为相关屈曲模式的折减系数，按下式计算：

$$\chi = \frac{1}{\phi + \sqrt{\phi^2 - \bar{\lambda}^2}} \leqslant 1$$

$$\phi = 0.5[1 + \alpha(\bar{\lambda} - 0.2) + \bar{\lambda}^2]$$

α 为缺陷系数；

无量纲长细比为

$$\bar{\lambda} = \sqrt{\frac{A_{eff} f_{yb}}{N_{cr}}}$$

5. 确定折减系数 χ_y、χ_z、χ_T

弯曲屈曲：

$$\bar{\lambda}_F = \sqrt{\frac{A_{eff} f_{yb}}{N_{cr}}} = \frac{L_{cr}}{i} \frac{\sqrt{A_{eff}/A}}{\lambda_1}$$

式中，N_{cr} 为相关屈曲模式的弹性临界力。

屈曲长度：

$$L_{cr,y}=L_{cr,z}=H=3000\text{mm}$$

$$\lambda_1=\pi\sqrt{\frac{E}{f_{yb}}}=\pi\times\sqrt{\frac{210000}{350}}=76.95$$

关于 y-y 轴屈曲：

$$\bar{\lambda}_y=\frac{L_{cr,y}}{i_y}\frac{\sqrt{A_{eff}/A}}{\lambda_1}=\frac{3000}{57.2}\times\frac{\sqrt{322/592}}{76.95}=0.503$$

对于屈曲曲线 a（§§4.2.1.2，表 4.1），$a_y=0.21$

$$\phi_y=0.5[1+\alpha_y(\bar{\lambda}_y-0.2)+\bar{\lambda}_y^2]=0.5\times[1+0.21\times(0.503-0.2)+0.503^2]=0.658$$

$$\chi_y=\frac{1}{\phi_y+\sqrt{\phi_y^2-\bar{\lambda}_y^2}}=\frac{1}{0.658+\sqrt{0.658^2-0.503^2}}=0.924$$

关于 z-z 轴屈曲：

$$\bar{\lambda}_z=\frac{L_{cr,z}}{i_z}\frac{\sqrt{A_{eff}/A}}{\lambda_1}=\frac{3000}{18}\times\frac{\sqrt{322/592}}{76.95}=1.597$$

对于屈曲曲线 b（§§4.2.1.2，表 4.1），$\alpha_z=0.34$

$$\phi_z=0.5[1+\alpha_z(\bar{\lambda}_z-0.2)+\bar{\lambda}_z^2]=0.5\times[1+0.34\times(1.597-0.2)+1.597^2]=2.013$$

$$\chi_z=\frac{1}{\phi_z+\sqrt{\phi_z^2-\bar{\lambda}_z^2}}=\frac{1}{2.013+\sqrt{2.013^2-1.597^2}}=0.309$$

扭转屈曲：

$$N_{cr,T}=\frac{1}{i_0^2}\left(GI_t+\frac{\pi^2EI_w}{l_T^2}\right)$$

其中：

$$i_0^2=i_y^2+i_z^2+y_0^2+z_0^2$$

式中，y_0、z_0 为相对于全截面形心的剪切中心坐标：$y_0=z_0=0$

$$i_0^2=57.2^2+18^2+0+0=3596\text{mm}^2①$$

$$l_T=H=3000\text{mm}$$

扭转屈曲的弹性临界力为

$$N_{cr,T}=\frac{1}{3596}\times\left(81000\times266+\frac{\pi^2\times210000\times4.931\times10^8}{3000^2}\right)=37.57\times10^3\text{N}$$

弹性临界力为

$$N_{cr}=N_{cr,T}=37.57\text{kN}$$

无量纲长细比为：

$$\bar{\lambda}_T=\sqrt{\frac{A_{eff}f_{yb}}{N_{cr}}}=\sqrt{\frac{322\times350}{37.57\times10^3}}=1.732$$

对于屈服曲线 b，$\alpha_T=0.34$

---

① 原著为 3594，实际计算为 3596，下面各式做了相应修改。

$$\phi_T = 0.5[1+\alpha_T(\bar{\lambda}_T-0.2)+\bar{\lambda}_T^2] = 0.5\times[1+0.34\times(1.732-0.2)+1.732^2] = 2.260$$

扭转屈曲折减系数：

$$\chi_T = \frac{1}{\phi_T+\sqrt{\phi_T^2-\bar{\lambda}_T^2}} = \frac{1}{2.260+\sqrt{2.260^2-1.732^2}} = 0.269$$

$$\chi = \min(\chi_y;\chi_z;\chi_T) = \min(0.924;0.309;0.269) = 0.269$$

$$N_{b,Rd} = \frac{\chi A_{eff} f_y}{\gamma_{M1}} = \frac{0.269\times322\times350}{1.00} = 30316\text{N} = 30.316\text{kN}$$

$$\frac{N_{Ed}}{N_{b,Rd}} = \frac{16.79}{30.316} = 0.554 \leqslant 1 \quad \text{—满足}$$

4.4.3 受弯构件的屈曲强度

4.4.3.1 一般方法

在梁无约束的情况下，平面外侧向扭转（LT）屈曲可能影响梁的承载力。因为平面外侧向扭转屈曲可能非常危险，开口薄壁截面梁在细长的情况下尤其如此，必须通过适当的计算进行设计及采取预防措施以防止这种现象的发生。

若为第4类截面，可能发生局部或截面屈曲模式与侧向扭转屈曲间的相互作用。图4.38展示了用CUFSM 3.12（www.ce.jhu.edu/bschafer/cufsm）得到的受弯卷边槽形截面梁的理论非耦合屈曲模式。为考虑局部屈曲，应采用梁的有效截面，而侧向扭转屈曲曲线形状如图4.39所示。

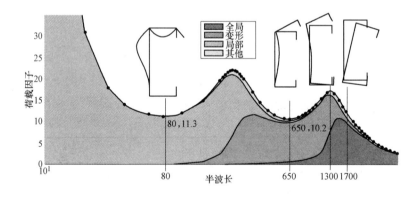

图4.38 第4类截面梁的侧向扭转屈曲曲线（局部和外侧向扭转屈曲的相互作用）
—CUFSM 3.12（www.ce.jhu.edu/bschafer/cufsm）

4.4.3.2 根据 EN 1993-1-3 设计

1. 受弯构件的侧向扭转屈曲

易发生侧向扭转屈曲构件的设计屈曲抵抗力矩根据 EN 1993-1-1 的 §§6.3.2.2 确定，采用侧向屈曲曲线 b。

这种方法不能用于有效截面主轴与总截面主轴间有明显角度的截面。

受强轴弯曲作用的侧向无约束构件应采用下式对侧向扭转屈曲进行验证：

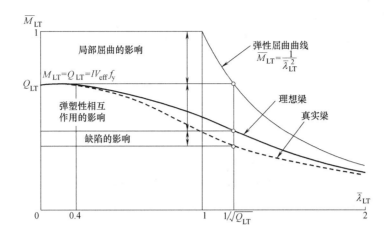

图 4.39 卷边槽形梁的屈曲模式

$$\frac{M_{Ed}}{M_{b,Rd}} \leqslant 1 \qquad (4.58)$$

式中：M_{Ed} 为弯矩设计值；$M_{b,Rd}$ 为抗屈曲力矩设计值。

受压翼缘受到充分约束的梁不容易发生侧向扭转屈曲。此外，若梁具有某些特定截面类型，例如方形或圆形空心截面、制作的圆管或方箱截面，因为其扭转刚度 GI_T 高，通常也不容易发生侧向扭转屈曲。

侧向无约束梁的设计屈曲阻力矩按下式计算：

$$M_{b,Rd} = \chi_{LT} W_y f_y / \gamma_{M1} \qquad (4.59)$$

式中，W_y 为如下所示的合适截面模量：

第 3 类截面，$W_y = W_{el,y}$；

第 4 类截面，$W_y = W_{eff,y}$；

确定 W_y 时，无需考虑梁端紧固件的孔。

χ_{LT} 为侧向扭转屈曲的折减系数，按下式计算：

$$\chi_{LT} = \frac{1}{\phi_{LT} + (\phi_{LT}^2 - \bar{\lambda}_{LT}^2)^{0.5}} \leqslant 1 \qquad (4.60)$$

其中：

$$\phi_{LT} = 0.5[1 + \alpha_{LT}(\bar{\lambda}_{LT} - 0.2) + \bar{\lambda}_{LT}^2]$$

α_{LT} 为对应于屈曲曲线 b 的缺陷系数，$\alpha_{LT} = 0.34$

$$\bar{\lambda}_{LT} = \sqrt{\frac{W_y f_y}{M_{cr}}}$$

M_{cr} 为侧向扭转屈曲的弹性临界力矩。M_{cr} 根据全截面性能确定，同时考虑荷载条件、实际力矩分布及侧向约束。具体见 EN 1993-1-1 中 §§ 6.3.2。

对于长细比 $\bar{\lambda}_{LT} \leqslant 0.4$ 或 $M_{Ed}/M_{cr} \leqslant 0.16$ 的情况，可忽略侧向扭转屈曲的影响，只需进行截面检验。

2. 建筑物中有约束梁的简化评估方法

对于受压翼缘受到间断侧向约束的构件（图 4.40），若约束间的距离 L_c 或等效受压翼缘的长细比 $\bar{\lambda}_f$ 满足下式，则构件不易发生侧向扭转屈曲：

$$\lambda_f = \frac{k_c L_c}{i_{f,z} \lambda_1} \leqslant \bar{\lambda}_{c0} \frac{M_{c,Rd}}{M_{y,Ed}} \tag{4.61}$$

式中：$M_{y,Ed}$ 为约束间距内的弯矩最大设计值；

$$M_{c,Rd} = W_y \frac{f_y}{\gamma_{M0}}$$

W_y 为对应于受压翼缘的合适截面模量；k_c 为考虑约束间弯矩分布的长细比修正系数，如表 4.9 所示；$i_{f,z}$ 为等效受压翼缘关于截面弱轴的回转半径（等效受压翼缘由受压翼缘加上腹板受压区域面积的 1/3 组成）；$\bar{\lambda}_{c,0}$ 为等效受压翼缘的长细比限值；建议值为 $\bar{\lambda}_{c,0} = \bar{\lambda}_{LT,0} + 0.1$，式中 $\bar{\lambda}_{LT,0} = 0.4$；

$$\lambda_1 = \pi \sqrt{\frac{E}{f_y}} = 93.9\varepsilon, \varepsilon = \sqrt{\frac{235}{f_y}} (f_y : \text{N/mm}^2)$$

此外，充当次梁的檩条和侧杆通常受到建筑围护结构的约束（例如梯形板、夹芯板、OSB 板等），可看作是受压翼缘受到间断侧向约束构件。

对于第 4 类截面，$i_{f,z}$ 可由下式计算：

$$i_{f,z} = \sqrt{\frac{I_{eff,f}}{A_{eff,f} + \frac{1}{3} A_{eff,w,c}}} \tag{4.62}$$

式中：$I_{eff,f}$ 为受压翼缘关于截面弱轴的有效截面惯性矩；$A_{eff,f}$ 为受压翼缘有效面积；$A_{eff,w,c}$ 为腹板受压部分的有效面积。

若受压翼缘的长细比 λ_f 超过限值 $\bar{\lambda}_{c,0} = \bar{\lambda}_{LT,0} + 0.1$，则设计抗屈曲力矩按下式确定：

$$M_{b,Rd} = k_{fl} \chi M_{c,Rd} \leqslant M_{c,Rd} \tag{4.63}$$

式中：χ 为由 $\bar{\lambda}_f$ 确定的等效受压翼缘折减系数；k_{fl} 为考虑等效受压翼缘方法保守性的修正系数，建议取 $k_{fl} = 1.10$。

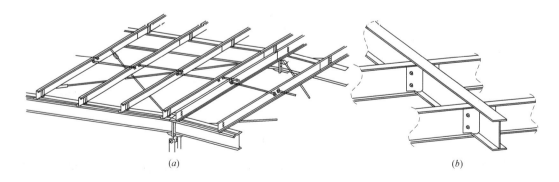

(a) (b)

图 4.40   间断侧向约束构件

(a) Z 形檩条的拉条和屋顶梁的 Z 形檩条；(b) 次梁

用式（4.63）计算设计抗屈曲力矩时，屈曲曲线应采用曲线 c。

修正系数 k_c 表 4.9

弯矩分布	k_c	弯矩分布	k_c
$\Psi=1$	1.0	$-1 \leqslant \Psi \leqslant 1$	$\dfrac{1}{1.33-0.33\Psi}$
	0.94		0.86
	0.90		0.77
	0.91		0.82

4.4.3.3 设计实例

本例为承载能力极限状态下受弯无约束冷弯型钢梁的设计。梁两端铰接，由两个冷弯薄壁型卷边槽钢背靠背组成。假定两个槽钢间的连接是刚性的。

图 4.42 和图 4.43 给出了受弯冷弯型钢构件设计的示意图。

1. 基本参数 （图 4.41）

梁跨度	$L=4.5\text{m}$
梁间距	$S=3.0\text{m}$

作用于托梁的分布荷载：

梁自重	$q_{G,beam}=0.14\text{kN/m}$
楼板和装饰的重量	0.6kN/m^2
	$q_{G,slab}=0.55\times3.0=1.65\text{kN/m}$
总恒载	$q_G=q_{G,beam}+q_{G,slad}=1.79\text{kN/m}$
活荷载	1.50kN/m
	$q_Q=1.50\times3.0=4.50\text{kN/m}$

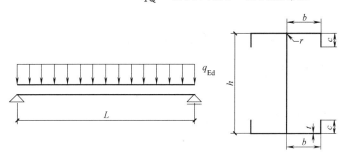

图 4.41 梁和截面的尺寸

截面尺寸和材料性能：

总高度	$h = 250\text{mm}$
翼缘总宽度	$b = 70\text{mm}$
卷边总宽度	$c = 25\text{mm}$
内半径	$r = 3\text{mm}$
名义厚度	$t_{nom} = 3.0\text{mm}$
钢板厚度	$t = 296\text{mm}$
钢材等级	S350GD+Z
基本屈服强度	$f_{yb} = 350\text{N}/\text{mm}^2$
弹性模量	$E = 210000\text{N}/\text{mm}^2$
泊松比	$\nu = 0.3$
剪变模量	$G = \dfrac{E}{2(1+\nu)} = 81000\text{N}/\text{mm}^2$
分项系数	$\gamma_{M0} = 1.0$，$\gamma_{M1} = 1.0$，$\gamma_G = 1.35$，$\gamma_Q = 1.50$

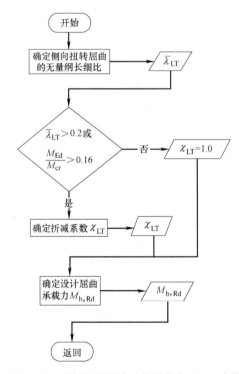

图 4.42 受弯构件设计屈曲承载力 $M_{b,Rd}$ 计算

2. 梁承载能力极限状态设计

全截面特性

关于强轴 $y\text{-}y$ 的截面惯性矩：$I_y = 2302.15 \times 10^4\,\text{mm}^4$

关于弱轴 $z\text{-}z$ 的截面惯性矩：$I_z = 244.24 \times 10^4\,\text{mm}^4$

回转半径：$i_y = 95.3\text{mm}$；$i_z = 31\text{mm}$

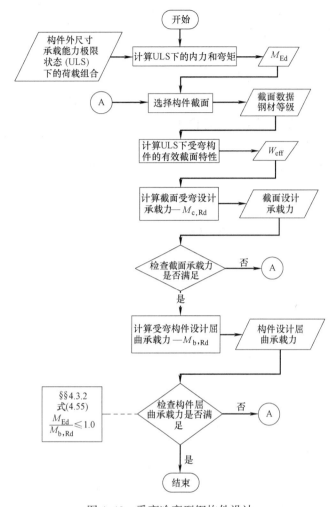

图 4.43　受弯冷弯型钢构件设计

翘曲常数：$I_w = 17692.78 \times 10^6 \, \text{mm}^6$

扭转常数：$I_t = 7400 \, \text{mm}^4$

3. 承载能力极限状态下的有效截面特性

冷弯卷边槽形截面绕强轴受弯的截面惯性矩：$I_{\text{eff}, y} = 22688890 \, \text{mm}^4$

中性轴的位置：

—距受压翼缘：$z_c = 124.6 \, \text{mm}$

—距受拉翼缘：$z_t = 122.4 \, \text{mm}$

有效截面模量：

—受压翼缘：

$$W_{\text{eff}, y, c} = \frac{I_{\text{eff}, y}}{z_c} = \frac{22688890}{124.6} = 182094 \, \text{mm}^3$$

—受拉翼缘：

$$W_{\text{eff}, y, t} = \frac{I_{\text{eff}, y}}{z_t} = \frac{22688890}{122.4} = 185367 \, \text{mm}^3$$

$$W_{\text{eff},y}=\min(W_{\text{eff},y,c},W_{\text{eff},y,t})=182094\text{mm}^3$$

4. 承载能力极限状态下施加于梁的荷载

$$q_d=\gamma_G q_G+\gamma_Q q_Q=1.35\times1.79+1.50\times4.5=9.17\text{kN/m}$$

绕强轴 $y\text{-}y$ 的最大弯矩（跨中）：

$$M_{Ed}=q_d L^2/8=9.17\times4.5^2/8=23.21\text{kN}\cdot\text{m}$$

5. 检验承载能力极限状态下的抗弯性能

截面设计受弯承载力：

$$M_{c,Rd}=W_{\text{eff},y}f_{yb}/\gamma_{M0}=182094\times10^{-9}\times350\times10^3/1.0=63.73\text{kN}\cdot\text{m}$$

抗弯性能验证

$$\frac{M_{Ed}}{M_{c,Rd}}=\frac{23.21}{63.73}=0.364<1\quad\text{—满足}$$

6. 确定折减系数 χ_{LT}

侧向扭转屈曲

$$\chi_{LT}=\frac{1}{\phi_{LT}+\sqrt{\phi_{LT}^2-\bar{\lambda}_{LT}^2}}\leqslant1$$

$$\phi_{LT}=0.5[1+\alpha_{LT}(\bar{\lambda}_{LT}-0.2)+\bar{\lambda}_{LT}^2]$$

对于屈服曲线 b，$\alpha_T=0.34$。

无量纲长细比：

$$\bar{\lambda}_{LT}=\sqrt{\frac{W_{\text{eff},y,\min}f_{yb}}{M_{cr}}}$$

M_{cr}——侧向扭转屈曲的弹性临界弯矩。

$$M_{cr}=C_1\frac{\pi^2 EI_z}{L^2}\sqrt{\frac{I_w}{I_z}+\frac{L^2 GI_t}{\pi^2 EI_z}}$$

对于承受均布荷载的简支梁，式中的 $C_1=1.127$。

$$M_{cr}=1.127\times\frac{\pi^2\times210000\times244.24\times10^4}{4500^2}\times$$

$$\sqrt{\frac{17692.78\times10^6}{244.24\times10^4}+\frac{4500^2\times81000\times7400}{\pi^2\times210000\times244.24\times10^4}}$$

$$M_{cr}=27.66\text{kN}\cdot\text{m}$$

$$\bar{\lambda}_{LT}=\sqrt{\frac{W_{\text{eff},y,\min}f_{yb}}{M_{cr}}}=\sqrt{\frac{182094\times350}{27.66\times10^6}}=1.518$$

$$\phi_{LT}=0.5[1+\alpha_{LT}(\bar{\lambda}_{LT}-0.2)+\bar{\lambda}_{LT}^2]=0.5\times[1+0.34\times(1.518-0.2)+1.518^2]=1.876 [①]$$

$$\chi_{LT}=\frac{1}{\phi_{LT}+\sqrt{\phi_{LT}^2-\bar{\lambda}_{LT}^2}}=\frac{1}{1.876+\sqrt{1.876^2-1.518^2}}=0.336$$

7. 检查承载能力极限状态下的屈曲承载力

截面受弯时的设计受弯承载力：

---

① 原著该式中该用 1.518 的地方用的 1.437，导致后面各式包括结论可能都有错误，已做相应修改。

$$M_{b,Rd} = \chi_{LT} W_{eff,y} f_{yb} / \gamma_{M1} = 0.336 \times 182094 \times 10^{-9} \times 350 \times 10^3 / 1.0 = 21.41 \text{kN} \cdot \text{m}$$

验证屈曲承载力：

$$\frac{M_{Ed}}{M_{b,Rd}} = \frac{23.21}{21.41} = 1.084 > 1 \quad \text{—不满足}$$

4.4.4　压弯构件的屈曲

4.4.4.1　一般方法

实际情况下，柱的轴向压力均伴随着截面相对于强轴和弱轴的弯矩作用。通常，这种荷载条件下的构件称为压弯构件。根据轴向压力和弯矩，沿构件长度进行精细分析十分复杂。对于第 1 类和第 3 类截面，整体屈曲模式如弯曲（F）和侧向扭转（LT）屈曲相互影响。对于受压构件，F+FT 的相互影响更有可能成为非对称和单轴对称截面的问题。在偏心受压或压弯构件的情况下，当无侧向约束时，即使是对称截面，往往因固有缺陷而发生这种耦合屈曲模式。此外，对于高厚比大的第 4 类截面，容易发生局部屈曲（L）（如局部/畸变），相互影响可能更加复杂（如 L+F+LT，或 D+F+LT）。

4.4.4.2　根据 EN 1993-1-1 和 EN 1993-1-3 设计

EN 1993-1-1 提供了两种不同形式的相互影响公式，称为方法 1 和方法 2。两种方法的主要区别在于不同结构效应的表达方式，方法 1 是通过多个特定系数表达的，方法 2 是通过一个简洁的相互影响系数表达的。这使得方法 1 更适用于区分和解释结构效应，而方法 2 主要侧重标准情况下的直接设计。

方法 1（EN 1993-1-1 附录 A）为一组公式，清晰明了，有广泛的适用性，准确度高，一致性好。

方法 2（EN 1993-1-1 附录 B）基于综合系数的概念，简洁但不明了。采用通用表达式，这种方法更为直截了当。

这两种方法有相同的基础，即数值计算的极限荷载结果和不同系数校准、验证的试验数据。在这方面，新的相互影响公式原则上沿用了以前欧洲规范 3 的形式。两种方法还采用了相近的思路，即利用经极限荷载结果校准的修正相互影响系数，将弯曲屈曲公式修改为适用于侧向扭转屈曲计算的公式。

这里引出一个设计概念，用来区分构件屈曲特性的两种情况，首先是那些容易发生扭转变形的构件，其次是不容易扭转变形的构件。不易扭转变形的构件会因面内或空间挠曲导致的弯曲屈曲而失效。封闭截面构件属于这种构件如 RHS，或有抵抗扭转变形适当约束的开口截面构件，这在建筑结构中很常见。容易扭转变形的构件会因侧向扭转屈曲而失效，例如细长开口截面。因此，提供了两套设计公式，每个都覆盖了实际设计情况的特定范围。

如上所述，这两套公式都基于二阶平面理论，因此依赖于几个普遍的概念，如等效力矩的概念、屈曲长度的定义和放大系数的概念。

受弯曲和轴向压力组合作用的构件应满足：

$$\frac{N_{Ed}}{\chi_y N_{Rk} / \gamma_{M1}} + k_{yy} \frac{M_{y,Ed} + \Delta M_{y,Ed}}{\chi_{LT} M_{y,Rk} / \gamma_{M1}} + k_{yz} \frac{M_{z,Ed} + \Delta M_{z,Ed}}{M_{z,Rk} / \gamma_{M1}} \leqslant 1.0 \quad (4.64)$$

$$\frac{N_{Ed}}{\chi_z N_{Rk}/\gamma_{M1}}+k_{zy}\frac{M_{y,Ed}+\Delta M_{y,Ed}}{\chi_{LT} M_{y,Rk}/\gamma_{M1}}+k_{zz}\frac{M_{z,Ed}+\Delta M_{z,Ed}}{M_{z,Rk}/\gamma_{M1}}\leqslant 1.0 \tag{4.65}$$

式中：N_{Ed}，$M_{y,Ed}$ 和 $M_{z,Ed}$ 分别为压力和构件关于 y-y 轴、z-z 轴一阶最大弯矩的设计值；$\Delta M_{y,Ed}$，$\Delta M_{z,Ed}$ 为由第 4 类截面形心轴线的偏移产生的弯矩（表 4.10）；χ_y 和 χ_z 为考虑弯曲屈曲的折减系数；χ_{LT} 为考虑侧向扭转屈曲的折减系数，对于不易发生扭转变形的构件取 $\chi_{LT}=1.0$；k_{yy}，k_{yz}，k_{zy}，k_{zz} 为相互影响系数。

相互影响系数 k_{yy}、k_{yz}、k_{zy} 和 k_{zz} 取决于所选择的方法，有两种方法：（1）方法 1——见表 4.7 和表 4.8（EN 1993-1-1 附录 A）；（2）方法 2——见表 4.9～表 4.11（EN 1993-1-1 附录 B）。

$N_{Rk}=f_y A_i$，$M_{i,Rk}=f_y W_i \Delta M_{i,Ed}$ 的值　　　　表 4.10

类别	1	2	3	4
A_i	A	A	A	A_{eff}
W_y	$W_{pl,y}$	$W_{pl,y}$	$W_{el,y}$	$W_{eff,y}$
W_z	$W_{pl,z}$	$W_{pl,z}$	$W_{el,z}$	$W_{eff,z}$
$\Delta M_{y,Ed}$	0	0	0	$e_{N,y}N_{Ed}$
$\Delta M_{z,Ed}$	0	0	0	$e_{N,z}N_{Ed}$

4.4.4.3　设计实例

本例为冷弯型钢压弯组合柱的设计，为冷弯型刚门式刚架屋顶的一个组件，由背靠背的卷边槽钢经螺栓连接而成。柱基为铰接。假定屋脊和屋檐的连接是刚性的。

图 4.44 和图 4.45 展示了受压和单轴弯曲组合下冷弯型钢构件的设计流程图。

1. 基本参数

柱高：	$H=4.00$m
跨长：	$L=12.00$m
隔间距离：	$T=4.00$m
屋顶角度：	$10°$

单根卷边槽钢截面尺寸及材料性能：

总高度：	$h=350$mm
翼缘总宽度：	$b=96$mm
卷边总宽度：	$c=32$mm
内半径：	$r=3$mm
名义厚度：	$t_{nom}=3.0$mm
钢板厚度：	$t=2.96$mm
钢材等级：	S350GD+Z
基本屈服强度：	$f_{yb}=350$N/mm²
弹性模量：	$E=210000$N/mm²
泊松比：	$\nu=0.3$

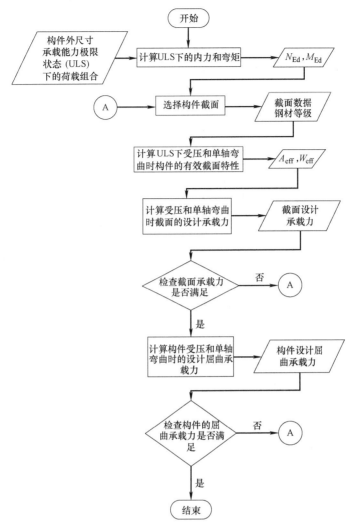

图 4.44　受压和单轴弯曲组合下冷弯型
钢构件的设计（SF042a-EN-EU，Access Steel 2006）

剪变模量：

$$G=\frac{E}{2(1+\nu)}=81000N/mm^2$$

分项系数：

$$\gamma_{M0}=1.0,\ \gamma_{M1}=1.0,\ \gamma_{G}=1.35,\ \gamma_{Q}=1.50$$

作用于框架上的分布荷载：

—结构自重（由计算机程序施加）

—恒载-屋顶结构：

$0.2kN/m^2$

$q_G=0.2\times4.0=0.8kN/m$

—雪荷载：

$1.00kN/m^2$

$q_s=1.00\times4.00kN/m$

分析中只考虑承载能力极限状态的一种荷载组合。

根据§§2.3.1（见流程图2.1），框架上的均布荷载为：

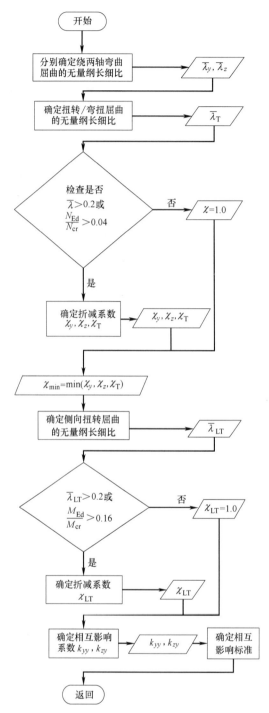

图 4.45　计算受压和单轴弯曲时构件的

计屈曲承载力（SF042a-EN-EU，Access Steel 2006）

$$(\gamma_G q_G + \gamma_Q q_Q)T = (1.35 \times 0.2 + 1.50 \times 1.00 \times \cos 10°) \times 4 \cong 7.0 \text{kN/m}$$

2. 全截面特性

总截面面积：
$$A = 3502 \text{mm}^2$$

回转半径：$\qquad$ $i_y = 133.5\text{mm}$；$i_z = 45.9\text{mm}$

关于强轴 y-y 的截面惯性矩：$\qquad$ $I_y = 6240.4 \times 10^4 \text{mm}^4$

关于弱轴 z-z 的截面惯性矩：$\qquad$ $I_z = 737.24 \times 10^4 \text{mm}^4$

翘曲常数：$\qquad$ $I_w = 179274 \times 10^6 \text{mm}^6$

扭转常数：$\qquad$ $I_t = 10254.8 \text{mm}^4$

3. 有效截面特性

只受压时截面的有效面积：

$$A_{\text{eff,c}} = 1982.26 \text{mm}^2$$

关于强轴 y-y 的有效截面惯性矩：

$$I_{\text{eff},y} = 5850.85 \times 10^4 \text{mm}^4$$

弯曲有效截面模量：

- 受压翼缘：$\qquad$ $W_{\text{eff},y,c} = 319968 \text{mm}^3$
- 受拉翼缘：$\qquad$ $W_{\text{eff},y,t} = 356448 \text{mm}^3$

$$W_{\text{eff},y,\min} = \min(W_{\text{eff},y,c}, W_{\text{eff},y,t}) = 319968 \text{mm}^3$$

根据图 4.46 所示的 N_{Ed} 和 M_{Ed} 对应值对组合柱进行设计，分别为：

—轴力（压力）$\qquad$ $N_{\text{Ed}} = -44.82 \text{kN}$；

—最大弯矩：$\qquad$ $M_{y,\text{Ed}} = -68.95 \text{kN} \cdot \text{m}$

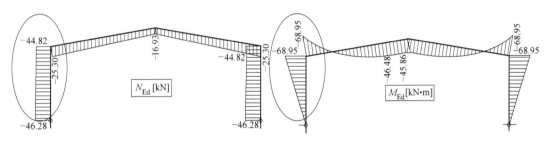

图 4.46　N_{Ed} 和 $M_{y,\text{Ed}}$ 图

4. 截面承载力验算

应满足下式要求：

$$\frac{N_{\text{Ed}}}{N_{\text{c,Rd}}} + \frac{M_{y,\text{Ed}} + \Delta M_{y,\text{Ed}}}{M_{y,\text{Rd,com}}} \leqslant 1$$

其中：

$$N_{\text{c,Rd}} = A_{\text{eff}} f_{yb} / \gamma_{\text{M0}}$$

$$M_{cz,\text{Rd,com}} = W_{\text{eff,com}} f_{yb} / \gamma_{\text{M0}}$$

$$\Delta M_{y,\text{Ed}} = N_{\text{Ed}} e_{\text{Ny}}$$

式中，e_{Ny} 为 y-y 形心轴的偏移，由于截面为双对称，有 $e_{\text{Ny}} = 0$（§§3.8.9）。

承载力验算：

$$\frac{44.82 \times 10^3}{1982 \times 350 / 1.0} + \frac{68.95 \times 10^6 + 0}{319968 \times 350 / 1.0} = 0.680 > 1 \quad \text{—满足}$$

5. 屈曲承载力验算

受轴压和单轴弯曲组合作用的构件应满足：

$$\frac{N_{Ed}}{\chi_y \dfrac{N_{Rk}}{\gamma_{M1}}} + k_{yy} \frac{M_{y,Ed} + \Delta M_{y,Ed}}{\chi_{LT} \dfrac{M_{y,Rk}}{\gamma_{M1}}} \leqslant 1$$

$$\frac{N_{Ed}}{\chi_z \dfrac{N_{Rk}}{\gamma_{M1}}} + k_{zy} \frac{M_{y,Ed} + \Delta M_{y,Ed}}{\chi_{LT} \dfrac{M_{y,Rk}}{\gamma_{M1}}} \leqslant 1$$

其中：

$$N_{Rk} = f_{yb} A_{eff} = 350 \times 1982 = 693.7 \times 10^3 \text{N} = 693.7 \text{kN}$$

$$M_{y,Rk} = f_{yb} W_{eff,y,min} = 350 \times 319968 = 112 \times 10^6 \text{N} \cdot \text{mm} = 112 \text{kN} \cdot \text{m}$$

$\Delta M_{y,Ed}$——由形心轴偏移产生的附加弯矩；

$$\Delta M_{y,Ed} = 0$$

$$\chi = \frac{1}{\phi + \sqrt{\phi^2 - \bar{\lambda}^2}} \leqslant 1$$

$$\phi = 0.5 [1 + \alpha(\bar{\lambda} - 0.2) + \bar{\lambda}^2]$$

α——缺陷系数。

无量纲长细比为：

$$\bar{\lambda} = \sqrt{\frac{A_{eff} f_{yb}}{N_{cr}}}$$

N_{cr}——相关屈曲模式的弹性临界力。

6. 确定折减系数 χ_y、χ_z、χ_T

弯曲屈曲

$$\bar{\lambda}_F = \sqrt{\frac{A_{eff} f_{yb}}{N_{cr}}} = \frac{L_{cr}}{i} \frac{\sqrt{A_{eff}/A}}{\lambda_1}$$

屈曲长度：

$$L_{cr,y} = L_{cr,z} = H = 4000 \text{mm}$$

$$\lambda_1 = \pi \sqrt{\frac{E}{f_{yb}}} = \pi \times \sqrt{\frac{210000}{350}} = 76.95$$

关于 y-y 轴的屈曲

$$\lambda_y = \frac{L_{cr,y}}{i_y} \frac{\sqrt{A_{eff}/A}}{\lambda_1} = \frac{4000}{133.5} \times \frac{\sqrt{1982.26/3502}}{76.95} = 0.293$$

按屈曲曲线 a，$\alpha_y = 0.21$

$$\phi_y = 0.5 [1 + \alpha_y(\bar{\lambda}_y - 0.2) + \bar{\lambda}_y^2]$$
$$= 0.5 \times [1 + 0.21 \times (0.293 - 0.2) + 0.293^2] = 0.553$$

$$\chi_y = \frac{1}{\phi_y + \sqrt{\phi_y^2 - \bar{\lambda}_y^2}} = \frac{1}{0.553 + \sqrt{0.553^2 - 0.293^2}} = 0.978$$

关于 z-z 轴的屈曲

$$\bar{\lambda}_z = \frac{L_{cr,z}}{i_z} \frac{\sqrt{A_{eff}/A}}{\lambda_1} = \frac{4000}{45.9} \times \frac{\sqrt{1982.26/3502}}{76.95} = 0.852$$

按屈曲曲线 b，$\alpha_z = 0.34$

$$\phi_z = 0.5[1 + \alpha_z(\bar{\lambda}_z - 0.2) + \bar{\lambda}_z^2]$$
$$= 0.5 \times [1 + 0.34 \times (0.852 - 0.2) + 0.852^2] = 0.974$$

$$\chi_z = \frac{1}{\phi_z + \sqrt{\phi_z^2 - \bar{\lambda}_z^2}} = \frac{1}{0.974 + \sqrt{0.974^2 - 0.852^2}} = 0.692$$

扭转屈曲

$$N_{cr,T} = \frac{1}{i_0^2}\left(GI_t + \frac{\pi^2 EI_w}{l_T^2}\right)$$

其中：

$$i_0^2 = i_y^2 + i_z^2 + y_0^2 + z_0^2$$

式中，y_0、z_0 为相对于总截面形心的剪切中心坐标：$y_0 = z_0 = 0$

$$i_0^2 = 133.5^2 + 45.9^2 + 0 + 0 = 19929.1\text{mm}^2$$

$$l_T = H = 4000\text{mm}$$

扭转屈曲的弹性临界力为：

$$N_{cr,T} = \frac{1}{19929.1} \times \left(81000 \times 10254.8 + \frac{\pi^2 \times 210000 \times 179274 \times 10^6}{4000^2}\right) = 1206.96 \times 10^3\,\text{N}$$

无量纲长细比为：

$$\bar{\lambda}_T = \sqrt{\frac{A_{eff}f_{yb}}{N_{cr}}} = \sqrt{\frac{1982.26 \times 350}{1206.96 \times 10^3}} = 0.758$$

按屈曲曲线 b，$\alpha_T = 0.34$

$$\phi_T = 0.5[1 + \alpha_T(\bar{\lambda}_T - 0.2) + \bar{\lambda}_T^2]$$
$$= 0.5 \times [1 + 0.34 \times (0.758 - 0.2) + 0.758^2] = 0.882$$

扭转屈曲和弯扭屈曲折减系数：

$$\chi_T = \frac{1}{\phi_T + \sqrt{\phi_T^2 - \bar{\lambda}_T^2}} = \frac{1}{0.882 + \sqrt{0.882^2 - 0.758^2}} = 0.750$$

7. 确定折减系数 χ_{LT}

侧向扭转屈曲：

$$\chi_{LT} = \frac{1}{\phi_{LT} + \sqrt{\phi_{LT}^2 - \bar{\lambda}_{LT}^2}} \leqslant 1$$

$$\phi_{LT} = 0.5[1 + \alpha_{LT}(\bar{\lambda}_{LT} - 0.2) + \bar{\lambda}_{LT}^2]$$

按屈曲曲线 b，$\alpha_{LT} = 0.34$。

无量纲长细比为：

$$\bar{\lambda}_{LT} = \sqrt{\frac{W_{eff,y,\min}f_{yb}}{M_{cr}}}$$

式中，M_{cr} 为侧向扭转屈曲的弹性临界弯矩，按下式计算：

$$M_{cr} = C_1\frac{\pi^2 EI_z}{L^2}\sqrt{\frac{I_w}{I_z} + \frac{L^2 GI_t}{\pi^2 EI_z}}$$

对于均匀荷载作用下的简支梁，式中的 $C_1 = 1.77$。

$$M_{cr} = 1.77 \times \frac{\pi^2 \times 210000 \times 737.24 \times 10^4}{4000^2} \times \sqrt{\frac{179274 \times 10^6}{737.24 \times 10^4} + \frac{4000^2 \times 81000 \times 10254.8}{\pi^2 \times 210000 \times 737.24 \times 10^4}}$$

$$M_{cr} = 268.27 \text{kN} \cdot \text{m}^{①}$$

$$\bar{\lambda}_{LT} = \sqrt{\frac{W_{eff,y,min} f_{yb}}{M_{cr}}} = \sqrt{\frac{319968 \times 350}{268.27 \times 10^6}} = 0.646$$

$$\phi_{LT} = 0.5[1 + \alpha_{LT}(\bar{\lambda}_{LT} - 0.2) + \bar{\lambda}_{LT}^2] =$$
$$= 0.5 \times [1 + 0.34 \times (0.646 - 0.2) + 0.646^2] = 0.784$$

$$\chi_{LT} = \frac{1}{\phi_{LT} + \sqrt{\phi_{LT}^2 - \bar{\lambda}_{LT}^2}} = \frac{1}{0.784 + \sqrt{0.784^2 - 0.646^2}} = 0.814$$

8. 确定相互作用系数 k_{yy} 和 k_{zy} —方法 1

$$k_{yy} = C_{my} C_{mLT} \frac{\mu_y}{1 - \frac{N_{Ed}}{N_{cr,y}}} ; k_{zy} = C_{my} C_{mLT} \frac{\mu_z}{1 - \frac{N_{Ed}}{N_{cr,y}}}$$

其中：

$$\mu_y = \frac{1 - \frac{N_{Ed}}{N_{cr,y}}}{1 - \chi_y \frac{N_{Ed}}{N_{cr,y}}} ; \mu_z = \frac{1 - \frac{N_{Ed}}{N_{cr,z}}}{1 - \chi_z \frac{N_{Ed}}{N_{cr,z}}}$$

$$N_{cr,y} = \frac{\pi^2 EI_y}{L_{cr,y}^2} = \frac{\pi^2 \times 210000 \times 6240.4 \times 10^4}{4000^2} = 8083.72 \times 10^3 \text{N} = 8083.72 \text{kN}$$

$$N_{cr,z} = \frac{\pi^2 EI_z}{L_{cr,z}^2} = \frac{\pi^2 \times 210000 \times 737.24 \times 10^4}{4000^2} = 955 \times 10^3 \text{N} = 955 \text{kN}$$

$$\mu_y = \frac{1 - \frac{N_{Ed}}{N_{cr,y}}}{1 - \chi_y \frac{N_{Ed}}{N_{cr,y}}} = \frac{1 - \frac{44.82}{8083.72}}{1 - 0.978 \times \frac{44.82}{8083.72}} = 1.00$$

$$\mu_z = \frac{1 - \frac{N_{Ed}}{N_{cr,z}}}{1 - \chi_z \frac{N_{Ed}}{N_{cr,z}}} = \frac{1 - \frac{44.82}{955}}{1 - 0.692 \times \frac{44.82}{955}} = 0.985$$

$$C_{my} = C_{my,0} + (1 - C_{my,0}) \frac{\sqrt{\varepsilon_y} \alpha_{LT}}{1 + \sqrt{\varepsilon_y} \alpha_{LT}} ; C_{mLT} = C_{my}^2 \frac{\alpha_{LT}}{\sqrt{\left(1 - \frac{N_{Ed}}{N_{cr,z}}\right)\left(1 - \frac{N_{Ed}}{N_{cr,T}}\right)}}$$

$$C_{my,0} = 1 + 0.03 \frac{N_{Ed}}{N_{cr,y}} = 1 + 0.03 \times \frac{44.82}{8083.72} = 1.0002$$

$$\varepsilon_y = \frac{M_{y,Ed}}{N_{Ed}} \frac{A_{eff}}{W_{eff,y,min}} = \frac{68.95 \times 10^6}{44.82 \times 10^3} \times \frac{1982.26}{319968} = 9.53$$

$$\alpha_{LT} = 1 - \frac{I_t}{I_y} = 1 - \frac{10254.8}{6240.4 \times 10^4} = 1$$

---

① 原著为 282.27，实际计算为 268.27，后面式中用的也是 268.27。

$$C_{my} = 1.0002 + (1 - 1.0002) \times \frac{\sqrt{9.53 \times 1}}{1 + \sqrt{9.53 \times 1}} = 1$$

$$C_{mLT} = 1^2 \times \frac{1}{\sqrt{\left(1 - \frac{44.82}{955}\right) \times \left(1 - \frac{44.82}{1206.96}\right)}} = 1.044^①$$

相互影响系数为:

$$k_{yy} = C_{my} C_{mLT} \frac{\mu_y}{1 - \dfrac{N_{Ed}}{N_{cr,y}}} = 1 \times 1.044 \times \frac{1}{1 - \dfrac{44.82}{8083.72}} = 1.050$$

$$k_{zy} = C_{my} C_{mLT} \frac{\mu_z}{1 - \dfrac{N_{Ed}}{N_{cr,y}}} = 1 \times 1.044 \times \frac{0.985}{1 - \dfrac{44.82}{8083.72}} = 1.034$$

屈曲承载力验算:

$$\frac{N_{Ed}}{\chi_y \dfrac{N_{Rk}}{\gamma_{M1}}} + k_{yy} \frac{M_{y,Ed} + \Delta M_{y,Ed}}{\chi_{LT} \dfrac{M_{y,Rk}}{\gamma_{M1}}}$$

$$= \frac{44.82}{0.978 \times \dfrac{693.7}{1.0}} + 1.050 \times \frac{68.95 + 0}{0.814 \times \dfrac{112}{1.0}} = 0.860 < 1 \quad \text{—满足}$$

$$\frac{N_{Ed}}{\chi_z \dfrac{N_{Rk}}{\gamma_{M1}}} + k_{zy} \frac{M_{y,Ed} + \Delta M_{y,Ed}}{\chi_{LT} \dfrac{M_{y,Rk}}{\gamma_{M1}}}$$

$$= \frac{44.82}{0.692 \times \dfrac{693.7}{1.0}} + 1.034 \times \frac{68.95 + 0}{0.814 \times \dfrac{112}{1.0}} = 0.875 < 1 \quad \text{—满足}$$

也可采用相互影响公式:

$$\left(\frac{N_{Ed}}{N_{b,Rd}}\right)^{0.8} + \left(\frac{M_{Ed}}{M_{b,Rd}}\right)^{0.8} \leqslant 1.0$$

$$\chi = \min(\chi_y, \chi_z, \chi_T) = \min(0.978; 0.692; 0.750) = 0.692$$

$$N_{b,Rd} = \frac{\chi A_{eff} f_y}{\gamma_{M1}} = \frac{0.692 \times 1982.26 \times 350}{1.00} = 480.10 \times 10^3 \, \text{N} = 480.10 \text{kN}$$

$$M_{b,Rd} = \chi_{LT} W_{eff,y} f_{yb} / \gamma_{M1} = 0.814 \times 319968 \times 10^{-9} \times 350 \times 10^3 / 1.0 = 91.16 \text{kN} \cdot \text{m}$$

$$\left(\frac{N_{Ed}}{N_{b,Rd}}\right)^{0.8} + \left(\frac{M_{Ed}}{M_{b,Rd}}\right)^{0.8} = \left(\frac{44.82}{480.1}\right)^{0.8} + \left(\frac{68.95}{91.16}\right)^{0.8} = 0.950 < 1.0$$

4.4.5　薄板约束梁

4.4.5.1　一般方法

作为次梁的檩条和侧板由主梁(例如椽条)或柱支撑,往往受到建筑围护结构的约束(如梯形板、暗盒、夹心板、OSB 板等)。同样,楼板梁由楼承板或钢筋混凝土板约束。

---

① 原著为 1.090,实际计算为 1.044,下面四式做了相应修改。

目前，Z形和C形截面常用作檩条和纵梁，由于其形状对侧向扭转屈曲特别敏感，因此合理利用薄板极其重要。图4.47展示了斜坡屋顶上Z截面檩条的位置，而图4.48展示了屋顶面板的组成。

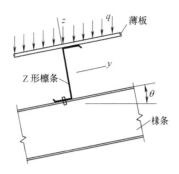

图4.47　Z形截面倾斜屋顶系统

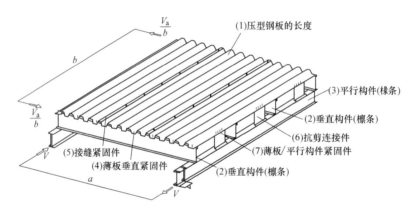

图4.48　单块剪切板的布置（ECCS_88，1995）

檩条-薄板体系的有效设计应考虑薄板的约束效应。通常假设薄板可提供必要的面内刚度和承载力来承受薄板平面内的荷载分量（图4.49），而檩条承受法向荷载分量。实际上，如果薄板的抗弯刚度足够（如梯形截面薄板），并恰当地与檩条连接，薄板不仅可提供侧向约束，也能够部分限制檩条的扭转。

根据 EN 1993-1-3，若梯形薄板连接在檩条上并且满足式（4.66）表示的条件，则连接的檩条可视为受到薄板平面的侧向约束：

$$S \geqslant \left(EI_\mathrm{W} \frac{\pi^2}{L^2} + GI_\mathrm{t} + EI_z \frac{\pi^2}{L^2} 0.25h^2 \right) \frac{70}{h^2} \tag{4.66}$$

式中：S 为所考虑薄板的每个肋与檩条连接时所提供的部分剪切刚度。若薄板是每隔一根肋连接到檩条上，则 S 应替换为 $0.2S$；I_w 为檩条的翘曲常数；I_t 为檩条的扭转常数；I_z 为檩条截面弱轴的截面惯性矩；L 为檩条的跨度；h 为檩条的高度。

为了分析板的约束效应，EN 1993-1-3 将自由翼缘视为弹性地基上的梁，如图4.49所示，这里 q_Ed 为竖向荷载，K 为等效侧向线性弹簧刚度，k_h 为等效侧向荷载系数。

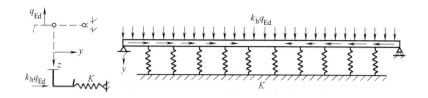

作为简化，用一个刚度为 K 的侧向　　将檩条的自由翼缘模拟为弹性地基上的梁，
弹簧代替转动弹簧 C_D　　　该模型模拟了在上拔力作用下扭转
和侧向弯曲（包括截面畸变）
对单跨檩条的影响

图 4.49　模拟由薄板提供转动约束的侧向支撑檩条

为进行强度和稳定性校核，等效侧向弹簧刚度按下列组合确定：

(1) 薄板和檩条之间连接的转动刚度 $C_{D,A}$（图 4.50）；

(2) 檩条截面的畸变 K_B，如图 4.51 所示；

(3) 薄板垂直于檩条跨度方向的抗弯刚度 $C_{D,C}$（图 4.52）。

图 4.50　薄板为檩条
提供的扭转和侧向约束

图 4.51　檩条畸变

图 4.52　檩条弯曲

畸变—扭转—弯曲的组合效应如图 4.53 所示。

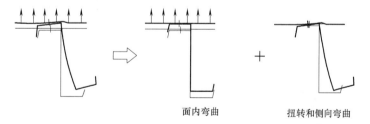

面内弯曲　　　　扭转和侧向弯曲

图 4.53　受薄板约束檩条的变形

根据 EN 1993-1-3，部分扭转约束可用刚度为 C_D 的转动弹簧表示，此刚度可根据薄板的刚度和檩条与薄板连接处的刚度计算，即：

$$\frac{1}{C_D} = \frac{1}{C_{D,A}} + \frac{1}{C_{D,C}} \tag{4.67}$$

式中：$C_{D,A}$ 为薄板与檩条连接处的转动刚度；$D_{D,C}$ 为对应于薄板抗弯刚度的转动刚度。

EN 1993-1-3 第 10.1.5 条对 $C_{D,A}$ 和 $C_{D,C}$ 进行了详细说明。此外，$D_{D,A}$ 和 $C_{D,C}$ 的值也可由 EN 1993-1-3 附录 A5 中建议的试验方法确定。

上述模型也可用于其他类型的具有覆盖层的薄板。例如，图 4.54 展示了采用该模型表示夹芯板与檩条的相互作用。

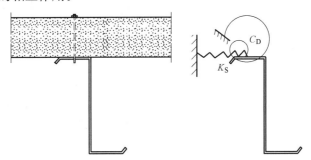

图 4.54　描述夹芯板—檩条相互作用的模型（Davies，2001）

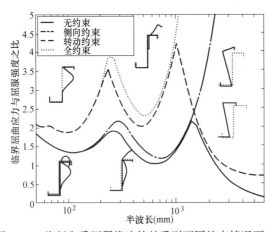

图 4.55　腹板和受压翼缘连接处受到不同约束情况下，纯弯 Z 形截面简支梁的屈曲曲线

（$h=202$mm，$b=75$mm，$c=20$mm，$t=2.3$mm）

（Martin 和 Pukiss，2008）

薄板约束对檩条的屈曲性能有显著影响。图 4.55 展示了腹板和受压翼缘连接处设置不同侧向约束的纯弯简支 Z 形檩条梁（$h=202$mm，$b=75$mm，$c=20$mm，$t=2.3$mm）的屈曲曲线（Martin 和 Purkiss，2008）。研究表明，当受压翼缘的平移受到限制时，檩条不会发生侧向扭转屈曲；而当受压翼缘的转动受到限制时，局部屈曲与畸变屈曲模式的临界应力会显著增加。

然而，当约束施加在腹板和受拉翼缘的连接处时，影响檩条侧向扭转屈曲的仅是转动约束（图 4.56）。

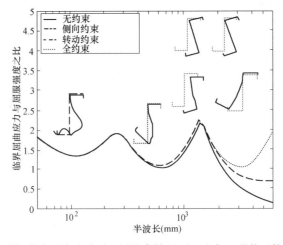

图 4.56　腹板和受拉翼缘连接处受到不同约束情况下，纯弯 Z 形截面简支梁的屈曲曲线

（$h=202$mm，$b=75$mm，$c=20$mm，$t=2.3$mm）（Martin 和 Pukiss，2008）

4.5 连接

4.5.1 概述

从结构性能及制作方法而言，连接是结构的重要部分。研究表明：对于热轧型钢制作的结构，连接至少占钢结构总值的 50%（Fenster et al.，1992）。没有理由相信冷弯钢结构中连接所占百分比会低很多（Yu et al.，1993）。冷弯钢结构的连接用于：

（1）连接钢板到支撑结构（薄—厚连接），例如将屋顶板连接到檩条，将覆盖板连接到侧板等；

（2）两个或多个薄板相互连接（薄—薄连接），例如薄板间的加固缝；

（3）装配杆件（薄—薄连接或厚—厚连接），例如用于框架结构、桁架等。

与热轧型钢相比，冷弯型钢构件连接的性能受薄壁刚度退化的影响。因此产生附加效应，例如当紧固件受拉且薄板穿过紧固件端头被拉出时，薄板出现剪切变形，孔内的倾斜紧固件出现承压破坏。这是针对冷弯型钢结构提出计算或试验辅助计算特定技术和相关设计方法的原因。

这些结构可采用多种连接方法。分为（Toma et al.，1993；Yu，2000）：

• 机械紧固件固定；

• 焊接固定；

• 粘结固定。

根据连接部分的厚度，轻钢结构紧固件还可分为三大类。这些类型和每一类中的典型形式见表 4.11。

不同类型紧固件的典型应用 表 4.11

薄—薄连接	薄—厚连接或薄—热轧	厚—厚连接或厚—热轧
• 自钻、自攻螺钉 • 抽芯铆钉 • 冲压接头 • 单边 V 形焊缝 • 点焊 • 缝焊 • 粘结	• 自钻、自攻螺钉 • 射钉 • 螺栓 • 电弧点焊 • 粘结	• 螺栓 • 电弧焊接

针对具体的应用，按以下几个因素选择最合适的紧固件类型（Davies，1991）：

（1）承载要求：强度、刚度、延性（变形能力）；

（2）经济要求：所需紧固件数量、劳动力和材料成本、所需制造技术、设计寿命、维护、可拆卸能力、耐久性、抗恶劣环境；

（3）水密性；

（4）外观（建筑学方面）。

虽然结构工程师更倾向于关心满足承载要求的最经济方式，但是在许多应用中其他因素可能同样重要。

4.5.2 冷弯型钢结构紧固技术

4.5.2.1 机械紧固件

本节分别讨论型材紧固件和夹芯板紧固件。大部分紧固件（像螺钉）几乎可用于各种冷弯型钢结构，其他则仅适合于专用。表4.12给出了冷弯型钢中不同机械紧固件的应用概述。

近年来，源于汽车行业的冲压连接技术（Predeschi et al.，1997）和"Rosette"系统（Makelainen and Kesti，1999）扩大了薄壁钢结构中机械紧固件家族。

带螺母的螺栓是螺纹紧固件，螺纹紧固件装配在穿过连接材料元件的孔中。较薄的构件必须使用螺栓头附近有螺纹的螺栓。螺栓头形状可能是六边形、杯形、沉头形或六角法兰面形。螺母通常为六边形。薄壁型钢的螺栓直径通常为M5～M16。首选性能等级为8.8或10.9。

带螺母的螺栓用于冷弯型钢框架和桁架结构的连接，而檩条与椽条或檩条与檩条附件则是通过檩条套筒或檩条搭接进行连接（图4.57）。

常用的机械紧固件（Yu et al.，1993）　　　　　　　　　表4.12

薄—厚连接	钢—木连接	薄—薄连接	紧固件	备注
×		×		螺栓 M5-M16
×				自攻螺钉 φ6.3,垫圈≥16mm, 1mm 厚弹性纤维
	×	×		六角头螺钉 φ6.3 或 φ6.5,垫圈≥16mm, 1mm 厚弹性纤维
×		×		自钻螺钉,直径有:φ4.22mm、φ4.8mm φ5.5mm 和 φ6.3mm
		×		抽芯铆钉,直径有: φ4.0mm、φ4.8mm 和 φ6.4mm

薄—厚连接	钢—木连接	薄—薄连接	紧固件	备注
×				射钉
×				螺母

试验表明了薄钢螺栓连接受拉和受剪时的基本失效形式：

（1）受剪破坏：

• 螺栓剪切断裂（图 4.57（a））或压坏（图 4.57（b））；

• 较薄材料的承载失效（屈服）/堆积（图 4.57（c））。当两种材料都较薄时，可能同时发生两板屈服和螺栓倾斜（图 4.57（d））；

• 薄板净截面处的断裂（图 4.57（e））；

• 纤薄材料由剪切引起的端部失效（图 4.57（f））。

（2）受拉破坏：

• 螺栓拉伸失效或断裂（图 4.58（a））；

• 穿透破坏（图 4.58（b））。

自攻螺钉和自钻螺钉是螺钉的两种主要类型。大多数螺钉都与垫圈组合在一起提高紧固件的承载能力，或使紧固件自动密封。某些类型的螺钉有塑料头或塑料盖，可提供额外的耐腐蚀性/色彩搭配。

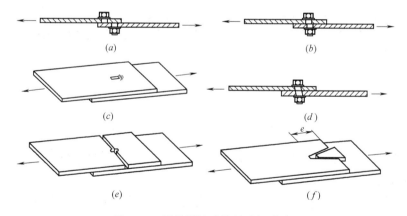

图 4.57 受剪螺栓连接的破坏形式

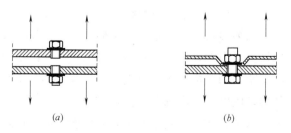

图 4.58 受拉螺栓连接的破坏形式

自攻螺钉。自攻螺钉在预钻孔中自行攻钻出阴螺纹，可分为螺纹成型自攻螺钉和螺纹切削自攻螺钉。

自钻螺钉。自钻螺钉自钻孔，在操作中形成配合螺纹。这种类型的螺钉可用于薄板与薄板的紧固。

自钻螺钉通常是用热处理过的碳钢制造（镀锌以防腐和润滑），或用不锈钢制造（带碳钢钻头，镀锌以润滑）。

自攻和自钻螺钉通常与垫圈结合使用。垫圈增加了承载力和密封性能。弹性材料垫圈或金属与弹性材料组合垫圈使连接的强度和刚度显著降低。

螺钉连接受剪时的破坏形式与螺栓连接的破坏形式通常是相似的。然而，由于实际上所连接的材料通常较薄（或至少其中一个连接部分较薄），受剪时螺钉通常不会失效。受剪时用螺钉连接的材料的承压、拉伸、撕裂或剪断都是可能发生的破坏形式。此外，也可能发生紧固件的倾斜和拔出（图 4.59）。

图 4.59　紧固件的倾斜和拔出（倾斜破坏）

关于受拉时的性能，与螺栓连接相比，螺钉连接有三种其他的破坏形式，即：（1）拔出（图 4.60（a））；（2）拔穿（图 4.60（b））；（3）较薄材料的大变形（图 4.60（c））。

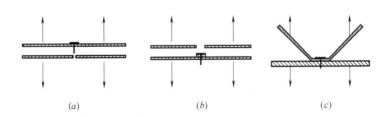

（a）　　　　　　　　（b）　　　　　　　　（c）

图 4.60　受拉螺钉紧固件的其他破坏形式
（a）拔出；（b）拔穿；（c）薄板严重变形

受拉机械紧固件的破坏形式不易理解。通常情况下，会有两种甚至三种破坏形式组合发生。以下的说明可能对读者有所帮助：

（1）紧固件自身拉伸破坏。这种破坏形式只有在板很厚或使用了不恰当或有瑕疵的紧固件时才有可能发生；

（2）紧固件拔出。当支撑构件不够厚或螺纹咬合不充分时可能发生这种破坏；

（3）薄板拔穿。这种破坏形式是垫圈紧固件头周围发生薄板撕裂；

（4）薄板穿出。薄板变形很大，以至于从紧固件头部和垫圈下穿出。这是最经常发生的破坏形式，总是伴随着明显的薄板变形，可能还有垫圈变形。正是由于这种破坏形式和下面一种破坏形式，使得紧固件几何轮廓开始变得重要；

（5）薄板严重变形。这种破坏形式几乎完全是几何轮廓的作用，而与紧固件无关。在某种程度上，这种破坏形式几乎出现在所有紧固件受拉试验中。难以定义这种情况的适用性或失效极限，主要由进行试验的人员自行确定。

1. 铆钉

抽芯铆钉和空芯铆钉的应用由汽车和航空工业延伸到冷弯型钢结构。抽芯铆钉是一种机械紧固件，单侧安装将工件连接在一起。通常使用锁定装置装配抽芯铆钉，该装置使铆钉杆膨胀。铆钉装配在预钻的孔中，将薄板与薄板固定在一起。

根据锁定方法，抽芯铆钉分为：拉丝铆钉、爆炸铆钉和击芯铆钉（Yu，2000）：

（1）拉丝铆钉。如图 4.61（a）所示，拉丝铆钉可分为以下三类：

1）抽芯铆钉。钉芯拉进但不穿过铆体，通过单独的操作去除突出端；

2）拉脱铆钉。芯轴或钉芯完全拉出，留下空心的铆钉；

3）卷芯轴铆钉。芯轴的一部分一直插在铆体内。有两种选择：开口端（拉过）和闭口端（拉断）；

（2）爆炸铆钉（图 4.61（b））。爆炸铆钉在钉内装有化学药品。通过在铆钉头部施加热量使钉芯端部膨胀；

（3）击芯铆钉（图 4.61（c））。击芯铆钉由两部分组成，包括铆体和从铆钉头一侧安装的一个单独的销。销被锤子敲入铆体内，从钉芯端部的开槽端出来后张开。

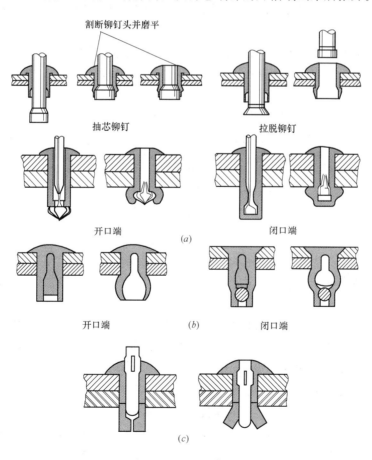

图 4.61　抽芯铆钉的分类（Yu，2000）

空心铆钉也常用于固定金属薄板，其受剪或受压时的强度与实心铆钉相当。铆钉公称直径的变化范围为 0.8～7.9mm。相应的最小长度范围为 0.8～6.4mm。当空心铆钉用于连接厚板和薄型规格构件时，铆钉头应位于薄板一侧。

铆钉连接失效与螺栓连接失效类似。通常，对于所有类型的机械紧固件，都希望连接的失效模式是延性的，不希望出现紧固件自身的剪切失效，应避免。通常，剪切失效形式只有当紧固件直径比被连接板的厚度薄时才会发生。铝制抽芯铆钉尤其易发生剪切失效，只适用于较薄材料（大约 $t<0.7$mm）的承载应用（Davies，1991）。

对于其他失效模式，连接的变形能力可取（Davies，1991）：

(1) 相邻覆层板件之间的接缝紧固件：0.5mm；

(2) 其他连接：3.0mm。

2. 射钉

射钉是一种通过驱动穿过材料而被紧固到基础金属结构中的紧固件。根据驱动能量的类型，分为以下两类：

(1) 火药驱动紧固件，这种紧固件与包含弹壳的工具安装在一起，弹壳里装有可被点燃的火药（子结构的最小厚度为 4mm）；

(2) 气动紧固件，这种紧固件与压缩空气驱动的工具安装在一起（子结构的最小厚度为 3mm）。

图 4.62 为射钉的样例。射钉连接的失效模式和设计与螺栓连接相似。

卷边接缝。卷边接缝用于结构中相邻（平）薄板的纵向连接。可使用单折叠卷边或双折叠卷边。

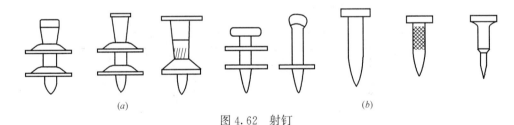

图 4.62　射钉

(a) 五种火药驱动紧固件；(b) 三种气动紧固件

3. 特殊机械紧固件

(1) 螺母

许多系统中会将螺母固定到其中一个被连接件。当不能使用未紧固螺母，或不能用螺栓构成足够强的紧固时，可使用这种系统。紧固部分的厚度不会限制其应用。图 4.63 展示了一些未紧固螺母的样例（Yu et al.，1993）。

(2) 冲压节点（冲压连接）

冲压连接是一种连接冷弯型钢的新技术（Predeschi et al.，1997）。冲压连接是单步处理，需要一个包含冲头和胀形模具的工具，如图 4.64 所示。该工具部件有矩形断面及沿切割线的凸锥。模具上有一个两侧与弹性板固定的砧座。虽然过程只有一步，但包含两个阶段：第一阶段，冲头向模具移动，在两个钢板上形成双切口；第二阶段，为使钢板横向

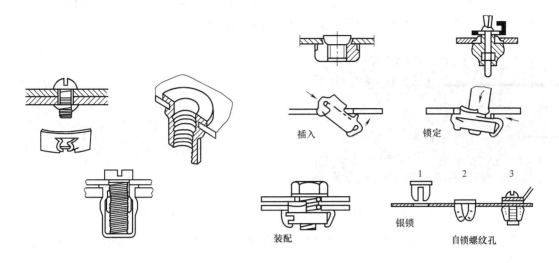

图 4.63　螺母系统（Yu et al.，1993）

扩展形成永久连接，将被压板材在砧座上压平。

冲压连接在结构建造方面的优势有（Davies and Jiang，1996）：

1）接头由被连接的薄板材料形成，无需其他部件；

2）不会破坏防护镀层，如镀锌层；

3）速度快，不到一秒就能形成一个接头；

4）效率高，仅为点焊所需能量的 10%；

5）多点连接工具能够同时产生多个接头；

6）接头可制成水密性和气密性的。

冲压连接能够用于梁、柱、桁架和其他结构系统的制造。

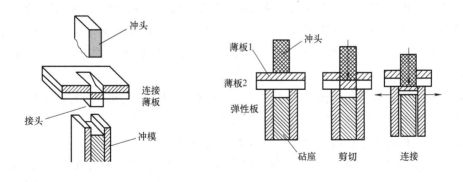

图 4.64　冲压连接

（3）"Rosette"系统

"Rosette"是另一种连接方法，尤其适用于轻型钢框架的制作（Makelaien and Kesti，1999）。Rosette 接头是在待连接零件的预制孔和另一零件的带衣领状环形卷边的孔之间制作。这些部分咬合在一起，然后用特殊的液压工具将环形卷边拉回来，将其在连接的没有环形卷边的零件上压成褶子，如图 4.65 所示。典型 Rosette 接头的名义直径为 20mm，强度为冲压节点或传统连接件如螺栓或抽芯铆钉强度的几倍。

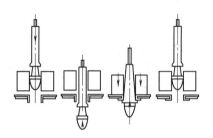

图 4.65　Rosette 接头和 Rosette 连接方法（Makelainen and Kesti，1999）

设计规范不包括对特殊紧固件的规定。特殊紧固件主要根据试验和制造商提供的说明进行设计。

传统机械紧固件（例如：螺栓、螺钉、铆钉和射钉）连接一般根据 EN 1993-1-3 §§8.3 的规定进行设计。特殊紧固件连接由设计人员根据 EN 1993-1-3 中 §9 和附录 A 的指导通过辅助试验进行设计。

设计验证的公式为：

$$F_{i,\text{Ed}} \leqslant F_{i,\text{Rd}} \tag{4.68}$$

式中：$F_{i,\text{Ed}}$对应失效模式 i 的紧固件设计应力；$F_{i,\text{Rd}}$对应失效模式 i 的紧固件设计强度。

4.5.2.2　焊接

薄板与薄板连接或截面与截面连接最普遍的焊接方式是角焊。坡口焊（或对接焊）通常用于滚轧成型工艺，将一块板件与下一块板件连接。电弧点焊通常称为堆焊，广泛用于将甲板和板材连接到杆节点或热轧型材。

用于焊接的电焊条应适当地与金属母材的强度匹配。下面焊接方法可用于冷弯型钢结构的建造：自动保护金属极电弧焊（SMA）、气体保护金属极电弧焊（GMA）、药芯焊丝电弧焊（FCA）、钨极氩弧焊（GTA）或称为钨极惰性气体保护焊（TIG）和埋弧焊（SA）。

可采用等离子焊替代钨极氩弧焊（TIG）。钨电极与母材之间产生等离子体，与 GTA（TIG）工艺相比，等离子焊的能量输入更集中。

连接钢构件常采用的电弧焊接方式如图 4.66 所示。

坡口焊或对接焊在薄板上难以实施，因此不像角焊、点焊和槽焊那样应用普遍。电弧点焊和槽焊一般用于将冷弯型钢的甲板和板材焊接到其支撑框架上，斜槽坡口焊和喇叭 V 形坡口焊用于制作组合截面。

电阻焊接不是明弧焊接。与明弧焊接工艺不同的是，电阻焊接不需要保护气体来保护熔融金属。

在这一过程中，特殊电极在母材中局部形成高密度的焊接电流，强烈电流产生的热量使工件进入塑性状态并开始融化，电极传递到工件的压力使结构构件局部连接。图 4.67

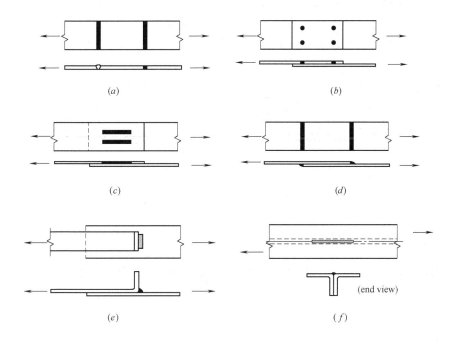

图 4.66 电弧焊（熔焊）的类型（Yu, 2000）

(a) 对接接头的坡口焊；(b) 电弧点焊（堆焊）；(c) 塞焊和槽焊；(d) 角焊；(e) 喇叭形坡口焊缝；(f) 喇叭形 V 形坡口焊缝

展示了电阻焊接方法。

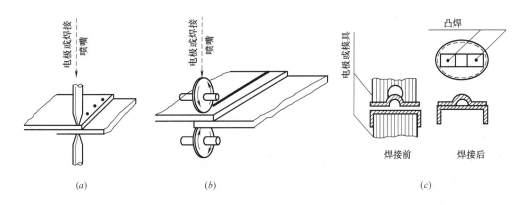

图 4.67 电阻焊接方法

(a) 点焊；(b) 缝焊；(c) 凸焊

规范 EN 1993-1-3 第 8.4 节和第 8.5 节中给出了点焊接头和搭接接头的详细规定。

4.5.2.3 利用胶粘剂紧固

对于粘结紧固，重要的是要认识到粘结连接有良好的抗剪性能但通常抗剥离能力较差（图 4.68）。因此，有时会同时选择采用粘结和机械紧固结合的方式。用于薄壁钢的胶粘剂如下：

• 环氧胶粘剂—最佳硬化出现在高温时（通常为 80～120℃）；

• 丙烯酸胶粘剂—较环氧胶类型使用更方便。

粘结有两个优点，即连接处的受力均匀，对重复加载的情况有较高的承载力。缺点是粘结面应平滑洁净，并且需要一定的硬化时间。

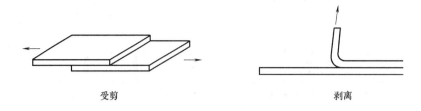

受剪   剥离

图 4.68　粘结连接的受剪和剥离

4.5.3　连接的力学性能

连接最重要的力学性能是强度（承载力）、刚度及变形能力或延性（图 4.69）。

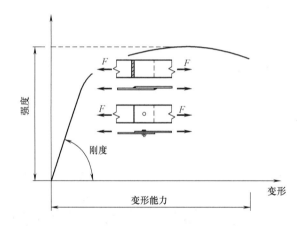

图 4.69　连接的主要力学特征

1. 强度

连接应有足够的强度确保承载能力极限状态下，在连接板件之间可靠地传递内力。

连接的强度主要依赖于：

• 紧固件的类型；

• 连接板件的性能，如厚度和屈服应力。

最可靠的强度值需通过试验确定。设计规范，如 EN 1993-1-3：2006 及北美规范 AISI S100-07 和 AS/NZS4600：2005，提供了大多数常见紧固件抗剪强度和抗拉强度的计算公式及其应用范围。

对于特殊紧固件，如冲压连接、"Rosette"或未紧固螺母，设计规程由制造商提供。

2. 刚度

连接的刚度很重要，因为它决定了结构或其组件的整体刚度。此外，连接的刚度会影响结构内力分布，尤其是连接为支撑结构的一部分时，连接的刚度越大，支撑力就越小

（Yu et al.，1993）。

传统上，认为冷弯型钢框架和桁架中的螺栓连接和螺钉连接是刚接（连续框架）或是铰接的。近十年的试验研究和数值分析已经证明这些连接有半刚性特征。半刚性的直接后果是这些连接有部分抗弯能力或半连续。

对于薄壁钢结构应考虑连接的实际性能，否则会导致不安全或设计不经济。

对于没有适用公式的情况，可使用试验方法（EN 1993-1-3：2006 附录 A 的试验方法）。

有些特殊系统，冷弯型钢互锁形成有良好弯曲和剪切刚度的连接，托盘式框架就是这样的系统。

3. 变形能力

为使内力局部重分布，避免有害影响，连接的变形能力或延性性能是必要的，否则可能因局部超载引起脆性断裂。为确保连接具有足够的变形能力，尤其是在地震作用下，合适的细部设计和紧固件选择极其重要。

4.5.4　连接设计

本节论述根据 EN 1993-1-3：2006 和 EN 1993-1-8：2005 进行设计的原则，并给出设计实例。

EN 1993-1-8：2005 对连接和节点进行了区分。因此需考虑以下基本定义：

（1）连接：两个或多个元件相遇的位置。从设计目的看，连接是基本构件的组装，这些构件应具备传递连接处的内力和弯矩所需要的性能。

（2）节点：两个或多个构件相互连接在一起的区域。从设计目的看，节点是基本构件的组装，这些构件应具备在连接杆件之间传递内力和弯矩所需要的性能。

（3）节点构造：在两个或多个相互连接构件轴线相交区域单个或多个节点的类型或布置。

然而，在冷弯型钢框架中节点和连接之间通常没有明显的区别。

应基于单个紧固件、焊缝和节点及其他组件的承载力确定节点的承载力。对于冷弯型钢结构的节点设计，建议按弹性方法进行分析。特殊情况下，也可对节点进行弹塑性分析，且应考虑节点组件的载荷—变形特征。

当使用不同刚度的多个紧固件承担剪切荷载时，应使具有最大刚度的紧固件承担设计荷载。

冷弯型钢连接的设计可基于计算和特定试验结果。本书设计方法所用试验结果采用 EN1993-1-3 第 9 章和附录 A 规定的试验方法得到。另外，也可使用制造商为特定类型的紧固件提供的设计数据。

设计冷弯型钢结构的连接时，必须考虑以下一般设计假定：

（a）节点设计应基于内力和弯矩分布的实际假设，且已考虑节点内相对刚度。这种实际分布应代表通过节点各元件的加载路径。应确保在所施加外力和力矩的作用下是平衡的；

（b）可考虑钢材的延性在促进节点内力重分布时的作用。因此，无需考虑残余应力、由于紧固件的绷紧产生的应力以及正常装配精度；

（c）连接和粘结的细节设计应考虑制作和安装的便利。应注意紧固紧固件所需的空隙、焊接工艺的要求以及后续检查、表面处理和维修的需求；

（d）紧固件或节点结构性能的确定应基于试验辅助设计，如设计模型应根据 EN 1990：2002附录 D 的相关试验进行校准或验证。

通常，在节点处连接的构件应使其中心线交于一点。若连接件的交点有偏心，则设计构件和连接时应考虑偏心引起的力矩。

对于有单行螺栓或双行螺栓连接角钢或 T 型钢的节点，应考虑可能出现的偏心。通过考虑构件中心轴和连接面轮廓线的相对位置确定平面内外的偏心距。

当连接受到冲击或振动时，应使用预紧螺栓、带插销装置的螺栓或采用焊接。

当受剪的连接承受反向应力（除非这种应力仅是由风引起的）或因为特殊原因不允许螺栓出现任何滑动时，应使用预紧螺栓、配合螺栓或焊接。然而，预紧螺栓在冷弯型钢框架中虽有应用，但应用尚不广泛。

4.6 冷弯型钢结构的概念设计

4.6.1 概述

设计冷弯型钢建筑结构时，设计人员必须解决四个表征薄壁型钢性能和行为的特殊问题，其特殊性主要是指：

- 截面的稳定性和局部强度；
- 连接技术及相关设计方法；
- 与延性、塑性设计以及抗震性有关的延展性降低；
- 抗火性。

与传统钢结构比，冷弯型钢结构的构件通常属于第 4 类，需采用压弯构件的有效截面。结构整体稳定性及其对缺陷和二阶效应的敏感性应通过适当的分析和设计控制。

4.6.2 案例研究：住宅和非住宅建筑的墙柱模块系统（WSMS）

在作者的协调下，罗马尼亚蒂米什瓦拉的 BRITT 有限公司与蒂米什瓦拉 "Politehni-ca" 大学以及同样来自蒂米什瓦拉的罗马尼亚学院先进基础技术科学研究中心合作，创建了住宅和非住宅建筑冷弯型钢结构模块化系统（WSMS）。该系统的受益者是瑞典公司 LINDAB 的罗马尼亚分公司。该系统是针对 2 个或 3 个跨度创建的，这意味着其长度为 12m 或 18m。但 2 个或 3 个模块就可以建造出大型建筑。

1. 结构布局

设计 WSMS 的主要思想是将用于钢框架住宅的 "墙柱" 系统与用于工业建筑的 "轻型屋顶" 方案相结合。图 4.70 展示了系统的基本组成部分。

本节展示的模块化系统由自钻自攻螺钉连接的冷弯组合 C 形截面单元构成。该结构模块化设计，使用"粘结"技术按跨度进行安装，从而更易于运输，易于在施工现场拼装各单元（面板、桁架）。模块预制也是可行的。"墙柱"系统的板能够根据开口的形状和尺寸进行调整。所有结构和非结构构件由冷弯型钢 LINDAB 截面构成（$f_y = 350\text{N/mm}^2$）。

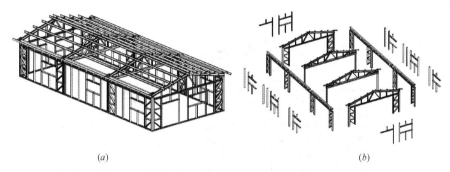

(a)   (b)

图 4.70   系统的基本组成部分

(a) WSMS 的主体框架结构；(b) WSMS 中展开的基本组件

根据设计人员提供的技术要求，客户与零售商合作确定外观和基础的形式。用于屋面和墙面的面板由 LINDAB 式梯形钢板制成。对于屋面，从外到内各层包括：外层的 LTP45/0.5 梯形钢板，内层的绝热和 LVP20/0.4 梯形钢板；而对于墙，外层为 LTP45/0.5 梯形钢板，内层为绝热和 LVP 20/0.4 梯形钢板。使用 SD6T 自钻自攻螺钉将钢板固定在檩条的备用槽上，接缝紧固件为间隔 30cm 的 SD3T 螺钉。檩条采用 Z150/2.5 梁，间隔 1000mm 布置，使用 U60×40×4 的冷弯连接板件与主梁相连。

2. 设计案例：加载条件和设计准则

本例介绍设计墙柱模块化系统时采用的恒荷载、雪荷载、风荷载和地震荷载的特点。具体而言，罗马尼亚境内的是大雪和中高地震风险国家。

地震荷载是根据当时正在使用的罗马尼亚标准（P100—2004）进行估算的，采用的设计弹性反应谱约对应于 EN1998-1 中 D 类场地的设计反应谱。由于该结构由第 4 类截面组成，性能系数"q"必须取为 1（参阅第 11.2.2 条），这意味着地震中结构保持在弹性范围内，不考虑能量耗散。

选择涵盖两个气候带的设计值，荷载工况如表 4.13 所示。

荷载工况列表   表 4.13

屋面恒荷载	$G_k = 0.25 \text{ kN/m}^2 (\gamma_G = 1.35)$
雪荷载	I 区：$S_k = 1.5 \text{ kN/m}^2 (\gamma_Q = 1.5)$ II 区：$S_k = 0.9 \text{ kN/m}^2 (\gamma_Q = 1.5)$
风荷载	I 区：基本风速为 $v = 30\text{m/s}$，从而设计风压为 $w_k = 0.704 \text{kN/m}^2 (\gamma_Q = 1.5)$ II 区：基本风速为 $v = 22 \text{ m/s}$，从而设计风压为 $w_k = 0.348 \text{kN/m}^2 (\gamma_Q = 1.5)$
地震荷载	I 区：地面加速度为 $a_g = 0.20g$，恒定反应谱加速度分叉点：$T_c = 1.5\text{s}$ II 区：地面加速度为 $a_g = 0.16g$，恒定反应谱加速度分叉点：$T_c = 1.0\text{s}$

按规范 EN 1998-1 进行荷载组合，进行三维静力和动力分析。在概念设计阶段，在横向动力作用下（如风荷载、地震），结构的整体性能由固有振型控制。横向（X）前 3 阶

振型的周期为 $T_1=0.396s$、$T_2=0.283s$ 和 $T_3=0.157s$，表明结构性能由设计反应谱的水平段确定。三维模型包括主框架、组合截面柱和桁架、墙柱板及带檩条和薄板（考虑了蒙皮效应）的屋面结构，经分析结构能够承受竖向荷载和水平荷载。

采用屋面覆盖层的等效支撑引入蒙皮效应（图 4.71）。本案例中，等效支撑的直径为 6mm。

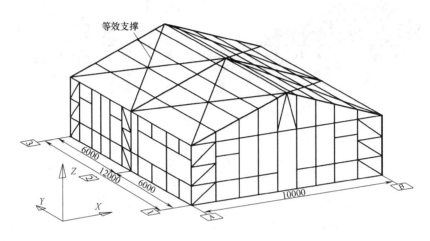

图 4.71　屋面用于模拟外蒙皮作用的等效支撑

基本荷载组合的静力分析和对应于建筑所在地震区的反应谱分析都已完成。采用相同的计算机程序进行了基于反应谱的抗震计算。根据冷弯型钢截面（4 类）的长细比，设计中未对基底剪力进行折减（$q=1$）。

3. 结构细节设计

图 4.72 中展示了框架的主要构件。

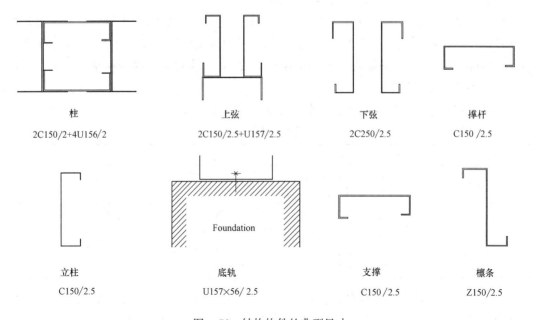

图 4.72　结构构件的典型尺寸

图 4.73 所示为屋檐、屋脊、基础—柱连接以及支撑板基础连接的结构细部构造。

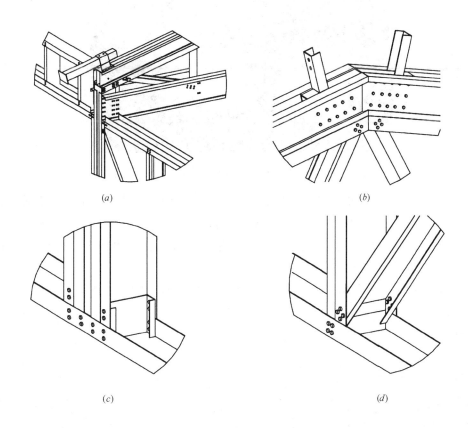

图 4.73 结构细部构造

(a) 屋檐连接；(b) 屋脊连接；(c) 基础-柱连接；(d) 支撑板基础的连接

图 4.74 和图 4.75 展示了该模块体系施工期间和竣工后的典型照片。图 4.74（a）所示的结构为用两个长 15m 的模块相连建造的长 30m 的建筑。

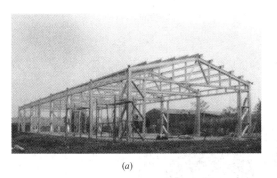

图 4.74 施工期间的 WSMS 主体框架

4.6.3 结语

本节论述的模块体系由单个冷弯型钢构件、冷弯组合 C 形截面构件制成，包含一些

图 4.75　竣工后的 WSMS（两个不同跨度的模块相连）

特殊的螺钉连接细节。这种结构展现出非常好的技术性能和经济指标。该结构是模块化设计，按跨度进行安装，采用了"粘结"技术或预制组件。

考虑到跨度和开间的大小、开间数量、屋檐高度的多样化，共形成了 40 个模块建筑。该结构非常轻便，且易于建造（7～10 天）。

图 4.76 展示了位于不同气候区（暴雪荷载和地震荷载）的模块体系，12m 跨度建筑物的理论重量（主体框架结构的钢材消耗，如没有檩条和自适应墙板）。图 4.77 展示了建筑物组件的成本。

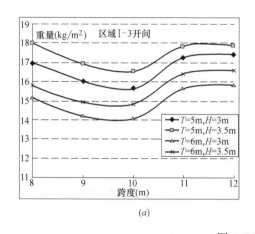

(a)

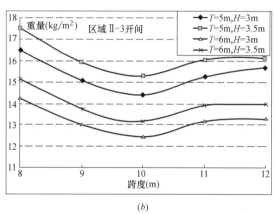

(b)

图 4.76　系统的重量

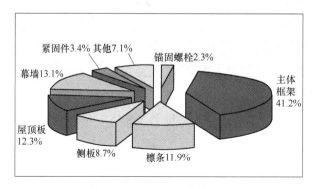

图 4.77　WSMS 组件的成本

参 考 文 献

[1] AISI S100-07：2007. North American specification for the design of cold-formed steel tructural members American Iron and Steel Institute，Washington，D. C.

[2] AS/NZS 4600：2005. Cold-formed Steel Structures. Australian Standard/New Zealand tandard，Sydney，Australia.

[3] Burling，P. M. et al. 1990. Building with British steel. No. 1 1990，British Steel plc，England.

[4] Burstand，H. 2000. Light gauge steel framing for housing，SBI-Swedish Institute of teel Construction，Publication 170，Stockholm，Sweden.

[5] Davies，J. M. 1991. Connections for cold-formed steelwork. In：Design of Cold-Formed teel Members (Rhodes J，Editor). Elsevier Applied Science，London and New York.

[6] Davies，J. M. 2001. Lightweight sandwich construction. Oxford，London，Edinburgh (UK). lackwell Science Ltd.

[7] Davies，J. M.，Jiang，C. 1996. Design of thin-walled columns for distortional buckling. Coupled Instabilities of Metal Structures—CIMS' 96，Imperial College Press，London，165-172.

[8] Dubina，D. 1996. Coupled instabilities in bar members – General Report. Coupled nstabilities in Metal Structures-CISM' 96 (Rondal J，Dubina D，Gioncu V，Eds.). mperial Colleague Press，London，119-132.

[9] Dubina，D. 2000. Recent research advances and trends on coupled instability of bar embers，General Report -Session 3：Bar Members. Coupled Instabilities in Metal Structures —CIMS' 2000 (Camotin D，Dubina D，Rondal J，Eds.). Imperial Colleague ress，London，131-144.

[10] Dubina，D. 2001. The ECBL approach for interactive buckling of thin-walled steel embers. Steel & Composite Structures. 1 (1)：75-96.

[11] Dubina D. 2004. Foreword to Special Issue on Cold-Formed Structures：Recent Research Advances in Central and Eastern Europe，Thin Walled Structures，Vol. 42，No 2，ebruary 2004，149-152.

[12] Dubina，D.，Ungureanu，V.，Landolfo，R. 2012. Design of cold-formed steel structures. Eurocode 3：Design of Steel Structures Part 1-3-Design of Cold-formed Steel Structures，Published by ECCS-European Convention for Constructional Steelwork，ISBN (ECCS)：978-92-9147-107-2.

[13] ECCS_49，1987. European recommendations for design of light gauge steel members，Publication P049，European Convention for Constructional Steelwork，Brussels，Belgium.

[14] ECCS_88，1995. European recommendations for the application of metal sheeting acting as a diaphragm，Publication P088，European Convention for Constructional Steelwork，Brussels，Belgium.

[15] ECCS_114，2000. Preliminary worked examples according to Eurocode 3 Part 1.3，Publication P114，European Convention for Constructional Steelwork，Brussels，Belgium.

[16] ECCS_123，2008. Worked examples according to EN 1993-1-3. European Convention for Constructional Steelwork，Brussels，Belgium.

[17] EN 1090：2008. Execution of steel structures and aluminium structures - Part 2：Technical requirements for steel structures. European Committee for Standardization，Brussels，Belgium.

[18] EN 1990：2002. Eurocode-Basis of structural design. European Committee for Standardization，Brussels，Belgium.

[19] EN 1993-1-1: 2005. Eurocode 3: Design of steel structures - Part 1-1: General rules and rules for buildings. European Committee for Standardization, Brussels, Belgium (including EN 1993-1-1: 2005/AC, 2009).

[20] EN 1993-1-3: 2006. Eurocode 3: Design of steel structures. Part 1-3: General Rules. Supplementary rules for cold-formed thin gauge members and sheeting. European Committee for Standardization, Brussels, Belgium (including EN1993-1-3: 2006/AC, 2009).

[21] EN 1993-1-5: 2006. Eurocode 3: Design of steel structures - Part 1-5: Plated structural elements. European Committee for Standardization, Brussels, Belgium (including EN1993-1-5: 2006/AC, 2009).

[22] EN 1993-1-8: 2005. Eurocode 3: Design of steel structures. Part 1-8: Design of joints. European Committee for Standardization, Brussels, Belgium.

[23] EN 1998-1: 2004. Eurocode 8-Design of structures for earthquake resistance - Part 1: General rules, seismic actions and rules for buildings. European Committee for Standardization, Brussels, Belgium.

[24] Fenster, S. M. C., Girardier, E. V., Owens, G. W. 1992. Economic design and the importance of standardised connections. In Constructional Steel Design: World Developments (Dowling PJ et al., Eds.). Elsevier Applied Science, Barking, Essex, UK, 541-550.

[25] Hancock, G. J., Murray, T. M., Ellifritt, D. S. 2001. Cold-formed steel structures to the AISI specification, Marcel Dekker, Inc., New York.

[26] Lau, S. C. W., Hancock, G. J. (1987. Distortional buckling formulas for channel columns. Journal of Structural Engineering, ASCE, Vol. 113, No. 5, 1063-1078.

[27] Makelainen, P., Kesti, J. 1999. Advanced method for lightweight steel joining. Journal of Constructional Steel Research, Vol. 49, No. 2, 107-116.

[28] Martin, L. H., Purkiss, J. A. 2008. Structural design of steelwork to EN 1993 and EN 1994. 3rd Edition, Butterworth-Heinemann-imprint of Elsevier, UK.

[29] Murray, N. W. 1985. Introduction to the theory of thin-walled structures. Claredon Press, Oxford. P 100-1. 2004. Romanian Seismic Design Code, Part I, Design Rules for Buildings (In Romanian), Ministry of Constructions and Tourism, Order No. 489/5. 04. 2005.

[30] Predeschi, R. F., Sinha, D. P., Davies, R. 1997. Advance connection Techniques for cold-formed steel structures. Journal of Structural Engineering (ASCE), 2 (123), 138- 144.

[31] Rhodes, J. (Ed.) 1991. Design of cold-formed steel members, Elsevier Applied Science, London and New York.

[32] Rondal, J., Dubina, D., Bivolaru, D. 1994. Residual stresses and the behaviour of cold-formed steel structures. Proceedings of 17th Czech and Slovak International

[33] Conference on Steel Structures and Bridges, Bratislava, Slovakia, September 7-9, 193-197. Rondal, J., Maquoi, R. 1979a. Formulation d'Ayrton-Perry pour le flambement des barres métalliques, Construction Métallique, 4, 41-53.

[34] Rondal, J., Maquoi, R. 1979b. Single equation for SSRC column strength curves, ASCE J. Struct. Div., Vol. 105, No. ST1, 247-250.

[35] Schafer, B., Peköz, T. 1999. Local and distortional buckling of cold-formed steel members with

edge stiffened flanges. light-weight steel and aluminium structures, Proceedings of the 4th Int. Conf. on Steel and Aluminium Structures, ICSAS' 99, Espoo, Finland, 89-97.

[36] Schafer, B. W. 2001. Direct strength prediction of thin-walled beams and columns, Research Report, John Hopkins University, USA.

[37] Schafer, B. W., Ädány, S. 2006. Buckling analysis of cold-formed steel members using CUFSM: conventional and constrained finite strip methods. Eighteenth International Specialty Conference on Cold-Formed Steel Structures, Orlando, FL. October 2006.

[38] Sedlacek, G., Müller, C. 2006. The European standard family and its basis. Journal of Constructional Steel Research, 62 (2006), 1047-1059.

[39] Silvestre, N., Camotim, D. 2002a. First-order generalised beam theory for arbitrary orthotropic materials. Thin-Walled Structures, Elsevier 40 (9) 755-789.

[40] Silvestre N, Camotim, D. 2002b. Second-order generalised beam theory for arbitrary orthotropic materials. Thin-Walled Structures, Elsevier, 40 (9) 791-820.

[41] Silvestre N, Camotim, D. 2003. Nonlinear Generalized Beam Theory for Cold-formed Steel Members. International Journal of Structural Stability and Dynamics. 3 (4) 461-490.

[42] Timoshenko, S. P., Gere, J. M. 1961. Theory of elastic stability. McGraw-Hill, New York. Toma, T., Sedlacek, G., Weynand, K. 1993. Connections in Cold-Formed Steel. Thin Walled Structures, 16, 219-237.

[43] Ungureanu, V., Dubina, D. 2004. Recent research advances on ECBL approach. Part I: Plastic-elastic interactive buckling of cold-formed steel sections. Thin-walled Structures, 42 (2), 177-194.

[44] Von Karman, T., Sechler, E. E., Donnel, L. H. 1932. Strength of thin plates in compression. Trans ASME, 54-53.

[45] Winter, G. 1940. Stress distribution in and equivalent width of flanges of wide thin-wall steel beams, NACA Technical, Note 784, 1940.

[46] Winter, G. 1970. Commentary on the 1968 Edition of the specification for the design of cold-formed steel structural members. American Iron and Steel Institute, New York, NY.

[47] Yu, W. -W. 2000. Cold-formed steel design (3rd Edition), John Willey & Sons, New York.

[48] Yu, W. -W., Toma, T., Baehre, R., Eds. 1993. Cold-Formed Steel in Tall Buildings, Chapter 5: Connections in Cold Formed Steel (Author: Toma T), 95-115. Council on Tall Buildings and Urban Habitat. Committee S37. McGraw-Hill, New York, 1993, 184 p.

第 5 章

根据 EN 1998-1 进行钢结构抗震设计

5.1　概述

EN 1998-1（2005）适用于建筑结构的抗震设计。然而，这部规范同时包含了欧洲规范 8 其他部分的一般规定，涵盖了三方面内容：抗震性能水准、地震作用类型、结构分析类型。除通常用于建筑的一般概念和规定外，还有适用于所有结构类型的一般概念和规定。

规范分为如下 10 部分：

第 1 部分论述有关参考标准和符号；

第 2 部分提供了抗震性能要求和遵循的准则；

第 3 部分给出了地震作用表征的规定以及地震作用与其他设计作用的组合；

第 4 部分描述了专门用于建筑结构的一般性设计规定；

从第 5～9 部分，针对每种建筑材料（即混凝土、钢材、钢筋—混凝土组合、木材和砖石建筑）组成的结构，规范给出了专门规定；

第 10 部分给出了建筑基础隔震的基本要求和设计规定。

下面介绍 EN 1998-1（2005）中与钢结构抗震设计相关的主要方面，还通过设计实例对欧洲规范 8 的应用进行说明，实例为一个六层抗弯框架结构和一个多层中心支撑框架结构的初步设计。

5.2　性能要求和一致性准则

在规范 EN 1998-1（2005）中，建筑结构抗震设计考虑与下列目标相对应的两个性能水准：

（1）通过防止结构局部或整体倒塌，保持结构的整体性，使结构有剩余承载能力，从而在罕遇地震作用下能保护生命；

（2）多遇地震下结构和非结构损坏的限制。

第一个性能水准采用基于强度等级的承载力设计规定来实现；第二个性能水准通过将结构水平层间位移限制在使非结构构件（即填充墙、围护结构和大型设备等）和结构构件的完整性保持在可接受范围内来实现。

按照安全与经济平衡分配国家资源的社会原则，欧洲规范 8 允许各国在国家附录中划分与上述两种性能水准相对应的危险性水准。然而，如图 5.1 所示，对于普通结构欧洲规范 8 给出如下建议：

（1）对于承载能力极限状态（即防止倒塌），地震作用在 50 年内的超越概率为 10%（即平均重现期为 475 年）。这一极限状态下基岩上普通结构的设计地震作用称为"基准"地震作用；

（2）对于正常使用极限状态（即损坏限制），地震作用在 10 年内的超越概率为 10%（即平均重现期为 95 年）。

规范建议：重要建筑或大型居住建筑应比普通结构有更高的性能。可通过修改防止倒塌和损坏限制的危险等级（也即平均重现期）来实现这一目标。规范建议利用重要性系数 γ_I 来提高两种性能水准的基准地震作用。对于防止倒塌水准，规范建议的 γ_I 值变化范围在 1.2（大型居住建筑）到 1.4（重要建筑）之间。另外，对公共安全不太重要的建筑，规范允许使用 $\gamma_I = 0.8$。各种主要建筑适用的 γ_I 值见图 5.1。

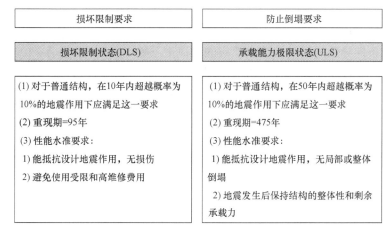

图 5.1　规范 EN1998-1 中的性能水准

各种类型建筑的重要性系数 γ_I　　　　　表 5.1

重要性等级	建　筑　物	γ_I
Ⅰ	对公共安全不太重要的建筑，如农业建筑等	0.8
Ⅱ	不属于其他类别的普通建筑	1.0
Ⅲ	从倒塌后果看抗震性能重要的建筑物，如学校、礼堂、文化事业单位等	1.2
Ⅳ	地震中的完整性对人的保护至关重要的建筑物，如医院、消防站、发电厂等	1.4

5.3　地震作用

在规范 EN 1998-1（2005）中，地震作用通过弹性加速度反应谱来表示。规范假定损坏限制和防止倒塌极限状态有相同的反应谱形状。为考虑不同的危险等级，用系数 ν 来获得正常使用极限状态的抗震需求。通过将承载力极限状态下弹性加速度反应谱的纵坐标乘以系数 ν 得到正常使用极限状态的抗震需求。ν 的值与两个因素有关：1）当地地震危险情况；2）目标财产的保护。对于普通建筑和大型居住建筑，规范推荐的 ν 值分别为 0.4 和 0.5。

设计地震作用的弹性反应谱（即与防止倒塌一致的反应谱）以岩基上的基准地面加速度 a_{gR} 为特征，a_{gR} 由国家地震区划图提供。反应谱如图 5.2 所示，由 3 个具有不变反应特性的主要区域构成，即加速度谱（周期 T 介于 T_B 与 T_C 之间）、伪速度谱（周期 T 介于 T_C 与 T_D 之间）及位移谱（周期 $T > T_D$）。这些区域的谱值和周期取决于场地土类型。规范 EN 1998-1（2005）考虑了下列 5 种标准场地土类型：

A 类：岩石，上部 30m 范围内的平均剪切波速 V_s 大于 800m/s；

B 类：非常密实的砂、碎石或非常坚硬的黏土，平均剪切波速 V_s 在 360～800m/s 之间；

C 类：中密的砂、碎石或硬黏土，平均剪切波速 V_s 在 180～360m/s 之间；

D 类：介于松散和中密之间的砂、碎石，或介于软和坚硬之间的黏土，平均剪切波速 V_s 小于 180m/s；

E 类：平均剪切波速 V_s 小于 360m/s 的厚度为 5～20m 的泥土，底部为岩石。

所有弹性反应谱由基岩上的"基准"加速度乘以下列系数得到：①重要性系数 γ_I；②考虑由场地条件导致的谱动力放大效应的场地土系数 $S \geqslant 1$；③等于 $\sqrt{10/(5+\xi)}$ 的阻尼修正系数 η，ξ 为用百分数形式表示的黏滞阻尼比。

假定 $\gamma_I = 1$，弹性加速度反应谱的表达式如下：

$$
\begin{aligned}
0 < T < T_B \quad & S_d(T) = a_g \times S \times \left(1 + \frac{T}{T_B} \times (2.5\eta - 1)\right) \\
T_B < T < T_C \quad & S_d(T) = 2.5 a_g \times S \\
T_C < T < T_D \quad & S_d(T) = 2.5 a_g \times S \times \left(\frac{T_C}{T}\right) \\
T > T_D \quad & S_d(T) = 2.5 a_g \times S \times \left(\frac{T_C \times T_D}{T^2}\right)
\end{aligned}
\tag{5.1}
$$

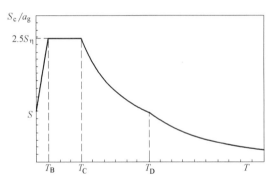

图 5.2 欧洲规范 8 中的弹性加速度反应谱形状
（来自规范 EN 1998-1）

对于式（5.1）描述的相同的反应谱形状，规范推荐使用两种不同类型的反应谱：

1 类谱（图 5.3（a））用于中震和大震；

2 类谱（图 5.3（b））用于近场表面震级小于 5.5 的小震。

每个国家使用的各场地类型的 T_B、T_C、T_D 和 S 的值及反应谱类型（形状）可见各国的国家附录。规范给出了反应谱参数的建议值。

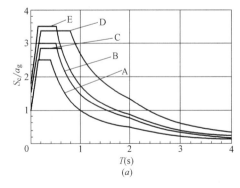

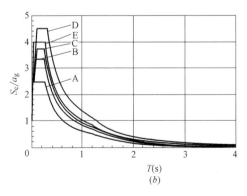

图 5.3 欧洲规范 8 建议的弹性反应谱（来自规范 EN 1998-1）
（a）1 类谱；（b）2 类谱

5.4　建筑设计要求

5.4.1　设计概念和延性分类

EN 1998 考虑了结构通过非弹性变形耗散能量的能力，因此设计地震力可能比线弹性反应计算的力小，但是设计阶段也可不进行复杂的非线性结构分析。实际上，可采用基于"设计谱"的弹性分析，"设计谱"由弹性反应谱降低得到。这种降低通过引入性能系数 q 来实现（EN 1998-1 第 3.2.2.5（2）款）。q 可近似由等效于真实结构的单自由度体系在完全弹性反应（等效黏滞阻尼比为 5%）时所承受的地震力和用于设计的地震力的比值得到（EN 1998-1 第 3.2.2.5（3）款）。EN 1998 根据相关延性分类给出了不同材料和结构体系性能系数 q 的值。如图 5.4 所示，钢结构抗震可根据下列概念之一进行设计（规范 EN 1998-1 第 6.1.2（1）P 条）：

概念 a：低耗散结构性能；

概念 b：耗散结构性能。

概念 a 的作用效应可按忽略非线性性能的弹性整体分析计算得到。这种情况下，计算中假定的性能系数小于 2。根据概念 a 设计的结构属于低耗散结构等级 "DCL"（Ductility Class Low）。因此，构件和连接的承载力根据 EN 1993 确定，没有其他要求（EN1998-1 第 6.1.2（4）条）。对于无隔震结构，这种简化设计仅建议用于低震级区。尽管低震级区的划分应由国家主管部门确定，对于特定场地土类别的设计地震加速度限值建议取为 $\gamma_I Sa_{gR}=0.1g$。应该注意的是，在震级很小区域（即 $\gamma_I Sa_{gR}<0.05g$ 的情况），欧洲规范 8 允许建筑设计中不考虑地震作用。

概念 b 考虑了地震作用下结构部分区域（耗能区）经受塑性变形的能力。计算中假定性能系数 q 大于 2，具体取值取决于抗震结构方案的类型。根据概念 b 设计的结构可能属于中等延性等级 "DCM"（Ductility Class Medium）或高延性等级 "DCH"（Ductility Class High）。这些等级与结构通过非弹性性能耗散能量所增加的能力相一致。根据延性等级，规范给出了结构局部和整体的具体设计要求。

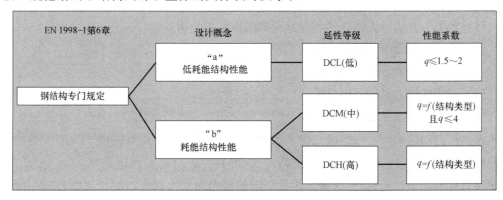

图 5.4　根据 EN 1998-1 的设计概念

一旦确定了结构的性能系数 q，设计反应谱可按下式由弹性谱（式（5.1））得到：

$$0<T<T_{\mathrm{B}} \qquad S_{\mathrm{d}}(T)=a_{\mathrm{g}}\times S\times\left(\frac{2}{3}+\frac{T}{T_{\mathrm{B}}}\times\left(\frac{2.5}{q}-\frac{2}{3}\right)\right)$$

$$T_{\mathrm{B}}<T<T_{\mathrm{C}} \qquad S_{\mathrm{d}}(T)=a_{\mathrm{g}}\times S\times\frac{2.5}{q}$$

$$T_{\mathrm{C}}<T<T_{\mathrm{D}} \qquad S_{\mathrm{d}}(T)\begin{cases}=a_{\mathrm{g}}\times S\times\dfrac{2.5}{q}\times\left(\dfrac{T_{\mathrm{C}}}{T}\right)\\[2mm] \geqslant\beta\times a_{\mathrm{g}}\end{cases} \qquad (5.2)$$

$$T>T_{\mathrm{D}} \qquad S_{\mathrm{d}}(T)\begin{cases}=a_{\mathrm{g}}\times S\times\dfrac{2.5}{q}\times\left(\dfrac{T_{\mathrm{C}}\times T_{\mathrm{D}}}{T^{2}}\right)\\[2mm] \geqslant\beta\times a_{\mathrm{g}}\end{cases}$$

应该注意的是，参数 β 为水平设计谱的下限值，其值应由国家附录提供。欧洲规范 8 建议取 $\beta=0.2$。

图 5.5 给出了弹性谱和设计谱的对比，设计谱根据两个不同的 q 值得到。

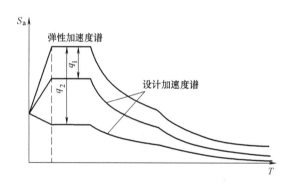

图 5.5　弹性加速度谱和设计加速度谱的对比

5.4.2　分析方法和模型

根据欧洲规范 8，下列结构分析类型可用于建筑结构的计算和校核：

（1）水平力方法（也即有侧向力分布的线性静力分析）；

（2）线性振型分解反应谱分析；

（3）非线性静力 pushover 分析；

（4）非线性动力时程反应分析。

水平力方法通过施加一个预先确定的侧向分布力来进行线性静力分析，上述侧向力与所考虑水平方向的第一阶振型成比例。为计算基本周期 T_1，规范提供了与结构类型有关的经验公式（例如，对于抗弯钢框架 $T_1=0.085H^{3/4}$，对于支撑建筑 $T_1=0.05H^{3/4}$，H 为建筑总高度，单位为 m）。这种方法仅能用于平面和立面都规则的建筑物，且在所有情况下高阶振型的影响可忽略。这表明对于大多数实际应用，采用这种线性静力分析是不可行的。因此，在欧洲规范 8 中线性振型分解反应谱分析是常用的方法，可用于所有类型的结构。对于这种分析方法，振型的贡献（即内力、位移等）可采用 SRSS（平方和开方）或 CQC（完全根组合）规则进行组合。基于此，规范要求考虑满足下列条件之一的多个振型：

(1) 所考虑的所有振型的参与质量之和不小于结构总质量的 90%；

(2) 振型参与质量大于结构总质量 5% 的所有振型都予以考虑。

根据欧洲规范 8，非线性静力 pushover 分析需考虑两种不同的侧向荷载分布：（1）均匀的侧向荷载模式；（2）用于线性静力分析中的侧向荷载模式。目标位移可根据附录 B 描述的 N2 法确定。

非线性时程反应分析中，根据 EN 1998-1，需选取与弹性谱匹配的地震动波进行至少 7 次非线性时程分析。规范规定使用所有这些分析结果的平均值作为作用效应的设计值。此外应使用分析中的最不利结果。

数值分析的准确性依赖于结构振型。因此，根据欧洲规范 8，建筑物的振型必须体现结构刚度和质量的分布，所有重要的变形形状和惯性力要在地震作用中恰当地考虑。

基于此，考虑偶然扭转效应非常重要，偶然扭转效应通常考虑刚度和质量分布的可能不确定性/可能绕竖轴的地震动扭转分量。欧洲规范 8 通过将质量偏离其名义位置来考虑偶然扭转效应的影响，假定偏移发生在任何可能的方向（实际上为沿水平地震作用分量的两个正交方向），认为所有偶然偏心每次都沿相同的水平方向。水平地震作用分量的偶然偏心规定为垂直于此水平分量方向楼层平面尺寸的 5%。

若建筑物的平面和立面都符合规则性标准，规范允许采用简化分析方法。这种情况下，当将水平力分析方法用于建筑结构的三维模型时，一般抗侧力结构体系的地震效应乘以系数 δ 来考虑偶然扭转效应（第 4.3.3.2.4 项），系数 δ 由下式确定：

$$\delta = 1 + 0.6 \times \frac{x}{L_e} \tag{5.3}$$

式中 x 为所考虑抗震体系从建筑物重心算起的平面距离，在所考虑地震作用方向的垂直方向量测；L_e 为两个最外侧抗侧力体系之间的距离，在所考虑地震作用的垂直方向量测。

然而，当使用两个独立的二维平面模型时，偶然偏心效应只能通过简化方法使用系数 δ 估计，但是应将偏心效应加倍。这种情况下，增大系数的第二项变为 $1.2x/L_e$，以考虑本来没有考虑的楼层质量中心与刚度中心之间的静力偏心效应。

另一个需考虑的重要方面是二阶（$P\text{-}\Delta$）效应对框架稳定性的影响。水平大变形情况下，竖向重力荷载会作用在变形的结构上，增大总的结构变形和内力分布，从而可能导致地震情况下发生侧向倒塌。

通常，大部分结构分析软件能在分析中自动考虑这些效应。然而，直接指出二阶效应的存在有利于控制和优化结构设计。

根据规范 EN 1998-1，通过楼层稳定性系数（θ）考虑 $P\text{-}\Delta$ 效应，θ 的表达式为：

$$\theta = \frac{P_{tot} \times d_r}{V_{tot} \times h} \tag{5.4}$$

式中，P_{tot} 为总竖向荷载，包括地震设计状况所考虑楼层及该楼层以上附属于重力框架的荷载；V_{tot} 为所考虑楼层的地震剪力；h 为楼层高度；d_r 为设计层间位移，通过弹性层间位移和性能系数 q 的乘积（即 $d_e \times q$）确定。

若 $\theta \geqslant 0.3$，假定框架不稳定。若 $\theta \leqslant 0.1$，二阶效应可忽略；$0.1 \leqslant \theta \leqslant 0.2$ 时，地震作用下的 $P-\Delta$ 效应可通过下列系数近似考虑：

$$\alpha = \frac{1}{1-\theta} \tag{5.5}$$

5.4.2.1 地震设计状况的作用组合

建筑物的地震作用计算应考虑永久荷载和可变荷载按下式进行组合：

$$\sum G_{k,i} {''}+{''} \sum \psi_{2,i} \times Q_{k,i} {''}+{''} A_{Ed} \tag{5.6}$$

式中，$G_{k,i}$ 为第 i 个永久作用（自重和所有其他恒荷载）的特征值，A_{Ed} 为地震作用设计值（与乘以重要性系数的基准重现期一致），$\theta_{k,i}$ 为第 i 个可变作用的特征值，$\psi_{2,i}$ 为第 i 个可变作用的准永久组合系数，与建筑物使用目的有关。EN 1990：2002 的附录 A1 给出了组合系数 $\psi_{2,i}$ 的值，表 5.2 列出了不同建筑物的 $\psi_{2,i}$ 值。

组合系数 $\psi_{2,i}$ 的值	表 5.2
可变作用类别	ψ_2
类别 A:居民住宅区	0.3
类别 B:办公区	0.3
类别 C:集会区	0.6
类别 D:商业区	0.6
类别 E:储藏区	0.8
类别 F:行车区,车重≤30kN	0.6
类别 G:行车区,30kN≤车重≤160kN	0.3
类别 H:屋面	0
建筑结构上的雪荷载(见 EN 1991-1-3)	
芬兰、冰岛、挪威、瑞典	0.2
其余 CEN 成员国中海拔高度 $H>1000$m 的地域	0.2
其余 CEN 成员国中海拔高度 $H\leqslant1000$m 的地域	0
建筑结构风荷载(见 EN 1991-1-4)	0
建筑结构非火灾情况下的温度效应(见 EN 1991-1-5)	0

5.4.2.2 结构质量

根据规范 EN 1998-1 第 3.2.4 (2) P 条，地震设计状况下，应考虑与如下永久重力荷载和可变重力荷载组合对应的质量计算惯性效应：

$$\sum G_{k,i} {''}+{''} \sum \psi_{E,i} \times Q_{k,i} \tag{5.7}$$

式中，$\psi_{E,i}$ 为第 i 个可变荷载的组合系数值，该值考虑了地震中可变荷载 $Q_{k,i}$ 在整个结构中存在的可能性，同时考虑了结构之间的非固定连接导致结构运动中其作用效应的折减。根据规范 EN 1998-1 第 4.2.4 (2) P 条，组合系数 $\psi_{E,i}$ 按下式计算：

$$\psi_{E,i} = \varphi \times \psi_{2i} \tag{5.8}$$

φ 的取值见国家附录，表 5.3 给出 φ 的建议值。

计算 $\psi_{E,i}$ 时 φ 的值 　　　　　　　　　　　　　　　　表 5.3

可变作用类别	楼层	φ
	屋面	1.0
A 类~C 类	相连使用的楼层	0.8
	独立使用的楼层	0.5
D 类~F 类和档案室		1.0

5.4.3 概念设计的基本原则

规范 EN 1998-1 的目的是在可接受的成本范围内降低地震易损性。主要的设计概念可总结如下（EN 1998-1 第 4.2.1 (2) 条）：

（1）结构简单。体现在具有清晰和直接的地震力传递路径，从而使得建模、分析、细部设计和施工简单。这意味着结构平面和立面布置简洁，降低了结构性能的不确定性；

（2）均匀、对称和冗余度。均匀指结构构件在平面和竖面上分布均匀，惯性力能以最短和最直接的路径传递，消除可能引起过早倒塌的应力集中或出现薄弱层。若建筑形体对称，则结构构件对称布置。另外，结构构件分散布置可提高结构的冗余度，允许结构进行荷载效应重分配，使整个结构普遍具有能量耗散能力；

（3）双向承载力和刚度。建筑结构应能抵抗任意水平方向的作用。为达到此目的，结构构件应在平面内正交布置，保证两个主要方向有相近的承载力和刚度；

（4）抗扭强度和刚度。建筑结构应有足够的抗扭能力和刚度，以限制可导致结构体系应力不均匀的扭转运动；

（5）楼板的整体性能。楼板（包括屋顶）的作用相当于水平横隔板，将惯性力集中并传递给竖向结构体系，并确保竖向系统共同作用以抵抗水平地震。为保证楼板的这个功能，楼板应具有很大的面内刚度和强度，并与竖向结构体系之间有效连接；

（6）合适的基础。基础具有重要的作用，必须能够保证结构整体承受一致的地震激励。

遵照这些概念设计的基本原则以使设计的结构平面和立面均规则，这是实现高抗震性能、得到可靠结构分析模型的基本条件。

5.4.4 损伤极限（损坏限制）

根据欧洲规范 8，损伤极限要求是限制结构在常遇（正常使用）地震作用下的最大允许层间位移比（规范 EN 1998-1 第 4.4.3.2 款）。通常，构件尺寸由层间位移比的限值控制。为此，构件尺寸和细部设计应先考虑满足损伤极限要求，再考虑满足非倒塌要求。

一般楼层的层间侧移比 d_r 通过计算该层顶部和底部平均位移值的差值 d_s 得到。应确定常遇（正常使用）地震作用下的层间侧移，常遇地震作用等于设计地震作用在 5% 阻尼比时的整个弹性反应谱乘以反映两种地震作用平均重现期影响的系数 ν。

规范中损伤极限要求用下式表示：

$$vd_r \leqslant \alpha \times h \tag{5.9}$$

式中，α 为与非结构构件类型有关的限值；d_r 为设计层间位移；h 为楼层高度；v 为位移折减系数，取决于建筑的重要性等级，根据国家附录确定（如 5.3 节所述）。

α 限值取决于非结构构件的类型，取值如下：

（1）0.5%，由脆性非结构构件与结构相连，这些非结构构件被迫随结构一起变形（通常指隔墙）；

（2）0.75%，与结构相连的非结构构件为塑性材料；

（3）1%，无非结构构件与结构相连。

根据规范 EN1998-1 第 4.3.4 条，基于设计反应谱进行设计地震作用下的线弹性分析（即 5% 阻尼比的弹性谱除以性能系数 q）时，位移 d_s 应为这一分析得到的位移乘以性能系数 q，如下式：

$$d_s = q_d \times d_e \tag{5.10}$$

式中，d_s 为设计地震作用下的结构体系位移；q_d 为位移性能系数，假设与 q 值相等；d_e 为由设计地震力作用下的线弹性分析得到的结构体系位移。

若进行非线性分析，确定层间位移比使用的地震作用（加速度时程分析，或加速度-位移复合谱 Pushover 分析）应按设计地震作用的弹性谱（5% 阻尼比）乘以系数 v 得到。

5.5 钢结构设计标准和细部设计准则

5.5.1 性能系数

欧洲规范 8 所推荐的一般设计方法旨在通过避免形成薄弱层机制和脆性破坏模式来控制结构的非线性行为。为实现此目的，设计准则建立在构件承载力设计基础上，并对耗能区域的细部设计进行特殊规定，提高其延性和变形能力。采用这一思想设计延性等级为 M（中等延性）和 H（高延性）的建筑。此时，线弹性分析得到（即由水平力方法或振型分解反应谱法得到）的设计地震力可通过考虑结构体系延性和耗能能力的性能系数 q 折减的弹性反应谱法得到。

如图 5.6 所示，根据规范 EN 1998-1，规则结构体系的性能系数 q 可由下式确定：

$$q = \frac{\alpha_u}{\alpha_1} \times q_0 \tag{5.11}$$

式中，q_0 为性能系数的基准值；α_u/α_1 为塑性重分布参数，考虑了冗余度引起的体系超强。参数 α_1 为结构首个塑性铰形成时对水平设计地震作用所乘的系数；参数 α_u 为结构形成机构时对水平设计地震作用所乘的系数。根据欧洲规范 8，α_u/α_1 的值可通过非线性静力 pushover 整体分析得到，但不得大于 1.6。欧洲规范 8 给出了下面一些参考值：

（1）1，倒立摆结构；

（2）1.1，单层框架；

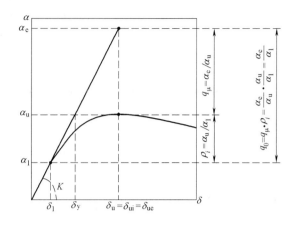

图 5.6　规范 EN 1998-1 定义的性能系数 q

（3）1.2，单跨多层框架，偏心支撑或有抗弯框架和中心支撑的双重系统；

（4）1.3，多跨多层抗弯框架。

表 5.4 列出欧洲规范 8 给出的图 5.7 所示结构类型性能系数 q 的上限值。

立面规则体系的性能系数基准值的上限值　　　　　　　　　　表 5.4

结构类型	延性等级	
	DCM	DCH
（1）抗弯框架	4	$5(\alpha_u/\alpha_1)$
（2）中心支撑框架		
对角支撑	4	4
V 形支撑	2	2.5
（3）偏心支撑框架	4	$5(\alpha_u/\alpha_1)$
（4）倒立摆结构	2	$2(\alpha_u/\alpha_1)$
（5）有混凝土核芯筒或混凝土剪力墙的结构	见规范钢筋混凝土结构一章的定义	
（6）有中心支撑的抗弯框架	4	$4(\alpha_u/\alpha_1)$
（7）填充墙抗弯框架		
与框架接触的无连接混凝土或砌体填充墙	2	2
有连接的钢筋混凝土填充墙	见规范钢筋-混凝土组合结构一章的定义	
与抗弯框架隔离的填充墙	4	$5(\alpha_u/\alpha_1)$

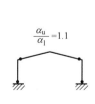

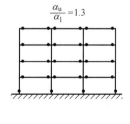

(a)

图 5.7　欧洲规范 8 考虑的结构类型

（a）抗弯框架（耗能区在梁上和柱的底部）

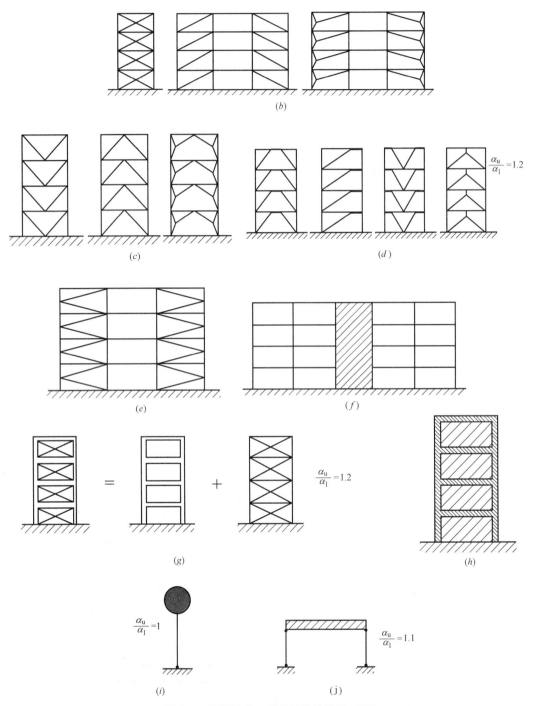

图 5.7　欧洲规范 8 考虑的结构类型（续）

（b）有中心对角支撑的框架（耗能区只在斜拉杆中）；（c）V 形支撑框架
（耗能区在受拉和受压斜杆中）；（d）偏心支撑框架（耗能区在弯曲或剪切连接中）；
（e）K 形支撑框架（不允许使用）；（f）有混凝土核芯筒或剪力墙的结构；
（g）抗弯框架与中心支撑组合的结构（耗能区在弯曲框架和斜拉杆中）；（h）有填充物
的抗弯框架；（i）柱基有耗能区的倒立摆；（j）柱构件中有耗能区的倒立摆

5.5.2　适用于所有结构类型的结构耗能性能的设计准则和细部构造规定

结构耗能区的设计和细部构造应确保屈服、局部屈曲或因滞回行为引起的其他现象不影响结构的整体稳定性。

为确保这一条件，欧洲规范 8 提供了适用于所有结构类型的一般设计要求。欧洲规范 8 将耗能区的位置设在构件上或连接件上。然而，如下所述，结构类型不同，设计准则和要求也不同。

5.5.2.1　截面的延性等级和规定

如上所述，欧洲规范 8 根据耗能区的塑性变形能力划分 3 个延性等级（即 DCL、DCM 和 DCH）。事实上，在低延性等级（DCL）的情况下，塑性变形很小，规范允许采用取值范围在 1.5～2.0 的系数 q 进行整体弹性分析，并根据欧洲规范 3 对结构单元（包括结构构件和连接）进行强度验算，不考虑承载力设计准则（只建议用于低地震区）。相反，中延性等级（DCM）和高延性等级（DCH）的结构耗能区分别有中等和较高的塑性变形能力。因此，为保证耗能构件有充足的延性，欧洲规范 8 从结构整体和局部两个层次给出了具体的设计规定。对于这两种延性等级（DCM 和 DCH），有一些规定适用于所采用的结构类型，也有一些是针对各种结构类型特别设定的，这些情况下，欧洲规范 8 建议系数 q 大于 2。假如地震作用下的受压或受弯耗能构件满足规定的截面要求（即通过限制局部长细比来限制大变形情况下的局部失稳），即可使用这个建议值。为此，欧洲规范 8 采用欧洲规范 3 中的截面分类，针对每一延性等级和系数 q 的值提出截面等级要求，详见表 5.5。

应注意的是，最近的一些研究（Mazzolani 和 Piluso，1992，1996；Gioncu 和 Mazzolani，1995；Gioncu，2000；Plumier，2000；Gioncu 和 Mazzolani，2002；Elghazouli，2010；D'Aniello 等，2012，2013；Güneyisi 等，2013，2014）已对欧洲规范的分类方法提出批评，主要是因为用很少的参数考虑梁的性能特征（Landolfo，2013）。事实上，欧洲规范仅建立了转动能力与材料和截面系数的联系，忽略了一些非常重要的性能参数，如翼缘与腹板间的相互作用、整体构件长细比、弯矩梯度、侧向约束和受力条件（Landolfo，2013）。

根据延性等级和性能系数基准值对耗能构件截面的等级要求　　　　　　　　　表 5.5

延性等级	性能系数 q 的基准值	截面等级要求
中延性等级（DCM）	$1.5 < q \leqslant 2.0$	1、2 或 3 级
	$2.0 < q \leqslant 4.0$	1 或 2 级
高延性等级（DCH）	$q > 4.0$	1 级

5.5.2.2　紧邻耗能区连接件的设计规定

为保证结构耗能构件的非耗能连接件有足够的强度，避免发生局部塑性应变，规范 EN 1998-1 第 6.5.5 条给出了适用于各类非耗能连接件的一般规定。连接件的超强系数应符合下式要求：

$$R_d \geqslant 1.1\gamma_{ov} \times R_{fy} \tag{5.12}$$

式中，R_d 为连接件的承载力；R_{fy} 为所连接耗能构件的塑性承载力，根据材料的设计屈服应力得到；γ_{ov} 为材料超强系数。

5.5.2.3 耗能连接件的设计准则和要求

在抗弯框架（MRFs）的情况下，规范 EN 1998-1 第 6.6.4 条允许使用耗能节点。特别是，若下述所有要求均得到满足，允许使用半刚性/局部加强耗能连接件：

(1) 连接件有与整体变形一致的转动能力；

(2) 在承载能力极限状态（ULS）下，与连接件相连的构件应稳定；

(3) 通过非线性静力（pushover）整体分析或非线性时程分析考虑了连接件变形对整体侧移的影响；

(4) 结构延性等级为 DCH 的耗能连接件的转动能力 θ_p 不小于 35 mrad；若为 DCM，则不小于 25 mrad，其中性能系数 $q > 2$。

最后一项要求可通过节点组合件的鉴定试验进行验证。为测量节点延性，欧洲规范 8 定义转角 θ_p 为节点的弦转角，即 $\theta_p = \delta / 0.5L$，其中 δ 为梁跨中的挠度，L 为梁的跨长。

塑性铰区的转动能力应能保证循环荷载作用下，其刚度和强度的退化不大于 20%。这一规定与目标耗能区无关。使用试验方法对节点性能进行评估时还有一个要求，欧洲规范 8 规定柱腹板的剪切变形不大于塑性转动能力 θ_p 的 30%。

5.5.3 抗弯框架的设计准则和详细规定

根据 DCM 和 DCH 的概念，为实现延性整体倒塌机制，要求抗弯框架（MRFs）在梁内或梁-柱连接处形成塑性铰，避免柱上形成塑性铰，框架基础、多层框架的顶层柱和单层框架除外。这种塑性机制通常称为"强柱弱梁"。这种塑性机制有很好的性能，利用了钢梁有利的耗能能力。相反，"强梁弱柱"具有非抗震设计的特征，由于柱的转动能力很差或有限，形成了过早的楼层倒塌机制。

除对截面类型的要求（如前 5.5.2.1 所述）外，为避免作用在梁上的压力和剪力削弱其塑性抗弯能力和转动能力，欧洲规范 8 对抗弯框架（MRFs）提出了附加条件。第 6.6.2（2）条规定在形成塑性铰的位置应满足下列要求：

$$\frac{M_{Ed}}{M_{pl,Rd}} \leqslant 1 \tag{5.13}$$

$$\frac{N_{Ed}}{N_{pl,Rd}} \leqslant 0.15 \tag{5.14}$$

$$\frac{V_{Ed}}{V_{pl,Rd}} \leqslant 0.5 \tag{5.15}$$

根据 EN 1993，M_{Ed}、N_{Ed}、V_{Ed} 为设计内力，$M_{pl,Rd}$、$N_{pl,Rd}$、$V_{pl,Rd}$ 为设计承载力。

通常，由于楼板的存在，抗弯框架中梁的轴力可忽略。但剪力的作用可能很大，应当限制以避免塑性铰区的弯剪相互作用。因此，梁两端的剪力可根据承载力设计原则，按下式计算：

$$V_{Ed} = V_{Ed,G} + V_{Ed,M} \tag{5.16}$$

式中，$V_{Ed,G}$ 为抗震设计状况下由重力作用引起的剪力；$V_{Ed,M}$ 为对应于梁端形成塑性铰的剪力（即 $V_{Ed,M} = (M_{pl,A} + M_{pl,B})/L$；$M_{pl,A}$ 和 $M_{pl,B}$ 为梁端截面 A 和 B 的取反号的塑性弯矩，L 为梁长）。

为满足"强柱弱梁"要求，可将通过弹性模型计算得到的柱的力乘以放大系数 Ω：

$$\Omega = \min\left(\frac{M_{pl,Rd,i}}{M_{Ed,i}}\right) \tag{5.17}$$

式中，$M_{Ed,i}$ 为抗震设计状况下第 i 根梁的弯矩设计值；$M_{pl,Rd,i}$ 为相应的塑性弯矩。对于所有有耗能区的梁，均需计算该比值，这点非常重要。

计算得到 Ω 后，根据欧洲规范 3 针对弯矩 M_{Ed}、剪力 V_{Ed} 和轴力 N_{Ed} 最不利组合的规定，按下列公式验算柱的所有承载力（包括构件稳定性）（规范 EN 1998-1 第 6.6.3（1）P 条）：

$$M_{Ed} = M_{Ed,G} + 1.1 \times \gamma_{ov} \times \Omega \times M_{Ed,E} \tag{5.18}$$

$$V_{Ed} = V_{Ed,G} + 1.1 \times \gamma_{ov} \times \Omega \times V_{Ed,E} \tag{5.19}$$

$$N_{Ed} = N_{Ed,G} + 1.1 \times \gamma_{ov} \times \Omega \times N_{Ed,E} \tag{5.20}$$

式中，$M_{Ed,G}$、$V_{Ed,G}$ 和 $N_{Ed,G}$ 为地震设计状况下作用组合中非地震作用引起的柱内力；$M_{Ed,E}$、$V_{Ed,E}$ 和 $N_{Ed,E}$ 为设计地震作用引起的柱内力；γ_{ov} 为材料超强系数。

除依据 Ω 对构件进行检查外，规范 EN 1998-1 第 4.4.2.3（4）项要求每个节点均应满足下式：

$$\frac{\sum M_{Rc}}{\sum M_{Rb}} \geqslant 1.3 \tag{5.21}$$

式中，$\sum M_{Rc}$ 为节点处所有柱的抗弯设计值之和；$\sum M_{Rb}$ 为节点处所有梁的抗弯设计值之和。

5.5.4　中心支撑框架的设计准则和详细规定

中心支撑框架（CBFs）由于支撑构件承受轴力而有桁架的性能特征。根据欧洲规范 8，受拉的对角支撑必须屈服成为耗能区，保护所连接的构件免遭损坏。因此，中心支撑框架的响应主要受支撑构件性能的影响。然而需注意的是，随着中心支撑框架的构造（图 5.8）不同，支撑构件的作用也不同。实际上，X 形和对角支撑的中心支撑框架中，斜压杆的耗能能力可忽略，侧向力仅分配给斜拉杆。相反，V 形和倒 V 形支撑框架中，斜拉杆和斜压杆均需考虑，这是支撑与梁相交的几何构型要求的。

根据延性等级和设计中使用的性能系数 q，受拉支撑需满足表 5.5 中的截面等级要求。此外，斜撑的设计及安置应使得在反向施加地震作用时，结构每一层在相应的反方向产生相似的水平荷载—挠度响应（规范 EN 1998-1 第 6.7.1（2）P 条）。若结构每层都满足以下条件，则认为此性能要求得到满足：

$$\frac{|A^+ - A^-|}{A^+ + A^-} \leqslant 0.05 \tag{5.22}$$

式中，A^+ 和 A^- 分别为水平地震作用沿正方向和负方向时，受拉斜撑横截面的竖向投影面积（图 5.9）。

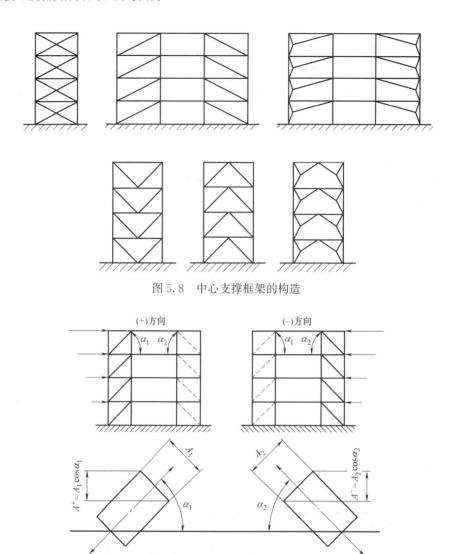

图 5.8 中心支撑框架的构造

图 5.9 式（5.22）所给规定的应用实例

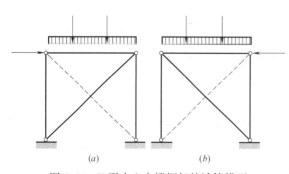

图 5.10 X 形中心支撑框架的计算模型

对于 X 形中心支撑框架（X-CBFs），斜撑的设计应使其总截面的屈服承载力 $N_{pl,Rd} \geqslant N_{Ed}$，$N_{Ed}$ 按单斜杆支撑（即斜杆受拉）的弹性模型确定。一般而言，为使每层的所有斜撑都只受拉，需建立两个模型，一个模型中所有斜撑向一个方向倾斜，另一个模型中斜撑都向相反方向倾斜，如图 5.10 所示。此外，撑杆的长细比必须满足 $1.3 \leqslant \bar{\lambda} \leqslant 2.0$（规范 EN 1998-1 第 6.7.3（1）条）。规定长细比下限值是为了限制斜撑传递至柱构件的最大轴向压力，规定上限值是为了防止在工作荷载下发生过度振动和屈曲。

与 X-CBFs 不同，倒 V 形支撑框架中受压的斜撑应进行抗压承载力设计，即 $\chi N_{\mathrm{pl,Rd}}$ $\geqslant N_{\mathrm{Ed}}$，$\chi$ 为按 EN 1993：1-1 规范第 6.3.1.2（1）款计算得到的屈曲折减系数，N_{Ed} 为轴力设计值。与 X-CBFs 不同，规范没有对无量纲的长细比 $\bar{\lambda}$ 设下限，仅保留了上限（$\bar{\lambda}$ $\leqslant 2$）。

对于所有类型支撑，为保证形成整体机制，欧洲规范 8 第 6.7.4（1）条规定梁柱构件应按下式进行承载力验算：

$$N_{\mathrm{pl,Rd}}(M_{\mathrm{Ed}}) \geqslant N_{\mathrm{Ed,G}} + 1.1\gamma_{\mathrm{ov}} \times \Omega \times N_{\mathrm{Ed,E}} \tag{5.23}$$

式中，$N_{\mathrm{pl,Rd}}(M_{\mathrm{Ed}})$ 为按 EN 1993：1-1 计算的梁柱轴向承载力设计值，考虑了地震设计状况下与弯矩设计值 M_{Ed} 的相互作用；$N_{\mathrm{Ed,G}}$ 为地震设计状况下作用组合中非地震作用引起的梁或柱的轴力；$N_{\mathrm{Ed,E}}$ 为设计地震作用引起的梁或柱的轴力；γ_{ov} 为材料超强系数；Ω 为最小超强比，$\Omega_i = N_{\mathrm{pl,Rd},i}/N_{\mathrm{Ed},i}$，其变化范围为 $\Omega \sim 1.25\Omega$ 之间。值得注意的是，为使斜杆承载力 $N_{\mathrm{pl,Rd},i}$ 的分布规律尽量吻合计算作用效应 $N_{\mathrm{Ed},i}$ 的分布规律，该方法规定必须沿结构高度选用不同斜撑截面。

此外，欧洲规范 8 仅对 V 形和倒 V 形中心支撑框架的梁构件进行了规定。事实上，对于这几种结构类型而言，其地震响应在很大程度上受梁构件性能的影响。这是因为在受压斜撑屈曲后，受压斜撑和受拉斜撑的轴向合力有一个垂直分量作用在所连接的梁上，引起很大的弯矩。这种情况下，应当避免在梁的跨中形成塑性铰，因为这会引起楼层水平承载力下降，导致屈服梁所在楼层有非弹性位移集中。为防止框架结构出现这一现象，欧洲规范 8 规定：①在不考虑斜撑的中间支承作用的情况下，支撑框架的梁必须能承担所有非地震作用；②梁的设计应使其足以承担受压及受拉支撑传递的竖向作用分量。计算该竖向分量时假定受拉支撑传递的力等于其屈服承载力（$N_{\mathrm{pl,Rd}}$），受压支撑传递的力等于折减后的初始屈曲承载力（$N_{\mathrm{b,Rd}}$），以考虑交变荷载作用下的强度下降。折减后的受压承载力可由 $\gamma_{\mathrm{pb}}N_{\mathrm{pl,Rd}}$ 进行估算，系数 γ_{pb} 的取值见国家附录，EN 1998 建议取 0.3。

5.5.5　偏心支撑框架的设计准则和详细规定

偏心支撑框架（EBFs）中，每根支撑至少有一端在连接时，隔离出一部分梁段可传递剪力及弯矩，称之为耗能梁段。典型 EBFs 的结构形式如图 5.11 所示。图中 4 种偏心支撑框架形式通常称为分离式 K 形支撑框架、D 形支撑框架、V 形支撑框架和倒 Y 形支撑框架。

耗能梁段为限制塑性发展的区域，这与中心支撑框架的情况不同，在中心支撑框架中支撑杆为耗能构件。这意味着中心支撑框架中支撑使用的模型近似方法不能用于偏心支撑框架，因为在偏心支撑框架中，斜撑为非耗能区域的一部分，应将其设计成地震条件下也能保持稳定。

根据塑性机制的不同，耗能梁段可分为以下 3 种类型：

（1）短梁——基本上由剪切屈服机制耗能；

（2）中长梁——剪切屈服和弯曲屈服两种机制共同耗能；

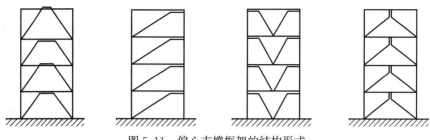

图 5.11　偏心支撑框架的结构形式

（3）长梁——基本上由弯曲屈服机制耗能。

影响耗能梁段塑性机制的力学参数是其长度"e"，该参数与耗能梁段截面塑性弯矩 $M_{p,link}$ 和塑性剪力 $V_{p,link}$ 的比值有关。根据规范 EN 1998-1 第 6.8.2（3）条，塑性弯矩和塑性剪力由下式计算：

$$M_{p,link}=f_y \times b \times t_f \times (d-t_f) \tag{5.24}$$

$$V_{p,link}=(f_y/\sqrt{3})t_w(d-t_f) \tag{5.25}$$

式中，f_y 为钢材屈服应力，d 为截面高度，t_f 为翼缘厚度，t_w 为腹板厚度。

对于耗能梁段两端可同时产生相同弯矩的情况（如分离式 K 形支撑框架），耗能梁段可进行如下分类：

短梁：
$$e \leqslant e_s = 1.6 \times \frac{M_{p,link}}{V_{p,link}} \tag{5.26}$$

长梁：
$$e \geqslant e_L = 3 \times \frac{M_{p,link}}{V_{p,link}} \tag{5.27}$$

中长梁：
$$e_s < e < e_L \tag{5.28}$$

对于只在一端产生一个塑性铰的耗能梁段（如倒 Y 形支撑框架中，与梁相连的一端产生弯曲塑性铰，与支撑相连的另一端则保持弹性状态），上述公式可按规范 EN 1998 第 6.8.2（9）条进行扩展：

短梁：
$$e \leqslant e_s = 0.8 \times (1+\alpha)\frac{M_{p,link}}{V_{p,link}} \tag{5.29}$$

长梁：
$$e \geqslant e_L = 1.5 \times (1+\alpha)\frac{M_{p,link}}{V_{p,link}} \tag{5.30}$$

中长梁：
$$e_s < e < e_L \tag{5.31}$$

式中，α 为地震设计状况下耗能梁段一端较小弯矩 $M_{Ed,A}$ 与可能形成塑性铰的另一端较大弯矩 $M_{Ed,B}$ 的比值，两弯矩均采用绝对值。

值得注意的是，耗能梁段塑性机制与其延性能力，即耗能梁段为了满足地震延性需求而提供的塑性转角，直接相关。

耗能梁段转角可用耗能梁段与其相邻构件间的转角 θ_p 进行定义。图 5.12 显示了 θ_p 的定义，可确定用以估算耗能梁段转角的公式，该转角与结构整体变形相协调。显然，耗能梁段越短，其延性需求越大。

规范 EN 1998-1 第 6.8.2（10）条指出耗能梁段的转角不得超过以下规定值：

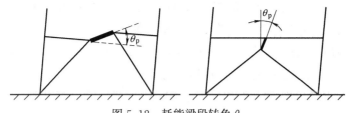

图 5.12　耗能梁段转角 θ_p

短梁：　　　　　　　　　　$\theta_p \leqslant \theta_{pR} = 0.08\text{rad}$　　　　　　　　(5.32)

长梁：　　　　　　　　　　$\theta_p \leqslant \theta_{pR} = 0.02\text{rad}$　　　　　　　　(5.33)

中长梁：　　　　　　　　$\theta_p \leqslant \theta_{pR}$，由上述两值线性插值确定　　　(5.34)

为保证结构形成延性倒塌机制，需对基于弹性模型计算得到的连接件、梁、柱的荷载效应按欧洲规范 8 结构能力设计的概念进行放大。可通过乘放大系数 Ω 来实现，其值为下列数值中的较小值：

（1）所有短梁 $\Omega_i = 1.5 V_{p,\text{link},i}/V_{Ed,i}$ 的最小值；

（2）所有中长梁及长梁中 $\Omega_i = 1.5 M_{p,\text{link},i}/M_{Ed,i}$ 的最小值。

其中 $V_{Ed,i}$ 和 $M_{Ed,i}$ 分别为地震设计状况下第 i 个耗能梁段的剪力设计值和弯矩设计值；$V_{p,\text{link},i}$ 为剪切屈服承载力设计值，由式（5-24）确定；$M_{p,\text{link},i}$ 为弯曲屈服承载力设计值，由式（5-25）确定。

计算得到放大系数 Ω 后，按下式（见规范 EN 1998-1 第 6.8.3（1）条）对框架的斜撑构件和柱构件进行验算：

$$N_{pl,Rd}(M_{Ed},V_{Ed}) \geqslant N_{Ed,G} + 1.1\gamma_{ov} \times \Omega \times N_{Ed,E}\qquad(5.35)$$

式中，$N_{pl,Rd}(M_{Ed},V_{Ed})$ 为按 EN 1993：1-1 计算的柱构件或斜撑构件的轴向承载力设计值，需考虑地震设计状况下其与弯矩设计值 M_{Ed} 和剪力设计值 V_{Ed} 的相互作用；$N_{Ed,G}$ 为地震设计状况下作用组合中非地震作用引起的柱构件或斜撑构件的轴力；$N_{Ed,E}$ 为设计地震作用引起的柱构件或斜撑构件的轴力；γ_{ov} 为材料超强系数。

任何情况下，由地震作用及非地震作用引起的轴力（$N_{Ed,E}$，$N_{Ed,G}$）均直接按弹性模型计算。

5.6　设计实例：多层抗弯框架建筑结构

下面为一个按 EN 1998-1：2005 以及地震区多层钢结构主要设计准则进行设计的 6 层抗弯框架结构实例。先对典型抗弯框架结构的响应和设计准则进行初步描述，然后对本实例结构进行详细分析和结构构件验算。

5.6.1　建筑概况

该实例为一个 6 层办公楼，建筑平面尺寸为 18.0m×18.0m。标准层层高为 3.5m，首层层高为 4.0m。抗侧力体系设置在结构平面外围。假定内部框架只承受重力荷载，忽略其抗侧承载力。采用二维框架模型进行设计，选择合理的重力荷载和地震荷载的从属面积。图 5.13 和图 5.14 给出了结构的概念示意图，其中图 5.13 为典型建筑平面，给出了抗侧力体系的位置（其中黑实线所示为抗弯框架位置）。

按 EN 1993 和 EN 1998-1 中的规定进行结构设计。所有框架构件均采用 S355 钢，材料超强系数 γ_{ov} 为 1.25。构件截面选用通用的可商购标准截面。根据高延性等级（DCH）的要求（表 5.5），所有钢构件截面均采用按 EN 1993 进行截面等级划分的第一类截面。

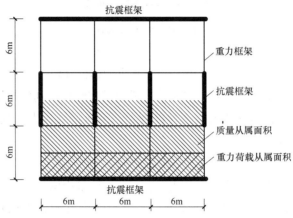

图 5.13　平面图和多层抗弯框架位置

图 5.14　多层抗弯框架

所有楼板均采用带压型钢板的组合楼板，组合楼板应足以承担竖向荷载，水平刚度很大，可将地震作用传递至抗震框架。楼板由抗弯框架两个主跨方向的热轧工字钢梁支撑。首层楼板的梁两端均为铰接，这是因为假定基础对该层有水平约束作用（图 5.14）。楼板与梁之间采用延性栓钉进行连接，栓钉穿过钢板直接焊接到梁翼缘。根据规范 EN 1998-1 第 7.7.5 条，为避免与梁柱连接产生组合效应，楼板在柱构件周围直径为 $2b_{eff}$ 的圆形区域内与钢框架不进行任何连接，其中 b_{eff} 为与柱相连的各个梁构件有效宽度的较大值。所有梁柱连接均视为刚性等强度。底柱与基础的连接为铰支，因为基础使其不能平移，如图 5.14 所示。

5.6.2　设计作用

5.6.2.1　单位荷载特征值

表 5.6 列出了永久作用荷载特征值 G_k 和可变作用荷载特征值 Q_k。楼板自重包括钢板、充填混凝土、楼面铺装层和隔墙。根据式（5.6）进行竖向荷载组合。

竖向永久作用和可变作用特征值　　　　　　　　　　　　　表 5.6

位置	作用(kN/m²)	
	永久作用	可变作用
中间楼层	5.8	3
屋面	5.0	3

5.6.2.2　质量

表 5.7 给出该设计实例中框架各层的质量，由式（5.7）进行组合确定。

各层地震参与质量　　　　　　　　　　　　　　　表 5.7

位置	荷载(t)
中间层	110.64
顶层	97.43

5.6.2.3　地震作用

假定峰值地面加速度为 $a_{\text{gR}}=0.25g$（g 为重力加速度），C 类场地，Ⅰ形反应谱。综合考虑建筑功能及重要性，结构重要性系数 γ_1 取 1.0。式（5.1）和式（5.2）中的反应谱参数为 $S=1.15$，$T_B=0.20\text{s}$，$T_C=0.60\text{s}$，$T_D=2.00\text{s}$。此外，水平设计反应谱下限 β 按国家附录取值。该手册中取 $\beta=0.2$，与规范 EN 1998-1 第 3.2.2.5 款的建议值一致。

该设计实例为有多个抗弯框架的高延性等级（DCH）结构，性能系数可根据式（5.11）确定，即：

$$q=\frac{\alpha_{\text{u}}}{\alpha_1}\times q_0=1.3\times 5=6.5 \tag{5.36}$$

式中，q_0 为立面规则系统的性能系数的基准值（表 5.4），$\alpha_{\text{u}}/\alpha_1$ 为塑性重分布参数（第 5.5.1 节）。

图 5.15 为承载能力极限状态的弹性反应谱与设计反应谱。

对于正常使用极限状态，每层侧移不得大于层高的 0.75%（与框架相连的非结构构件为延性的），为此首先考虑限制层间位移敏感系数 θ（按式（5.4）计算），令其小于 0.1，从而忽略 P-Δ 效应。然而，$\theta<0.1$ 的条件得到的设计结果不切实际（即所求钢材截面尺寸过大）。在该例中将 θ 调整为 $0.1<\theta<0.2$，地震作用效应的放大系数取 $1/(1-\theta)$，根据式（5.5）计算。

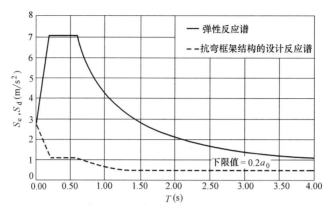

图 5.15 抗弯框架结构的弹性反应谱和设计反应谱

5.6.3 计算模型和结构分析

结构计算模型需反映其刚度和质量的分布，从而能对地震作用下结构主要振型和惯性力进行合理考虑（EN 1998-1 第 4.3.1 条）。

采用二维平面计算模型，该结构满足规范 EN 1998-1 第 4.2.3.2 款和第 4.3.3.1（8）款的条件（本章第 5.4.3 节对此有简单说明），根据规范第 4.3.1（5）条，可采用平面计算模型进行分析。

计算模型中，柱在通过每层梁时均为贯通连续，认为抗弯框架的所有构件均连接良好，且为完全刚性连接，节点域柔度不予考虑。

假定楼板为平面内刚性，将结构质量集中在各楼层选定的某个主节点上，这意味着计算模型中梁构件的轴力为零，对于抗弯框架结构，这一简化处理可接受。

因为结构的刚度和质量在平面内完全对称分布，为保证扭转强度和刚度最小，限制不可预见的扭转效应带来的后果，EN1998-1 引入了偶然扭转效应。偶然扭转效应考虑刚度和质量分布的不确定性以及地震动绕垂轴的可能扭转分量。如第 5.4.2 节所述，偶然偏心的影响可采用简化方法，通过系数 δ 放大由弹性模型得到的地震荷载进行考虑，本算例同样采用这种方法。本算例中的系数 δ 通过下式计算：

$$\delta=1+1.2\times\frac{x}{L_e}=1+1.2\times\frac{0.5L_e}{L_e}=1.6 \qquad (5.37)$$

地震设计状况下的地震作用效应根据弹性振型反应谱分析确定（规范 EN 1998-1 第 4.3.3.1（2）款），可采用图 5.15 所示的设计谱。根据规范 EN 1998-1 第 4.3.3.3.1（3）项，需考虑满足以下任一条件的振型：

1）所考虑振型的振型有效质量之和应不小于结构总质量的 90％；

2）振型有效质量超过结构总质量 5％的所有振型均应考虑。

本实例中，考虑满足条件 1）的第一振型和第二振型。前两阶振型及其对应的自振周期 T_i 与质量参与系数 M_i 如图 5.16 所示。由于 $T_2 \leqslant 0.9T_1$，认为第一振型和第二振型在 X、Y 方向均相互独立（规范 EN 1998-1 第 4.3.3.3.2 项），所以采用 SRSS（平方和再开方）方法进行振型组合。

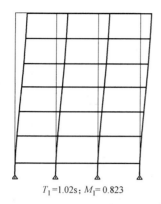
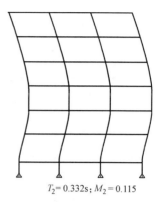

$T_1 = 1.02\text{s}; M_1 = 0.823$

$T_2 = 0.332\text{s}; M_2 = 0.115$

图 5.16 计算模型的基本动力特性

为了理解更清楚，分别给出地震设计状况下竖向荷载作用下的内力图（即弯矩、剪力和轴力），及根据设计反应谱分析得到的内力图，如图 5.17 所示。

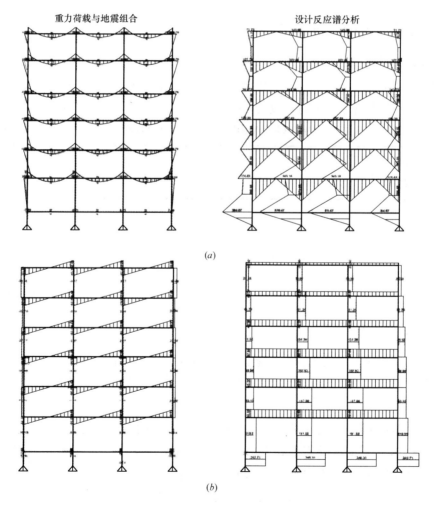

图 5.17 抗弯框架的内力

（a）弯矩；（b）剪力

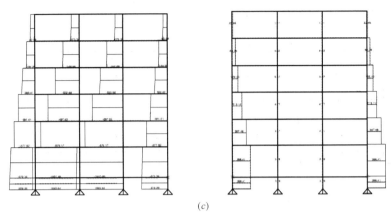

(c)

图 5.17 抗弯框架的内力（续）

(c) 轴力

5.6.4 框架稳定性和二阶效应

P-Δ 效应通过式（5.4）给出的层间位移敏感系数 θ 考虑，列于表 5.8。由表 5.8 可知，系数 α 的范围通常为 0.1～0.2。因此，为考虑二阶效应，将地震效应乘以系数 α 的最大值（表 5.8 中用粗体表示）进行放大，α 根据式（5.5）针对 $\theta>0.1$ 的楼层计算得到。

抗弯框架（MRFs）各楼层的稳定系数　　　　　　　表 5.8

楼层	P_{tot} (kN)	V_{tot} (kN)	h (mm)	d_r (mm)	$\theta=\dfrac{P_{tot}\times d_r}{V_{tot}\times h}$	$\alpha=\dfrac{1}{(1-\theta)}$
6	955.35	105.48	3500	24	0.07	1.07
5	2040.32	191.36	3500	34	0.11	1.12
4	3125.29	257.39	3500	43	0.16	1.19
3	4210.27	309.83	3500	46	0.19	1.23
2	5295.24	350.14	3500	47	**0.20**	**1.25**
1	6380.21	375.06	4000	42	0.18	1.21

5.6.5 梁的设计和验算

假设所有梁都进行了适当约束，能够抵抗侧向弯扭屈曲。除了验算竖向荷载作用下的承载能力极限状态外（EN 1993：1-1 有详细规定），还需验算地震荷载组合作用下的受弯承载力和受剪承载力。

所有梁都满足式（5.13）、式（5.14）和式（5.15）的要求。表 5.9 列出了外跨和内跨（图 5.13）梁端截面的受弯承载力验算和相应超强系数 Ω_i。实际上，由于结构对称，其余跨度位置上的地震作用效应只需简单映射就可得知。

由表 5.9 可知，最小的超强系数 Ω_{min} 为 2.76（表 5.9 中用粗体表示）。通过对表 5.9 中的数值进行分析，超强系数较大。需强调的是，采用较大的截面尺寸是为了提供足够的抗侧刚度。

表 5.10 为上述梁构件的受剪承载力验算，其中由地震作用引起的剪力 $V_{Ed,F}$ 按式 (5.16) 计算。由表 5.10 可知，所有梁均满足式 (5.15) 的要求。

抗弯框架梁的受弯承载力验算　　　　表 5.9

楼层		左端				右端				Ω_{min}
		$M_{Ed,G}$	$M_{Ed,E}$	M_{Ed}	Ω_i	$M_{Ed,G}$	$M_{Ed,E}$	M_{Ed}	Ω_i	
		(kN·m)	(kN·m)	(kN·m)		(kN·m)	(kN·m)	(kN·m)		
外跨	6	81.11	71.73	171.02	4.55	77.59	68.77	163.79	4.76	
	5	92.22	137.97	265.16	3.73	71.17	134.26	239.46	4.13	
	4	89.67	186.06	322.89	3.06	73.03	179.69	298.27	3.32	
	3	90.03	270.54	429.15	2.91	72.86	256.77	394.71	3.16	
	2	86.98	291.04	451.79	**2.76**	76.27	281.07	428.59	2.91	
	1	81.46	279.92	432.33	2.88	80.82	272.00	421.77	2.96	**2.76**
内跨	6	82.79	75.25	177.11	4.40	82.79	75.25	177.11	4.40	
	5	82.96	143.66	263.04	3.76	82.96	143.66	263.04	3.76	
	4	83.10	186.50	316.87	3.12	83.10	186.50	316.87	3.12	
	3	83.34	260.32	409.65	3.04	83.34	260.32	409.65	3.04	
	2	83.64	285.04	440.93	2.83	83.64	285.04	440.93	2.83	
	1	83.88	273.09	426.19	2.93	83.88	273.09	426.19	2.93	

抗弯框架梁的受剪承载力验算　　　　表 5.10

楼层		左端					右端			
		$V_{pl,Rd}$ (kN)	$V_{Ed,G}$ (kN)	$V_{Ed,E}$ (kN)	V_{Ed} (kN)	$\dfrac{V_{Ed}}{V_{pl,Rd}}$	$V_{Ed,G}$ (kN)	$V_{Ed,E}$ (kN)	V_{Ed} (kN)	$\dfrac{V_{Ed}}{V_{pl,Rd}}$
外跨	6	1236.97	83.66	259.62	343.28	0.28	82.49	259.62	342.11	0.28
	5	1474.17	87.00	329.80	416.80	0.28	79.99	329.80	409.79	0.28
	4	1474.17	86.27	329.80	416.07	0.28	80.27	329.80	410.07	0.28
	3	1717.56	86.86	415.59	502.45	0.29	81.14	415.59	496.73	0.29
	2	1717.56	85.79	415.59	501.38	0.29	82.22	415.59	497.81	0.29
	1	1717.56	84.11	415.59	499.70	0.29	83.90	415.59	499.49	0.29
内跨	6	1236.97	83.07	259.62	342.69	0.28	83.07	259.62	342.69	0.28
	5	1474.17	83.49	329.80	413.29	0.28	83.49	329.80	413.29	0.28
	4	1474.17	83.49	329.80	413.29	0.28	83.49	329.80	413.29	0.28
	3	1717.56	84.0	415.59	499.59	0.29	84.00	415.59	499.59	0.29
	2	1717.56	84.00	415.59	499.59	0.29	84.00	415.59	499.59	0.29
	1	1717.56	84.00	415.59	499.59	0.29	84.00	415.59	499.59	0.29

为更清楚理解，根据表 5.9 和表 5.10 中的数值，第一层外跨梁左端截面的地震需求可按下式计算：

$$M_{Ed} = M_{Ed,G} + \alpha \times M_{Ed,E} = 81.46 + 1.25 \times 279.92 = 432.33 \text{kN·m} \tag{5.38}$$

$$V_{Ed} = V_{Ed,G} + V_{Ed,M} = V_{Ed,G} + \left(\frac{2M_{pl,Rd}}{L_b}\right) = 84.11 + \left(\frac{2 \times 1246.76}{6}\right) = 499.70 \text{ kN} \tag{5.39}$$

式中，$M_{Ed,G}$ 和 $M_{Ed,E}$ 分别为重力荷载（$G_k + 0.3Q_k$）和地震荷载作用下由数值模型确定的弯矩；α 为稳定性系数（表 5.8）；$V_{Ed,G}$ 为地震设计状况重力荷载作用下由数值模型确定的剪力；$V_{Ed,M}$ 为梁两端形成塑性铰时的剪力（式（5.16））。

5.6.6 柱的设计和验算

柱构件按第 5.5.3 节所述准则进行验算，应用整体等级标准，根据式（5.18）、式（5.19）和式（5.20）进行。为此，还需考虑二阶效应，将计算得到的弹性地震作用力用 $1.1\gamma_{ov}\Omega$ 进行放大。

表 5.11 和表 5.12 列出了抗弯框架边柱（图 5.14）的承载力验算。

弯矩和轴向压力作用下，柱的稳定性按规范 EN 19931-1 第 6.3.3（4）条进行验算。因为连接强度计算的规定由欧洲规范 3 给出，读者可参见相关欧洲规范中稳定性验算的算例。

抗弯框架柱的受弯承载力验算 表 5.11

楼层		$M_{Ed,G}$ (kN·m)	$M_{Ed,E}$ (kN·m)	M_{Ed} (kN·m)	$N_{Ed,G}$ (kN)	$N_{Ed,E}$ (kN)	N_{Ed} (kN)	$M_{N,Rd}$ (kN·m)	$\dfrac{M_{Ed}}{M_{N,Rd}}$
柱顶端	6	81.11	71.73	422.27	83.66	23.44	195.15	2518.37	0.17
	5	38.65	127.74	646.23	179.94	68.80	507.17	2518.37	0.26
	4	48.74	141.73	722.83	275.47	129.09	889.44	2816.22	0.26
	3	43.67	170.32	853.75	371.87	215.04	1394.65	2816.22	0.30
	2	45.75	152.53	771.21	467.20	307.47	1929.61	3114.06	0.25
	1	32.64	111.57	563.28	561.11	396.41	2446.52	3021.14	0.19
柱底端	6	53.57	25.49	129.34	92.93	23.44	204.42	2518.37	0.05
	5	40.93	62.06	225.42	189.20	68.80	516.43	2518.37	0.09
	4	46.35	116.32	392.13	285.01	129.09	898.98	2816.22	0.14
	3	41.23	150.48	488.55	381.41	215.04	1404.19	2816.22	0.17
	2	48.81	174.22	566.72	477.00	307.47	1939.41	3114.06	0.18
	1	7.89	356.06	1066.34	572.32	396.41	2457.73	3017.91	0.35

抗弯框架柱的受剪承载力验算 表 5.12

楼层	$V_{Ed,G}$ (kN)[①]	$V_{Ed,E}$ (kN)[②]	V_{Ed} (kN)[③]	$V_{pl,Rd}$ (kN)	$\dfrac{V_{Ed}}{V_{pl,Rd}}$
6	38.48	25.33	158.95	2654.22	0.06
5	22.74	51.74	268.85	2654.22	0.10
4	27.17	71.52	367.36	2861.23	0.13
3	24.26	89.94	452.06	2861.23	0.16
2	27.02	92.13	465.20	3068.24	0.15
1	10.13	118.51	573.80	3068.24	0.19

---

① 原著里单位为 kN·m，应为 kN。

② 原著里单位为 kN·m，应为 kN。

③ 原著里单位为 kN·m，应为 kN。

更详细点，在表 5.11 和表 5.12 的基础上，第一层边柱顶端满足抗震要求的设计内力按下列公式计算：

$$M_{Ed} = M_{Ed,G} + \alpha \times 1.1\gamma_{ov} \times \Omega \times M_{Ed,E}$$

$$= 32.64 + (1.25 \times 1.1 \times 1.25 \times 2.76) \times 111.57 = 563.28 \text{kN} \cdot \text{m} \quad (5.40)$$

$$N_{Ed} = N_{Ed,G} + \alpha \times 1.1\gamma_{ov} \times \Omega \times N_{Ed,E}$$

$$= 561.11 + (1.25 \times 1.1 \times 1.25 \times 2.76) \times 396.41 = 2446.52 \text{kN} \quad (5.41)$$

$$V_{Ed} = V_{Ed,G} + \alpha \times 1.1\gamma_{ov} \times \Omega \times V_{Ed,E}$$

$$= 10.13 + (1.25 \times 1.1 \times 1.25 \times 2.76) \times 118.51 = 573.80 \text{kN} \quad (5.42)$$

由上述计算可见，地震效应通过 $\alpha \times 1.1\gamma_{ov} \times \Omega \times M_{Ed,E} = 1.25 \times 1.1 \times 1.25 \times 2.7 = 4.74$ 进行了放大，这显著提高了设计内力。

值得注意的是，虽然设计内力很大，为满足层间位移限制，柱构件沿建筑高度需采用等截面，这也是表 5.11 和表 5.12 中系数很大的原因。

除构件验算外，规范 EN 1998-1 第 4.4.2.3（4）款还规定了每个节点的局部等级标准，见第 5.5.3 节中式（5.21）。表 5.13 列出了边节点和内节点的验算。为了理解更清楚，下面为抗弯框架中一个首层内节点的详细验算过程：

$$\sum M_{Rc} = 2M_{Rc} = 2 \times 3741.7 = 7483.4 \text{kN} \cdot \text{m}$$

$$\sum M_{Rb} = 2M_{Rb} = 2 \times 1246.76 = 2493.52 \text{kN} \cdot \text{m} \quad (5.43)$$

$$\frac{\sum M_{Rc}}{\sum M_{Rb}} = 3.0 > 1.3$$

抗弯框架（MRF）中边柱和内柱的局部等级标准　　　　　表 5.13

楼层	边节点			内节点			
	M_{Rc} (kN·m)	M_{Rb} (kN·m)[①]	$\dfrac{\sum M_{Rc}}{\sum M_{Rb}}$	M_{Rc} (kN·m)	$M_{Rb, leftside}$ (kN·m)	$M_{Rb, rightside}$ (kN·m)	$\dfrac{\sum M_{Rc}}{\sum M_{Rb}}$
6	2518.37	778.87	3.23	3114.06	778.87	778.87	2.00
5	2518.37	989.39	5.09	3114.06	989.39	989.39	3.15
4	2816.22	989.39	5.39	3114.06	989.39	989.39	3.15
3	2816.22	1246.76	4.52	3114.06	1246.76	1246.76	2.50
2	3114.06	1246.76	4.76	3741.70	1246.76	1246.76	2.75
1	3114.06	1246.76	5.00	3741.70	1246.76	1246.76	3.00

5.6.7　抗弯框架（MRF）的损伤极限验算

损伤极限要求已得到满足。实际上，根据式（5.9）计算的层间位移小于层高 h 的 0.75%。假设位移折减系数 ν 等于建议值 $\nu = 0.5$（因为数值算例的结构为 Ⅱ 级结构）。根据规范 EN1998-1 第 4.3.4 条，该极限状态下地震作用引起的位移 d_s 按式（5.10）计算。

表 5.14 为验算结果，列出了地震荷载组合作用下楼层的侧向位移。最大层间位移比为 0.67%，出现在第二层与第三层之间。

---

① 原著里单位为 kN，应为 kN·m。

表 5.14

损伤极限状态下抗弯框架（MRF）的层间位移比

楼层	h (mm)	d_e (mm)	$d_s = d_e \times q$ (mm)	d_r (mm)	$v\dfrac{d_r}{h}$
6	3500	36.16	235.04	24	0.34%
5	3500	32.48	211.12	34	0.49%
4	3500	27.2	176.80	43	0.61%
3	3500	20.64	134.16	46	0.65%
2	3500	13.6	88.40	47	0.67%
1	4000	6.4	41.60	42	0.52%

5.7 设计实例：多层中心支撑框架建筑结构

本节根据 EN 1998-1：2005 给出了一个 6 层中心支撑框架结构的设计实例。与前述抗弯框架（MRF）实例一样，先给出典型中心支撑框架结构（CBF）的结构响应和设计准则的初步描述，然后对具体结构实例进行分析，给出结构构件验算的详细情况。

5.7.1 建筑概况

建筑平面图与第 5.6.1 节的实例相同。与抗弯框架（MRF）相同，抗侧力体系布置在建筑周边。假设内框架为重力框架，忽略其抗侧向能力。设计中使用二维框架模型，并为重力荷载和地震荷载选择合适的从属面积。典型的建筑设计和抗侧力体系布置如图 5.18（中心支撑框架（CBF）的位置用粗线表示）和图 5.19 所示。

按 EN 1993 和 EN 1998-1 的规定进行结构设计。所有框架构件采用 S355 钢，超强系数 $\gamma_{ov} = 1.25$。构件截面选用商品化的通用标准截面。根据 DCH（高延性等级）要求（表 5.5），所有钢构件均采用根据 EN1993 截面等级划分方法的 1 级截面。

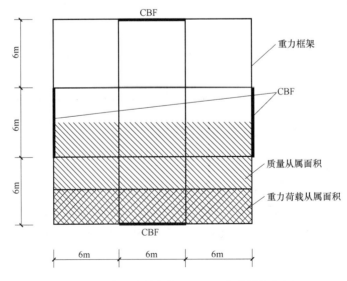

图 5.18 中心支撑框架（CBF）的设计与布置

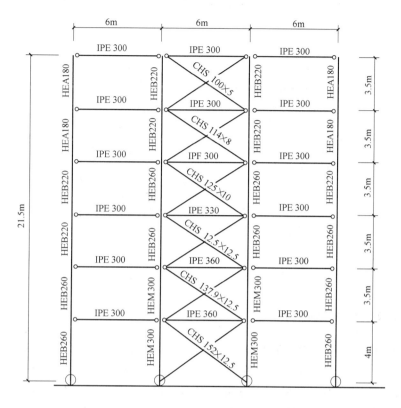

图 5.19　中心支撑框架（CBF）的构造

所有楼层均采用压型钢板组合楼板，组合楼板的设计使其能抵抗竖向荷载，并能起到水平刚性隔板的作用，将地震作用传递到抗震框架上。楼板由中心支撑框架两个主跨方向的热轧工字钢梁支撑。楼板与梁之间采用延性的抗剪栓钉连接，栓钉直接穿过钢板与梁翼缘进行焊接。假设梁两端采用简单铰接（图 5.19）。支撑两端采用铰接，中间相交位置采用刚性连接。柱和基础之间采用铰接。

5.7.2　设计作用

5.7.2.1　单位荷载特征值

永久作用（G_k）和可变作用（Q_k）的特征值与前面抗弯框架（MRF）实例中所考虑的相同，见表 5.6（第 5.6.2.1 小节）。根据式（5.6）对竖向作用进行组合。

5.7.2.2　质量

同重力荷载一样，中心支撑框架（CBF）的质量与前面实例相同（表 5.7）。根据式（5.7）对质量进行组合。

5.7.2.3　地震作用

本算例中使用的弹性加速度反应谱与前面抗弯框架（MRF）算例（第 5.6.2.3 小节）相同。为满足结构高延性等级（DCH）要求，本例取性能系数 $q=4$（表 5.4）。

图 5.20 所示为承载能力极限状态的弹性反应谱和设计反应谱。

对于正常使用极限状态，层间位移限值取层高的 0.75%（包括与框架相连的延性非结构构件）。

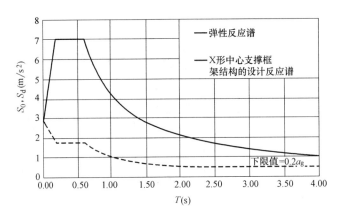

图 5.20　中心支撑框架结构的弹性反应谱和设计反应谱

5.7.3　计算模型和结构分析

与前述算例相同，采用二维平面模型。与抗弯框架结构不同的是，对于 X 形中心支撑框架结构，为使每层的所有支撑都可能受拉，单个平面框架需考虑两种不同的模型，分别为斜撑按一个方向布置，另一个按相反方向布置（图 5.10）。本算例中，结构完全对称，意味着由斜撑方向相反的两个模型计算的地震力是轴对称的。因此，可用一个模型考虑两个方向的地震作用。

建模时的一般性假设如下：①只模拟受拉的对角支撑；②梁柱连接采用柱贯通型；③梁与斜撑间的连接均假定为铰接；④因为可认为楼面自身平面内刚度无限大，每层质量集中到选定的主节点上，这一假设意味着计算模型中梁轴力为 0。因此，梁的轴力根据图 5.21 所示隔离体上的力手算得到。

由偶然偏心产生的扭转效应可通过式（5.37）表示的系数 δ 进行修正，即利用 δ 将由弹性模型计算的地震力放大。

地震设计状况的地震作用效应可通过对结构施加侧向力的水平力方法得到（规范 EN 1998-1 第 4.3.3.2 款），侧向力通过图 5.20 所示的设计谱计算。根据规范 EN 1998-1 第 4.3.3.2.2 项，设计基底剪力为 $F_b = S_d(T_1) \cdot m \cdot \lambda$，式中 $S_d(T_1)$ 为设计反应谱中 T_1 对应的纵坐标；T_1 为建筑物振动的基本周期；m 为基础以上建筑物总质量；λ 为修正系数，当 $T_1 < 2T_c$（T_c 为反应谱的拐点周期，如图 5.2 所示）且建筑物超过两层时，λ 取 0.85。

由于已经进行了线弹性分析，建筑物振动基本周期 T_1 按下式估算：

$$T_1 = C_t \times H^{3/4} \tag{5.44}$$

式中，C_t 取 0.05；H 为建筑物高度，单位为 m，从基础或刚度较大的地下室顶板算起。

水平地震力的分布根据规范 EN 1998-1 第 4.3.3.2.3（3）项计算，公式如下：

$$F_i = F_b \times \frac{z_i \times m_i}{\sum z_j \times m_j} \tag{5.45}$$

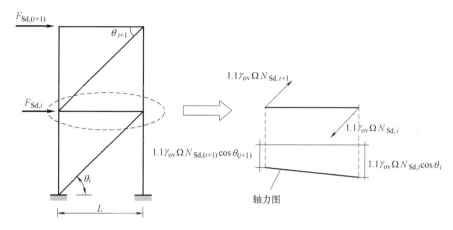

图 5.21　支撑跨的梁轴力计算

式中，z_i、z_j 分别为质量 m_i 和 m_j 的计算高度，自地震作用位置（基础或刚度较大的地下室顶板）算起。

图 5.22 所示为单斜杆支撑模型在重力荷载和地震力共同作用下的内力（即弯矩、剪

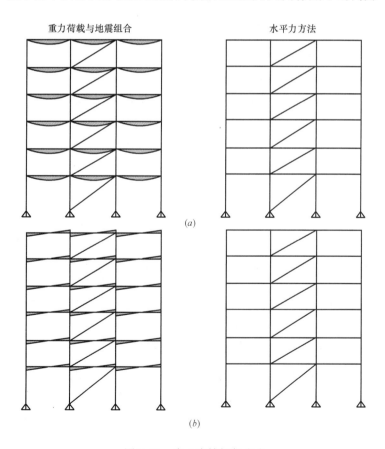

图 5.22　中心支撑框架内力

（a）弯矩；（b）剪力

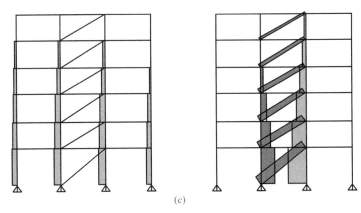

(c)

图 5.22　中心支撑框架内力（续）

(c) 轴力

力和轴力）。地震力在柱中引起的剪力和弯矩通过柱的弯曲连续性计算。然而，可以看出这部分剪力和弯矩与重力产生的剪力和弯矩相比可忽略不计。这一计算结果与模型假设条件及格构式结构方案相符。此外，如前所述，由于刚性楼板的约束作用，梁轴力为 0。

5.7.4　框架稳定性和二阶效应

$P\text{-}\Delta$ 效应通过式（5.4）表示的层间位移敏感系数 θ 考虑，列于表 5.15。从表 5.15 中可看出 θ 的值均小于 0.1，因此可忽略二阶效应。

X 形中心支撑框架结构（X-CBFs）各楼层的稳定性系数　　　　表 5.15

楼层	p_{tot}（kN）	V_{tot}（kN）	h（mm）	d_r（mm）	$\theta=\dfrac{p_{tot}d_r}{V_{tot}h}$	$\alpha=\dfrac{1}{1-\theta}$
6	955.35	242.13	3500	1.76	0.002	1.002
5	2040.32	473.19	3500	1.6	0.002	1.002
4	3125.29	659.32	3500	1.6	0.002	1.002
3	4210.27	800.53	3500	1.28	0.002	1.002
2	5295.34	896.80	3500	1.28	0.002	1.002
1	6380.21	948.15	4000	1.44	0.002	1.002

5.7.5　X 形中心支撑框架（X-CBFs）斜撑的设计和验算

斜撑采用圆管截面，材料为钢材 S355。按规范 EN 1993：S1-1 第 5.6 节的规定，斜撑的截面等级为 1 级（$d/t \leqslant 50\varepsilon^2$，式中 d 为截面外径，t 为壁厚，$\varepsilon=\sqrt{235/f_y}$）。表 5.16 为采用的斜撑截面及径厚比 d/t，可看出表中的径厚比 d/t 始终小于 1 级截面的限值 $50\varepsilon^2$。

圆管截面适用于满足长细比限制要求（$1.3 < \bar{\lambda} \leqslant 2.0$）的情况，并且能最大程度地降低斜撑超强系数 $\Omega_i = N_{pl,Rd}/N_{Ed}$ 的变异性，斜撑超强系数的变化范围为 $\Omega \sim 1.25\Omega$（如第 5.5.4 节所述）。斜撑超强系数在设计中尤为重要。表 5.17 列出所选截面、相应长细比（λ 和 $\bar{\lambda}$）、轴向塑性承载力（$N_{pl,Rd}$）、地震荷载组合作用下的轴力（N_{Ed}）、超强系数 Ω_i 及其沿建筑高度的变化率（$(\Omega_i - \Omega)/\Omega$）。超强系数 Ω 的最小值为 1.05（表 5.17 中黑体显示）。因此，按第 5.5.4 节规定的承载力设计标准，由分析模型得到的地震弹性力应乘

以放大系数 $1.1\gamma_{\text{ov}}\Omega=1.1\times1.25\times1.05=1.44$。

X 形支撑截面特性

表 5.16

楼层	斜撑截面 $d\times t$(mm×mm)	d (mm)	t (mm)	d/t	$50\varepsilon^2$
6	100×5	100	5	20	33.10
5	114×8	114	8	14.25	33.10
4	125×10	125	10	12.50	33.10
3	125×12.5	125	12.5	10	33.10
2	139.7×12.5	139.7	12.5	11.18	33.10
1	152×12.5	152	12.5	12.16	33.10

X 形支撑设计验算

表 5.17

楼层	斜撑截面尺寸 $d\times t$ (mm×mm)	λ	$\bar{\lambda}$	$N_{\text{pl,Rd}}$ (kN)	N_{Ed} (kN)	Ω_i	$(\Omega_i-\Omega)/\Omega$
6	100×5	146.03	1.91	529.75	448.50	1.18	0.12
5	114×8	130.69	1.71	945.75	876.50	1.08	0.03
4	125×10	120.35	1.58	1282.56	1221.28	**1.05**	0.00
3	125×12.5	122.73	1.61	1568.34	1482.84	1.06	0.01
2	139.7×12.5	108.69	1.42	1773.27	1661.17	1.07	0.02
1	152×12.5	102.97	1.35	1944.74	1823.26	1.07	0.02

5.7.6　梁的设计和验算

假定所有梁的约束条件足以抵抗弯扭屈曲。除按 EN 1993-1-1 中相关规定进行竖向荷载作用下的承载能力极限状态验算外，还需验算地震荷载组合作用下梁的轴力、弯矩和剪力，以满足式（5.23）的要求。对于与受拉斜撑直接相连的梁端截面，表 5.18 给出了地震荷载组合下根据规范 EN 1993-1-1 第 6.2.4 条的规定进行的轴向承载力验算，图 5.21 给出了计算过程。

此外，表 5.19 是按规范 EN 1993:1-1 第 6.2.9 条的规定对梁跨中最大弯矩截面压弯承载力进行的验算。特别指出的是，$M_{\text{N,Rd}}$ 为考虑轴向荷载 N_{Ed} 的影响折减后的塑性受弯承载力。

X 形中心支撑框架结构（X-CBFs）梁端截面轴向承载力验算

表 5.18

楼层	梁截面	N_{Rd} (kN)	$N_{\text{Ed,G}}$ (kN)	$N_{\text{Ed,E}}$ (kN)	$N_{\text{Ed}}=N_{\text{Ed,G}}+1.1\gamma_{\text{ov}}\Omega N_{\text{Ed,E}}$ (kN)	$N_{\text{Rd}}/N_{\text{Ed}}$
6	IPE300	1910.26	0	387.86	448.05	4.26
5	IPE300	1910.26	0	755.00	872.17	2.53
4	IPE300	1910.26	0	1052.14	1215.42	1.82
3	IPE300	1910.26	0	1277.72	1476.00	1.50
2	IPE300	1910.26	0	1422.07	1642.76	1.34
1	IPE360	2580.85	0	1594.27	1841.69	1.62

X 形中心支撑框架结构（X-CBFs）梁跨中截面压弯承载力验算 　　表 5.19

楼层	梁截面	$N_{Ed,G}$ (kN)	$N_{Ed,E}$ (kN)	$N_{Ed}=N_{Ed,G}+$ $1.1\gamma_{ov}\Omega N_{Ed,E}$ (kN)	$M_{Ed,G}$ (kN·m)	$M_{Ed,E}$ (kN·m)	$M_{Ed}=M_{Ed,G}+$ $1.1\gamma_{ov}\Omega M_{Ed,E}$ (kN·m)	$M_{N,Rd}/M_{Ed}$
6	IPE300	0	193.93	224.02	106.20	0	106.20	2.10
5	IPE300	0	571.43	660.11	120.60	0	120.60	1.52
4	IPE300	0	903.57	1043.79	120.60	0	120.60	1.05
3	IPE300	0	1164.93	1345.71	120.60	0	120.60	1.49
2	IPE300	0	1349.89	1559.38	120.60	0	120.60	1.49
1	IPE300	0	1482.05	1712.05	120.60	0	120.60	1.27

表 5.20 为梁的受剪承载力验算，由于支撑结构的桁架特性，地震作用产生的剪力 $V_{Ed,E}$ 等于 0。可以看出所有梁均满足要求。

X 形中心支撑框架结构（X-CBFs）梁受剪承载力验算 　　表 5.20

楼层	$V_{pl,Rd}$ (kN)	$V_{Ed,G}$ (kN)	$V_{Ed,E}$ (kN)	V_{Ed} (kN)	$\dfrac{V_{Ed}}{V_{pl,Rd}}$
6	526.33	34.54	0	34.54	15.24
5	526.33	47.50	0	47.50	11.08
4	526.33	47.50	0	47.50	11.08
3	631.53	47.50	0	47.50	13.29
2	720.19	47.50	0	47.50	15.16
1	720.19	47.50	0	47.50	15.16

5.7.7 X 形中心支撑框架结构（X-CBFs）柱的设计和验算

柱的验算以第 5.5.4 节所述准则为基础，采用式（5.23）表示的整体等级标准。为此，需对由数值模型计算得到的弹性地震力乘 $1.1\gamma_{ov}\Omega=1.44$。

如图 5.22 所示，重力和地震作用在柱中产生的弯矩和剪力均可忽略不计，因此这里只给出轴向承载力的验算。

表 5.21 为根据规范 EN 1993：1-1 第 6.3.3（4）条对右侧斜撑框架柱（图 5.22）进行的承载力验算。

X 形中心支撑框架结构（X-CBFs）柱的轴向承载力验算 　　表 5.21

楼层	柱截面	$N_{Ed,G}$ (kN)	$N_{Ed,E}$ (kN)	N_{Ed} (kN)	$N_{pl,Rd}$ (kN)	$N_{b,Rd}$ (kN)	$\dfrac{N_{b,Rd}}{N_{Ed}}$
6	HE220B	160.80	227.67	413.87	3230.50	2098.85	5.07
5	HE220B	321.45	666.74	1065.83	3230.50	2098.85	1.97
4	HE260B	482.42	1280.11	1911.61	4203.20	3055.13	1.60
3	HE260B	642.81	2025.23	2903.89	4203.20	3055.13	1.05
2	HE300M	804.84	2854.42	3991.67	10760.05	8622.55	2.16
1	HE300M	964.06	4004.94	5435.40	10760.05	8097.03	1.49

5.7.8　X 形中心支撑框架结构（X-CBFs）的损伤极限验算

该建筑满足损伤极限要求。实际上，按式（5.9）计算得到的层间位移均小于层高 h 的 0.75%。位移折减系数 v 取规范建议值 0.5（即算例中的结构属于 II 类结构）。损伤极限状态下的地震位移 d_s 按规范 EN 1998-1 第 4.3.4 条的公式（5.10）计算。

表 5.22 为计算结果，列出了地震荷载组合下的层间位移。最大层间位移比为 0.1%，出现在第 5 层和第 6 层之间。将表 5.22 中的结果与表 5.14 中结果进行比较，可看出中心支撑框架（CBFs）的抗侧刚度显著大于抗弯框架（MRFs）。

X 形中心支撑框架结构（X-CBFs）损伤极限状态的层间位移比　　表 5.22

楼层	h (mm)	d_e (mm)	$d_s = d_e \times q$ (mm)	d_r (mm)	$v\dfrac{d_r}{h}$
6	3500	8.96	35.84	7.04	0.1%
5	3500	7.2	28.8	6.4	0.09%
4	3500	5.6	22.4	6.4	0.09%
3	3500	4	16	5.12	0.07%
2	3500	2.72	10.88	5.12	0.07%
1	4000	1.44	5.76	5.76	0.07%

参 考 文 献

[1] D'Aniello，M.，Güneyisi，E. M.，Landolfo，R.，and Mermerda_，K. 2013. Analytical prediction of available rotation capacity of cold-formed rectangular and square hollow section beams. Thin-Walled Structures. 10. 1016/j. tws. 2013. 09. 015.

[2] D'Aniello，M.，Landolfo，R.，Piluso，V.，Rizzano，G. 2012. Ultimate Behaviour of Steel Beams under Non-Uniform Bending. Journal of Constructional Steel Research 78：144-158.

[3] Elghazouli，A. Y. 2010. Assessment of European seismic design procedures for steel framed structures，Bulletin of Earthquake Engineering，8：65-89.

[4] EN 1990：2002. Eurocode：Basis of structural design. CEN .

[5] EN 1993-1-1：2005. Eurocode 3：Design of Steel Structures-Part 1-1：general rules and rules for buildings. CEN .

[6] EN 1998-1：2005. Eurocode 8：Design of structures for earthquake resistance. Part 1：General rules，seismic actions and rules for buildings. CEN .

[7] Gioncu，V. 2000. Framed structures，Ductility and seismic response：General Report，Journal of Constructional Steel Research，55：125-154.

[8] Gioncu，V.，Mazzolani，F. M. 1995. Alternative methods for assessing local ductility，In：Mazzolani FM，Gioncu V，editors. Behaviour of steel structures in seismic areas，STESSA' 94. London：E&FN Spon，p. 182-90.

[9] Gioncu，V.，Mazzolani，F. M. 2002. Ductility of seismic resistant steel structures，London，Spon Press.

[10] Güneyisi，E. M.，D'Aniello，M.，Landolfo，R.，Mermerda_，K. 2013. A novel formulation of the

flexural overstrength factor for steel beams. Journal of Constructional Steel Research 90：60-71.

[11] Güneyisi, E. M. , D'Aniello, M. , Landolfo, R. , Mermerda _ , K. 2014. Prediction of the flexural overstrength factor for steel beams using artificial neural network. Steel and Composite Structures，An International Journal，17（3）：215-236.

[12] Landolfo, R. 2013. Assessment of EC8 provisions for seismic design of steel structures. Technical Committee 13—Seismic Design，No 131/2013. ECCS—European Convention for Constructional Steelwork.

[13] Mazzolani, F. M. , Piluso, V. 1992. Member behavioural classes of steel beams and beamcolumns，In：Proc. of First State of the Art Workshop, COSTI, Strasbourg. p. 517-29.

[14] Mazzolani, F. M. , Piluso, V. 1996. Theory and Design of Seismic Resistant Steel Frames，E & FN Spon，an imprint of Chapman & Hall，London.

[15] Plumier, A. 2000. General report on local ductility，Journal of Constructional Steel Research，No. 55：91-107.

第 6 章

构件和连接的抗火

6.1 概述

本章涉及钢构件和连接抗火设计的基本原则，也是欧洲规范 1 的第 1-2 部分（火灾中结构上的作用）和欧洲规范 3 的第 1-2 部分（结构抗火设计）涉及的内容。重点是单个构件的抗火设计。

根据欧洲规范 1，有几种方法描述抗火设计中的温度，可以是名义温度—时间曲线，也可以是自然火灾模型。名义温度—时间曲线的一个例子是式（6.1）表示的 ISO 834 标准火灾曲线，如图 6.1 所示。

$$\theta_g = 20 + 345\log_{10}(8t+1) \tag{6.1}$$

式中，θ_g 为以℃为单位的气体温度，t 为以分钟为单位的时间。

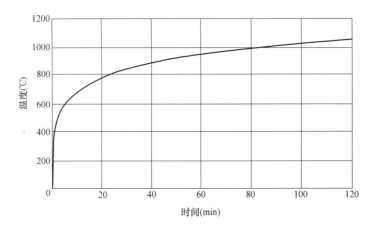

图 6.1　标准火灾曲线

对于标准火灾暴露，构件应符合标准 R、E 和 I，即（图 6.2）：

(1) 只作为分隔用：完整性（标准 E），若有隔热要求（标准 I）；

(2) 只承受荷载：承载力（标准 R）；

(3) 分隔和承载：标准 R、E，若有隔热要求，标准 I。

若在规定的火灾暴露时间内能够保持承载功能，则认为满足标准 R。该标准在建筑物消防安全国家规范中按建筑物类型、居住情况、建筑物高度及其他危险因素进行了规定，用字母 R 后跟一个数字表示，数字代表要求的耐火时间，$t_{fi,requ}$。例如，R60 表示若标准火灾下暴露 60min 能够维持承载功能，则认为满足标准 R（这种情况下 $t_{fi,requ}=60$min）。

欧洲规范 3 规定，为验证标准防火要求，分析单个构件即可。然而，构件分析也可用于遭受其他类型火灾中的结构，如自然火灾。对于参数化火灾暴露（表示自然火灾的简单模型）的情况，假如在火灾整个持续时间（包括衰减阶段）或某个规定的时间内未垮塌，则认为其承载功能得以保证。

根据 EN 1991-1-2，进行力学分析时采用的持续时间应与温度分析采用的持续时间相同，抗火验证应考虑以下 3 个方面之一：

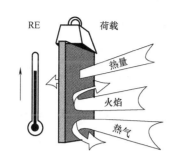

图 6.2　防火标准

1. 时间方面 （图 6.3 中 1）

$$t_{fi,d} > t_{fi,requ} \tag{6.2}$$

2. 承载力方面 （图 6.3 中 2）

$$在 t_{fi,requ} 时刻, E_{fi,d,t} \leqslant R_{fi,d,t} \tag{6.3}$$

3. 温度方面 （图 6.3 中 3）

$$在 t_{fi,requ} 时刻, \theta_d \leqslant \theta_{cr,d} \tag{6.4}$$

式中，$t_{fi,d}$——耐火时间设计值，即失效时间；

$t_{fi,requ}$——要求的耐火时间；

$E_{fi,d,t}$——火灾状况下 t 时刻火灾作用相关效应的设计值，这在火灾过程中通常视为
　　　　恒值，即 $E_{fi,d}$；

$R_{fi,d,t}$——火灾状况下 t 时刻构件承载力的设计值；

θ_d——钢材温度设计值；

$\theta_{cr,d}$——临界温度设计值，即结构钢构件丧
　　　　失稳定或承载力的温度。

图 6.3 （Franssen and Vila Real, 2010）用一个钢构件遭受名义火灾的情况描述了这 3 个方面。该图展示了钢结构构件的温度 θ_d（假定整个截面温度均匀分布）、火灾作用效应的设计值 $E_{fi,d}$（通常认为是常数）、逐渐丧失的承载力 $R_{fi,d,t}$ 和构件临界温度 $\theta_{cr,d}$。

三种不同的评估模型可用来确定一个结构或单个构件的耐火性能。下面对每种模型进行描述，其复杂性逐渐增加：

（1）从标准炉试验、实证方法或数值分析确定的数据表。在欧洲规范 2 和 4 中数据表广泛用于混凝土和钢-混凝土组合结构。而欧洲规范 3 中未给出数据表；

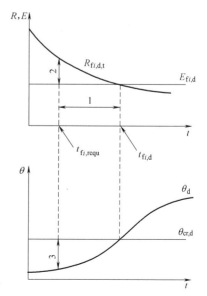

图 6.3　名义火灾包括的 3 个方面
1—时间；2—承载力；3—温度

（2）使用单个构件简单解析式的简单计算模型。这种方法在第 6.4.3 节给出；

（3）高级计算模型，可采用以下方式：

① 整体结构分析。进行火灾状况下的整体结构分析时，应考虑相关失效模式、依赖于温度的材料属性和构件刚度以及热膨胀和变形（间接火灾作用）的影响；

② 部分结构分析，例如门式刚架或其他子结构的分析。可假定在火灾暴露的整个过程中支撑处和构件端部的边界条件保持不变。

③ 构件分析，例如梁或柱的分析，此时只需考虑由于截面上存在热梯度而导致的热变形的影响。轴向或平面内热膨胀的影响可忽略。可假定在火灾暴露的整个过程中支撑处和构件端部的边界条件保持不变。

数据表和简单计算模型通常仅适用于构件分析。图 6.4 展示了使用构件分析检验从二维框架中提取出的构件抗火性能的方法。

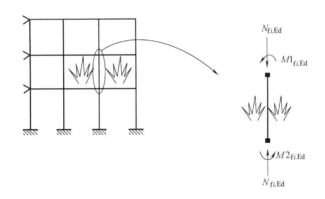

图 6.4 从二维框架提取的构件

6.2 热作用和力学作用

6.2.1 热作用

在欧洲规范 1 的第 1-2 部分给出了热作用的定义，即构件表面的净热通量 $\dot{h}_{net,d}$（W/m²）。在火灾暴露表面，确定净热通量 $\dot{h}_{net,d}$ 应同时考虑对流（$\dot{h}_{net,c}$）和辐射（$\dot{h}_{net,r}$），即

$$\dot{h}_{net,d} = \dot{h}_{net,c} + \dot{h}_{net,r} \ (W/m^2) \tag{6.5}$$

其中，

$$\dot{h}_{net,c} = \alpha_c (\theta_g - \theta_m) \ (W/m^2) \tag{6.6}$$

$$\dot{h}_{net,r} = \Phi \times \varepsilon_m \times \varepsilon_f \times \sigma \times [(\theta_r + 273)^4 - (\theta_m + 273)^4] \ (W/m^2) \tag{6.7}$$

式中，α_c——EN 1991-1-2 定义的对流换热系数（W/(m²·K)）；

θ_g——火灾暴露构件周围气体的温度（℃）；

θ_m[①]——构件表面温度（℃）；

σ——史蒂芬·玻尔兹曼常数（$=5.67 \times 10^{-8}$（W/(m² · K⁴)）；

Φ——构造系数，取 $\Phi = 1.0$；

ε_m——构件表面辐射率，碳素钢取 0.7，不锈钢取 0.4（EN 1993-1-2）；

ε_f——火辐射系数，一般取 $\varepsilon_f = 1.0$；

θ_r——火灾环境下的有效辐射温度（℃），一般取 $\theta_r = \theta_g$。

设计人员根据政府要求选择名义温度—时间曲线或自然火灾模型定义气体温度 θ_g，这在 EN 1991-1-2 的国家附录有规定。

6.2.2　力学作用

根据 EN 1991-1-2，为了取得火灾暴露期间火灾作用下的相关效应 $E_{fi,d,t}$，力学作用应按 EN 1990"结构设计基础"中的偶然设计状况进行组合，见式（6.8）：

$$\sum_{j \geqslant 1} G_{k,j} + (\psi_{1,1} \text{ 或 } \psi_{2,1}) Q_{k,1} + \sum_{i>1} \psi_{2,i} \times Q_{k,i} + A_d \qquad (6.8)$$

可变作用 Q_1 的代表值可取为准永久值 $\psi_{2,1}Q_1$ 或频遇值 $\psi_{1,1}Q_1$。国家附录规定了应该选择哪一个。EN 1991-1-2 建议选用 $\psi_{2,1}Q_1$，但一些国家选用 $\psi_{1,1}Q_1$ 以避免因风荷载导致的在组合时缺少水平力（根据 EN 1990 的附录 A1，当风荷载为主导作用时 $\psi_{2,1}=0$），从而导致无保护支撑系统处于危险状态，如图 6.5 所示，这里 G 表示恒荷载，Q 为活荷载，W 为风荷载。建筑的 ψ 系数的建议值见 EN 1990 的附录 A1。式（6.8）的 A_d 为火灾引起的间接热作用设计值，例如限制热伸长导致的间接热作用。

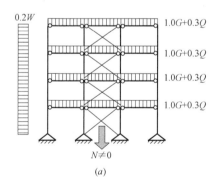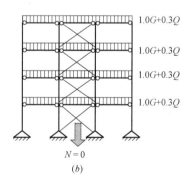

图 6.5　火灾设计荷载组合

（a）采用 $\psi_{1,1}Q_1$；（b）采用 $\psi_{2,1}Q_1$

值得一提的是，对于单个构件的分析，验证标准耐火能力时可认为 $A_d = 0$。事实上，根据 EN 1993-1-2，只需考虑截面上热梯度所引起的热变形的影响，轴向或面内热膨胀的影响可忽略。

---

① 原著 θ_g，错误，改为 θ_m。

往往检查结构耐火性的设计人员不是进行常温结构设计的人。为避免火灾状况下偶然荷载组合的结构计算，根据 EN 1993-1-2，通过将常温设计中结构分析得到的效应值乘以折减系数 η_{fi} 来得到每种荷载组合的火灾作用效应 $E_{d,fi}$，如下式：

$$E_{d,fi} = \eta_{fi} E_d \qquad (6.9)$$

式中，E_d——常温设计中基本作用组合相应的力或弯矩设计值（见 EN 1990）；

η_{fi}——火灾状况下设计荷载水平折减系数。

在 EN 1990 中，荷载组合折减系数 η_{fi} 按下式取值：

$$\eta_{fi} = \frac{G_k + \psi_{fi} Q_{k,1}}{\gamma_G G_k + \gamma_{Q,1} Q_{k,1}} \qquad (6.10)$$

根据 EN 1993-1-2，可简单取建议值 $\eta_{fi} = 0.65$，但对 EN 1991-1-1 给出的 E 类楼面活荷载（容易堆积物品的区域，包含通道）除外，其建议值为 0.7。

6.3　钢材的热性能和力学性能

6.3.1　钢材的热性能

为评定钢构件的热反应，应已知钢材的热性能。欧洲规范 3 的第 1-2 部分定义了需要的钢材主要性能。本节只给出了热导率和比热容的曲线，如图 6.6 所示。

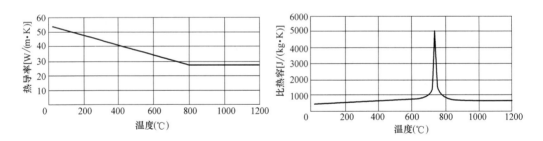

图 6.6　钢材的热导率和比热容

6.3.2　钢材的力学性能

欧洲规范 3 定义的火灾状况下力学性能（强度和变形）的设计值 $X_{d,fi}$ 如下：

$$X_{d,fi} = k_\theta X_k / \gamma_{M,fi} \qquad (6.11)$$

式中，X_k——根据 EN 1993-1-1 进行常温设计时的强度或变形性能的特征值（一般用 f_{yk} 或 E_k）；

k_θ——强度或变形特性的折减系数（$X_{k,\theta}/X_k$），取决于材料的温度；

$\gamma_{M,fi}$——相关材料性能的分项安全系数，火灾状况下取 $\gamma_{M,fi} = 1.0$（表 6.1），或取国家附录规定的其他值。

在像火灾这样的偶然极限状态下，可接受更高的应变。为此，欧洲规范 3 建议取屈服强度对应 2% 的总应变，而不是传统的 0.2% 的塑性应变（图 6.7）。但对于第 4 类截面的构件，EN 1993-1-2 附录 E 建议使用对应于 0.2% 的塑性应变的设计屈服强度。

承载力分项系数 γ_{Mi}　　　　　　　　　　　　　　表 6.1

验证类别	常温情况	火灾情况
截面承载力	$\gamma_{M0}=1.0$	$\gamma_{M,fi}=1.0$
构件抗失稳强度	$\gamma_{M1}=1.0$	$\gamma_{M,fi}=1.0$
受拉截面抗裂强度	$\gamma_{M2}=1.25$	$\gamma_{M,fi}=1.0$
节点承载力	$\gamma_{M2}=1.25$	$\gamma_{M,fi}=1.0$

图 6.7 所示高温下的应力-应变关系的特征由以下三个参数描述：

（1）比例极限 $f_{p,\theta}$；

（2）有效屈服强度 $f_{y,\theta}$；

（3）杨氏模量 $E_{a,\theta}$。

高温下的应力-应变图形与室温下的相比经过修正。EN 1993-1-2 建议高温时的模型为弹性-椭圆-理想塑性模型，而不是常温下的线性理想塑性行为。若钢材用于高级计算模型，为避免数值问题，屈服后的大应变中引入了一个线性下降分段。如图 6.7 所示。

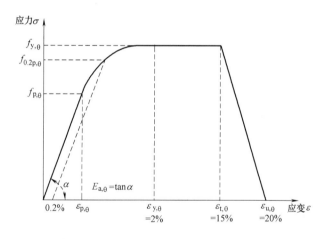

图 6.7　碳素钢高温下的应力-应变关系

随着温度的升高，钢材的强度和刚度降低。超过 400℃ 时钢材的强度开始降低，达到 100℃ 时钢材开始丧失刚度。图 6.8 给出了 S355 结构钢高温下的应力-应变关系。

关于 S235、S275、S355 和 S460 级钢材的应力-应变关系的更多信息见 ECCS 设计手册（Franssen 和 Vila Real 2010）的附录 C。

根据式（6.11），温度 θ 时的屈服强度 $f_{y,\theta}$ 按 20℃ 时的屈服强度 f_y 确定，即：

$$f_{y,\theta}=k_{y,\theta}f_y \tag{6.12}$$

温度 θ 时的杨氏模量 $E_{a,\theta}$ 按 20℃ 时的杨氏模量 E_a 确定，即：

$$E_{a,\theta}=k_{E,\theta}E_a \tag{6.13}$$

用同样的方式确定高温下的比例极限：

$$f_{p,\theta}=k_{p,\theta}f_y \tag{6.14}$$

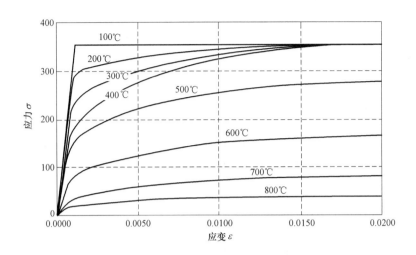

图 6.8 碳素钢 S355 高温下的应力-应变关系

如前所述，根据 EN 1993-1-2 的附录 E，对于火灾情况下的第 4 类截面，钢材的设计屈服强度应对应于 0.2% 塑性应变。因而对于这类横截面，温度 θ 时的屈服强度 $f_{y,\theta}$ 为关于 20℃ 时的屈服强度 f_y 的函数，表示如下：

$$f_{y,\theta} = f_{0.2p,\theta} = k_{0.2p,\theta} f_y \tag{6.15}$$

表 6.2 给出了高温下碳素钢应力-应变关系的折减系数，表中还给出了 EN 1993-1-2 附录 E 中热轧型和焊接薄壁型截面（第 4 类截面）设计强度的折减系数（相对于 f_y），可以看出碳素钢在 400℃ 时强度开始丧失。例如，700℃ 时的强度为常温下强度的 23%，800℃ 时仅为常温下强度的 11%，而在 900℃ 时则减小至常温下强度的 6%。而杨氏模量在 100℃ 时就开始减小。表 6.2 中给出的由试验得到的有效屈服强度折减系数可近似由下式表示：

$$k_{y,\theta} = \left[0.9674 \left(e^{\frac{\theta_a - 482}{39.19}} + 1 \right) \right]^{\frac{-1}{3.833}} \leqslant 1 \tag{6.16}$$

反过来，从这一公式可得到另一个公式，将钢材温度用有效屈服强度折减系数表示，即 $\theta_a = f(k_{y,\theta})$，见第 6.5.3 节的式（6.34）。欧洲规范用这一公式确定临界温度。可认为钢材的单位质量 ρ_a 与钢材温度有关。

碳素钢高温设计的折减系数 表 6.2

钢材温度 θ_a	θ_a 温度时相对于 20℃ 时 f_y 或 E_a 的折减系数			
	有效屈服强度折减系数（相对于 f_y）$k_{y,\theta} = f_{y,\theta}/f_y$	比例极限折减系数（相对于 f_y）$k_{p,\theta} = f_{p,\theta}/f_y$	线弹性范围内斜率折减系数（相对于 E_a）$k_{E,\theta} = E_{a,\theta}/E_a$	热轧和焊接薄壁截面（第 4 类）设计强度折减系数（相对于 f_y）$k_{0.2p,\theta} = f_{0.2p,\theta}/f_y$
20℃	1.000	1.000	1.000	1.000
100℃	1.000	1.000	1.000	1.000
200℃	1.000	0.807	0.900	0.890
300℃	1.000	0.613	0.800	0.780

钢材温度 θ_a	θ_a 温度时相对于20℃时 f_y 或 E_a 的折减系数			
	有效屈服强度折减系数（相对于 f_y）$k_{y,\theta}=f_{y,\theta}/f_y$	比例极限折减系数（相对于 f_y）$k_{p,\theta}=f_{p,\theta}/f_y$	线弹性范围内斜率折减系数（相对于 E_a）$k_{E,\theta}=E_{a,\theta}/E_a$	热轧和焊接薄壁截面（第4类）设计强度折减系数（相对于 f_y）$k_{0.2p,\theta}=f_{0.2p,\theta}/f_y$
400℃	1.000	0.420	0.700	0.650
500℃	0.780	0.360	0.600	0.530
600℃	0.470	0.180	0.310	0.300
700℃	0.230	0.075	0.130	0.130
800℃	0.110	0.050	0.090	0.070
900℃	0.060	0.0375	0.0675	0.050
1000℃	0.040	0.0250	0.0450	0.030
1100℃	0.020	0.0125	0.0225	0.020
1200℃	0.000	0.0000	0.0000	0.000

注：对于钢材温度的中间值，可采用线性插值的方法。

6.4　钢构件的温度

6.4.1　无保护的钢构件

对于截面温度等效均匀分布的情况，无保护钢构件在时间段 Δt 后的温度增加 $\Delta\theta_{a,t}$ 由下式给出（EN 1993-1-2）：

$$\Delta\theta_{a,t}=k_{sh}\frac{A_m/V}{c_a\rho_a}\dot{h}_{net,d}\Delta t \text{（℃）} \tag{6.17}$$

式中，k_{sh}——阴影效应的修正系数；

　　A_m/V——无保护钢构件的截面系数（$\geqslant 10$）（m^{-1}）；

　　A_m——构件单位长度表面积（m^2/m）；

　　V——构件单位长度体积（m^3/m）；

　　c_a——钢材比热容（$J/(kg\cdot K)$）；

　　$\dot{h}_{net,d}$——单位面积净热通量设计值，见式（6.5）；

　　ρ_a——钢材的密度，7850（kg/m^3）；

　　Δt——时间间隔（s）（$\leqslant 5s$）。

可在 Franssen 和 Vila Real（2010）的著作中找到上述符号的详细定义。

由于比热容和净热通量依赖于温度，式（6.17）为一个非线性增量方程。应采用迭代方法计算非常小的时间段内钢材的温度发展。通过求解这一方程，可得到温度-时间表或曲线，如图 6.9 所示，图 6.9 为 Franssen 和 Vila Real（2010）一书中的曲线。

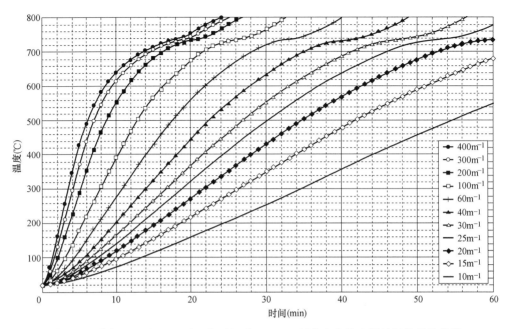

图 6.9 不同 $k_{\mathrm{sh}}A_{\mathrm{m}}/V$（$\mathrm{m}^{-1}$）值时经受 ISO 834 标准火灾的未保护钢构件的曲线

6.4.2 受保护的钢构件

用绝热方法保护钢材来满足耐火要求是普遍的方法。有很多用来控制暴露于火灾的钢构件温度升高速度的被动防火系统。隔热材料可用作构件的外包材料。主要有三种隔热材料：喷涂材料、隔板或防火涂料。

EN 1993-1-2 提供了一种计算防火材料隔热钢构件温度发展的简单方法。假设温度均匀分布，隔热钢构件在时间间隔 Δt 内温度增量 $\Delta\theta_{\mathrm{a,t}}$ 按下式计算：

$$\Delta\theta_{\mathrm{a,t}}=\frac{\lambda_{\mathrm{p}}A_{\mathrm{p}}/V}{d_{\mathrm{p}}c_{\mathrm{a}}\rho_{\mathrm{a}}}\frac{(\theta_{\mathrm{g,t}}-\theta_{\mathrm{a,t}})}{(1+\phi/3)}\Delta t-(e^{\phi/10}-1)\Delta\theta_{\mathrm{g,t}}\quad(\text{℃})\tag{6.18}$$

并且若 $\Delta\theta_{\mathrm{g,t}}>0$，则 $\Delta\theta_{\mathrm{a,t}}\geqslant0$，其中保护材料存储的热量按下式计算：

$$\phi=\frac{c_{\mathrm{p}}d_{\mathrm{p}}\rho_{\mathrm{p}}}{c_{\mathrm{a}}\rho_{\mathrm{a}}}\times\frac{A_{\mathrm{p}}}{V}\tag{6.19}$$

式中，A_{p}/V——受保护钢构件的截面系数（m^{-1}）；

$\quad A_{\mathrm{p}}$——构件单位长度防火材料的面积（m^2/m）；

$\quad V$——构件单位长度的体积（m^3/m）；

$\quad \lambda_{\mathrm{p}}$——防火系统的热导系数（$\mathrm{W}/(\mathrm{m\cdot K})$），各种实际防火系统的热导系数如表6.3所示；

$\quad d_{\mathrm{p}}$——防火材料的厚度（m）；

$\quad c_{\mathrm{p}}$——防火材料的比热容（$\mathrm{J}/(\mathrm{kg\cdot K})$），见表6.3；

$\quad \rho_{\mathrm{p}}$——保护材料的密度，见表6.3；

$\quad c_{\mathrm{a}}$——EN 1993-1-2 给出的与温度有关的钢材比热容（$\mathrm{J}/(\mathrm{kg\cdot K})$）；

$\theta_{a,t}$——t 时刻的钢材温度（℃）；

$\theta_{g,t}$——t 时刻的环境大气温度（℃）；

$\Delta\theta_{g,t}$——Δt 时间间隔内气体温度增量（K）；

ρ_a——钢材的密度，7850（kg/m³）；

Δt——时间间隔（s）（≤30s）。

为获得钢材截面温度发展与时间的关系，需采用式（6.18）进行增量计算。EN 1993-1-2 建议的时间步长 Δt 不超过 30s。

相对气体温度的增加，即 $\Delta\theta_{g,t}>0$，由式（6.18）计算的温度增量 $\Delta\theta_{a,t}$ 为负时应取为 0。

防火材料的性能（ECCS，1995）　　　　表 6.3

材料		密度 ρ_p (kg/m³)	含水量 p (%)	导热系数 λ_p [W/(m·K)]	比热容 c_p [J/(kg·K)]
喷涂	矿物纤维	300	1	0.12	1200
	蛭石混凝土	350	15	0.12	1200
	珍珠岩	350	15	0.12	1200
高密度喷涂	蛭石混凝土或珍珠岩混凝土	550	15	0.12	1100
	蛭石-石膏复合材料或珍珠岩-石膏复合材料	650	15	0.12	1100
板材	蛭石混凝土或珍珠岩混凝土	800	15	0.20	1200
	纤维硅酸盐或纤维硅酸钙	600	3	0.15	1200
	纤维混凝土	800	5	0.15	1200
	石膏板材	800	20	0.20	1700
压缩纤维板	纤维硅酸盐、矿物棉、石棉	150	2	0.20	1200
	混凝土	2300	4	1.60	1000
	轻质混凝土	1600	5	0.80	840
	混凝土砖	2200	8	1.00	1200
	多孔砖	1000	—	0.40	1200
	实心砖	2000	—	1.20	1200

式（6.18）为非线性的，钢构件温度发展计算需进行迭代计算。为得到不同截面因素的温度函数可建立图 6.10 所示的曲线。针对轻质保温材料可建立这样的列线图，为此可通过取 $\phi=0$ 将式（6.18）简化。在 ECCS（1983）给出的方法中，若保护材料的热容量小于钢材截面热容量的一半，则保护材料的热容量可忽略，即：

$$d_p A_p c_p \rho_p < \frac{c_a \rho_a V}{2} \tag{6.20}$$

式中，$\rho_a=7850$kg/m³，$c_a=600$J/(kg·K)，可用钢材的比热容检验材料是否为轻质材料。

式（6.20）可改写为

$$\phi = \frac{c_p d_p \rho_p}{c_a \rho_a} \times \frac{A_p}{V} < 0.5 \tag{6.21}$$

若忽略保护材料的比热容 c_p，保护材料存储的热量可取为 $\phi=0$，式（6.18）变为：

$$\Delta\theta_{a,t}=\frac{\lambda_p}{d_p}\frac{A_p}{V}\frac{1}{c_a\rho_a}(\theta_{g,t}-\theta_{a,t})\Delta t \quad （℃） \tag{6.22}$$

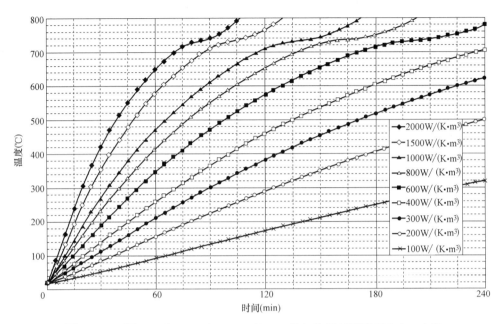

图 6.10　不同 (A_p/V) (λ_p/d_p) $(W/(K\cdot m^3))$ 取值时遭受 ISO 834 火灾
的受保护钢构件的温度-时间曲线

使用式（6.22）的优点是可以生成两个参量的表格或者图 6.10 所示的曲线图。两个参量分别是时间和质量修正因子：

$$\frac{A_p}{V}\times\frac{\lambda_p}{d_p} \quad （W/(K\cdot m^3)） \tag{6.23}$$

因为忽略了保护材料储存的热量，按曲线确定的结果偏于保守。使用曲线图避免了求解式（6.18）。因为建立曲线图时假定 $\phi=0$，所以仅适用于轻质保温材料。根据 ECCS（1983），若质量修正因子按下式进行校正，则曲线图可用于重型材料。

$$\frac{A_p}{V}\times\frac{\lambda_p}{d_p}\times\left(\frac{1}{1+\phi/2}\right) \tag{6.24}$$

6.4.3　算例

【例 6-1】 受保护和未保护构件截面温度

考虑按标准火灾曲线 ISO 834 进行四边加热的 HEB 340 截面，求：

（1）在 30min 的火灾暴露后，未保护截面的温度；

（2）若临界温度为 598.5℃，将截面归类为 R90 时需要的石膏板封装板厚度。

解：

（1）30min 后未保护截面的温度

四边加热未保护 HEB340 的截面系数为：

$$A_m/V = 105.9 \text{m}^{-1}$$

HEB 340 的几何特性：

$$b = 300\text{mm}, h = 340\text{mm}, A = 17090\text{mm}^2$$

按箱形保护材料计算的截面系数 $[A_m/V]_b$ 为

$$[A_m/V]_b = \frac{2 \times (b+h)}{A} = \frac{2 \times (0.3 + 0.34)}{170.9 \times 10^{-4}} = 74.9 \text{m}^{-1}$$

阴影系数 k_{sh} 由下式确定，

$$k_{sh} = 0.9 [A_m/V]_b / [A_m/V] = 0.9 \times 74.9 / 105.9 = 0.6365$$

考虑阴影效应，截面修正系数为

$$k_{sh} [A_m/V] = 0.6365 \times 105.9 = 67.4 \text{m}^{-1}$$

不计算 k_{sh} 也可获得上式的值：

$$k_{sh} [A_m/V] = 0.9 \times [A_m/V]_b = 0.9 \times 74.9 = 67.4 \text{m}^{-1}$$

截面修正系数取该值，由图 6.9 的曲线图确定火灾暴露 30min 后的温度为

$$t_{fi,d} = 730℃$$

（2）石膏板封装板厚度

如表 6.3，石膏板的热性能参数如下：

$$\lambda_p = 0.20 \text{W/(m·K)}, c_p = 1700 \text{J/(kg·K)}, \rho_p = 800 \text{kg/m}^3$$

四边加热、空心外壳 HEB 340 的质量因子为：

$$A_p/V = 74.9 \text{m}^{-1}$$

由图 6.10 可知，当温度为 598.5℃时，标准火灾暴露 90min 情况下需要的截面修正系数为

$$\frac{A_p}{V} \times \frac{\lambda_p}{d_p} \leqslant 955 \text{W/(K·m}^3)$$

$$d_p \geqslant \frac{A_p/V}{955} \lambda_p = \frac{74.9}{955} \times 0.20 = 0.016\text{m} = 16\text{mm}$$

确定了板的厚度，即可计算防护板中存储的热量，检查是重型还是轻质防火材料。根据式（6.21）

$$\phi = \frac{c_p d_p \rho_p}{c_a \rho_a} \times \frac{A_p}{V} = \frac{1700 \times 0.016 \times 800}{600 \times 7850} \times 74.9 = 0.346 < 0.5$$

虽然这种材料可视为轻质材料（$\phi < 0.5$），但考虑到防护板储存的热量，用式（6.24）对板的厚度进行校正：

$$\frac{A_p}{V} \times \frac{\lambda_p}{d_p} \times \frac{1}{1 + \phi/2} \leqslant 955 \text{W/(K·m}^3)$$

表 6.4 为计算修正厚度的迭代过程。

迭代求得板的厚度为 13.7≈14mm，而非原来的 16mm。因为防火材料很轻，所以效果不明显，但还是节省了 12.5%。

图 6.11（a）展示了未保护的 HEB340 的温度发展历程，图 6.11（b）展示了受保护截面的温度发展情况。在温度范围 700～800℃内，未保护截面曲线呈 S 形是由图 6.6 所

示的钢材热容量峰值引起的。

计算修正厚度的迭代过程　　　　　　　　　　　　　　　　表 6.4

d_p(m)	$\phi=\dfrac{c_p d_p \rho_p}{c_a \rho_a}\times\dfrac{A_p}{V}$	$d_p \geqslant \dfrac{A_p}{V}\times\dfrac{\lambda_p}{955}\times\left(\dfrac{1}{1+\phi/2}\right)$
0.016	0.346	0.0134
0.0134	0.290	0.0137
0.0137	0.296	0.0137

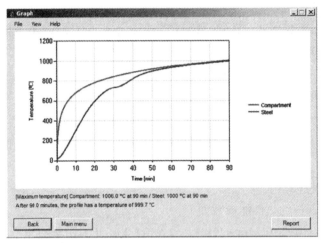

(a)

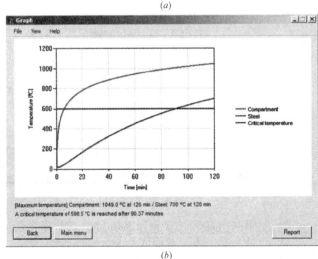

(b)

图 6.11　按标准火灾曲线 ISO 834 进行四边加热的 HEB 340 的温度发展历程
(a) 未保护；(b) 用石膏板保护

6.5　钢结构构件的抗火性能

正常温度下的结构设计要求结构能承受设计极限荷载（承载能力极限状态），正常使用条件下的变形和振动要在限定范围内（正常使用极限状态）。在室温下，大多数的结构设计工作专注于限制过大的变形。火灾状况下的设计主要关心规定抗火时间内防止结构垮塌。在火灾中，大变形可以接受，抗火设计时通常不需变形计算。EN 1993-1-2 没有给出结构构件变形计算的简化方法。

对于某设定火灾，假定 t 时刻下式成立，则认为钢构件丧失了承载功能：

$$E_{\mathrm{fi,d}}=R_{\mathrm{fi,d,t}} \qquad (6.25)$$

式中，$E_{\mathrm{fi,d}}$——火灾状况下相关作用效应设计值；

$\quad R_{\mathrm{fi,d,t}}$——火灾状况下，$t$ 时刻构件承载力设计值。

火灾状况下 t 时刻单个构件的承载力设计值 $R_{\mathrm{fi,d,t}}$ 可为 $M_{\mathrm{fi,t,Rd}}$（火灾情形下的受弯承载力设计值）、$N_{\mathrm{fi,t,Rd}}$（火灾情形下的轴向承载力设计值）或其他单一或组合情况。$E_{\mathrm{fi,d}}$ 则相应是 $M_{\mathrm{fi,Ed}}$（火灾情形下的弯矩设计值）、$N_{\mathrm{fi,Ed}}$（火灾情形下的轴力设计值）等。

应（假设整个截面温度均匀）依据 EN 1993-1-1，通过修改常温下的承载力设计值确定 t 时刻的承载力设计值 $R_{\mathrm{fi,d,t}}$，以考虑钢材在高温下的力学性能。常温情况下结构设计和防火设计公式的不同之处主要在于室温条件下的应力-应变曲线不同于高温下的应力-应变曲线。如图 6.12 所示。

室温条件下建立的设计公式用于高温情况时需做修改。主要差别是承载力不是直接与屈服强度成正比，还取决于杨氏模量，这与当屈曲是垮塌的潜在模式（例如梁侧向扭曲和柱弯曲屈曲）时的情况是一样的。

若使用非均匀的温度分布，根据 EN 1993-1-1 按常温设计得到的承载力设计值应按此温度分布进行修正。作为式（6.25）的替代，验证可使用均匀温度分布在温度域进行，或在时间域进行，见第 6.1 节。

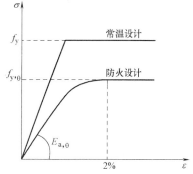

图 6.12　用于 1、2 和 3 类截面的应力-应变关系和屈服强度

本节只提到用于结构构件耐火性评价的某些特定概念，读者还需参照 EN 1993-1-2 了解各种荷载情况下结构构件防火设计的公式。

6.5.1　截面分类

确定 20℃ 时截面分类的限值所需的参数 ε 定义如下（见 Franssen 和 Vila Real，2010）：

$$\varepsilon=\sqrt{\frac{235}{f_{\mathrm{y}}}}\sqrt{\frac{E}{210000}} \quad （f_{\mathrm{y}} 和 E 均以 MPa 为单位） \qquad (6.26)$$

EN 1993-1-2 指出，为了简化，高温时截面的分类可与常温设计时相同，只是采用一个较小的值 ε，即：

$$\varepsilon=0.85\sqrt{\frac{235}{f_{\mathrm{y}}}} \quad （f_{\mathrm{y}} 和 E 均以 MPa 为单位） \qquad (6.27)$$

式中，f_{y} 为钢材 20℃ 时的屈服强度。

Franssen 和 Vila Real（2010）的著作说明了式（6.27）中所用系数 0.85 的依据。Silva et al.（2010）的著作中也能找到室温下的详细算例。

6.5.2 第 4 类截面构件

第 4 类截面可通过有效的第 3 类截面代替。该新截面取为毛截面减去可能发生局部屈曲的部分（见图 6.13 中的非有效区域）。然后，有效的 3 类截面可根据由边缘纤维屈服强度限制的弹性截面承载力进行设计。然而由于原始截面为 4 类截面，火灾状况下的屈服强度必须取式（6.15）给出的 0.2% 塑性应变时的弹性极限强度。

按截面仅承受均匀压应力（图 6.13（a））确定有效面积 A_{eff}，按横截面仅有弯曲应力（图 6.13（b））确定有效截面模量 W_{eff}。双轴弯曲的有效截面模量分别按两个主轴确定。

对于内部构件，受压单元的有效面积可从 EN 1993-1-5 第 4 章的表 4.1 查取，外部构件从表 4.2 查取。毛截面面积为 A_c 的板的受压区有效面积由下式确定：

$$A_{c,eff} = \rho A_c \tag{6.28}$$

式中，ρ 为板屈曲折减系数。在火灾情况下，有效截面面积应根据 EN 1993-1-3 和 EN 1993-1-5 中 20℃ 时的材料性能确定。

当未进行验证时，只要截面温度不超过 350℃，则可认为截面保持耐火性能。350℃ 为国家确定的参数，不同国家的国家附录可能规定不同的值。

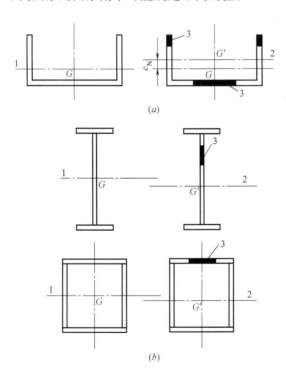

图 6.13 第 4 类截面

（a）轴力作用；（b）弯矩作用（EN 1993-1-5）

G—毛截面的形心；G'—有效截面的形心；

1—毛截面的形心轴；2—有效截面的形心轴；3—非有效区域

6.5.3　临界温度的概念

第 6.1 节表明：在所要求耐火性能的时间内结构构件的温度不应高于临界温度。本节提出了温度均匀分布结构构件的临界温度或失效温度的概念。

当火灾状况下相关作用效应的设计值与构件火灾状况下 t 时刻耐火性能的设计值相等时，结构会发生垮塌。考虑受拉构件这种最简单的情况，发生失效时有：

$$N_{fi. Ed} = N_{fi, \theta, Rd} \tag{6.29}$$

将 EN 1993-1-3 第 4 章式（4.3）给出的均匀温度为 θ_a 受拉构件的承载力设计值 $N_{fi, \theta, Rd}$ 代入，得到下式：

$$N_{fi, Ed} = A k_{y, \theta} f_y / \gamma_{M, fi} \tag{6.30}$$

这意味着当屈服强度满足下式时构件失效：

$$f_{y, \theta} = k_{y, \theta} f_y = \frac{N_{fi, Ed}}{A / \gamma_{M, fi}} \tag{6.31}$$

或当有效屈服强度折减系数达到下式的值时失效，

$$k_{y, \theta} = \frac{N_{fi, Ed}}{A f_y / \gamma_{M, fi}} \tag{6.32}$$

该式可写为如下一般形式：

$$k_{y, \theta} = \frac{E_{fi, d}}{R_{fi, d, 0}} \tag{6.33}$$

式中，$E_{fi, d}$——火灾状况下的作用设计效应；

$R_{fi, d, 0}$——$t = 0$ 即 20℃ 时 $R_{fi, d, t}$ 的值，由式（6.12），可得 $k_{y, 20℃} = 1$。

$k_{y, \theta}$ 的值由式（6.33）确定后，临界温度可由表 6.2 插值得到，或者通过式（6.16）得到，即：

$$\theta_{a, cr} = 39.19 \ln \left[\frac{1}{0.9674 (k_{y, \theta}^{3.833})} - 1 \right] + 482 \tag{6.34}$$

欧洲规范 3 采用了该式，但不使用折减系数，而使用利用度 μ_0：

$$\theta_{a, cr} = 39.19 \ln \left[\frac{1}{0.9674 \mu_0^{3.833}} - 1 \right] + 482 \tag{6.35}$$

式中 μ_0 的取值不小于 0.013。对于 1、2 类截面或 3 类截面的构件和受拉构件，欧洲规范 3 定义了 $t = 0$ 时，即温度为 20℃ 时的利用度 μ_0：

$$\mu_0 = \frac{E_{fi, d}}{R_{fi, d, 0}} \tag{6.36}$$

这一方法仅用于火灾状况下承载力与有效屈服强度成正比的情况，包括受拉构件和侧向扭曲不是其潜在失效模式的梁。对于确定 $R_{fi, d, t}$ 时不稳定起作用的情况，不能直接应用式（6.35）。这包括柱弯曲屈曲、梁侧向扭曲和构件承受弯压组合作用的情况。此时临界温度只能通过迭代计算确定，这将在第 6.5.4 节介绍。另外，也可使用一个在荷载方面连续验证的增量过程（式（6.3））。最后这种过程便于计算机实现，而迭代过程则更适合于手算。

式（6.36）不能用于所有类型的荷载。例如，若将其用于受压构件将导致下错误的表达式：

$$\mu_0 = \frac{E_{fi,d}}{R_{fi,d,0}} = \frac{N_{fi,Ed}}{N_{b,fi,0,Rd}} = \frac{N_{fi,Ed}}{\chi_{20℃} A f_y / \gamma_{M,fi}} \tag{6.37}$$

这是因为弯曲屈曲折减系数不应该在20℃而应在失效时的温度下计算，下面进行说明。

使用式（6.25），轴心受压柱的失效荷载由下式给出：

$$N_{fi,Ed} = N_{b,fi,t,Rd} \tag{6.38}$$

将 EN 1993-1-2 第四4章式（4.5）代入式（6.38）得

$$N_{fi,Ed} = \chi_{fi} A k_{y,\theta} f_y / \gamma_{M,fi} \tag{6.39}$$

$$k_{y,\theta} = \frac{N_{fi,Ed}}{\chi_{fi} A f_y / \gamma_{M,fi}} \tag{6.40}$$

这表明构件失效时 $k_{y,\theta}$ 不同于 $t=0$ 时由式（6.37）定义的利用度 μ_0。

应计算失效温度时弯曲屈曲的折减系数，这需要从温度20℃开始迭代计算。第6.5.4节给出了算例。

6.5.4 算例

【例6-2】 柱

考虑第1章图1.27所示建筑物的底层内柱 E-3。该柱高为4.335m，截面为 HEB340，钢材等级为 S355。常温下的轴向压力取 $N_{Ed} = 3326.0\text{kN}$。该柱四边受热，其支撑的办公楼要求标准火灾下的耐火时间为 $t_{requ} = 90\text{min}$（R90）。

（1）计算柱的临界温度。

（2）校验柱的耐火性，包括

① 温度；

② 承载力；

③ 时间。

（3）为保护柱，计算使之满足耐火要求需要的石膏板的厚度。

解：

① 火灾状况下的内力

考虑到常温下的荷载采用基本荷载组合得到，并假设设计人员不知火灾设计的意外载荷组合，火灾状况下的荷载可按式（6.9）确定，式中取 $\eta_{fi} = 0.65$：

$$N_{fi,Ed} = \eta_{fi} N_{Ed} = 0.65 \times 3326 = 2161.9\text{kN}$$

② 火灾状况下的屈曲长度

假设基础固定，框架为有支撑框架，火灾状况下的屈曲长度为：

$$l_{y,fi} = l_{z,fi} = 0.5L = 0.5 \times 4335 = 2167.5\text{mm}$$

③ 截面的几何特征和材料特性

截面 HEB340 的几何特性：$A = 170.9\text{cm}^2$，$b = 300\text{mm}$，$h = 340\text{mm}$，$t_f = 21.5\text{mm}$，$t_w = 12\text{mm}$，$r = 27\text{mm}$，$I_y = 36660\text{cm}^4$，$I_z = 9690\text{cm}^4$。钢材的力学性能：$f_y = 355\text{MPa}$，

$E=210\text{GPa}$。

④ 截面分类

$$c=b/2-t_\text{w}/2-r=117\text{mm（翼缘）}$$
$$c=h-2t_\text{f}-2r=243\text{mm（腹板）}$$

因为钢材等级为 S355，$\varepsilon=0.85\sqrt{235/f_\text{y}}=0.692$

受压翼缘的类别为 $c/t_\text{f}=117/21.5=5.44<9\varepsilon=6.23\Rightarrow1$ 类

受压腹板的类别为 $d/t_\text{w}=243/12=20.25<33\varepsilon=22.8\Rightarrow1$ 类

因此，火灾状况下受压 HEB340 的横截面为 1 类截面。

(1) 临界温度计算

因为构件两个方向屈曲长度相同，且在火灾设计中只有一个屈曲曲线，因此仅需考虑关于 z-z 轴的屈曲。

欧拉临界荷载：

$$N_\text{cr}=\frac{\pi^2EI}{I_{\text{fi}}^2}=42748867\text{N}$$

高温下的无量纲长细比由下式确定：

$$\overline{\lambda_\theta}=\overline{\lambda}\times\sqrt{\frac{k_{\text{y},\theta}}{k_{\text{E},\theta}}}$$

该式的值与温度有关，需要通过迭代计算临界温度。初始温度取 20℃，此时 $k_{\text{y},\theta}=k_{\text{E},\theta}=1.0$，从而有：

$$\overline{\lambda_\theta}=\overline{\lambda}\sqrt{\frac{k_{\text{y},\theta}}{k_{\text{E},\theta}}}=\overline{\lambda}=\sqrt{\frac{Af_\text{y}}{N_\text{cr}}}=\sqrt{\frac{17090\times355}{42748867}}=0.377$$

缺陷因子为：

$$\alpha=0.65\sqrt{235/f_\text{y}}=0.65\sqrt{235/355}=0.529$$
$$\phi=\frac{1}{2}(1+0.529\times0.377+0.377^2)=0.673$$

因此弯曲屈曲折减系数为：

$$\chi_{\text{fi}}=\frac{1}{0.673+\sqrt{0.673^2-0.377^2}}=0.813$$

$t=0$ 时抗屈曲承载力的设计值 $N_{\text{b,fi,t,Rd}}$ 为：

$$N_{\text{b,fi,0,Rd}}=\chi_{\text{fi}}Af_\text{y}/\gamma_{\text{M,fi}}=4932\text{kN}$$

利用度：

$$\mu_0=\frac{N_{\text{fi,Ed}}}{N_{\text{b,fi,0,Rd}}}=\frac{2161.9}{4932}=0.438$$

根据 μ_0，由式（6.35）确定临界温度：

$$\theta_{\text{a,cr}}=39.19\ln\left[\frac{1}{0.9674\mu_0^{3.833}}-1\right]+482=605.7℃$$

由此临界温度值修正无量纲长细比 $\overline{\lambda_\theta}$，迭代得到新的临界温度。继续迭代直到收敛，得到临界温度 $\theta_{\text{a,cr}}=598.5℃$。迭代过程如表 6.5 所示。

迭代过程　　　　　　　　　　　　　　表 6.5

$\theta(℃)$	$\sqrt{\dfrac{k_{y,\theta}}{k_{E,\theta}}}$	$\overline{\lambda_\theta}=\overline{\lambda}\times\sqrt{\dfrac{k_{y,\theta}}{k_{E,\theta}}}$	χ_{fi}	$N_{fi,0,Rd}=\chi_{fi}Af_y$ (kN)	$\mu_0=\dfrac{N_{fi,Ed}}{N_{fi,0,Rd}}$	$\theta_{a,cr}(℃)$
20	1.000	0.377	0.813	4932	0.438	605.7
605.7	1.208	0.455	0.777	4713	0.459	598.5
598.5	1.208	0.455	0.777	4713	0.459	598.5

若基于表 6.2 进行插值而不是用公式（6.35）进行计算，得临界温度 $\theta_{a,cr}=603.6℃$。

（2）柱耐火验算

① 温度验算

四边暴露标准火灾（ISO834）90min 后，有必要计算未受保护 HEB340 截面的温度。

如第 6.4.3 节的【例 6-1】，未受保护四边受热 HEB340 的截面修正系数为：

$$k_{sh}[A_m/V]=67.4\ m^{-1}$$

由图 6.9 可知，暴露于标准火灾 90min 后的温度高于临界温度 598.5℃，即：

$$\theta_d>\theta_{a,cr}$$

柱不满足耐火要求 R90，需采取防火措施。

应指出的是，图 6.9 的时间段小于等于 60min。不采取防火措施难以满足超过 60min 耐火性能的要求。若用式（6.17），根据 Elefir-EN（Vila Real 和 Franssen，2014）方法计算得到的温度为 999.7℃，如图 6.11（a）所示。

② 承载力验算

在 90min 的标准火灾暴露后，温度达到 $\theta_d=999.7℃$。由表 6.2 得屈服强度和杨氏模量折减系数分别为：

$$k_{y,\theta}=0.032$$
$$k_{E,\theta}=0.045$$

999.7℃时的无量纲长细比为：

$$\overline{\lambda_\theta}=\overline{\lambda}\sqrt{\dfrac{k_{y,\theta}}{k_{E,\theta}}}=0.377\times\sqrt{\dfrac{0.032}{0.045}}=0.318$$

缺陷因子为：

$$\alpha=0.65\sqrt{235/f_y}=0.65\sqrt{235/355}=0.529$$

$$\phi=\frac{1}{2}(1+0.529\times0.318+0.318^2)=0.635$$

因而弯曲屈曲折减系数为：

$$\chi_{fi}=\frac{1}{0.635+\sqrt{0.635^2-0.318^2}}=0.844$$

$t=90min$ 时的抗屈曲承载力设计值 $N_{b,fi,Rd}$ 为：

$$N_{b,fi,Rd}=\chi_{fi}Ak_{y,\theta}f_y/\gamma_{M,fi}=0.844\times17090\times0.032\times355\times10^{-3}/1.0=163.9kN$$

该值小于火灾状况下施加的荷载 $N_{fi,Ed}=2161.9kN$，即：

$$N_{fi,Rd}<N_{fi,Ed}$$

该柱不符合耐火标准 R90。

③ 耐火时间验算

如前所示，截面修正系数为：

$$k_{sh}[A_m/V]=67.4 \text{ m}^{-1}$$

根据图 6.9，达到临界温度 598.5℃约需 20 min（此时不必是非常精确的值），远没有达到耐火性能要求的 90min。若用 Elefir-EN（Vila Real 和 Franssen，2014）方法计算，得时间为 20.3min。该柱不满足 90min 的耐火性要求，即：

$$t_{fi,d} < t_{fi,requ}$$

上面从三个方面说明了柱耐火性能的验算方法。为满足需要的耐火性能 R90，构件必须采取防火措施。

（3）使柱满足 R90 耐火要求所需的石膏板厚度

第 6.4.3 节的【例 6-1】已计算得出石膏板的厚度为 $d_p=14$mm。

【例 6-3】 有约束和无约束的梁

考虑与第 1 章【例 1-4】同样的梁。本例中梁的跨度为 6m，采用截面 IPE400，钢材等级为 S355。图 1.31 中所示为常温下得到的剪力图和弯矩图。梁支撑一块混凝土板，但不与板共同作用。

（1）考虑梁受横向约束，要求达到耐火性能 R90，验证是否有必要对梁进行耐火保护。若需进行耐火保护，则在构件表面喷涂蛭石混凝土。

（2）考虑梁只在端部支座截面有侧向支撑，可能发生侧向扭曲，求梁的临界温度。

解：

① 火灾状况下的内力

根据式（6.9），将常温下的剪力图和弯矩图乘以 $\eta_{fi}=0.65$ 得火灾状况下安全性验算的剪力图和弯矩图，如图 6.14 所示。

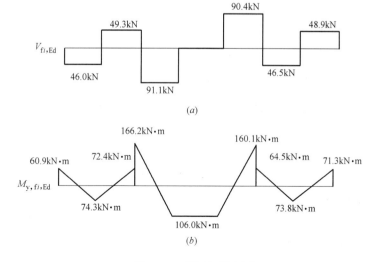

图 6.14　弯矩与剪力图

（a）火灾状况下的剪力；（b）火灾状况下的弯矩

② 截面几何和材料特性

截面 IPE400 的几何特性：$A=84.46\text{cm}^2$，$b=180\text{mm}$，$h=400\text{mm}$，$t_f=13.5\text{mm}$，$t_w=8.6\text{mm}$，$r=21\text{mm}$，$W_{pl,y}=1307\text{cm}^3$。钢材力学性能：$f_y=355\text{MPa}$，$E=210\text{GPa}$。

③ 截面分类

$$c=b/2-t_w/2-r=64.7 \text{ mm（翼缘）}$$

$$c=h-2t_f-2r=331 \text{ mm（腹板）}$$

因为钢材等级为 S335，$\varepsilon=0.85\sqrt{235/f_y}=0.692$

受压翼缘等级为 $c/t_f=64.5/13.5=4.79<9\varepsilon=6.23\Rightarrow1$ 类

受压腹板等级为 $d/t_w=331/8.6=38.49<72\varepsilon=49.8\Rightarrow1$ 类

因此，火灾状况下受弯截面 IPE400 为 1 类截面。

（1）横向约束梁

① 基于受弯承载力设计值的临界温度

跨中弯矩设计值：$M_{fi,Ed}=74.3\text{kN}\cdot\text{m}$

根据 EN 1993-1-2，$t=0$ 时抵抗弯矩设计值为：

$$M_{fi,0,Rd}=W_{pl,y}f_y/(k_1 k_2 \gamma_{M,fi})$$

式中，

$k_1=0.7$，对于三边暴露、第四边与混凝土板接触未受保护的梁；

$k_2=1.0$，对于不在支撑处的截面。

IPE400 钢材的塑性截面模量 $W_{pl,y}$：

$$W_{pl,y}=1307\times10^3\text{mm}^3$$

$$M_{fi,0,Rd}=\frac{W_{pl,y}f_y}{k_1 k_2 \gamma_{M,fi}}=\frac{1307000\times355}{0.7\times1.0\times1.0}\times10^{-6}=662.8 \text{ kN}\cdot\text{m}$$

利用度为：

$$\mu_0=\frac{M_{fi,Ed}}{M_{fi,0,Rd}}=\frac{74.3}{662.8}=0.112$$

由式（6.35）求得临界温度为：

$$\theta_{a,cr}=812℃$$

临界温度也可用其他方法计算，过程如下。梁失效时：

$$M_{fi,Rd}=M_{fi,Ed}\Rightarrow\frac{W_{pl,y}\times k_{y,\theta}\times f_y}{k_1\times k_2\times\gamma_{M,fi}}=M_{fi,Ed}$$

$$k_{y,\theta}=\frac{k_1\times k_2\times\gamma_{M,fi}\times M_{fi,Ed}}{W_{pl,y}\times f_y}=\frac{0.7\times1.0\times1.0\times74.3\times10^6}{1307\times10^3\times355}=0.112$$

由式（6.34）得临界温度为 812℃。临界温度还可根据表 6.2 通过插值得到。

三边加热 IPE400 梁的截面参数为

$$A_m/V=152.3\text{m}^{-1}, h=400\text{mm}, b=180\text{mm}, A=84.46\text{cm}^2$$

按箱形保护材料计算的截面系数 $[A_m/V]_b$ 为：

$$[A_m/V]_b=\frac{2h+b}{A}=\frac{2\times0.4+0.18}{84.46\times10^{-4}}=116.0 \text{ m}^{-1}$$

修正系数：

$$k_{sh}=0.9[A_m/V]_b/[A_m/V]=0.9\times116.0/152.3=0.6855$$

因此截面修正系数为

$$k_{sh}[A_m/V]=0.6855\times152.3=104.4m^{-1}$$

由图 6.9 知达到临界温度 $\theta_{a,cr}=812℃$ 的时间为 33min，小于所需的 90min，因此为达到耐火要求需采取防火措施。

因为 k_1 的值依赖于截面是否采取保护措施，必须针对受保护截面确定新的临界温度。取 $k_1=0.85$，$t=0$ 时的抵抗弯矩设计值 $M_{fi,0,Rd}$ 为

$$M_{fi,0,Rd}=\frac{W_{pl,y}f_y}{k_1k_2\gamma_{M,fi}}=\frac{1307000\times355}{0.85\times1.0\times1.0}\times10^{-6}=545.9kN\cdot m$$

利用度为：

$$\mu_0=\frac{M_{fi,Ed}}{M_{fi,0,Rd}}=\frac{74.3}{545.9}=0.136$$

由式（6.35）求得临界温度

$$\theta_{a,cr}=783℃$$

② 蛭石混凝土喷涂厚度

为防止钢材温度在要求的 90min 前超过临界温度，蛭石混凝土的喷涂厚度取为 8mm（见第 6.4.3 节【例 6-1】确定设计防火材料厚度的方法）。

③ 基于剪力设计值的临界温度

整跨中的最大剪力为

$$V_{fi,Ed}=49.3kN$$

受剪面积为

$$A_v=A-2bt_f+(t_w+2r)t_f$$
$$=8446-2\times180\times13.5+(8.6+2\times2.21)\times13.5=4269mm^2$$

梁失效时的受剪承载力：

$$V_{fi,Rd}=V_{fi,Ed}\Rightarrow\frac{A_vk_{y,\theta}f_y}{\sqrt{3}\gamma_{M,fi}}=V_{fi,Ed}\Rightarrow\frac{4269\times k_{y,\theta}\times355}{\sqrt{3}\times1.0}\times10^{-3}=49.3$$

由上式，折减系数 $k_{y,\theta}$ 的值为

$$k_{y,\theta}=0.056$$

由表 6.2 对 $k_{y,\theta}$ 的值进行内插，得基于剪力的临界温度为

$$\theta_{a,cr}=920.0℃$$

式（6.34）给出的临界温度为：

$$\theta_{a,cr}=916.3℃$$

也可采用利用度 μ_0 的概念

$$\mu_0=\frac{V_{fi,Ed}}{V_{fi,0,Rd}}=\frac{V_{fi,Ed}}{A_vf_y/(\sqrt{3}\gamma_{M,fi})}=\frac{49300}{4269\times355/(\sqrt{3}\times1.0)}=0.056$$

由式（6.35）同样得临界温度 $\theta_{a,cr}=916.3℃$。

该临界温度大于基于弯矩值得到的临界温度。因此，梁的临界温度应为

$$\theta_{a,cr} = \min(783℃，916.3℃) = 783℃$$

④ 受剪承载力的安全性验算

温度为 783℃ 时折减系数 $k_{y,\theta}$ 为 0.136，受剪承载力为

$$V_{fi,Rd} = \frac{A_v k_{y,\theta} f_y}{\sqrt{3} \gamma_{M,fi}} = \frac{4269 \times 0.136 \times 355}{\sqrt{3} \times 1.0} \times 10^{-3} = 119.0 \text{ kN}$$

因为 $V_{fi,Ed} < 0.5 V_{fi,Rd}$，不必考虑剪切对抵抗弯矩的影响，采用 783℃ 的临界温度没有问题。

（2）侧向不受约束的梁

1 类或 2 类截面和温度均匀的侧向无约束梁，t 时刻侧向扭曲抵抗力矩设计值 $M_{b,fi,t,Rd}$ 由下式计算：

$$M_{b,fi,t,Rd} = \chi_{LT,fi} W_{pl,y} k_{y,\theta} f_y / \gamma_{M,fi}$$

$t=0$ 时抵抗力矩 $M_{b,fi,0,Rd}$ 由下式确定：

$$M_{b,fi,0,Rd} = \chi_{LT,fi} W_{pl,y} f_y / \gamma_{M,fi}$$

因为侧向扭曲力矩折减系数 $\chi_{LT,fi}$ 取决于温度，须用迭代方法来确定该值。

火灾状况下的折减系数为：

$$\chi_{LT,fi} = \frac{1}{\phi_{LT,\theta} + \sqrt{(\phi_{LT,\theta})^2 - (\bar{\lambda}_{LT,\theta})^2}}$$

$$\phi_{LT,\theta} = \frac{1}{2} \left[1 + \alpha \bar{\lambda}_{LT,\theta} + (\bar{\lambda}_{LT,\theta})^2 \right]$$

缺陷因子为

$$\alpha = 0.65 \sqrt{235/f_y} = 0.529$$

$$\bar{\lambda}_{LT,\theta} = \bar{\lambda}_{LT} \sqrt{k_{y,\theta}/k_{E,\theta}}$$

常温下的无量纲长细比为：

$$\bar{\lambda}_{LT} = \sqrt{\frac{W_{pl,y} f_y}{M_{cr}}}$$

根据第 1 章【例 1-4】，侧向扭曲的弹性临界力矩为：

$$M_{cr} = 164.7 \text{ kN} \cdot \text{m}$$

$$\bar{\lambda}_{LT} = \sqrt{\frac{W_{pl,y} f_y}{M_{cr}}} = 1.68$$

$t=0$ 时无量纲长细比为：

$$\bar{\lambda}_{LT,20℃} = \bar{\lambda}_{LT} \sqrt{\frac{k_{y,20℃}}{k_{E,20℃}}} = 1.68 \times \sqrt{\frac{1.0}{1.0}} = 1.68$$

$$\phi_{LT,20℃} = \frac{1}{2} \times (1 + 0.529 \times 1.68 + 1.68^2) = 2.36$$

$$\chi_{LT,fi} = \frac{1}{2.36 + \sqrt{2.36^2 - 1.68^2}} = 0.250$$

因而 $t=0$ 时侧向扭曲抵抗力矩设计值 $M_{b,fi,0,Rd}$ 为：

$$M_{b,fi,0,Rd}=0.250\times1307000\times355\times10^{-6}=116.0\text{kN}\cdot\text{m}$$

$t=0$ 时的利用度为：

$$\mu_0=\frac{M_{fi,Ed}}{M_{b,fi,0,Rd}}=\frac{74.3}{116.0}=0.641$$

临界温度为

$$\theta_{a,cr}=39.19\ln\left(\frac{1}{0.9674\times0.641^{3.833}}-1\right)+482=542.5℃$$

由该温度修正无量纲长细比 $\bar{\lambda}_{LT,\theta}$，重复上述过程直至收敛，如表 6.6 所示。

迭代过程

表 6.6

θ (℃)	$\sqrt{\dfrac{k_{y,\theta}}{k_{E,\theta}}}$	$\bar{\lambda}_{LT,\theta}=\bar{\lambda}_{LT}\sqrt{\dfrac{k_{y,\theta}}{k_{E,\theta}}}$	$\chi_{LT,fi}$	$M_{b,fi,0,Rd}=\chi_{LT,fi}W_{pl,y}f_y$ (kNm)	$\mu_0=\dfrac{M_{fi,Ed}}{M_{b,fi,0,Rd}}$	$\theta_{a,cr}$(℃)
20	1.00	1.680	0.250	116.0	0.641	542.5
542.5	1.159	1.947	0.197	91.4	0.813	492.0
492.0	1.156	1.942	0.198	91.9	0.808	493.5
493.5	1.154	1.939	0.198	91.9	0.808	493.5

收敛时的临界温度 $\theta_{a,cr}=493.5℃$，非常接近于用 Elefir-EN（Vila Real 和 Franssen，2014）方法得到的临界温度 $\theta_{a,cr}=494.9℃$。

【例 6-4】 第 4 类截面的压弯构件

如图 6.15 所示，考虑一根钢材等级为 S355、高为 2.7m 的焊接压弯构件。假设该压

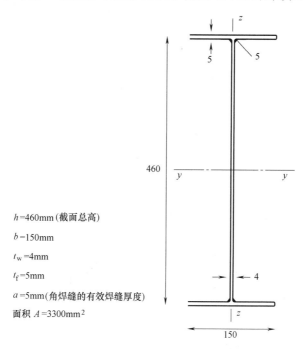

$h=460\text{mm}$（截面总高）

$b=150\text{mm}$

$t_w=4\text{mm}$

$t_f=5\text{mm}$

$a=5\text{mm}$（角焊缝的有效焊缝厚度）

面积 $A=3300\text{mm}^2$

图 6.15 组合截面尺寸

弯构件均匀受弯，火灾状况下绕强轴的弯矩设计值为 $M_{y,fi,Ed}=20\text{kN}\cdot\text{m}$，轴向压力设计值为 $N_{fi,Ed}=20\text{kN}$。假如不会发生侧向扭曲，计算该压弯构件的临界温度。

解：

求解本例将用到如下公式：

① 对于截面耐火性，将 EN 1993-1-1 的式（6.44）修改，以适用于火灾的情况，即：

$$\frac{N_{fi,Ed}}{A_{eff}k_{0.2p,\theta}\dfrac{f_y}{\gamma_{M,fi}}}+\frac{M_{y,fi,Ed}}{W_{eff,y,\min}k_{0.2p,\theta}\dfrac{f_y}{\gamma_{M,fi}}}\leqslant1$$

② 对于压弯构件的耐火性，将 EN 1993-1-2 的式（4.21（c））修改，以适用于第 4 类截面，即：

$$\frac{N_{fi,Ed}}{\chi_{\min,fi}A_{eff}k_{0.2p,\theta}\dfrac{f_y}{\gamma_{M,fi}}}+\frac{k_yM_{y,fi,Ed}}{W_{eff,y}k_{0.2p,\theta}\dfrac{f_y}{\gamma_{M,fi}}}\leqslant1$$

$$\frac{N_{fi,Ed}}{\chi_{z,fi}A_{eff}k_{0.2p,\theta}\dfrac{f_y}{\gamma_{M,fi}}}+\frac{k_{LT}M_{y,fi,Ed}}{\chi_{LT,fi}W_{eff,y}k_{0.2p,\theta}\dfrac{f_y}{\gamma_{M,fi}}}\leqslant1$$

需要说明的是，本例仅按第一个公式进行验算。

（1）截面分类

有关横截面分类的详细内容见 Franssen 和 Vila Real（2010）。图 6.16 展示了角焊缝的几何形状。

$$c_f=b/2-t_w/2-\sqrt{2}\times5=65.93\text{mm}（翼缘）$$

$$c_w=h-2t_f-2\sqrt{2}\times5=435.86\text{mm}（腹板）$$

对于钢材 S355：

$$\varepsilon=0.85\sqrt{235/f_y}=0.692$$

（2）绕 y-y（强轴）受弯和受压下的组合变形

受压翼缘类型：

$$c/t_t=65.93/5=13.16>14\varepsilon=9.7\Rightarrow4\text{ 类}$$

绕 y-y（强轴）受弯和受压下组合变形腹板的类别：

假定为第 1 类或第 2 类：

$$\alpha=\frac{1}{2}+\frac{N_{Ed}}{2ct_wf_y}=\frac{1}{2}+\frac{20\times10^3}{2\times435.86\times4\times355}=0.516$$

因为 $\alpha>0.5$ 且

$$c_w/t_w=435.86/4=108.96>\frac{496\varepsilon}{13\alpha-1}=60.13$$

因此，腹板不是第 1 类也不是第 2 类。

假定为第 3 类：

$$\psi=\frac{2N_{Ed}}{Af_y}-1=\frac{2\times20\times10^3}{3300\times355}-1=-0.966$$

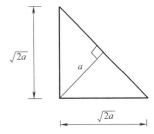

图 6.16　角焊的有效焊缝厚度

$$c_w/t_w = 435.86/4 = 108.96 > 42\varepsilon/(0.67 + 0.33\psi) = 82.8 \Rightarrow 第 4 类$$

所以，绕 y-y（强轴）受弯和受压组合变形的焊接截面属于第 4 类截面。

（3）有效面积和有效截面模量计算

① 有效面积

轴压截面的有效面积按 EN 1993-1-5 确定。

标准化的长细比按下式确定

$$\bar{\lambda}_p = \sqrt{\frac{f_y}{\sigma_{cr}}} = \frac{\bar{b}/t}{28.4\varepsilon \sqrt{k_\sigma}}$$

对于受压翼缘

$$\bar{b} = c_f = 65.93\text{mm}$$

$$t = t_f = 5\text{mm}$$

$$\varepsilon = \sqrt{235/f_y} = 0.814（注：常温下计算）$$

$$k_\sigma = 0.43$$

从而得到

$$\bar{\lambda}_p = \frac{65.93/5}{28.4 \times 0.814 \sqrt{0.43}} = 0.87 > 0.748$$

$$\rho = \frac{\bar{\lambda}_p - 0.188}{\bar{\lambda}_p^2} = \frac{0.87 - 0.188}{0.87^2} = 0.901$$

翼缘有效宽度 b_{eff} 为（见图 6.17，且有 $\sigma_1 = \sigma_2$）：

$$b_{eff} = \rho\bar{b} = 0.901 \times 65.93 = 59.39\text{mm}$$

$$b = 2b_{eff} + t_w + 2\sqrt{2} \times 5 = 2 \times 59.39 + 4 + 2\sqrt{2} \times 5$$

$$= 136.93\text{mm}$$

对于均匀受压的腹板（$\psi = 1.0$）：

$$\bar{b} = c_w = 435.86\text{mm}$$

$$t = t_w = 4$$

$$\varepsilon = \sqrt{235/f_y} = 0.814（注：常温下确定）$$

$$k_\sigma = 4$$

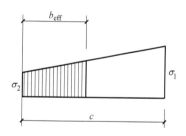

图 6.17　受压翼缘的有效宽度 b_{eff}

从而

$$\bar{\lambda}_p = \frac{435.86/4}{28.4 \times 0.814 \sqrt{4}} = 2.358 > 0.5 + \sqrt{0.085 - 0.055\psi} = 0.673$$

$$\rho = \frac{\bar{\lambda}_p - 0.055(3 + \psi)}{\bar{\lambda}_p^2} = \frac{2.358 - 0.055 \times (3 + 1)}{2.358^2} = 0.358 \leqslant 1.0$$

腹板有效宽度 b_{eff}（图 6.18）：

$$b_{eff} = \rho\bar{b} = 0.385 \times 435.86 = 167.61\text{mm}$$

$$b_{e1} = 0.5b_{eff} = 0.5 \times 167.61 = 83.80\text{mm}$$

$$b_{e2} = 0.5b_{eff} = 0.5 \times 167.61 = 83.80\text{mm}$$

截面有效面积如图 6.19 所示，通过软件 SteelClass（Couto et al，2014）确定。

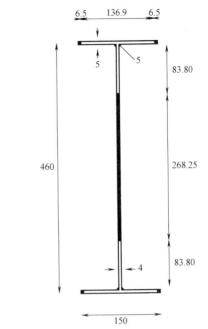

图 6.19 均匀受压时的有效截面

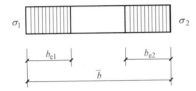

图 6.18 受压腹板的有效宽度 $b_{eff}=b_{e1}+b_{e2}$

$$A_{eff}=A-(268.25\times4+4\times6.5\times5)=2096.28mm^2$$

② 绕 y-y（强轴）的有效截面模量

根据 EN 1993-1-5 第 4.4（3）条绕 y-y（强轴）弯曲时有效截面模量计算的规定："对于 I 形或箱形截面的翼缘，表 4.1 和表 4.2 的应力比 ψ 应基于毛截面面积的性质，必要时考虑翼缘的剪力滞后效应。对于腹板，表 4.1 的应力比 ψ 应根据受压翼缘的有效面积和腹板毛面积的应力分布计算"。

因为翼缘处于均匀受压状态，有效面积与轴压时的截面有效面积相同，即：

$$b_{eff}=\rho\bar{b}=0.901\times65.93=59.39mm$$

$$b=2b_{eff}+t_w+2\sqrt{2}\times5=2\times59.39+4+2\sqrt{2}\times5=136.93mm$$

考虑受压翼缘的有效面积和腹板的毛面积重新计算重心的位置：

$$A'=A-[(150-136.93)\times5]=3234.646mm^2$$

$$z'_G=\frac{\left(A\times\frac{460}{2}\right)-\left[((150-136.93)\times5)\times\left(460-\frac{5}{2}\right)\right]}{A'}=225.40mm$$

式中，z'_G 为重心到下翼缘底面的距离。

应力比 ψ 按下式计算：

$$\psi=\frac{\sigma_2}{\sigma_1}=-\frac{b_t}{b_c}$$

式中，b_c 和 b_t 见图 6.20 的定义，其值为：

$$b_{\mathrm{t}}=z'_{\mathrm{G}}-t_{\mathrm{f}}-a\sqrt{2}=225.40-5-5\sqrt{2}=213.33\mathrm{mm}$$

$$b_{\mathrm{c}}=h-z'_{\mathrm{G}}-t_{\mathrm{f}}-a\sqrt{2}=460-225.40-5-5\sqrt{2}=222.53\mathrm{mm}$$

$$\psi=-\frac{b_{\mathrm{t}}}{b_{\mathrm{c}}}=-\frac{213.33}{222.53}=-0.9587$$

$$k_{\sigma}=7.81-6.29\psi+9.78\psi^{2}=22.83$$

标准化的长细比由下式确定：

$$\bar{\lambda}_{\mathrm{p}}=\sqrt{\frac{f_{\mathrm{y}}}{\sigma_{\mathrm{cr}}}}=\frac{\bar{b}/t}{28.4\varepsilon\sqrt{k_{\sigma}}}$$

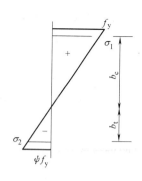

图 6.20　腹板的受拉和受压部分

因此

$$\bar{\lambda}_{\mathrm{p}}=\frac{435.86/4}{28.4\times0.814\sqrt{22.83}}=0.987>0.5+\sqrt{0.085-0.055\psi}=0.871$$

$$\rho=\frac{\bar{\lambda}_{\mathrm{p}}-0.055(3+\psi)}{\bar{\lambda}_{\mathrm{p}}^{2}}=\frac{0.987-0.055(3+(-0.9587))}{0.987^{2}}=0.898\leqslant1.0$$

腹板有效宽度 b_{eff} 为（图 6.21）：

$$b_{\mathrm{eff}}=\rho b_{\mathrm{c}}=\rho c_{\mathrm{w}}/(1-\psi)=0.898\times435.86/[1-(-0.9587)]=199.82\mathrm{mm}$$

$$b_{\mathrm{e1}}=0.4b_{\mathrm{eff}}=0.4\times199.82=79.93\mathrm{mm}$$

$$b_{\mathrm{e2}}=0.6b_{\mathrm{eff}}=0.6\times199.82=119.89\mathrm{mm}$$

腹板非有效面积的长度为：

$$b=b_{\mathrm{c}}-b_{\mathrm{e1}}-b_{\mathrm{e2}}=222.53-79.93-119.89=22.71\mathrm{mm}$$

计算重心的新位置：

$$A''=A-(150-136.93)\times5-22.71\times4=3143.846\mathrm{mm}^{2}$$

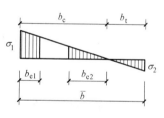

图 6.21　受压腹板的有效
宽度 $b_{\mathrm{eff}}=b_{\mathrm{e1}}+b_{\mathrm{e2}}$

$$z''_{\mathrm{G}}=\frac{\left(A\times\dfrac{460}{2}\right)-\left[(150-136.93)\times5\times\left(460-\dfrac{5}{2}\right)\right]}{A''}$$

$$-\frac{\left[22.71\times4\times\left(460-5-\sqrt{2}\times5-79.93-\dfrac{22.71}{2}\right)\right]}{A''}$$

$$=221.6\mathrm{mm}$$

图 6.22 展示了由 SteelClass（Couto et al，2014）方法得到的截面绕强轴弯曲时的有效面积，其中 $209.5=221.6-t_{\mathrm{f}}-\sqrt{2}a$。

只受弯矩作用时有效截面的面积二次矩为：

$$I_{\mathrm{eff,y}}=102947672\mathrm{mm}^{4}$$

有效截面模量为

$$W_{\mathrm{eff,y,min}}=\min\left(\frac{I_{\mathrm{eff,y}}}{z''_{\mathrm{G}}};\frac{I_{\mathrm{eff,y}}}{h-z''_{\mathrm{G}}}\right)=431848\mathrm{mm}^{3}$$

（4）临界温度的计算

因为弯矩图沿构件均匀一致，构件的整体稳定性比截面承载力更为重要。在这种情况下，可不必验算截面承载力，下面的验算仅是一个算例。

（5）截面验算

截面失效时：

$$\frac{N_{fi,Ed}}{A_{eff}k_{0.2p,\theta}\dfrac{f_y}{\gamma_{M,fi}}}+\frac{M_{y,fi,Ed}}{W_{eff,y,min}k_{0.2p,\theta}\dfrac{f_y}{\gamma_{M,fi}}}=1$$

由此可得失效时钢材 0.2% 塑性应变对应的弹性极限强度的折减系数 $k_{0.2p,\theta}$ 的值

$$k_{0.2p,\theta}=\frac{N_{fi,Ed}}{A_{eff}\dfrac{f_y}{\gamma_{M,fi}}}+\frac{M_{y,fi,Ed}}{W_{eff,y,min}\dfrac{f_y}{\gamma_{M,fi}}}$$

将数值代入公式得

$$k_{0.2p,\theta}=\frac{N_{fi,Ed}}{A_{eff}\dfrac{f_y}{\gamma_{M,fi}}}+\frac{M_{y,fi,Ed}}{W_{eff,y,min}\dfrac{f_y}{\gamma_{M,fi}}}=\frac{20}{744.18}+\frac{20}{153.31}=0.157$$

采用表 6.2 或 EN 1993-1-2 的表 E.1 对 0.2% 塑性应变对应的弹性极限强度进行内插，得到临界温度为：

$$\theta_{a,cr}=684℃$$

（6）压弯构件屈曲强度

屈曲长度为：

$$l_{fi}=L=2700mm$$

高温下的无量纲长细比由下式计算：

$$\bar{\lambda}_\theta=\bar{\lambda}\sqrt{\frac{k_{0.2p,\theta}}{k_{E,\theta}}}$$

无量纲长细比取决于温度，需要通过迭代计算确定临界温度。温度取 $20℃$，此时 $k_{0.2p,\theta}=k_{E,\theta}=1.0$：

$$\bar{\lambda}_{20℃}=\bar{\lambda}=\sqrt{\frac{A_{eff}f_y}{N_{cr}}}$$

对于强轴，欧拉临界荷载为：

$$N_{cr,y}=\frac{\pi^2EI_y}{l_{fi}{}^2}=\frac{\pi^2\times210\times108012500}{2700^2}=30709kN$$

对于弱轴，欧拉临界荷载为：

$$N_{cr,z}=\frac{\pi^2EI_z}{l_{fi}{}^2}=\frac{\pi^2\times210\times2814900}{2700^2}=800kN$$

从而对于强轴：

$$\bar{\lambda}_{y,20℃}=\bar{\lambda}_y=\sqrt{\frac{A_{eff}f_y}{N_{cr,y}}}=0.156$$

对于弱轴

$$\bar{\lambda}_{z,20℃}=\bar{\lambda}_z=\sqrt{\frac{A_{eff}f_y}{N_{cr,z}}}=0.964$$

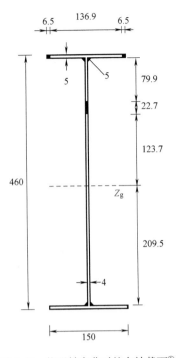

图 6.22 绕强轴弯曲时的有效截面①

---

① 原著该图的图名应该错误，根据对该图引用时的描述改为"绕强轴弯曲时的有效截面"。

弯曲屈曲折减系数 χ_{fi} 由下式确定：

$$\alpha = 0.65 \times \sqrt{235/f_y} = 0.65 \times \sqrt{235/355} = 0.529$$

常温下弯曲屈曲的折减系数 χ_{fi}：

对于强轴：

$$\phi_{y,20℃} = \frac{1}{2}\left[1 + \alpha\bar{\lambda}_{y,20℃} + \bar{\lambda}_{y,20℃}^2\right] = 0.553$$

$$\chi_{y,20℃} = \frac{1}{\phi_{y,20℃} + \sqrt{\phi_{y,20℃}^2 - \bar{\lambda}_{y,20℃}^2}} = 0.922$$

对于弱轴：

$$\phi_{z,20℃} = \frac{1}{2}\left[1 + \alpha\bar{\lambda}_{z,20℃} + \bar{\lambda}_{z,20℃}^2\right] = 1.220$$

$$\chi_{z,20℃} = \frac{1}{\phi_{z,20℃} + \sqrt{\phi_{z,20℃}^2 - \bar{\lambda}_{z,20℃}^2}} = 0.508$$

钢材 0.2% 弹性极限强度折减系数 $k_{0.2p,\theta}$ 取下式值时失效：

$$k_{0.2p,\theta} = \frac{N_{fi,Ed}}{\chi_{min,fi}A_{eff}f_y} + \frac{k_y M_{y,fi,Ed}}{W_{eff,y}f_y}$$

其中，

$$k_y = 1 - \frac{\mu_y N_{fi,Ed}}{\chi_{y,fi}A_{eff}k_{0.2p,\theta}\dfrac{f_y}{\gamma_{M,fi}}} \leqslant 3$$

$$\mu_y = (2\beta_{M,y} - 5)\bar{\lambda}_{y,\theta} + 0.44\beta_{M,y} + 0.29 \leqslant 0.8$$

$$\bar{\lambda}_{y,20℃} \leqslant 1.1$$

对于均匀弯曲图的情况，$\psi = 1$ 时 $\beta_{M,y}$ 取为

$$\beta_{M,y} = 1.8 - 1.7\psi = 1.8 - 1.7 \times 1.0 = 0.1$$

则

$$\mu_y = (2 \times 1.1 - 5) \times 0.156 + 0.44 \times 1.1 + 0.29 = 0.338$$

$$k_y = 1 - \frac{\mu_y N_{fi,Ed}}{\chi_{y,fi}A_{eff}k_{0.2p,\theta}\dfrac{f_y}{\gamma_{M,fi}}} = 0.990$$

从而折减系数为：

$$k_{0.2p,\theta} = \frac{N_{fi,Ed}}{\chi_{min,fi}A_{eff}f_y} + \frac{k_y M_{y,fi,Ed}}{W_{eff,y}f_y} = 0.182$$

按本章表 6.2 或 EN 1993-1-2 中表 E.1 对 0.2% 塑性应变对应的弹性极限强度进行内插，得到临界温度：

$$\theta_{a,cr} = 669℃$$

高温下的无量纲长细比为温度的函数，迭代过程如表 6.7 所示，迭代两次后得到临界温度 $\theta_{a,cr} = 673℃$。

迭代过程　　　　　　　　　　　　　　　　　　　　　　　　表 6.7

$\theta(℃)$	$\bar{\lambda}_{y,\theta}$	$\bar{\lambda}_{z,\theta}$	$\chi_{min,fi}$	k_y	$k_{0.2p,\theta}$	$\theta_{a,cr}(℃)$
20	0.156	0.964	0.508	0.990	0.182	669
669	0.155	0.956	0.512	0.943	0.176	673
673	0.155	0.956	0.512	0.943	0.176	673

压弯构件的临界温度取截面临界温度与构件临界温度的较小值：

$$\theta_{a,cr} = \min(684℃, 673℃) = 673℃$$

6.6　连接

本节论述了螺栓和焊接节点的抗火设计。火灾试验和观察表明，节点在火灾和其他许多情况下表现良好，不需保护。欧洲规范 3 指出，对于螺栓连接，若每一孔都有紧固件，则不需考虑紧固孔处的净截面失效。这是由于额外节点材料的存在，节点处钢材的温度更低。

欧洲规范 3 指出，当满足以下要求时，可假设螺栓和焊接节点有足够的抗火性能：

（1）节点防火材料的热阻 $(d_f/\lambda_f)_c$ 大于等于任何连接构件防火材料热阻 $(d_f/\lambda_f)_m$ 的最小值，其中

d_f——防火材料的厚度，对于未受保护的构件 $d_f=0$；

λ_f——防火材料的有效热导率。

（2）节点利用度小于等于任何连接构件利用度的最大值。节点及其连接构件的利用度可按环境温度简化计算。

（3）环境温度下的节点强度按 EN 1993-1-8 的建议计算。

作为上述方法的替代，节点的抗火性可按欧洲规范 3 第 1.2 部分附录 D 的方法确定。下面介绍并讨论该方法。

6.6.1　火灾中节点的温度

当验证节点的耐火性时，需计算节点各部分的温度分布。可利用形成该节点的各部分的局部截面系数 A/V 来确定这些温度。作为简化，可假设节点内温度均匀分布。该温度可用和节点相邻的连接钢构件 A/V 的最大值来计算。对于梁支撑混凝土板处的梁柱节点和梁梁节点，节点温度分布 θ_h 可用下面方法，按所连接梁跨中的底部翼缘温度确定。

（1）梁的高度小于等于 400mm

$$\theta_h = 0.88\theta_0[1-0.3(h/D)] \tag{6.41}$$

式中　θ_h——钢梁高度 h（mm）点的温度（图 6.23）；

　　　　θ_0——连接点远端钢梁的底部翼缘温度，按式（6.17）或式（6.18）计算；

　　　　h——所考虑组件相对梁底的高度（mm）（图 6.23）；

　　　　D——梁的高度（mm）。

（2）若梁的高度大于 400mm

$h{\leqslant}D/2$ 时

$$\theta_{\mathrm{h}}=0.88\theta_0 \tag{6.42}$$

$h{>}D/2$ 时

$$\theta_{\mathrm{h}}=0.88\theta_0\left[1+0.2(1-2h/D)\right] \tag{6.43}$$

式中符号含义与式（6.41）一致。

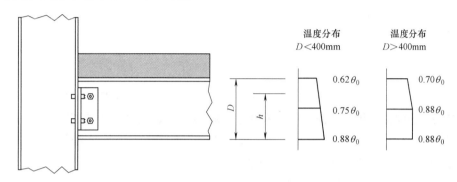

图 6.23　复合节点沿高度的热梯度（EN 1993-1-2）

6.6.2　高温下螺栓和焊缝的强度

根据 EN 1993-1-8，火灾下螺栓和焊缝的承载力为常温下的承载力乘以表 6.8 的折减系数。

高温下螺栓和焊缝的强度折减系数　　　　　　　　　表 6.8

温度 θ_{a}（℃）	螺栓折减系数 $k_{\mathrm{b},\theta}$（受拉和受剪）	焊缝折减系数 $k_{\mathrm{w},\theta}$
20	1.000	1.000
100	0.968	1.000
150	0.952	1.000
200	0.935	1.000
300	0.903	1.000
400	0.775	0.876
500	0.550	0.627
600	0.220	0.378
700	0.100	0.130
800	0.067	0.074
900	0.033	0.018
1000	0.000	0.000

6.6.2.1　火灾下受剪螺栓的承载力设计值

1. A 类：承压型

火灾下受剪螺栓的承载力设计值由下式确定：

$$F_{v,t,Rd} = F_{v,Rd} k_{b,\theta} \frac{\gamma_{M2}}{\gamma_{M,fi}} \tag{6.44}$$

式中 $F_{v,Rd}$——假设剪切面通过螺栓螺纹求出的螺栓每个剪切面的受剪承载力设计值（EN 1993-1-8 表 3.4）；

$k_{b,\theta}$——根据表 6.4 确定的与螺栓温度对应的折减系数；

γ_{M2}——常温下分项安全系数；

$\gamma_{M,fi}$——火灾状况下的分项安全系数。

火灾下螺栓的承载力设计值由下式确定：

$$F_{b,t,Rd} = F_{b,Rd} k_{b,\theta} \frac{\gamma_{M2}}{\gamma_{M,fi}} \tag{6.45}$$

式中，$F_{b,Rd}$——由 EN 1993-1-8 表 3.4 确定的常温下螺栓的承载力设计值。

2. B 类（正常使用极限状态的抗滑承载力）和 C 类（承载能力极限状态的抗滑承载力）

认为滑动约束连接火灾下已经滑动，单个螺栓的承载力按承压型螺栓计算。

6.6.2.2 火灾下受拉螺栓的承载力设计值

D 类和 E 类：非预应力螺栓和预应力螺栓。

火灾下单个螺栓的抗拉承载力设计值由下式确定：

$$F_{ten,t,Rd} = F_{t,Rd} k_{b,\theta} \frac{\gamma_{M2}}{\gamma_{M,fi}} \tag{6.46}$$

式中，$F_{t,Rd}$——常温下的抗拉承载力，由 EN 1993-1-8 表 3.4 确定。

6.6.2.3 火灾下焊缝的承载力设计值

1. 对接焊缝

根据欧洲规范 3，认为温度达到 700℃时全熔透对接焊缝的强度设计值等于较弱连接部分的强度乘以表 6.2 结构钢的折减系数。温度超过 700℃时，表 6.4 的角焊缝折减系数也适用于对接焊缝。

2. 角焊缝

火灾下单位长度角焊缝的承载力设计值由下式确定：

$$F_{w,t,Rd} = F_{w,Rd} k_{w,\theta} \frac{\gamma_{M2}}{\gamma_{M,fi}} \tag{6.47}$$

式中，$F_{w,Rd}$——由 EN1993-1-8 第 4.5.3 条确定的常温下单位长度焊缝的承载力设计值；

$k_{w,\theta}$——由表 6.4 确定的焊缝强度折减系数。

6.6.3 算例

【例 6-5】 螺栓连接

如图 6.24 所示，考虑 S355 螺栓连接的受拉节点。假设火灾状况下拉力的设计值为 $N_{fi,Ed} = 195$kN，采用等级为 4.6 的螺栓 M20，剪切面穿过螺栓的无螺纹部分。

（1）确定节点和连接构件的临界温度；

（2）验证此未保护节点是否可归类为 R30。

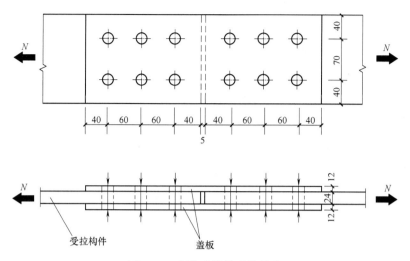

图 6.24 螺栓连接的受拉节点

解：

（1）节点和连接构件的临界温度

① 构件的临界温度

不考虑紧固孔处的净截面失效时（假设每一孔都有一个紧固件），t 时刻受拉构件毛截面的抗拉设计值 $N_{fi,t,Rd}$ 为：

$$N_{fi,t,Rd} = A k_{y,\theta} f_y / \gamma_{M,fi}$$

毛截面的面积为

$$A = 24 \times 150 = 3600 \text{mm}^2$$

受拉构件失效时有：

$$N_{fi,Ed} = N_{fi,t,Rd}$$

因而

$$N_{fi,Ed} = N_{fi,t,Rd} \Rightarrow N_{fi,Ed} = A k_{y,\theta} f_y / \gamma_{M,fi}$$

式中屈服强度折减系数为

$$k_{y,\theta} = \frac{N_{fi,Ed}}{A f_y / \gamma_{M,fi}} = \frac{195000}{3600 \times 355 / 1.0} = 0.153$$

对表 6.2 进行插值，得到受拉构件的临界温度为

$$\theta_{a,cr} = 764.2\,℃$$

本例无需计算盖板的临界温度，因为其厚度为连接构件厚度的一半，且承担所施加拉力的一半。

② 基于螺栓受剪承载力的临界温度

假设剪切面穿过螺栓的螺纹部分，则螺栓每一剪切面的受剪承载力设计值为（见欧洲规范 3 中 1-8 部分 $F_{v,Rd}$ 的定义）

$$F_{v,Rd} = \frac{0.6 f_{ub} A_s}{\gamma_{M2}}$$

火灾状况下，t 时刻螺栓每一剪切面的受剪承载力设计值由下式确定：

$$F_{v,t,Rd} = F_{v,Rd} k_{b,\theta} \frac{\gamma_{M2}}{\gamma_{M,fi}}$$

因为连接中有 6 个螺栓，每个螺栓有两个剪切平面，总受剪承载力为

$$F_{v,t,Rd,TOTAL} = 12 F_{v,Rd} k_{b,\theta} \frac{\gamma_{M2}}{\gamma_{M,fi}}$$

失效时有

$$N_{fi,Ed} = F_{v,t,Rd,TOTAL} \Rightarrow N_{fi,Ed} = 12 F_{v,Rd} k_{b,\theta} \frac{\gamma_{M2}}{\gamma_{M,fi}}$$

从而螺栓的折减系数为

$$k_{b,\theta} = \frac{N_{fi,Ed}}{12 F_{v,Rd} \dfrac{\gamma_{M2}}{\gamma_{M,fi}}}$$

由此得到

$$F_{v,Rd} = \frac{0.6 f_{ub} A_s}{\gamma_{M2}} = \frac{0.6 \times 400 \times 245}{1.25} \times 10^{-3} = 47 kN$$

$$k_{b,\theta} = \frac{N_{fi,Ed}}{12 F_{v,Rd} \dfrac{\gamma_{M2}}{\gamma_{M,fi}}} = \frac{195}{12 \times 47 \times \dfrac{1.25}{1.0}} = 0.277$$

对表 6.4 进行插值，得到临界温度为

$$\theta_{a,cr} = 582.7^{\circ}C$$

③ 基于螺栓受压承载力的临界温度

根据欧洲规范 3 第 1-8 部分，常温下的受压承载力为：

$$F_{b,Rd} = \frac{k_1 \alpha_b f_u d t}{\gamma_{M2}}$$

其中，对于沿载荷传递方向的端部螺栓

$$\alpha_b = \min\left(\frac{e_1}{3 d_0}, \frac{f_{ub}}{f_u}, 1.0\right)$$

对于沿荷载传递方向的内部螺栓

$$\alpha_b = \min\left(\frac{p_1}{3 d_0} - \frac{1}{4}, \frac{f_{ub}}{f_u}, 1.0\right)$$

为安全起见，所有螺栓按最小受压承载力考虑：

$$\alpha_b = \min\left(\frac{e_1}{3 d_0}, \frac{p_1}{3 d_0} - \frac{1}{4}, \frac{f_{ub}}{f_u}, 1.0\right)$$

在垂直于荷载传递的方向，该连接只有边缘螺栓，因此所有螺栓取

$$k_1 = \min\left(2.8 \frac{e_2}{d_0} - 1.7, 1.4 \frac{p_2}{d_0} - 1.7, 2.5\right)$$

本例中

$$e_1 = 40mm; p_1 = 60mm; t = 24mm;$$

$$e_2 = 40\text{mm}；p_2 = 70\text{mm}；$$
$$d = 20\text{mm}；d_0 = 22\text{mm}；$$
$$f_{ub} = 400\text{N/mm}^2；f_u = 510\text{N/mm}^2$$

从而

$$\alpha_b = \min\left(\frac{40}{3 \times 22}, \frac{60}{3 \times 22} - \frac{1}{4}, \frac{400}{510}, 1.0\right) = \min(0.61, 0.66, 0.78, 1.0) = 0.61$$

$$k_1 = \min\left(2.8 \times \frac{40}{22} - 1.7, 1.4 \times \frac{70}{22} - 1.7, 2.5\right) = \min(3.39, 2.75, 2.5) = 2.5$$

火灾状况下，t 时刻单个螺栓的受压承载力设计值由下式确定：

$$F_{b,t,Rd} = F_{b,Rd} k_{b,\theta} \frac{\gamma_{M2}}{\gamma_{M,fi}}$$

由于每一侧有 6 个螺栓抵抗施加的拉力

$$F_{b,t,Rd,TOTAL} = 6 F_{b,Rd} k_{b,\theta} \frac{\gamma_{M2}}{\gamma_{M,fi}}$$

失效时有

$$N_{fi,Ed} = F_{b,t,Rd,TOTAL} \Rightarrow N_{fi,Ed} = 6 F_{b,Rd} k_{b,\theta} \frac{\gamma_{M2}}{\gamma_{M,fi}}$$

螺栓的折减系数可取为

$$k_{b,\theta} = \frac{N_{fi,Ed}}{6 F_{b,Rd} \dfrac{\gamma_{M2}}{\gamma_{M,fi}}}$$

受压承载力由下式确定

$$F_{b,Rd} = \frac{k_1 \alpha_b f_u d t}{\gamma_{M2}} = \frac{2.5 \times 0.61 \times 510 \times 20 \times 24}{1.25} = 299 \times 10^3 \text{N} = 299\text{kN}$$

并且有

$$k_{b,\theta} = \frac{N_{fi,Ed}}{6 F_{b,Rd} \dfrac{\gamma_{M2}}{\gamma_{M,fi}}} = \frac{195}{6 \times 299 \times \dfrac{1.25}{1.0}} = 0.087$$

对表 6.4 中的折减系数进行插值，得到临界温度为

$$\theta_{a,cr} = 739.5℃$$

④ 节点的临界温度为

$$\theta_{a,cr} = \min(764.2℃, 582.7℃, 739.5℃) = 582.7℃$$

（2）检查节点是否可归类为 R30

受拉构件和节点的截面系数分别为：

$$\left[\frac{A_m}{V}\right]_{构件} = \frac{2 \times (0.024 + 0.15)}{0.024 \times 0.15} = 96.7\text{m}^{-1}$$

$$\left[\frac{A_m}{V}\right]_{节点} = \frac{2 \times (0.048 + 0.15)}{0.048 \times 0.15} = 55\text{m}^{-1}$$

根据图 6.9 和 $k_{sh} = 1.0$，可知构件在标准火灾暴露 30min 后的温度为

$$\theta_{a,构件} = 763℃$$

低于构件的临界温度（764.2℃），因此构件可承受 30min 的标准火灾作用。

在相同的火灾暴露时间后节点温度为

$$\theta_{a,节点} = 700℃$$

高于节点的临界温度，因此该节点不能归类为 R30。

【例 6-6】 焊接节点

如图 6.25，考虑钢材型号为 S355 的焊接受拉节点。假设火灾状况下拉力的设计值为 $N_{fi,Ed} = 195kN$，确定角焊缝的厚度 a 应为多少时，未受保护节点才具有 R30 的耐火性？

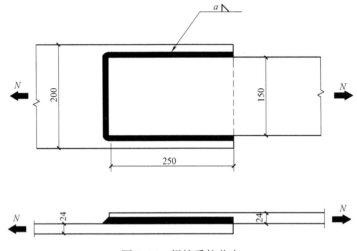

图 6.25　焊接受拉节点

解：

（1）毛截面耐火性的验证

连接构件的毛截面为 150mm×24mm，与上面例题相同，上例已求得 30min 标准火灾暴露后的温度为 $\theta_{a,构件} = 763℃$。由表 6.2 可确定有效屈服强度折减系数为 $k_{y,\theta} = 0.1544$。

因为不需考虑紧固孔的净截面失效（假设每一孔都有一个紧固件），受均匀温度 $\theta_a = 763℃$ 作用的受拉构件毛截面承载力设计值 $N_{fi,\theta,Rd}$ 为：

$$N_{fi,\theta,Rd} = A k_{y,\theta} f_y / \gamma_{M,fi} = 24 \times 150 \times 0.1544 \times 355 / 1.0 = 197 \times 10^3 N = 197kN$$

该值高于火灾状况下施加的拉力荷载 $N_{fi,Ed} = 195kN$。

（2）角焊缝的厚度

考虑垂直于节点主要方向的截面确定节点的截面系数 A_m/V。

$$\frac{A_m}{V} = \frac{2 \times (0.2 + 0.048)}{0.2 \times 0.024 + 0.15 \times 0.024} = 59m^{-1}$$

假设 $k_{sh} = 1.0$，由图 6.9 可确定节点的温度，

$$\theta = 717℃$$

根据 EN 1993-1-8 中的角焊缝承载力设计值的简化确定方法，若沿焊缝长度的每一点

通过焊接传递的单位长度上所有力的合力满足下式，则可认为角焊缝的承载力设计值满足要求：

$$F_{w,Ed} \leqslant F_{w,Rd}$$

式中，$F_{w,Rd} = \dfrac{f_u/\sqrt{3}}{\beta_w \gamma_{M2}} a$。对于钢材等级 S355，$f_u = 510$ N/mm^2，$\beta_w = 0.9$；a 为角焊缝的有效焊缝厚度；$\gamma_{M2} = 1.25$。从而

$$F_{w,Rd} = \frac{f_u/\sqrt{3}}{\beta_w \gamma_{M2}} a = \frac{510/\sqrt{3}}{0.9 \times 1.25} a = 261.7a \, \text{N/mm}$$

火灾下单位长度角焊缝的承载力设计值应由式（6.47）确定，即

$$F_{w,t,Rd} = F_{w,Rd} k_{w,\theta} \frac{\gamma_{M2}}{\gamma_{M,fi}}$$

温度为 717℃时，焊缝的折减系数由表 6.4 在 700℃和 800℃之间插值得到：

$$k_{w,\theta} = 0.12$$

从而

$$F_{w,t,Rd} = 261.7 \times a \times 0.12 \times \frac{1.25}{1.0} = a \times 39.255 \, \text{N/mm}$$

用角焊缝总长度（$l = 650$mm）乘以该值，得到角焊缝耐火性能的设计值为

$$F_{w,t,Rd,TOTAL} = a \times 39.255 \times 650 = a \times 25515.8 = a \times 25.52 \, \text{kN}$$

由于下式必须满足

$$F_{w,t,Rd,TOTAL} \geqslant N_{fi,Ed} \Rightarrow a \times 25.52 \, \text{kN} \geqslant 195 \, \text{kN}$$

从而

$$a \geqslant 7.64 \, \text{mm}$$

所以，8mm 的焊缝厚度具有 R30 的耐火性。

参 考 文 献

［1］　Couto，C.，Vila Real，P.，Lopes，N.，Amaral，C. 2014. Steel Class-a software for Cross-sectional Classification，University of Aveiro.

［2］　ECCS，1983. European Recommendations for the Fire Safety of Steel Structures. European Convention for Constructional Steelwork. ECCS，Elsevier.

［3］　ECCS TC3，1995. Fire Resistance of Steel Structures. Fire Safety of Steel Structures. European Convention for Constructional Steelwork. ECCS Technical Note No. 89，Brussels，Belgium.

［4］　EN 1990-1：2002. Eurocode-Basis of structural design. CEN.

［5］　EN 1991-1-1：2002. Eurocode 1：Actions on structures-Part 1-1：General actions -Densities，self-weight，imposed loads for buildings. CEN.

［6］　EN 1991-1-2：2002. Eurocode 1：Actions on structures-Part 1-2：General actions -Actions on structures exposed to fire. CEN.

［7］　EN 1993-1-1：2005. Eurocode 3：Design of Steel Structures. Part 1.1：General rules and rules for buildings. CEN.

［8］　EN 1993-1-2：2005. Eurocode 3：Design of steel structures-Part 1-2：General rules-Structural fire design. CEN.

［9］　EN 1993-1-5：2006. Eurocode 3：Design of Steel Structures. Part 1.5：Plated structural elements. CEN.

［10］　EN 1993-1-8：2005. Eurocode 3：Design of steel structures-Part 1-8：Design of joints. CEN.

［11］　Franssen, J.-M., Vila Real, P. 2010. Fire Design of Steel Structures, ECCS Eurocode Design Manuals. Brussels：Ernst & Sohn a Wiley Company, 1st Edition.

［12］　Silva, L S., R. Simões, H. Gervásio. 2010. Design of Steel Structures, ECCS Eurocode Design Manuals. Brussels：Ernt & Sohn A Wiley Company, 1st Edition.

［13］　Vila Real, P., Franssen, J. M. 2014. Elefir-EN V1.5.5, Software for fire design of steel structural members according the Eurocode 3. http：//elefiren. web. ua. pt.

第 7 章

钢结构及钢构件的可持续发展

7.1 生命周期的观点

生命周期评价（LCA）是一个评估与产品制作或活动有关的环境影响，以及评估实现环境改善可能性的客观过程。进行生命周期分析能够评估和确定产品生命周期内（例如从获取原材料到寿命终止，如图7.1所示）的材料用量、能源需求、固体废弃物以及气体和水的排放。

为评估产品制作产生的潜在影响，整合产品政策（IPP，2003）推荐了生命周期方法。

所有建筑或构筑物的整个生命周期都存在潜在的环境影响。生命周期观点的主要优势在于其避免了从一个生命周期到另一个生命周期，从一个地区到另一个地区，从一种环境介质（例如大气）到另一种环境介质（例如水体或土壤）负荷的转移（UNEP，2004）。

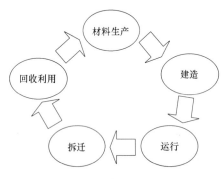

图7.1 生命周期的观点

另外，长远来看，生命周期方法能够提供更好的选择。即从产品开始生产到寿命终结，一件产品生命周期链上的每个人都有责任和义务去考虑所有与环境相关的影响（UNEP，2004）。

通过确定每个生命周期阶段及向大气、水体和土壤的排放物，生命周期方法能够确定产品系统寿命期内的关键工序，从而提升产品在整个生产链内改善环境的潜力。

本章集中讨论钢制品及钢结构的生命周期评价方法。第一部分介绍国际标准生命周期方法的原则与框架，之后讨论钢结构生命周期评价的具体方法。最后给出了分析算例，可以使读者对该方法有更好的理解。

7.2 建筑物生命周期评价

7.2.1 一般方法与分析工具

在工业领域，建筑物需要为大部分的环境影响负责。在过去几年中，人们对建筑环境评价表现出了越来越浓厚的兴趣。

目前对建筑环境主要有两类评估工具（Reijnders and Roekel，1999）：

（1）基于评分标准的定性工具；

（2）基于生命周期输入输出的定量分析工具。

第一类工具主要有LEED（美国）、BREAM（英国）、GBTool（可持续建筑环境的国际规划（iiSBE））等系统。这些方法也称为评级体系，通常是基于建筑审计以及对设定参数的评分。尽管主要是定性分析，但有些参数是定量的，甚至可用于生命周期评价，这些参数主要是对材料性能的量化。这些评价体系通常用来获取绿色建筑证书和生态标签。但这类工具不属于本书范围，下面重点介绍基于生命周期方法的第二类工具。

生命周期评价可以直接用于建筑领域。然而由于其独有的特点，在将标准的生命周期评价方法用于建筑或其他构筑物时会存在一些问题。主要原因是（IEA，2001）：

（1）建筑物的预期寿命很长且不确定，因此有高度的不确定性；

（2）建筑物建于不同的场地，很多影响与当地情况有关；

（3）建筑产品通常由复合材料制成，这意味着需要收集更多数据，与多道生产工艺相关；

（4）建筑服役阶段的能耗非常依赖于用户行为和服役功能；

（5）每个建筑物都具有多个功能，这使得选择一个合适的功能进行评价很困难；

（6）建筑与建筑环境中的其他要素紧密相关，特别是城市基础设施，如道路、管道、绿地、处理设施等。对一个孤立的建筑进行生命周期评价会产生片面结果。

关于建筑及其部件的生命周期评价，应将评估建筑材料和部件为目的的生命周期评价工具（例如 BEES（Lippiatt，2002））和评价整个建筑的生命周期分析方法（如 Athena（Trusty，1997）、Envest（Howard 等 1999）、EcoQuantum（Kortman 等 1998））加以区分。后者通常更为复杂，因为建筑整体性能依赖于各部件之间、各子系统之间的相互作用，以及建筑和住户、自然环境的相互作用。选用方法是否合适取决于项目特定的环境目标。

欧洲主题网络 PRESCO（可持续建筑实用指南）（Kellenberger，2005）研究框架内的一个项目分析了作为设计工具的生命周期评价的精度和相关性。在该项目中，以建筑物生命周期评价的协调性为总体目标，通过案例研究对多个生命周期评价工具进行了比较。在 Jönsson（2000）和 Forsberg 和 Von Malmborg（2004）的研究报告中可找到其他关于建筑环境评估工具的对比分析。

如前所述，本章主要讨论生命周期评价，特别是其在钢结构设计中的应用。下面介绍生命周期评价的标准框架。首先介绍国际标准 ISO 14040（2006）和 ISO 14044（2006），这些标准建立了生命周期评价的总体框架；之后介绍欧洲关于建筑物可持续性的新规范。需注意的是，国际标准包含一般应用，而欧洲规范主要针对的是建筑和其他构筑物的评价。

7.2.2　LCA 的标准框架

7.2.2.1　概述

国际标准 ISO 14040（2006）和 14044（2006）详细论述了实施生命周期评价研究的总体框架、原则和要求。按照这些标准，生命周期评价包含目的和范围的确定、清单分析、影响评价及解释。如图 7.2 所示，各个阶段相互联系，有时为了完成研究目标、达到研究目的，需反复多次。下面详细论述生命周期评价的各个阶段。

7.2.2.2　目的和范围的确定

定义 LCA 的目的时应明确应用意图、开展该项研究的理由以及谁关心该项研究，就

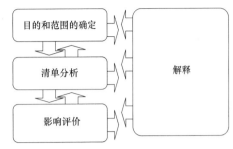

图 7.2　生命周期评价框架（ISO 14044：2006）

是说研究结果应与谁沟通。

定义 LCA 的范围时，要界定功能单位和系统边界。

1. 功能和功能单位

生命周期分析应明确所研究系统的功能。功能单位指用来作为基准单位的量化的产品系统性能。

功能单位的主要目的是为输入、输出数据的归一化提供一个基准。为确保生命周期评价结果的可比性，这种基准是必要的。当评价不同系统时，结果的可比性尤为重要，应确保在相同功能的基础上进行比较。

2. 系统边界

系统边界决定了应将哪些单元过程包含在 LCA 中。就材料而言，如图 7.3 所示，生命周期评价包含了从原材料生产到寿命终止的所有阶段。

图 7.3　材料生命周期评价过程

当生命周期评价只包含材料生产的初始阶段，生命周期评价称作"从摇篮到厂门（Cradle-to-Gate）"分析。若生命周期评价包含完整的周期（从原材料生产到寿命终止），则称作"从摇篮到坟墓（Cradle-to-Grave）"分析。若寿命终止时考虑了回收再利用过程，再生材料代替了新材料的生产，则通常称为"从摇篮到摇篮（Cradle-to-Cradle）"分析。

多种因素决定了系统边界，这些因素包括研究的潜在应用、所做的假设、取舍准则、数据和费用的限制以及沟通对象。

输入输出的选择、数据类型的汇总以及系统建模都应使输入、输出在系统边界以基本流的方式进行。

3. 数据质量

为满足 LCA 的目的和范围，ISO 14044 提出了以下要求：

（1）时间跨度：数据的年份以及所收集数据的最小时间跨度；

（2）地域范围：为实现研究目的所收集的单元过程数据的地域；

（3）技术覆盖面：具体的技术或技术组合；

（4）精度：对每一个数据值的变动的度量（例如方差）；

（5）完整性：测量或测算的流所占的比例；

（6）代表性：对数据集合反映实际关注群的定性评价；

（7）一致性：对该研究的方法学是否能统一应用到不同的分析内容中而进行的定性评价；

（8）可再现性：对其他独立从业人员采用同一方法学和数据值信息获取相同研究结果的可能性的定性评价；

（9）信息的不确定性（例如数据、模型和假设的不确定性）。

7.2.2.3　生命周期清单分析

为了确定产品系统相关数据的输入和输出，清单分析包括数据的收集和计算。这些输入和输出的数据包括与系统相关的资源利用和向大气、水体和土壤中的排放物。

应在系统边界内的每一个单元过程中收集清单中的定性和定量数据。

数据收集是一个资源密集的过程。在数据收集中受到的实际限制宜在研究范围中予以考虑，并载入研究报告。

7.2.2.4　生命周期影响评价

1. 一般计算方法

LCA 的影响评价旨在利用生命周期清单分析的结果对潜在环境影响的程度进行评价。通常，这一过程需要将清单数据和具体的环境影响联系起来，由两部分组成：

（1）必备要素，例如影响分类和特征化；

（2）可选要素，例如归一化、排序、分组和加权。

影响分类指根据研究目的预先选定合适的影响类型，并将生命周期清单分析（LCI）结果赋予所选定的影响类型。然后用特征系数来表示 LCI 结果对影响类型指标结果的相关贡献。根据这种方法，影响类型为线性函数，也就是说，特征系数与环境干预的大小无关，由式（7.1）确定。

$$impact_{cat} = \sum_i m_i \times charact\_factor_{cat,i} \tag{7.1}$$

式中　m_i 为清单流 i 的质量，$charact\_factor_{cat,i}$ 为清单流 i 对影响类型的特征系数。

关于 LCA 中的可选要素，归一化通常用来表示一个影响类型对总体环境影响到底有多大贡献。加权指根据其相对重要性，给每一个影响类型的归一化结果分配一个系数。加权是基于价值选择而不是基于科学，因此 ISO 标准 14044 对内部应用和外部应用进行了区分。若计划将结果用于对比论断，并向公众公布，则不应使用加权。

分组是另一个 LCA 可选要素，在该要素中，影响类型被划分成一个或多个组合。根据 ISO 14044，可能包括两个步骤：类型指标的名义分类和类型指标的排序。

本文主要讲述生命周期评价的必备要素；因此，上述可选要素不再进一步阐述。

2. 潜在环境影响的计算

生命周期评价（LCA）的目标是评估与所认定的输入和输出相联系的潜在环境影响。在下面段落中简单介绍 LCA 中最常见的环境类型。

（1）全球变暖潜值（GWP）

地球大气层中自然存在着红外线活性气体（如水蒸气、二氧化碳和臭氧），温室效应是由于这些气体吸收离开地球的（红外线）能量（或辐射），然后将一部分热反射回地球，促使地面和低层大气升温。

这些气体称作温室气体（GHG），由于工业时期其浓度增加，加剧了地球温室效应，造成地表温度上升，导致人们对潜在气候变化的担忧。

各种温室气体影响全球气候变暖的能力不一样，除了二氧化碳这种最为普遍的温室气体，还有很多其他气体像二氧化碳一样能够促使气候变化。不同温室气体的影响采用全球变暖潜值（GWP）来记录。

GWP 指在一定的时间段内与 1kg 其他温室气体具有相同辐射效应的二氧化碳质量的相对数值。因此 GWP 为一种度量某种气体对全球变暖的潜在影响的工具。

全球变暖趋势由政府间气候变化专门委员会（IPCC，2007）对 20 年、100 年、500 年三个时间段计算。表 7.1 给出了三种最重要温室气体在三个时间段内的全球变暖潜值。

在给定时间段内的全球变暖潜值（kg CO₂ 当量/kg）（IPCC，2007）   表 7.1

	20 年	100 年	500 年
二氧化碳(CO₂)	1	1	1
甲烷(CH₄)	62	25	7
一氧化二氮(N₂O)	275	298	156

因此，全球变暖指标由式（7.2）确定。

$$GlobalWarming = \sum_i GWP_i \times m_i \tag{7.2}$$

式中，m_i 为第 i 种释放物质的质量（单位为 kg）。该指标用等价物 CO_2 的千克数来表示。

（2）臭氧消耗潜值（ODP）

臭氧消耗气体通过释放可以分解臭氧的自由基分子对平流层臭氧或臭氧层造成破坏。

臭氧层的破坏会削弱其阻止紫外线（UV）进入地球大气层的能力，增加了到达地球表面的可致癌的中波紫外线（UVB）的量，这会导致例如皮肤癌、白内障等人类健康问题以及相关的对动物和农作物的损害。

主要臭氧消耗气体有氯氟烃（CFCs）、含氢氯氟烃（HCFCs）以及哈龙（halons）。

20 世纪 80 年代日益增长的担忧引发了全世界在控制臭氧层破坏方面的努力，最终签订了蒙特利尔协议，该协议禁止许多能够强力破坏臭氧层的气体的排放。

臭氧消耗潜值可以表达为某物质所造成的全球臭氧损失与参考物质 CFC-11 导致的全球臭氧损失之比。臭氧消耗潜值是具有相同臭氧消耗的等价物含氯氟烃-11（CFC-11）的相对质量。世界气象组织（WMO）提出了描述模型，定义了不同气体的臭氧消耗潜值。表 7.2 给出了选定的几种物质在假设稳态情况下的臭氧消耗潜值（Guinée et al.，2002）。

一些物质的臭氧消耗潜值（kg CFC-11 当量/kg）（Guinée et al.，2002）   表 7.2

	稳态(t≈∞)
CFC-11	1
CFC-10	1.2
Halon 1211	6.0
Halon 1301	12.0

因此，根据式（7.3）确定全球变暖指标：

$$Ozone\ Depletion = \sum_i ODP_i \times m_i \tag{7.3}$$

式中，m_i 为第 i 种释放物质的质量（单位为 kg）。该指标用等价物 CFC-11 的千克数来表示。

（3）酸化潜值（AP）

酸化指大气污染物（主要为氨气 NH_3、二氧化硫 SO_2 和氮氧化物 NO_X）被转化为酸性物质的过程。排放到大气中的酸化物会以酸性颗粒、酸雨或雪的形式通过风和沉积的方式传播。当酸雨降落时，往往已经离这些气体的初始排放位置很远，会造成生态系统不同程度的破坏，破坏程度取决于地形生态系统的状况。

酸化潜值通过物质释放 H^+ 离子的能力来度量，该 H^+ 离子是导致酸化的原因。酸化潜值也可以通过 SO_2 的等价排放量来度量。

本文中采用的特征系数基于模型 RAINS-LCA，该模型考虑了归宿、沉积背景以及影响（Guinée et al.，2002）。表 7.3 给出了欧洲平均酸化特征系数。

酸化潜值（kg SO_2 当量/kg）（Guinée et al.，2002）　　　　表 7.3

	氨气（NH_3）	氮氧化物（NO_X）	二氧化硫（SO_2）
AP_i	1.60	0.50	1.00[①]

酸化指标由式（7.4）确定。

$$Acidification = \sum_i AP_i \times m_i \qquad (7.4)$$

式中，m_i 为第 i 种释放物质的质量（单位为 kg）。该指标用等价物 SO_2 的千克数来表示。

（4）富营养化潜值

为了促进植物或农产品生长，硝酸盐和磷酸盐等营养素通常会通过施肥进入土壤。这些营养素对生物非常重要，但当它们最终进入敏感的自然界水域或陆地区域时，这种无意的施肥可能会导致某些植物或藻类的过度繁殖，这些植物或藻类死亡并开始腐烂时，又会抑制其他生物的生长。因此，富营养化或营养富集可以归类为水资源富营养。富营养化会导致生态系统破坏，增加水生动植物的死亡率，失去那些依赖低营养环境的物种。这会在总体上导致这些环境中生物多样性的减少，也会对依赖于这样生态系统的非水生动物和人类产生冲击影响。

富营养化可以采用氮或磷酸盐等价物的当量质量来度量。以氮或磷酸盐作为参考物质，可通过水中物质造成藻类繁殖程度来度量富营养化。含氮化合物如硝酸盐、氨、硝酸以及含磷化合物如磷酸盐、磷酸对富营养化起主要作用。

采用磷酸盐为参考物质，表 7.4 给出了选定物质的特征系数。

富营养化潜值（kg PO_4^{3-} 当量/kg）（Guinée et al.，2002）　　　　表 7.4

	氨气（NH_3）	氮氧化物（NO_X）	氮（N）	磷（P）
EP_i	0.35	0.13	0.10	1.00

富营养化指标由式（7.5）确定。

---

① 原著该值为 1.2，应为 1.00。

$$Eutrophication = \sum_i EP_i \times m_i \tag{7.5}$$

式中，m_i为排放到大气、水体和土壤中的第i种物质的质量（单位为kg）。该指标用等价物PO_4^{3-}的千克数来表示。

（5）光化学臭氧形成潜值（POCP）

在含有氮氧化物、常见污染物以及挥发性有机化合物的大气层中，光照下会生成臭氧以及其他空气污染物。尽管臭氧在高层大气中因为其可防御紫外线辐射而非常重要，但是低空中的臭氧会造成各种影响，包括损坏作物、增加哮喘或其他呼吸系统症状的发生几率。

光化学臭氧效果明显的情况在洛杉矶、北京之类大城市夏天的大雾天气时比较常见。氮氧化物的主要来源为燃料燃烧，挥发性有机污染物通常是从油漆颜料和涂料大量使用的溶剂中排放出来的。

光化学臭氧形成潜值这种影响类型是物质在氮氧化物和光照条件下产生臭氧的相对能力的度量。光化学臭氧形成潜值采用参考物质乙烯来表达。光化学臭氧形成潜值的特征系数采用联合国欧洲经济委员会的曲线模型生成。

计算光化学臭氧形成潜值有下列两种方案（Guinée et al.，2002）：

① 氮氧化物具有较高背景浓度的方案；

② 氮氧化物具有较低背景浓度的方案。

表7.5列出了一些物质在两种方案下的特征系数。

物质在不同氮氧化物浓度情况下的光化学臭氧形成潜值（kg C_2H_4 当量/kg）（Guinée et al.，2002）

表 7.5

	较高浓度氮氧化物	较低浓度氮氧化物
乙醛(CH_3CHO)	0.641	0.200
丁烷(C_4H_{10})	0.352	0.500
一氧化碳(CO)	0.027	0.040
乙炔(C_2H_2)	0.085	0.400
甲烷(CH_4)	0.006	0.007
氮氧化物(NOx)	0.028	无数据
丙烯(C_3H_6)	1.123	0.600
硫氧化物(SOx)	0.048	无数据
甲苯($C_6H_5CH_3$)	0.637	0.500

光氧化剂形成指标由式（7.6）确定。

$$Photooxidant\ formation = \sum_i POCP_i \times m_i \tag{7.6}$$

式中，m_i为排放的第i种物质的质量（kg）。该指标用等价物乙烯（C_2H_4）的千克数来表示。

（6）非生物资源消耗潜值（ADP）

非生物资源消耗指标表明由于开采和本身短缺而导致的非再生资源的稀缺性。在此考虑两类指标：

① 非生物枯竭元素，关注稀缺元素及其矿石的开采；

② 非生物枯竭能源/化石燃料，关注化石燃料用于燃料或原料的情况。

元素的非生物资源消耗潜值（$ADP_{elements}$）基于剩余储量和开采速率确定。采用生产/最终储量关系式，并与参考资源锑（Sb）进行对比，以求得非生物资源消耗潜值（Guinée et al.，2002）。不同的方法可能分别采用地壳中的经济储量或最终储量。

因此，资源（元素）i 的非生物资源消耗潜值（ADP_i）通过开采资源的数量和该资源的可采储量的比值来给出，用参考资源锑的当量质量来表示。表 7.6 给出了一些给定资源的特征系数。

一些元素的非生物资源消耗潜值（kg Sb 当量/kg）[①]（Guinée et al.，2002）　表 7.6

元素	非生物资源消耗潜值
铝	1.09×10^{-9}
镉	1.57×10^{-1}
铜	1.37×10^{-3}
铁	5.24×10^{-8}
铅	6.34×10^{-3}

非生物资源消耗指标（元素）由式（7.7）确定。

$$Abiotic\ Depletion = \sum_i ADP_i \times m_i \tag{7.7}$$

式中，m_i 为开采的第 i 种资源的质量（kg）。该指标用参考资源锑的千克数来表示。

化石燃料最初的度量方式与上述相同，但是从 2010 年开始，其计算稍有改变，而是采用一种基于化石能源含能量的绝对度量方式（Guinée et al.，2002）。因为化石燃料多半都是可转换资源，所以该方法没有考虑不同化石燃料的相对稀缺。但实际上在最常见的煤和最稀缺的天然气之间仅仅相差 17%。化石燃料的非生物资源消耗指标可用兆焦耳（MJ）表示。

7.2.2.5　生命周期解释

解释为生命周期评价（LCA）的最后一步，在该步骤中，从清单分析和影响评价中获得的结果被综合在一起。该步的主要目的是从生命周期评价的结果中明确得出结论。另外，需分析 LCA 前面步骤中所得的结果以及在整个过程中所做的各种选择，也就是说 LCA 使用的各种假设、模型、参数以及数据应与研究的目的和范围一致。

7.2.2.6　算例分析

为说明在前面段落中介绍的生命周期评价的各步骤，在此给出一个小算例。

第一步　清单分析

表 7.7 给出了为生产 1kg 的通用绝缘材料，清单分析阶段收集的排放。

---

① 原著括号中单位为 Sb 当量/kg，实际就为 kg Sb 当量/kg。

1kg 绝缘材料生产中收集的排放 表 7.7

排放	值（kg）
一氧化碳（CO）	0.12
二氧化碳（CO_2）	0.60
氨气（NH_3）	0.01
甲烷（CH_4）	0.05
氮氧化物（NO_x）	1.02
磷（P）	0.35
二氧化硫（SO_2）	0.10

第二步　影响评价

影响评价步骤中选择了以下环境类型：

① 全球变暖潜值（GWP）；

② 酸化潜值（AP）；

③ 富营养化潜值（EP）。

表 7.8 给出了各种环境类型的排放的特征系数。

所选环境类型的特征系数 表 7.8

	GWP	AP	EP
	（kg CO_2 当量）	（kg SO_2 当量）	（kg PO_4^{3-} 当量）
一氧化碳（CO）	1.53	—	—
二氧化碳（CO_2）	1.00	—	—
氨气（NH_3）	—	1.60	0.35
甲烷（CH_4）	23.00	—	—
氮氧化物（NO_x）	—	0.50	0.13
磷（P）	—	—	3.06
二氧化硫（SO_2）	—	1.20	—

因此，每一种参与排放的产品通过各自的特征系数得到了环境类型结果（例如，对于 GWP：$0.12 \times 1.53 + 0.60 \times 1.00 + 0.05 \times 23 = 1.93$ kg CO_2 当量），如表 7.9 所示。

所选环境指标的最终结果 表 7.9

GWP （kg CO_2 当量）	AP （kg SO_2 当量）	EP （kg PO_4^{3-} 当量）
1.93	0.65	1.21

7.2.3　建筑工程生命周期评价的欧洲标准

7.2.3.1　建筑工程的可持续性

欧洲标准化委员会（CEN）在 2005 年被授权发展一个全面统一的可操作的方法（也就是说适用于所有产品和建筑类型），从生命周期的观点考虑和评价建筑产品和整个建筑的环境影响。

为了给建筑可持续性评估提供方法和指标，CEN-TC 350 提出了标准、技术报告和技术规格。如表 7.10 所示，TC350 中所涉工作是在不同层次（框架、建筑和产品层次）上组织起来的。此外，该标准涵盖了环境、经济以及社会三方面。

CEN TC350 的工作程序　　　　　　　　　　　　　　　　　　　　表 7.10

框架层次	建筑可持续性评估的总体框架		
	环境性能框架	社会性能框架	经济性能框架
建筑层次	环境性能评价	社会性能评价	经济性能评价
产品层次	环境产品声明		

本章关注环境评估。因此，在这里只涉及环境评估的标准：EN 15804（2012）和 EN 15978（2011），这两部分标准分别在产品层次和建筑层次进行评估。

7.2.3.2　产品层次

EN 15804（2012）提供了核心分类准则，可完成任何建筑产品和建筑服务的环境产品声明（EPDs）。根据 ISO 14025（2006），EPDs 为第三类环境声明，是基于生命周期评价和其他相关信息来提供产品的环境数据。

下面将简述标准中提到的方法，主要阐述以下几个方面：功能单位、生命周期阶段以及环境指标。若要彻底了解方法，建议阅读原标准。

1. 功能单位和声明单位

功能单位是用来作为基准单位的量化的产品系统性能。功能单位提供了一个参考，用以归一化所有的输入输出数据。当产品在建筑层面上的精确函数未知时，则采用一个声明单位。EPDs 中声明单位的例子有：1kg 的型钢和 $1m^3$ 混凝土等。

任何相对的认定都应基于功能单位。

2. 生命周期阶段

系统边界建立了生命周期评价的范围，也就是决定了分析中应考虑的过程。在欧洲标准中，生命周期可采用如表 7.11 中的模块概念来表示。

建筑生命周期模块（EN 15804，2012）　　　　　　　　　　　　表 7.11

生产阶段			建造阶段		服役阶段							寿命终止阶段				
原材料供应	运输	制造	运输	施工过程	使用	维护	修理	替换	翻新	运行能耗	运行水耗	拆除	运输	废物加工	废弃处置	回收利用潜值
A1	A2	A3	A4	A5	B1	B2	B3	B4	B5	B6	B7	C1	C2	C3	C4	D

生产阶段包括模块 A1 到 A3；建造阶段包括模块 A4 和 A5；服役阶段包括模块 B1 到 B7；寿命终止阶段包括模块 C1 到 C4；模块 D 包括系统边界外的效益和负荷。下面给出各个阶段和相应信息模块的简单描述。

（1）生产阶段

生产阶段包括信息模块 A1 到 A3。系统边界设置为包括系统提供材料和能量输入的过程、后续生产过程、运输到厂的过程，以及在这些过程中产生废物的过程。该阶段包括：

① A1-原材料的开采和加工，来自前一个产品系统的产品或材料的重新利用，用于生产产品的次级材料的处理；

② A2-运输到厂和厂内运输；

③ A3-辅助性材料的生产，产品和副产品的制造以及包装生产。

（2）施工阶段

施工过程阶段包括下列信息模块：

① A4-从工厂到施工现场的运输；

② A5-将产品安装到建筑上，包括辅助性材料以及任何在施工现场安装操作时所需能源和水的运输，也包括现场对产品的操作。

（3）服役阶段

服役阶段包括两类信息模块：与建筑构造相关的模块（模块 B1-B5）以及与建筑物运行有关的模块（模块 B6-B7）。

① B1-所安装产品的使用，表示为建筑部件或建筑指正常使用（即预期使用）时向环境的排放物；

② B2-为使安装在建筑物中的产品能够履行预定功能、保持技术性能以及维持其美学特性，而在服务期间所做的维护，包括所有预计的技术和相关管理行为；

③ B3-与建筑产品或安装在建筑上的部件的矫正、响应处理或对应处置有关的维修，包括服务期间的所有技术和相关管理行为，为的是使其恢复到可完成必需功能和技术性能的状态；

④ B4-在服务期间与建筑产品替换有关的所有技术和相关管理行为，通过整个建筑单元的替换使建筑产品回归到可完成预定功能和技术性能的状态；

⑤ B5-在服务期间与建筑产品翻新有关的所有技术和相关管理行为，为的是使建筑产品回归到可完成预定功能的状态；

⑥ B6-运营建筑及其技术系统的能耗以及与此相关的环境因素和影响，包括处理和运输现场使用能源时所产生废物而带来的能耗。

⑦ B7-运行建筑及其技术系统的水耗以及与此相关的环境因素和影响，考虑水的生命周期，包括生产、运输和废水处理。

（4）寿命终止阶段

建筑产品寿命终止阶段指达到最终报废状态时的所有处置，包括建筑物的拆卸、解构或拆除。寿命终止阶段包括以下可选信息模块：

① C1-解构，指将产品从建筑物上拆卸或拆除，包括现场对其进行初步分拣；

② C2-废弃产品的运输，是废物处理的一个环节，例如运输到回收站点，或者将废物运输到最终处置地；

③ C3-废物加工，例如破拆现场的废物碎片收集以及为实现重复使用、循环利用以及能量回收的物质流的废物加工；

④ C4-废物弃置，包括物理预处理和废物弃置场的管理。

（5）产品系统边界外的效益和负荷

信息模块 D 包括可重复使用产品、可循环利用材料和产品系统外次级物料或燃料等有用能源载体的所有净效益或负荷。

3. 生命周期评价的类型

根据包含在系统边界中的信息模块，考虑不同类型的生命周期评价。

当只考虑信息模块 A1-A3，生命周期评价被称作"从摇篮到厂门（cradle to gate）"。

另一方面，"带可选模块的从摇篮到厂门（cradle to gate with options）"为一种考虑了信息模块 A1-A3 外加可选模块的生命周期分析，例如加上寿命终止信息模块（C1-C4）或信息模块 D。

最后，"从摇篮到坟墓（cradle to grave）"分析为一种考虑了从 A1 到 C4 所有信息模块的生命周期评价，也可能会考虑模块 D。

4. 生命周期影响评价

在生命周期影响评价阶段，根据 EN 15804 考虑两种环境类型：描述环境影响的环境指标和描述输入输出流的环境指标。下面介绍这两类指标。

（1）描述环境影响的指标

共有六个描述自然环境影响的指标，如表 7.12 所示。

描述环境影响的指标（EN 15804，2012）　　　　　　表 7.12

指标	单位
全球变暖潜值（GWP）	$kgCO_2$ 当量
平流层臭氧消耗潜值（ODP）	kg CFC 11 当量
水和陆地酸化潜值（AP）	$kgSO_4^{2-}$ 当量
富营养化潜值（EP）	$kg(PO_4)^{3-}$ 当量
对流层光化学氧化剂臭氧形成潜值（POCP）	kg Ethene 当量
对元素的非生物资源消耗潜值（ADP_elements）	kg Sb 当量
对化石燃料的非生物资源消耗潜值（ADP_fossil）	MJ

这些指标在前面已有描述。

（2）描述输入输出流的指标

有些指标用来描述输入输出流。表 7.13 中列出了描述资源使用的指标。这些指标描述了可再生和非再生的初级能源以及水资源的使用，直接从 LCI 的输入流计算。

描述资源使用的指标（EN 15804，2012）　　　　　　表 7.13

指　　标	单位
可再生初级能源的使用，用作原材料的能源资源除外	MJ，净热值
用作原材料的可再生初级能源资源的使用	MJ，净热值
非再生初级能源的使用，用作原材料的能源资源除外	MJ，净热值
用作原材料的非再生初级能源资源的使用	MJ，净热值

指　　标	单位
次级材料的使用	kg
可再生次级燃料的使用	MJ
非再生次级燃料的使用	MJ
净淡水的使用	m^3

描述废物类型和输出流的指标也是直接基于 LCI 的输入流。表 7.14 中给出了废物类型指标，表 7.15 给出输出流指标。为量化这些指标，需要确立合适的过程和阶段。

描述废物类型的指标（EN 15804，2012） 表 7.14

指标	单位
危险废物处置	kg
无危险废物处置	kg
放射性废物处置	kg

描述离开系统的输出流的指标（EN 15804，2012） 表 7.15

指标	单位
再使用的部件	kg
循环利用的材料	kg
实现能量回收的材料(非废物焚烧)	kg
输出的能量	对于每个能量载体 MJ

7.2.3.3 建筑层次

EN 15978（2011）基于生命周期方法，提供了新建建筑和现存建筑环境性能评估的计算准则，目的是为建筑环境性能评估的决策过程提供支持。

该标准中提供的方法遵从 EN 15804 中定义的分类规则。下面只介绍和 EN 15804 不同的几个方面。若要全面了解该方法，推荐阅读 EN 15804。

1. 功能对等

功能对等指用作比较的建筑或组装系统（部分工程结构）具有量化的功能需求或技术要求，只有提供的功能相同，建筑或系统间才能进行比较。建筑物功能对等应至少包括以下几个方面：

（1）建筑类型（例如住宅、办公室等）；

（2）使用模式；

（3）相关技术和功能要求；

（4）规定使用寿命。

2. 生命周期阶段和影响评价

根据该标准，环境评估包括建立和维护建筑物功能所需的所有上下游工序。

为了在建筑层面上评估环境性能，需要用到整合在建筑中的产品的相关信息。这些信息必须一致，因此在 EN 15978 中要考虑与 EN 15804 相同的信息模块。

同样地，要基于表 7.12 到表 7.15 中的各个指标进行建筑层面上的生命周期影响评价。

7.3　钢结构的可持续性和生命周期评价

7.3.1　钢材的生产

钢材生产通常有两条途径（Worldsteel，2011）：初级生产和次级生产。

初级生产是指将铁矿在鼓风炉（BF）中加工成铁（铁水），然后将其灌入基础氧气炉（BOF）中炼成钢。

次级生产或循环途径主要指电弧炉（EAF）加工，通过重熔旧钢的方法将废料转化为新的钢材。

然而，如图 7.4 所示，初级钢材生产并不局限于 BF/BOF 途径，同样次级钢材生产也并不局限于 EAF。EAF 和 BF/BOF 过程都可能生产原生钢和再生钢。

随后的炼钢过程不依赖于生产途径，也就是说两个途径下炼钢过程都相同。

因此，在这两种进程中，废料既是炼钢过程中的输入，也是输出。在生命周期评价中处理废料分配的方法将在下节介绍。

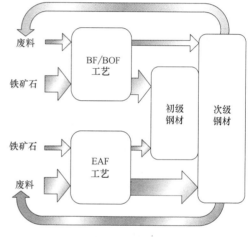

图 7.4　初级/次级钢生产
［基于（Worldsteel，2011）］

7.3.2　回收利用材料的分配和模块 D

7.3.2.1　介绍

钢材百分之百可回收，废料可依赖冶金和回收途径转化为同等质量的钢（Worldsteel，2011）。因此，在钢结构寿命终止时，结构很有可能拆除，而钢材被送去回收利用或再次使用（部分的或全部的）。根据钢材回收机构 2009 年的数据，结构用钢材的回收率在北美大约为 97.5%。图 7.5 分别表示了结构用钢材和钢筋在建筑领域的回收趋势。

正如下文所述，钢材再使用和回收利用为一个多功能问题，需采用分配程序。

7.3.2.2　分配程序

大多数工业生产过程都是多功能的，也就是说其输出蕴含多个产品，而产品生产的输入也经常包含中间产品或废弃产品。当为了将输入和输出流划分到所研究产品系统的功能单位中而需做出恰当决定时，分配问题就出现了。

在 ISO 14040（2006）中，分配定义为：将过程或产品系统中的输入和输出流划分到所研究的产品系统以及一个或更多的其他产品系统中。因此，分配程序是处理单元过程或产品系统之间流的划分。

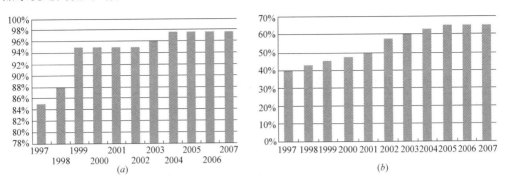

图 7.5 回收趋势

(a) 结构钢；(b) 钢筋的回收比例（Steel Recycling Institute，2009）

根据 ISO 14044（2006），应通过下面两种方式来避免分配：将拟分配的单元过程进一步划分为两个或更多的子过程，并收集与这些子过程相关的输入和输出数据；把产品系统加以扩展，将与共生产品相关的功能包括进来（系统扩充）。

系统扩充包括避免负担方法，该方法通过减去等价的单功能过程以消除多功能过程中的过剩功能，以获得一个单功能过程。

若就研究的范围和目的而言，过程细分和系统扩充都不可行时，分配就不可避免了。此时，ISO 14044（2006）推荐了两种方法：①系统输入输出的划分可基于物理（或化学或生物）因果关系；②分配可基于其他关系（如产品的经济价值）。

对材料再使用和回收利用的考虑是一个多功能的问题，意味着要使用分配程序。以上提到的分配原则和程序也适用于回收利用和再使用情形，但在这种情况下，当选择所用分配方法时应考虑物质固有属性的变化（ISO 14044，2006）。

可能出现下面三种情形（Werner，2005）：

① 在所考虑的产品系统中，材料的固有特性没有发生变化，材料将在相同应用中再次使用；

② 在所考虑的产品系统中，材料的固有特性发生了变化，材料将在相同应用中再次使用；

③ 在所考虑的产品系统中，材料的固有特性发生了变化，材料将在不同应用中再次使用。

第一种情况为闭环产品系统，初级材料的替代假设为完全替代，因此，没有来源于初级材料生产和最终处置的环境负荷要被分配到产品系统中。第二种情况相当于假设闭环情形下的开环方法。此时，认为改变了的材料特性无关紧要，按闭环情形处理回收利用。第三种情况为开环产品系统，初级材料的替代假设为部分替代。此时初级材料生产或最终处置所引起的环境负荷必须部分地分配到所研究的系统中。

根据 ISO 14044（2006），在闭环产品系统中，由于次级材料的使用替代了原材料的使用，避免了分配。

7.3.2.3 避免废料分配

在钢的生命周期内，废料来源于生产阶段、后期处理阶段以及寿命终止阶段（图7.6）。因此，应采用一个分配程序来考虑整个生命系统的废料输出。此外，如前所述，钢材通过不同的生产途径加工，作为炼钢原料的废钢的分配为另一个需考虑的问题。

最后，钢材可多次回收利用或再使用。为了处理钢构件的多次回收和再使用，需要一个合适的分配方法。

因此，处理钢材分配问题所采用的方法是由世界钢铁协会提出的材料循环回收利用闭环方法（Worldsteel，2011）。提出这种方法是为了生成钢产品生命周期清单数据，诠释寿命终止后的回收利用。废料可重新回炉，产生固有特性几乎不改变的新钢材，这一事实表明采用闭环方法的合理性。在这种情况下，由于次级材料的使用替代了原（初级）材料的使用，按照 ISO 标准 14044，可避免分配。

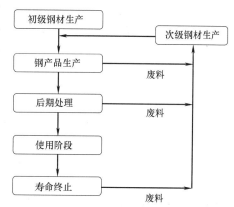

图 7.6 包含寿命终止阶段废料数据的生命周期清单分析的系统边界

如前所述，钢可通过鼓风炉途径（BF）或电弧炉途径（EAF）来生产。这两种途径的主要区别在于钢生产过程中废料的输入。

因此，考虑这两种钢加工主要途径，假设 X_{pr} 表示通过 BF 途径（假设100％原材料）生产的钢的 LCI 数据，X_{re} 表示通过 EAF 途径（假设100％次级材料）生产的钢的 LCI 数据，则式（7.8）给出了和废料相关的 LCI 数据（Worldsteel，2011）：

$$LCI_{scrap} = Y(X_{pr} - X_{re}) \tag{7.8}$$

式中 Y 为金属产出率，表示在将废料转化为钢时次级加工的效率。根据世界钢铁协会的数据，生产 1kg 次级钢大约需要 1.05kg 的废料（Worldsteel，2011）。

考虑 BF 途径，假设100％原材料输入，回收率（钢产品生命周期中按废料回收的钢材比例）为 RR，在生命周期结束时，产生的净废料通过回收率 RR 给出。因此 1kg 钢材包括寿命终止在内的 LCI，通过所产生废料作为贷方的初级生产的 LCI 给出，如式（7.9）所示。

$$LCI = X_{pr} - RR[Y(X_{pr} - X_{re})] \tag{7.9}$$

另一方面，假设 1kg 次级钢材通过 EAF 途径生产新钢材，寿命终止时，RRkg 钢材被用来回收利用，所消耗的净废料通过（1/Y-RR）给出。这种情况下，1kg 钢材的包括寿命终止在内的 LCI 通过次级生产的所消耗废料作为借方的 LCI 给出，如式（7.10）所示。

$$LCI = X_{re} + (1/Y - RR)[Y(X_{pr} - X_{re})] \tag{7.10}$$

重新整理式（7.10）会得到式（7.9），这表明系统的 LCI 并不依赖于材料来源，而是依赖于在寿命终止时钢回收比例以及与回收利用过程有关的工艺产出率。因此采用式（7.9）分配钢废料时不用考虑钢生产途径。

上述表达式是在假设100％初级生产或100％次级生产的基础上得到的。实际上，通过初级途径生产的钢产品可能包含一些废料消耗，通过EAF得到的产品也可能包含一小部分原材料。这种情况下，式（7.8）给出的借方和贷方可重写为下式：

$$LCI_{scrap} = (RR - S) \times Y(X_{pr} - X_{re}) \tag{7.11}$$

式中（RR-S）表示生命周期结束时的净废料。采用X'表示成品钢的LCI数据，包括寿命终止时回收利用的产品的LCI如式（7.12）所示：

$$LCI = X' - [(RR - S) \times Y(X_{pr} - X_{re})] \tag{7.12}$$

根据欧洲标准EN 15804和EN 15978，式（7.11）给出的借方和贷方应分配到模块D。

下节所描述的工具中采用的就是上述闭环回收利用的方法。因此，在钢产品的生命周期评价中采用式（7.12）来产生LCI数据，包括在寿命终止时的回收利用。

在生命周期评价中考虑模块D的重要性将会在算例1中表明。

7.3.3　钢结构生命周期评价的数据和工具

7.3.3.1　钢产品的环境产品声明（EPDs）

实现生命周期评价的一个主要障碍通常是缺乏数据。目前存在多种可用数据库［例如Ecoinvent（Frischknecht and Rebitzer，2005）、PE Database（GaBi，2012）等］，这些数据库通常包含在生命周期评价的商业软件中。这些数据库提供了产品和服务的通用数据，但是这些数据，尤其与建造材料相关的数据，经常有限。

因此，EPDs是生命周期评价的一个很好的数据来源，通常，III型环境声明的任何注册程序都可免费使用EPDs。这些注册系统验证和登记EPDs，按照相应标准将EPDs和PCRs保存成库。

算例3会演示使用EPDs作为输入数据来执行生命周期评价。

7.3.3.2　生命周期评价的简化方法

建筑业越来越受到可持续发展的压力：环境产品声明、低能耗建筑等等。然而，相关人员并不总能受到良好的训练，从而能够分析建筑产品的环境性能。

近年来有一些条例来规范新建建筑物的热性能，迫使建筑师对于建筑服役阶段有很好的控制和认识。相反，材料的物化能和碳排放量却很少为人所知，不过在逐步加入招标要求中。在该领域很少有人有处理这两方面的专门知识。

目前有多种工具来进行生命周期评价和计算建筑物能量。这些工具在使用范围和复杂度上有所不同，但通常都需在该领域有一定的专业知识。

为了在通常缺乏可用数据的设计早期阶段能够简化评估建筑物，欧洲研究项目SB＿Steel（2014）发展了两种简化方法：

① 基于宏观部件的简化生命周期方法（Gervásio et al.，2014）；

② 包括生活热水生产在内的建筑物空间冷却和空间加热所需能量计算的方法（Santos et al.，2014）。

这两种方法都是基于欧洲标准EN 15978和EN 15804的原理。前一种方法包括表

7.9 中所示的除模块 A5、B1、B6 及 B7 之外的信息模块。后一种方法只包括模块 B6。

在欧洲传播项目 LVS[3] "钢结构可持续发展的意义"中，这两种方法都在软件工具中实现。基于宏观部件的方法在一个适用于手机和平板电脑，叫作 Buildings LCA 的应用程序中实现，该应用程序可从 Appstore（iPhone 和 iPad 版本）或 Google Play（安卓版本）免费下载。计算建筑物所需能量的方法在 AMECO 中实现，这是一款由 ArcelorMittal 开发的工具。

尽管建筑物运行能量计算是一个很重要的问题，但本章中不做进一步阐述。下节算例中使用的工具为 Buildings LCA，因此，下面先简单叙述该工具。

7.3.3.3 基于宏观部件方法的生命周期评价

1. 介绍

就能耗和环境负荷来说，建筑的外部和内部构造在建筑性能上起着主要作用。这导致了建筑物主要构件（也就是宏观部件）预装方法的产生。因此，宏观部件为预先定义的不同材料的集合，是建筑物的一些相同部件（Gervásio et al.，2014）。

对每一个建筑部件，有不同的预装方案。下面详细介绍基于宏观部件的用于建筑物生命周期评价的模块。

（1）目的和范围

该工具的目的是采用预先定义的宏观部件确定一个简单建筑或建筑部件的环境影响。因此，该方法使得评估可在两个层次上进行：（a）产品或部件层次；（b）建筑层次。

可执行三种类型的生命周期评价：从摇篮到厂门（cradle to gate）、外加模块 D 的从摇篮到厂门（cradle to gate）以及从摇篮到坟墓（cradle to grave）（包括模块 D）。

（2）生命周期清单

除了钢材数据，环境数据集主要都是由 GaBi 软件（2012）的数据库提供的。钢材数据集则由世界钢铁协会（Worldsteel，2011）与 PE 国际合作提供。

（3）生命周期影响评价

用来描述环境影响的环境类型与欧洲标准（EN 15804 和 EN 15978）推荐的一致，如表 7.12 所示。

在该方法中，采用前面所述标准的模块概念。因此，生命周期环境分析的输出由每个信息模块提供，或者说是每一阶段的累计值。

每个宏观部件的生命周期环境分析均由 GaBi 软件（2012）完成。

2. 宏观部件分类

对于不同建筑部件，根据 UniFormat 分类方法（2010）定义宏观部件。考虑以下类别：（A）下部结构，（B）外部结构以及（C）内部结构。每一个主要类别再进一步细分。详细的分类方案在表 7.16 中给出。

每个建筑部件内，相应的宏观部件有着相同功能和相似性质。每个宏观部件的功能单位是有着相似特征的 $1m^2$ 建筑部件，要完成 50 年的服务期限。

3. 宏观部件装配的案例

为完成建筑部件的功能，有时需要同时考虑不同的宏观部件。这里给出一个居民建筑物内饰板的案例。

建筑部件分类方案（UniFormat，2010）   表 7.16

（A）下部结构	（A40）板式基础	（A4010）标准板式基础	
（B）外部结构	（B10）上部结构	（B1010）地板构造	（B1010.10）地板结构框架 （B1010.20）承板、平板和顶板
		（B1020）屋顶构造	（B1020.10）屋顶结构框架 （B1020.20）屋顶平台、平板和衬板
	（B20）外部垂直围护结构	（B2010）外墙	（B2010.10）外墙饰面 （B2010.20）外墙构造
		（B2020）外窗	
		（B2050）外门	
	（B30）外部水平维护结构	（B3010）屋顶	
		（B3060）水平开口	
（C）内部结构	（C10）内部构造	（C1010）内部隔断	
	（C20）内部装饰	（C2010）墙面装饰 （C2030）地板 （C2050）天花板装饰	

对某建筑内饰板，选定以下宏观部件：

（1）地板宏观部件（C2030）；

（2）楼面结构体系宏观部件（B1010.10）；

（3）天花板装饰宏观部件（C2050）。

表 7.17 给出了选定的宏观部件装配。

第一步：功能单位和材料的预计使用年限

建筑部件的功能单位为一居民建筑物的内饰板（每 m²），使用年限为 50 年。选定的宏观部件必须满足建筑部件的相同功能单位。因此，必须考虑不同材料的预计使用年限。

除了瓷砖和油漆，表 7.17 中所列的其他材料都认为使用年限为 50 年。瓷砖和油漆的使用年限分别为 25 年和 10 年。

内饰板的宏观部件装配   表 7.17

宏观部件装配	宏观部件	材料	厚度(mm)/密度(kg/m²)
	C2030 地板	瓷砖	31kg/m²
		混凝土找平层	13mm
	B1010.10 楼面 结构体系	定向刨花板	18mm
		气孔	160mm
		岩棉	40mm
		轻钢	14kg/m²
		石膏板	15mm
	C2050 天花板装饰	油漆	0.125kg/m²

第二步：方案和假设

为了完成各模块中的环境信息，需要选定方案和假设。

功能单位与 50 年的时长有关。这意味着宏观部件中的每一种材料都需满足这个要求。因此，在这段时间里，那些预期寿命小于 50 年的材料需要维护甚至替换。从而，为了满足分析时长，对每一种材料需假设不同方案。同样地，在寿命终止阶段，每一种材料根据其固有特性有不同的去处。因此，考虑材料的性质，每种材料也有各自的寿命终止方案。

所有上述方案都根据 EN 15804 和 EN 15978 的原则确定。

（1）材料运输方案（模块 A4 和 C2）

默认情况下，从生产工厂到施工场地的运输距离（模块 A4）以及从拆迁工地到各自的回收场地或废弃场地的运输距离（模块 C2）都假设为 20 km，采用载重量为 22t 的卡车来运输。然而，设计人员也可指定其他距离，进行不同材料运输的敏感性分析。

（2）服役阶段方案（模块 B1：B7）

为满足 50 年使用年限的要求，对每种材料预先给定不同的方案。针对上述宏观部件装配，制定了下列方案：

① 每 25 年更换瓷砖；

② 每 10 年油漆天花板。

（3）寿命终止阶段（模块 C1：C4）和回收利用（模块 D）的方案

根据材料的固有特性指定不同的寿命终止方案，如表 7.18 所示。因此，定向刨花板考虑在生物发电厂焚化（80%），信贷指定给能量回收。钢材可回收利用，假设利用率为 90%，信贷在生命周期结束阶段时因为净废料而获得。同样地，岩棉也认为可回收利用（80%）。然而，由于缺少回收利用过程的数据，除了送去垃圾填埋场的废物减少外没有信贷可以获得。

材料寿命终止方案　　　　　　　　　　　　　　　　　　　　　　表 7.18

材料	丢弃/回收利用方案	信贷
瓷砖	垃圾填埋（100%）	—
混凝土找平层	垃圾填埋（100%）	—
石膏板	垃圾填埋（100%）	—
岩棉	回收利用（80%）+垃圾填埋（20%）	—
定向刨花板	焚化（80%）+垃圾填埋（20%）	归因于能量回收的信贷
轻钢	回收利用（90%）+垃圾填埋（10%）	归因于净废料的信贷

其余材料都认为是送到处理惰性物质的垃圾填埋场。

第三步：宏观部件的生命周期评价

表 7.17 所示宏观部件装配的生命周期环境分析结果列于表 7.19 中，单位为每平方米。

在该工具的数据库中所有宏观部件都以相似的方式计算。如前所述，这些宏观部件能够在产品层次上或建筑层次上执行生命周期评价，下面算例给出例证。

表 7.19

宏观部件的生命周期环境分析（每平方米）

影响类型	A1-A3	A4	B4	C2	C4	D	总计
ADP_elem. [kg Sb 当量]	1.86×10^{-3}	6.59×10^{-9}	1.83×10^{-3}	5.76×10^{-9}	5.93×10^{-7}	-1.96×10^{-4}	3.49×10^{-3}
ADP_fossil [MJ]	1.31×10^{30}	2.45	8.12×10^{2}	2.14	2.31×10^{1}	-3.35×10^{2}	1.82×10^{3}
AP [kgSO$_2$ 当量]	2.47×10^{-1}	7.91×10^{-4}	9.14×10^{-2}	6.85×10^{-4}	1.01×10^{-2}	-4.45×10^{-2}	3.05×10^{-1}
EP [kg PO$_4^{3-}$ 当量]	2.61×10^{-2}	1.82×10^{-4}	1.40×10^{-2}	1.57×10^{-4}	1.54×10^{-3}	-1.01×10^{-3}	4.09×10^{-2}
GWP [kgCO$_2$ 当量]	8.38×10^{1}	1.77×10^{-1}	6.48×10^{1}	1.54×10^{-1}	6.80	-1.45×10^{1}	1.41×10^{2}
ODP [kg R11 当量]	2.80×10^{-6}	3.09×10^{-12}	2.04×10^{-6}	2.70×10^{-12}	1.27×10^{-9}	1.76×10^{-7}	5.01×10^{-6}
POCP [kg Ethene 当量]	3.41×10^{-2}	-2.58×10^{-4}	1.43×10^{-2}	-2.23×10^{-4}	2.62×10^{-3}	-1.07×10^{-2}	3.98×10^{-2}

7.4　钢产品生命周期评价

7.4.1　实例

7.4.1.1　例 1：钢梁的生命周期评价

图 7.7　某钢梁的生命周期评价

该例旨在执行某钢梁的生命周期评价，这里重点突出信息模块 D 的重要性。因此，研究的初始范围属于"从摇篮到厂门（cradle to gate）"分析（模块 A1 到 A3），也就是说包含所有与钢梁生产相关的阶段，直到出厂。选定的梁如图 7.7 所示。

该梁有三跨，总长 21m，位于轴线 E 处，在建筑第二层的轴线 1 和 4 之间，如图 7.8 所示。该梁由热轧 IPE 600 型钢制成，钢材为 S355。

利用工具 Buildings LCA[①] 进行生命周期评价，分析的详细步骤描述如下。

第一步：选取型钢

如图 7.9 所示，在应用程序的左列进行型钢的选择。

---

① 这里所用的 BuildingsLCA 是 iPad 和安卓平板电脑版本。

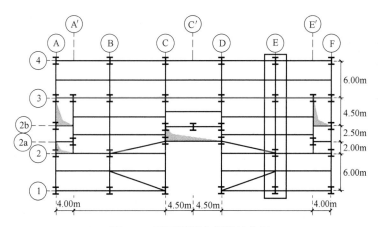

图 7.8　平面视图中钢梁的位置

第二步：输入数据

在应用程序的右侧介绍了输入参数（图 7.9）。除了梁的长度（21m）之外，有必要先介绍所分析梁的使用期，并定义研究范围。

考虑所分析梁的使用期为 50 年。需要注意的是，由于梁的维护不在分析范围之内，所以此时使用期的信息其实没有意义。如前所述，研究范围是"从摇篮到厂门（cradle to gate）"。

可为该钢构件定义涂装体系，但该例中并不考虑此选项。

第三步：计算和结果分析

选择右上角的 Calculate 按钮（图 7.9），开始计算。

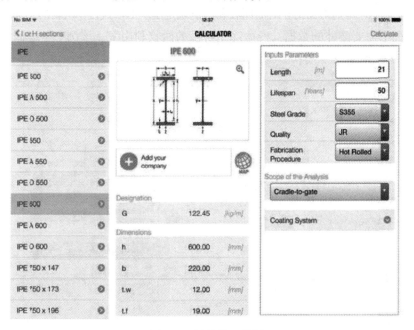

图 7.9　梁的输入数据

分析结果如图 7.10 所示，该结果提供了两类指标：描述环境影响的指标和描述初级能源需求的指标。

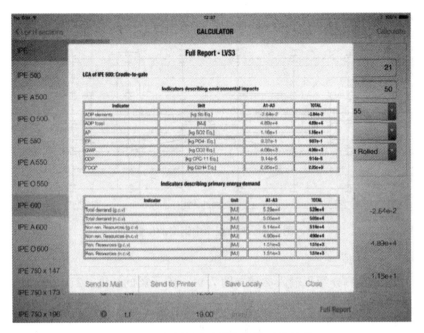

图 7.10　钢梁的生命周期评价计算结果

由于分析范围为"从摇篮到厂门（cradle to gate）"，所以只提供了模块 A1 到 A3 的结果。分析的详细输出结果可直接在应用程序中打印，也可通过电子邮件发送给用户。

第四步：包括模块 D 的生命周期评价

对这同一根梁，考虑寿命终止时的回收利用也就是模块 D，执行一次新的生命周期评价。

这种情况下需要额外的数据：寿命终止阶段的回收利用率。该例中考虑回收利用率为99%，如图 7.11 所示。

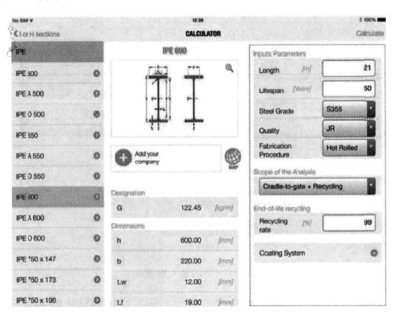

图 7.11　新的输入数据

第五步：重新计算和结果分析

重新计算后，图 7.12 给出了包括模块 D 的生命周期评价结果。此时分析结果包括模块 A1-A3 以及模块 D 的结果。

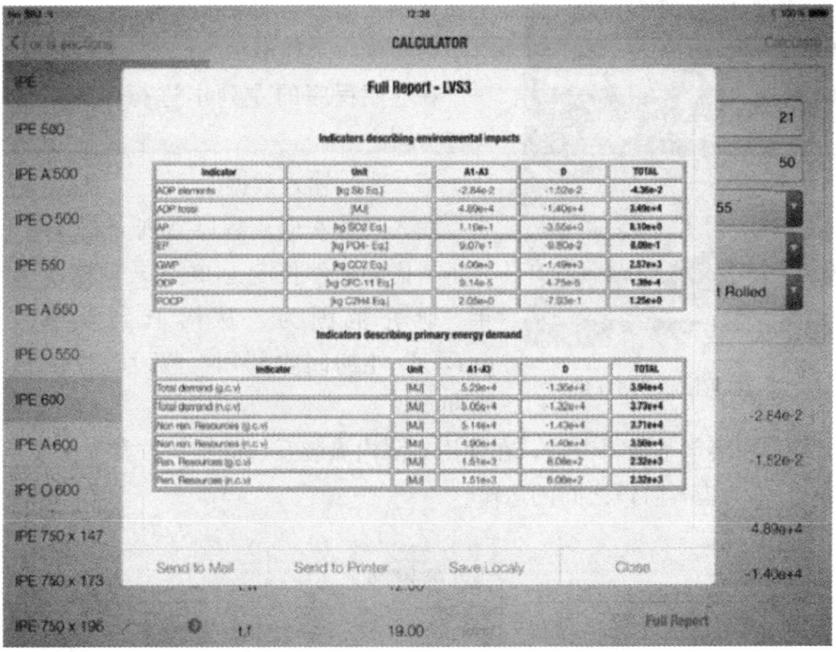

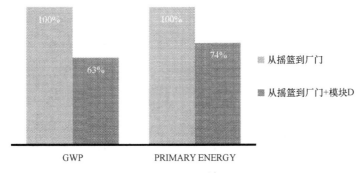

图 7.12　新的计算结果

选用两类指标来描述模块 D 的重要性：全球变暖潜值和初级能源需求。图 7.13 中的柱状图显示，通过将信息模块 D 加入研究范围使两指标减小了，全球变暖潜值和初级能源需求的变化分别为－37％和－26％。

图 7.13　对比分析—模块 D 的影响

7.4.1.2　例 2：钢柱的生命周期评价

该例中研究范围为"从摇篮到坟墓（cradle to grave）"（模块 A 到 C）再加回收利用（模块 D)，也就是说它包含了与钢柱生产相关的所有阶段，外加生命周期结束的回收利用。此外，假设该柱采用溶剂基涂料覆盖，涂层每十年进行部分更换。建筑的预期使用年限为 50 年。图 7.14 给出了所分析的柱。

图 7.14　钢柱的生命周期评价

柱件总长 30m，由 HEB 320 型钢制成，钢材为 S355。

采用 Buildings LCA 工具执行生命周期评价，下面详细介绍具体的分析步骤。

第一步：选择型钢

在应用程序的左列中进行型钢的选择，如图 7.15 所示。

第二步：输入数据

输入参数在应用程序右列介绍（图 7.15）。该分析考虑的柱件长度为 30 m，预期使用年限为 50 年。研究范围为"从摇篮到坟墓（cradle to grave）"外加回收利用。假设该柱的回收利用率为 99％。

假设该柱采用溶剂基涂料覆盖，在使用年限内涂装系统的维护方案为每十年替换部分（80％）涂层。不考虑各阶段之间的运输。

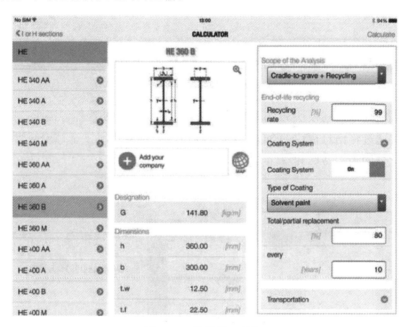

图 7.15　柱的输入数据

第三步：计算和结果分析

分析结果如图 7.16 所示，包括描述环境影响的指标和描述初级能源需求的指标。

给出每模块的结果和合计结果。由于不考虑运输，模块 A4 和 C2 的值为 0。

7.4.1.3　例 3：柱件的生命周期评价比较

该算例的目的是考虑钢柱的不同设计，分别执行生命周期评价。研究范围为"从摇篮到坟墓（cradle to grave）"（模块 A 到 C）外加回收利用（模块 D），在分析中不考虑涂层

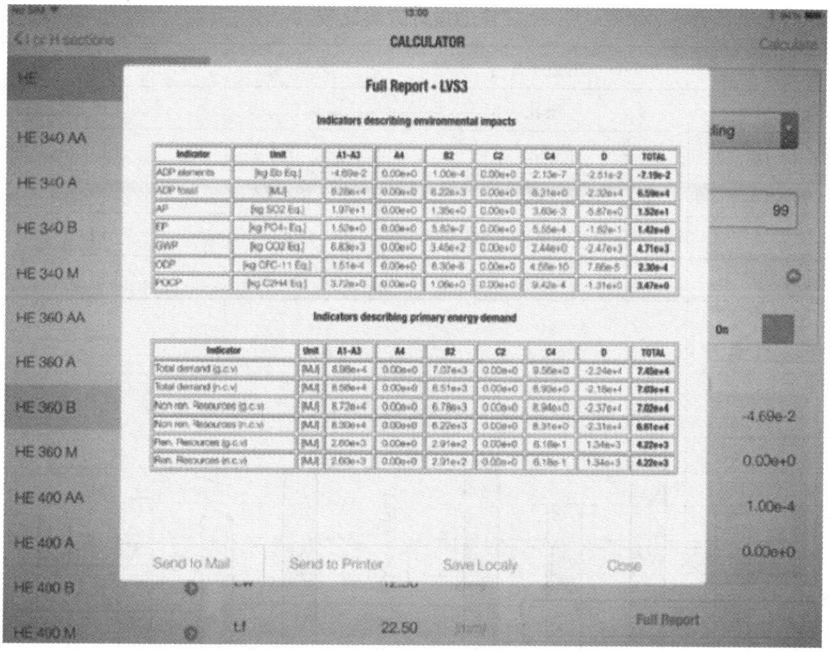

图 7.16　钢柱的生命周期评价计算结果

和各阶段间的运输。

只考虑第一层和第二层之间的柱件，如图 7.17 所示。因此，柱件长度为 4.335m。

该例中的功能单位为：受约束的钢柱，4.335m 长，承载能力为轴力 1704kN 和弯矩 24.8kN·m（绕柱截面的强轴）。钢柱的所有不同设计都必须满足相同的功能单位。

此外，该算例还想展示将环境产品申明（EPDs）作为输入数据用于生命周期评价的用法。这种情况下，生命周期评价通过利用来自钢产品的现有 EPDs 数据来执行，这些数据由挪威 EPD 基金会提供（可以从 www.EPD-norge.no 获得）。

下面给出其具体步骤。

图 7.17　钢柱的生命周期评价比较

第一步：柱件设计

该柱件的设计考虑五种截面：热轧 HEB、热加工和冷成型圆钢管、热加工和冷成型方钢管。基于相同的功能单位，柱件设计的五个方案列于表 7.20 中。

第二步：数据收集

该例中，为表 7.20 中所列的钢材产品收集 EPDs，并将其也列于表 7.20。需要注意的是，EPDs 提供的数据与一个"每千克预期使用年限为 100 年的建筑钢结构"的申明单位有关。因此，为编制分析结果，EPDs 提供的数据应乘以每个设计方案中的钢材总数。所选环境指标的各个结果如图 7.18 所示。

柱件的设计方案比较　　表 7.20

横截面	制造工序	重量(kg/m)	EPD
HEB 280	热轧	103.12	EPD no. 00239E(2014)
SHS 260×12	热加工	92.23	EPD no. 00241E(2014)
SHS 260×12	冷成型	92.23	EPD no. 00240E(2014)
CHS 323.9×12	热加工	92.30	EPD no. 00241E(2014)
CHS 323.9×12	冷成型	92.30	EPD no. 00240E(2014)

第三步：结果分析

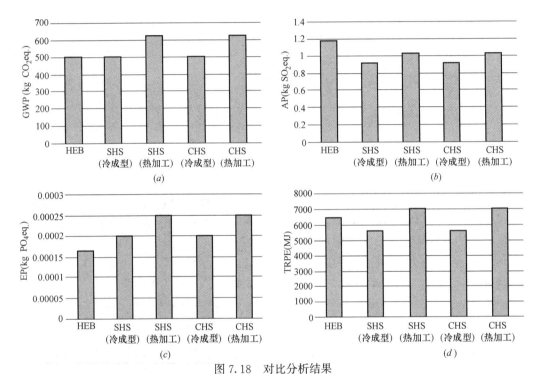

图 7.18　对比分析结果

(a) 全球变暖潜值（kg CO_2 当量）；(b) 酸化潜值（SO_2 当量）；
(c) 富营养化潜值（PO_4^{3-} 当量）；(d) 非再生初级能源资源的总用量（MJ）

7.5　建筑钢结构的生命周期评价

7.5.1　实例

7.5.1.1　例 4：某建筑钢结构的生命周期评价

该例执行这一章多次涉及的建筑钢结构的生命周期评价。承载结构由热轧钢结构构成，如图 7.19 所示。建筑的使用年限假设为 50 年。

该例分成两部分：①第一部分执行承载结构的生命周期评价；②第二部分执行剩余建

筑部件（如板、墙等）的生命周期评价。

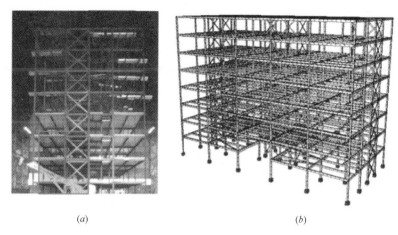

(a)　　　　　　　　　　　　　　(b)

图 7.19　承载结构

（a）建筑钢结构正视图；（b）结构线框图

研究范围为"从摇篮到坟墓（cradle to grave）"（模块 A 到 C）外加回收利用（模块 D）。另外，在分析中考虑以下假设：

① 钢结构涂层类型—水基涂料，每 20 年替换 50％；

② 运输模块 A4—100％的钢材都通过卡车运输 200 km；

③ 运输模块 C2—100％的钢材都通过卡车运输 100 km；

④ 对所有钢构件都假设钢材回收利用率（RR）为 99％。

该钢结构材料清单如表 7.21 所示，钢材总重量约为 405t。

钢结构材料清单 表 7.21

梁	长度(m)	柱	长度(m)
IPE400	2239	HEB340	93
IPE600	160	HEB320	438
IPE360	1916	HEB260	567
HEA700	32		

利用工具 Buildings LCA 执行生命周期评价，该工具可在两个层次上执行生命周期评价：产品层次和建筑层次。下面给出分析的详细步骤。

（1）第一部分：钢结构的生命周期评价

第一步：选择型钢

和前面算例一样，在应用程序的左列选择型钢。表 7.21 给出了每种型钢的单独分析。

第二步：输入数据

同样地，与前述算例相同，输入参数在应用程序右列介绍。此时每种钢构件的长度根据表 7.21 变化。

分析中采用的使用年限均为 50 年。研究范围为"从摇篮到坟墓（cradle to grave）"

335

外加回收利用。所有钢构件的回收利用率均假设为 99%。另外，对所有钢构件，采用前述的涂装系统和运输方案。

第三步：计算和结果分析

针对每种型钢获得的分析结果进行了总结，其中表 7.22 和表 7.23 为描述环境影响的指标，表 7.24 为描述初级能源需求的指标。

描述环境影响的指标 表 7.22

指标	ADP elements [kg Sb 当量]	ADP fossil [MJ]	AP [kg SO_2 当量]	EP [kg PO_4^{3-} 当量]
A1-A3	-4.47	7.95×10^6	1.87×10^3	1.46×10^2
A4	1.53×10^{-4}	5.69×10^4	1.82×10^1	4.18
B2	8.31×10^{-3}	2.53×10^5	3.59×10^1	3.12
C2	7.58×10^{-5}	2.81×10^4	9.02	2.07
C4	2.03×10^{-5}	7.91×10^2	3.45×10^{-1}	5.29×10^{-2}
D	-2.39	-2.20×10^6	-5.58×10^2	-1.54×10^1
总计	-6.84	6.08×10^6	1.37×10^3	1.40×10^2

描述环境影响的指标（续表） 表 7.23

指标	GWP [kg CO_2 当量]	ODP [kg CFC-11 当量]	POCP [kg C_2H_4 当量]
A1-A3	6.55×10^5	1.44×10^{-2}	3.51×10^2
A4	4.10×10^3	7.17×10^{-8}	-5.92
B2	1.52×10^4	3.52×10^{-6}	2.80×10^1
C2	2.03×10^3	3.55×10^{-8}	-2.93
C4	2.32×10^2	4.33×10^{-8}	8.97×10^{-2}
D	-2.35×10^5	7.47×10^{-3}	-1.25×10^2
总计	4.41×10^5	2.19×10^{-2}	2.45×10^2

描述初级能源需求的指标 表 7.24

指标	总需求 (g. c. v) [MJ]	总需求 (n. c. v) [MJ]	非再生资源 (g. c. v) [MJ]	非再生资源 (n. c. v) [MJ]	可再生资源 (g. c. v) [MJ]	可再生资源 (n. c. v) [MJ]
A1-A3	8.63×10^6	8.21×10^6	8.37×10^6	7.96×10^6	2.54×10^5	2.54×10^5
A4	6.32×10^4	5.91×10^4	6.10×10^4	5.69×10^4	2.23×10^3	2.23×10^3
B2	2.92×10^5	2.68×10^5	2.75×10^5	2.53×10^5	1.59×10^4	1.59×10^4
C2	3.13×10^4	2.92×10^4	3.02×10^4	2.81×10^4	1.10×10^3	1.10×10^3
C4	9.11×10^2	8.50×10^2	8.51×10^2	7.91×10^2	5.87×10^1	5.87×10^1
D	-2.13×10^6	-2.07×10^6	-2.26×10^6	-2.20×10^6	1.27×10^5	1.27×10^5
总计	6.88×10^6	6.50×10^6	6.48×10^6	6.10×10^6	4.00×10^5	4.00×10^5

（2）第二部分：建筑部件的生命周期评价

第四步：选择建筑宏观部件

如图 7.20 所示，在应用程序的左列选择建筑宏观部件。

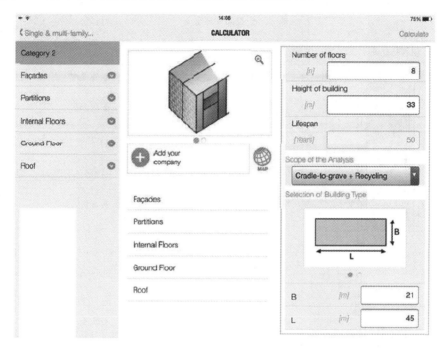

图 7.20　宏观部件的选择和输入数据

可为外立面、隔墙、内部地面以及屋顶选择宏观部件。该例中选定的宏观部件如表 7.25 所示。附录 A 中提供了宏观部件计算的详细情况，包括各种假设和所考虑的方案。内部地面宏观部件的选择如图 7.21 所示。

为建筑选择的宏观部件　　　　　　　　　　　　　　　　　　　　　表 7.25

	宏观部件参照	材料层	厚度(mm) 密度(kg/m²)
屋顶			
B1020.10 C2050	B1020.10 屋顶结构框架	复合钢-混板	200mm
		石膏板	15mm
	C2050 天花板装饰	油漆	0.125kg/m²
室内地板			
C2030 B1010.10　C2050	C2030 地板	瓷砖	31kg/m²
		混凝土找平层	13mm
	B1010.10 地板结构框架	聚乙烯泡沫	10mm
		复合钢-混板	200mm
		石膏板	15mm
	C2050 天花板装饰	油漆	0.125kg/m²

续表

	宏观部件参照	材料层	厚度(mm) 密度(kg/m²)
建筑物立面			
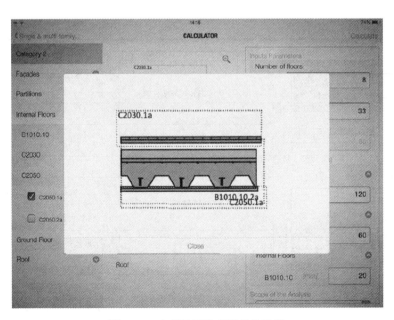	B2010.10 外墙饰面	外墙外保温	13.8kg/m²
	B2010.20 外墙施工	定向刨花板	13mm
		岩棉	120mm
		轻钢	15kg/m²
		石膏板	15mm
	C2010 内墙饰面	油漆	0.125kg/m²
隔墙			
	C2010 内墙饰面	油漆	0.125kg/m²
	C1010 内部隔墙	石膏板	15mm
		岩棉	60mm
		轻钢	10kg/m²
		石膏板	15mm
	C2010 内墙饰面	油漆	0.125kg/m²

图 7.21　内部地面宏观部件的选择

第五步：输入建筑物数据

在应用程序右侧介绍了剩余输入参数（图 7.20）。该建筑共有 8 层，总高 33m。俯视图为矩形，宽为 21 m，长为 45 m。

研究范围为"从摇篮到坟墓（cradle to grave）"以及回收利用。由于每个宏观部件计算所需的假设都是预先给定，存储在应用程序的数据库中，这里无需进一步的数据（详情见附录 A）。

第六步：计算和结果分析

建筑（除承重结构外）的描述环境影响的指标结果如表 7.26、表 7.27 所示，表 7.28 则给出了描述初级能源需求的指标。

描述环境影响的指标　　　　　　　　　　　　　　　　表 7.26

指标	ADP elements [kg Sb 当量]	ADP fossil [MJ]	AP [kg SO₂ 当量]	EP [kg PO₄³⁻ 当量]
A1-A3	6.51	1.23×10^7	3.31×10^3	3.45×10^2
A4	1.94×10^{-4}	7.20×10^4	2.33×10^1	5.37
B2	6.02	2.46×10^6	2.47×10^2	2.75×10^1
C2	1.69×10^{-4}	6.31×10^4	2.01×10^1	4.61
C4	1.32×10^{-2}	5.11×10^5	2.23×10^2	3.42×10^1
D	-2.20	-2.78×10^6	-6.10×10^2	-1.73×10^1
总计	1.03×10^1	1.26×10^7	3.21×10^3	4.00×10^2

描述环境影响的指标（续表）　　　　　　　　　　　　表 7.27

指标	GWP [kg CO₂ 当量]	ODP [kg CFC-11 当量]	POCP [kg C₂H₄ 当量]
A1-A3	1.22×10^6	1.24×10^{-2}	4.50×10^2
A4	5.19×10^3	9.08×10^{-8}	-7.60
B2	1.73×10^5	6.75×10^{-3}	4.62×10^1
C2	4.52×10^3	7.92×10^{-8}	-6.54
C4	1.57×10^5	2.81×10^{-5}	5.78×10^1
D	-2.31×10^5	5.53×10^{-3}	-1.29×10^2
总计	1.33×10^6	2.47×10^{-2}	4.12×10^2

描述初级能源需求的指标　　　　　　　　　　　　　　表 7.28

指标	总需求 (g.c.v) [MJ]	总需求 (n.c.v) [MJ]	非再生资源 (g.c.v) [MJ]	非再生资源 (n.c.v) [MJ]	可再生资源 (g.c.v) [MJ]	可再生资源 (n.c.v) [MJ]
A1-A3	1.46×10^7	1.38×10^7	1.33×10^7	1.25×10^7	1.30×10^6	1.30×10^6
A4	8.01×10^4	7.47×10^4	7.74×10^4	7.20×10^4	2.82×10^3	2.82×10^3
B2	2.94×10^6	2.69×10^6	2.88×10^6	2.63×10^6	6.49×10^4	6.49×10^4
C2	6.98×10^4	6.53×10^4	6.76×10^4	6.31×10^4	2.47×10^3	2.47×10^3

指标	总需求 （g. c. v） [MJ]	总需求 （n. c. v） [MJ]	非再生资源 （g. c. v） [MJ]	非再生资源 （n. c. v） [MJ]	可再生资源 （g. c. v） [MJ]	可再生资源 （n. c. v） [MJ]
C4	5.88×10^5	5.51×10^5	5.51×10^5	5.11×10^5	3.81×10^4	3.81×10^4
D	-2.81×10^6	-2.69×10^6	-2.92×10^6	-2.81×10^6	1.12×10^5	1.12×10^5
总计	1.55×10^7	1.45×10^7	1.40×10^7	1.30×10^7	1.52×10^6	1.52×10^6

包括各个建筑部件生命周期评价在内的详细分析结果在附录 B 中给出。

（3）第三部分：建筑钢结构的生命周期评价

第七步：计算和结果分析

完整建筑结构的生命周期评价，也就是承重结构（第一部分计算）加上建筑部件（第二部分计算），可由前面各表之和给出，其中表 7.22、表 7.23、表 7.26 和表 7.27 之和给出了描述环境影响的指标，表 7.24 和表 7.28 之和给出了描述初级能源需求的指标。

表 7.29 和表 7.30 给出了钢结构描述环境影响指标的结果。

描述环境影响的指标　　　　　　　　　　　　表 7.29

指标	ADP elements [kg Sb 当量]	ADP fossil [MJ]	AP [kg SO_2 当量]	EP [kg PO_4^{-} 当量]
A1～A3	2.04	2.03×10^7	5.18×10^3	4.91×10^2
A4	3.47×10^{-4}	1.29×10^5	4.15×10^1	9.55
B2	6.03	2.71×10^6	2.83×10^2	3.06×10^1
C2	2.45×10^{-4}	9.12×10^4	2.91×10^1	6.68
C4	1.32×10^{-2}	5.12×10^5	2.23×10^2	3.43×10^1
D	-4.59	-4.98×10^6	-1.17×10^3	-3.27×10^1
总计	3.46	1.87×10^7	4.58×10^3	5.40×10^2

描述环境影响的指标（续表）　　　　　　　　表 7.30

指标	GWP [kg CO_2 当量]	ODP [kg CFC-11 当量]	POCP [kg C_2H_4 当量]
A1～A3	1.88×10^6	2.68×10^{-2}	8.01×10^2
A4	9.29×10^3	1.63×10^{-7}	-1.35×10^1
B2	1.88×10^5	6.75×10^{-3}	7.42×10^1
C2	6.55×10^3	1.55×10^{-7}	-9.47
C4	1.57×10^5	2.81×10^{-5}	5.79×10^1
D	-4.66×10^5	1.30×10^{-2}	-2.54×10^2
总计	1.77×10^6	4.66×10^{-2}	6.57×10^2

对每个信息模块的各选定指标结果进行了总结，见图 7.22。可以看到在建筑生命周期评价中，最重要的阶段为产品阶段（信息模块 A1 到 A3），紧接着为建筑部件回收利用阶段（模块 D）。

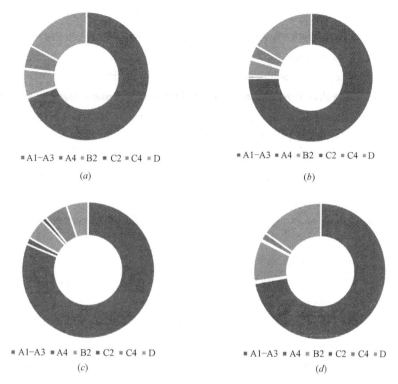

图 7.22 建筑生命周期评价

(*a*) 全球变暖潜值；(*b*) 酸化潜值；(*c*) 富营养化潜值；(*d*) 初级能源总需求

参 考 文 献

［1］ EN 15804. 2012. Sustainability of Construction Works-Environmental product declarations-Core rules for the product category of construction products. European Committee for Standardization，Brussels，Belgium.

［2］ EN 15978. 2011. Sustainability of Construction Works-Assessment of environmental performance of buildings—Calculation method. European Committee for Standardization，Brussels，Belgium. EPD no 00239E. 2014. I，H，U，L，T and wide flats hot-rolled sections. Skanska Norge S. A. （available from www. epd-norge. no）.

［3］ EPD no 00240E. 2014. Cold formed structural hollow sections （CFSHS）. Skanska Norge S. A. （available from www. epd-norge. no）.

［4］ EPD no 00241E. 2014. Hot finished structural hollow sections （HFSHS）. Skanska Norge S. A. （available from www. epd-norge. no）.

［5］ Forsberg，A.，von Malmborg F. 2004. Tools for environmental assessment of the built environment. In：Building and Environment，39，pp. 223-228.

［6］ Frischknecht，R.，and Rebitzer，G. 2005. The ecoinvent database system：a comprehensive web-based database. Journal of Cleaner Production，Volume 13，Issues 13-14，pp. 1337-1343.

［7］ GaBi. 2012. Software-System and Databases for Life Cycle Engineering. Version 5. 56. PE International AG，Leinfelden-Echterdingen，Germany.

[8] Gervásio，H.，Martins，R.，Santos，P.，Simões da Silva，L. 2014. A macro-component approach for the assessment of building sustainability in early stages of design"，Building and Environment 73，pp. 256-270，DOI information：10. 1016/j. buildenv. 2013. 12. 015.

[9] Guinée，J.，Gorrée，M.，Heijungs，R.，Huppes，G.，Kleijn，R.，Koning，A. de，Oers，L. van，Wegener Sleeswijk，A.，Suh，S.，Udo de Haes，H.，Bruijn，H. de，Duin，R. van，Huijbregts，M. 2002. Handbook on life cycle assessment. Operational guide to the ISO standards. Kluwer Academic Publishers，ISBN 1-4020-0228-9，692 pp.

[10] Howard N.，Edwards，S.，and Anderson，J. 1999. Methodology for environmental profiles of construction materials，components and buildings. BRE Report BR 370. Watford.（http：//www. bre. co. uk/service. jsp? id＝52）.

[11] IEA. 2001. LCA methods for buildings. Annex 31-Energy-related environmental impact of buildings. International Energy Agency.

[12] IPCC. 2007. Fourth Assessment Report-Climate Change 2007. IPCC，Geneva，Switzerland. IPP. 2003. Integrated Product Policy-Building on Environmental Life-Cycle Thinking. COM（2003）302 final. Communication from the commission to the council and the European Parliament，Brussels.

[13] ISO 14025. 2006. Environmental labels and declarations-Type III environmental declarations-Principles and procedures.

[14] ISO 14040. 2006. Environmental management-life cycle assessment-Principles and framework. International Organization for Standardization. Geneva，Switzerland.

[15] ISO 14044. 2006. Environmental management-life cycle assessment-Requirements and guidelines. International Organization for Standardization，Geneva，Switzerland.

[16] Jönsson，A. 2000. Tools and methods for environmental assessment of building products-methodological analysis of six selected approaches. In：Building and Environment，35，pp. 223-238.

[17] Kellenberger，D. 2005. Comparison and benchmarking of LCA-based building related environmental assessment and design tools. EMPA Dubendorf，Technology and Society Laboratory，LCA group.

[18] Kortman，J.，van Ejwik，H.，Mark，J.，Anink，D.，Knapen，M. 1998. Presentation of tests by architects of the LCA-based computer tool EcoQuantum domestic. Proceedings of Green Building Challenge 1998. Vancouver. Canada（http：//www. ivambv. uva. nl/uk/producten/product7. htm）.

[19] LCI，2001. World Steel Life Cycle Inventory. Methodology report 1999/2000. International Iron and Steel Institute. Committee on Environmental Affairs，Brussels.

[20] Lippiatt，B. 2002. Building for environmental and economical sustainability. Technical manual and user guide（BEES 3. 0）. National Institute of Standards and Technology（NIST）. Report NISTIR 6916.（http：//www. bfrl. nist. gov/oae/software/bees. html）.

[21] Reijnders L.，Roekel A. 1999. Comprehensiveness and adequacy of tools for the environmental improvement of buildings. Journal of Cleaner Production，7，pp. 221-225.

[22] Santos，P.，Martins，R.，Gervásio，H.，Simões da Silva，L. 2014.“Assessment of building operational energy at early stages of design-A monthly quasi-steady-state approach"，Energy & Buildings 79C，pp. 58-73，DOI information：10. 1016/j. enbuild. 2014. 02. 084.

[23] SB _ Steel. 2014. Sustainable Building Project in Steel. Draft final report. RFSR-CT-2010-00027. Research Programme of the Research Fund for Coal and Steel.

［24］ Steel Recycling Institute. 2009. http：//www. recycle-steel. org/construction. html（last accessed in 31/08/2009）

［25］ Trusty WB，Associates. 1997. Research guidelines. ATHENATM Sustainable Materials Institute. Merrickville. Canada. （http：//www. athenasmi. ca/about/lcaModel. html）.

［26］ UNEP，2004. Why take a life cycle approach? United Nations Publication. ISBN 92-807-24500-9.

［27］ Uniformat，2010. UniFormat™：A Uniform Classification of Construction Systems and Assemblies （2010）. The Constructions Specification Institute （CSI），Alexandria，VA，and Construction Specifications Canada （CSC），Toronto，Ontario. ISBN 978-0-9845357-1-2.

［28］ Werner，F. 2005. Ambiguities in decision-oriented life cycle inventories-The role of mental models and values. Doi-10. 1007/1-4020-3254-4.

［29］ Worldsteel. 2011. Life cycle assessment methodology report. World Steel Association，Brussels.

附录 A

宏观部件的详细数据

1. 楼板结构框架

B1010.10 楼板结构框架				附表 A.1
B1010.10.2a	材料	厚度/密度	寿命终止方案	回收利用率（%）
	聚乙烯（mm）	20	垃圾焚烧	80
	混凝土（kg/m²）	410	回收利用	70
	螺纹钢（kg/m²）	8.24	回收利用	70
	钢板（kg/m²）	11.10	回收利用	70
	石膏板（mm）	15	回收利用	80
	钢结构（kg/m²）	40	回收利用	90

B1010.10.2a-生命周期评价　　　　　　　　　　　　附表 A.2

	A1-A3	A4	C2	C4	D
ADP element〔kg Sb-当量〕	-4.61×10^{-4}	2.08×10^{-8}	1.81×10^{-8}	1.26×10^{-6}	-3.32×10^{-4}
ADP fossil〔MJ〕	1.56×10^{3}	7.71	6.74	4.90×10^{1}	-3.44×10^{2}
AP〔kg SO$_2$-当量〕	3.93×10^{-1}	2.49×10^{-3}	2.16×10^{-3}	2.14×10^{-2}	-9.22×10^{-2}
EP〔kg Phosphate-当量〕	3.65×10^{-2}	5.73×10^{-4}	4.96×10^{-4}	3.28×10^{-3}	-2.77×10^{-3}
GWP〔kg CO$_2$-当量〕	1.51×10^{2}	5.56×10^{-1}	4.86×10^{-1}	1.58×10^{1}	-3.67×10^{1}
ODP〔kg R11-当量〕	1.88×10^{-6}	9.73×10^{-12}	8.51×10^{-12}	2.68×10^{-9}	1.04×10^{-6}
POCP〔kg Ethene-当量〕	6.27×10^{-2}	-8.13×10^{-4}	-7.01×10^{-4}	5.54×10^{-3}	-1.90×10^{-2}

（1）功能对等：

1m² 建筑结构板，设计使用年限为 50 年。

（2）附加信息：

如附表 A.3～附表 A.5 所示。

模块 A1～A3 中所使用的数据集列表　　　　　　　附表 A.3

过程	数据源	地域范围	时间
混凝土	PE 国际	德国	2011
钢筋	世界钢协	世界	2007
钢板	世界钢协	世界	2007
结构钢	世界钢协	世界	2007
石膏板	PE 国际	欧洲	2008
聚乙烯（PE）	PE 国际	德国	2011

模块 A4 和 C2 中所使用的数据集列表（假设距离为 20km）　　附表 A.4

过程	数据源	地域范围	日期
卡车运输	PE 国际	世界	2011

模块 C4-D 中所使用的数据集列表　　　　　　　　　　附表 A.5

过程	数据源	地域范围	日期
焚烧聚乙烯	PE 国际	欧洲	2011
惰性材料垃圾填埋	PE 国际	德国	2011
回收利用钢材	世界钢协	世界	2007

2. 外墙施工

B2010.20 外墙施工　　　　　　　　　　附表 A.6

B2010.20.1a	材料	厚度/密度	寿命终止方案	回收利用率(%)
	定向刨花板(mm)	13	垃圾焚烧	80
	岩棉(mm)	120	回收利用	80
	石膏板(mm)	15	垃圾填埋	
	轻钢(kg/m²)	15	回收利用	90

B1010.20.1a　　　　　　　　　　附表 A.7

	A1-A3	A4	C2	C4	D
ADP element[kg Sb-当量]	3.06×10^{-5}	2.19×10^{-9}	1.92×10^{-9}	4.32×10^{-8}	-2.10×10^{-4}
ADP fossil [MJ]	7.09×10^{2}	8.14×10^{-1}	7.12×10^{-1}	1.68	-3.05×10^{2}
AP [kg SO_2-当量]	2.65×10^{-1}	2.63×10^{-4}	2.28×10^{-4}	7.35×10^{-4}	-4.81×10^{-2}
EP [kg Phosphate -当量]	2.41×10^{-2}	6.05×10^{-5}	5.23×10^{-5}	1.13×10^{-4}	-1.17×10^{-3}
GWP [kg CO_2-当量]	6.50×10^{1}	5.86×10^{-2}	5.13×10^{-2}	4.94×10^{-1}	-1.73×10^{1}
ODP [kg R11-当量]	6.43×10^{-7}	1.03×10^{-12}	8.98×10^{-13}	9.24×10^{-11}	3.41×10^{-7}
POCP [kgEthene-当量]	3.27×10^{-2}	-8.58×10^{-5}	-7.40×10^{-5}	1.91×10^{-4}	-1.13×10^{-2}

（1）功能对等：

1m² 建筑外墙，设计使用年限为 50 年。

（2）附加信息：

如附表 A.8～附表 A.10 所示。

模块 A1-A3 中所使用的数据集列表　　　　　　　　　　附表 A.8

过程	数据源	地域范围	时间
定向刨花板	PE 国际	德国	2008
石膏板	PE 国际	欧洲	2008
轻钢(LWS)	世界钢协	世界	2007
岩棉	PE 国际	欧洲	2011

模块 A4 和 C2 中所使用的数据集列表（假设距离为 20km）　　　　附表 A.9

过程	数据源	地域范围	日期
卡车运输	PE 国际	世界	2011

模块 C4-D 中所使用的数据集列表　　　　附表 A.10

过程	数据源	地域范围	日期
焚烧定向刨花板	PE 国际	德国	2008
惰性材料垃圾填埋	PE 国际	德国	2011
回收利用钢材	世界钢协	世界	2007

宏观部件的详细输出

建筑钢结构生命周期评价报告

总结

建筑类型：单户型 & 多户型建筑-类型 1

建筑形状：矩形

层数：8

每层面积：945m^2

范围："从摇篮到坟墓（Cradle to grave）" ＋回收利用

使用年限：50 年

环境影响

全球变暖潜值（GWP）：$1.33e^{+6}$ kg CO_2 当量 和 175.69kg CO_2 当量/m^2

初级能源需求

初级能源总需求：$1.55e^{+7}$ MJ 和 2049.29MJ/m^2

详细结果

建筑数据

建筑类型：单户型 & 多户型建筑-类型 1

建筑形状：矩形

层数：8

每层面积：945m^2

申明单位和标准框架

范围："从摇篮到坟墓（Cradle to grave）" ＋回收利用

申明单位：使用年限为 50 年的住宅建筑

标准：ISO 14040：2006 ＋ ISO 14044：2006 ＋ EN 15804：2012 ＋ EN 15978：2011

生命周期评价输入数据

建筑立面 附表 B.1

宏观部件	材料	厚度（mm）	密度（kg/m^2）	寿命终止方案	回收利用率（%）
B2010.10	油漆	—	0.125	垃圾填埋	—
	水泥砂浆	15	—	垃圾填埋	—
B2010.20	定向刨花板	13	—	焚烧	80
	岩棉	120	—	回收利用	80
	石膏板	15	—	回收利用	80
	轻钢（LWS）	—	15	回收利用	90
C2010	油漆	—	0.125	垃圾填埋	—

内墙　　　　　　　　　　　　　　　　　　　附表 B. 2

宏观部件	材料	厚度(mm)	密度(kg/m²)	寿命终止方案	回收利用率(%)
C1010	石膏板	15	—	回收利用	80
	岩棉	60	—	回收利用	80
	石膏板	15	—	回收利用	80
	轻钢(LWS)	—	10	回收利用	90
C2010	油漆	—	0.125	垃圾填埋	—

屋顶板　　　　　　　　　　　　　　　　　　附表 B. 3

宏观部件	材料	厚度(mm)	密度(kg/m²)	寿命终止方案	回收率(%)
B2010. 10	混凝土	—	410	回收利用	70
	钢筋	—	8. 24	回收利用	70
	聚乙烯	20	—	焚烧	80
	石膏板	15	—	回收利用	80
	钢板	—	11. 10	回收利用	70
C2050	油漆	—	0.125	垃圾填埋	—

内部楼板　　　　　　　　　　　　　　　　　附表 B. 4

宏观部件	材料	厚度(mm)	密度(kg/m²)	寿命终止方案	回收率(%)
B1010. 10	混凝土	—	410	回收利用	70
	钢筋	—	8. 24	回收利用	70
	聚乙烯	10	—	焚烧	80
	石膏板	15	—	回收利用	80
	钢板	—	11. 10	回收利用	70
C2030	瓷砖	—	31	垃圾填埋	—
	混凝土找平层	13	—	垃圾填埋	—
C2050	油漆	—	0.125	垃圾填埋	—

生命周期评价结果
建筑立面生命周期评价

描述环境影响的指标　　　　　　　　　　　附表 B. 5

指标	单位	A1-A3	A4	B2	C2	C4	D	总计
ADP elements	[kg Sb 当量]	1.73×10^{-1}	1.58×10^{-5}	3.79×10^{-3}	1.38×10^{-5}	9.12×10^{-4}	-9.17×10^{-1}	-7.39×10^{-1}
ADP fossil	[MJ]	3.23×10^{6}	5.88×10^{3}	6.25×10^{4}	5.14×10^{3}	3.56×10^{4}	-1.33×10^{6}	2.00×10^{6}
AP	[kg SO₂当量]	1.19×10^{3}	1.90	1.22×10^{1}	1.64	1.55×10^{1}	-2.10×10^{2}	1.01×10^{3}
EP	[kg PO₄³⁻当量]	1.10×10^{2}	4.37×10^{-1}	8.53×10^{-1}	3.78×10^{-1}	2.38	-5.09	1.09×10^{2}
GWP	[kg CO₂当量]	3.00×10^{5}	4.23×10^{2}	2.89×10^{3}	3.70×10^{2}	1.04×10^{4}	-7.49×10^{4}	2.39×10^{5}

指标	单位	A1-A3	A4	B2	C2	C4	D	总计
ODP	〔kg CFC-11 当量〕	2.80×10^{-3}	7.41×10^{-9}	7.32×10^{-7}	6.48×10^{-9}	1.95×10^{-6}	1.49×10^{-3}	4.29×10^{-3}
POCP	〔kg C_2H_4 当量〕	1.54×10^{2}	-6.19×10^{-1}	9.67	-5.34×10^{-1}	4.04	-4.94×10^{1}	1.17×10^{2}

描述初级能源需求的指标 附表 B.6

指标	单位	A1-A3	A4	B2	C2	C4	D	总计
总需求(g. c. v)	〔MJ〕	4.24×10^{6}	6.53×10^{3}	7.07×10^{4}	5.71×10^{3}	4.10×10^{4}	-1.40×10^{6}	2.97×10^{6}
总需求(n. c. v)	〔MJ〕	4.06×10^{6}	6.11×10^{3}	6.55×10^{4}	5.33×10^{3}	3.83×10^{4}	-1.32×10^{6}	2.85×10^{6}
非可再生资源(g. c. v)	〔MJ〕	3.42×10^{6}	6.30×10^{3}	6.75×10^{4}	5.51×10^{3}	3.80×10^{4}	-1.44×10^{6}	2.10×10^{6}
非可再生资源(n. c. v)	〔MJ〕	3.24×10^{6}	5.88×10^{3}	6.25×10^{4}	5.14×10^{3}	3.56×10^{4}	-1.37×10^{6}	1.98×10^{6}
可再生资源(g. c. v)	〔MJ〕	8.18×10^{5}	2.30×10^{2}	3.10×10^{3}	2.01×10^{2}	2.65×10^{3}	4.25×10^{4}	8.67×10^{5}
可再生资源(n. c. v)	〔MJ〕	8.18×10^{5}	2.30×10^{2}	3.10×10^{3}	2.01×10^{2}	2.65×10^{3}	4.25×10^{4}	8.67×10^{5}

隔墙生命周期评价

描述环境影响的指标 附表 B.7

指标	单位	A1-A3	A4	B2	C2	C4	D	总计
ADP elements	〔kg Sb 当量〕	3.89×10^{-2}	2.92×10^{-6}	1.52×10^{-3}	2.55×10^{-6}	6.06×10^{-5}	-2.44×10^{-1}	-2.03×10^{-1}
ADP fossil	〔MJ〕	7.06×10^{5}	1.09×10^{3}	2.50×10^{4}	9.50×10^{2}	2.37×10^{3}	-2.25×10^{5}	5.10×10^{5}
AP	〔kg SO_2 当量〕	2.62×10^{2}	3.51×10^{-1}	4.88	3.04×10^{-1}	1.03	-5.70×10^{1}	2.12×10^{2}
EP	〔kg PO_4^{3-} 当量〕	2.17×10^{1}	8.09×10^{-2}	3.41×10^{-1}	6.98×10^{-2}	1.58×10^{-1}	-1.57	2.07×10^{1}
GWP	〔kg CO_2 当量〕	6.40×10^{4}	7.83×10^{1}	1.16×10^{3}	6.83×10^{1}	6.95×10^{2}	-2.39×10^{4}	4.22×10^{4}
ODP	〔kg CFC-11 当量〕	3.22×10^{-4}	1.37×10^{-9}	2.93×10^{-7}	1.20×10^{-9}	1.30×10^{-7}	7.63×10^{-4}	1.09×10^{-3}
POCP	〔kg C_2H_4 当量〕	3.51×10^{1}	-1.14×10^{-1}	3.87	-9.88×10^{-2}	2.68×10^{-1}	-1.27×10^{1}	2.62×10^{1}

描述初级能源需求的指标 附表 B.8

指标	单位	A1-A3	A4	B2	C2	C4	D	总计
总需求(g. c. v)	〔MJ〕	7.67×10^{5}	1.21×10^{3}	2.83×10^{4}	1.05×10^{3}	2.72×10^{3}	-2.18×10^{5}	5.82×10^{5}
总需求(n. c. v)	〔MJ〕	7.30×10^{5}	1.13×10^{3}	2.62×10^{4}	9.85×10^{2}	2.54×10^{3}	-2.11×10^{5}	5.50×10^{5}
非可再生资源(g. c. v)	〔MJ〕	7.43×10^{5}	1.17×10^{3}	2.70×10^{4}	1.02×10^{3}	2.44×10^{3}	-2.30×10^{5}	5.44×10^{5}
非可再生资源(n. c. v)	〔MJ〕	7.08×10^{5}	1.09×10^{3}	2.50×10^{4}	9.50×10^{2}	2.37×10^{3}	-2.25×10^{5}	5.12×10^{5}
可再生资源(g. c. v)	〔MJ〕	2.25×10^{4}	4.26×10^{1}	1.24×10^{3}	3.72×10^{1}	1.76×10^{2}	1.30×10^{4}	3.70×10^{4}
可再生资源(n. c. v)	〔MJ〕	2.25×10^{4}	4.26×10^{1}	1.24×10^{3}	3.72×10^{1}	1.76×10^{2}	1.30×10^{4}	3.70×10^{4}

内部地面生命周期评价

描述环境影响的指标 附表 B.9

指标	单位	A1-A3	A4	B2	C2	C4	D	总计
ADP elements	〔kg Sb 当量〕	6.25	1.42×10^{-4}	6.02	1.24×10^{-4}	1.00×10^{-2}	-8.26×10^{-1}	1.14×10^{1}

指标	单位	A1-A3	A4	B2	C2	C4	D	总计
ADP fossil	[MJ]	7.10×10^6	5.27×10^4	2.36×10^6	4.62×10^4	3.89×10^5	-9.55×10^5	9.00×10^6
AP	[kg SO$_2$ 当量]	1.52×10^3	1.70×10^1	2.28×10^2	1.47×10^1	1.70×10^2	-2.67×10^2	1.68×10^3
EP	[kg PO$_4^{3-}$ 当量]	1.77×10^2	3.93	2.61×10^1	3.38	2.61×10^1	-8.17	2.28×10^2
GWP	[kg CO$_2$ 当量]	7.14×10^5	3.80×10^3	1.68×10^5	3.31×10^3	1.19×10^5	-1.03×10^5	9.05×10^5
ODP	[kg CFC-11 当量]	8.76×10^{-3}	6.65×10^{-8}	6.75×10^{-3}	5.80×10^{-8}	2.14×10^{-5}	2.60×10^{-3}	1.81×10^{-2}
POCP	[kg C$_2$H$_4$ 当量]	2.12×10^2	-5.57	3.07×10^1	-4.78	4.41×10^1	-5.25×10^1	2.24×10^2

描述初级能源需求的指标 附表 B.10

指标	单位	A1-A3	A4	B2	C2	C4	D	总计
总需求(g.c.v)	[MJ]	8.19×10^6	5.86×10^4	2.83×10^6	5.11×10^4	4.48×10^5	-9.31×10^5	1.06×10^7
总需求(n.c.v)	[MJ]	7.66×10^6	5.47×10^4	2.59×10^6	4.78×10^4	4.20×10^5	-9.05×10^5	9.87×10^6
非可再生资源(g.c.v)	[MJ]	7.81×10^6	5.67×10^4	2.77×10^6	4.95×10^4	4.20×10^5	-9.76×10^5	1.01×10^7
非可再生资源(n.c.v)	[MJ]	7.29×10^6	5.27×10^4	2.53×10^6	4.62×10^4	3.89×10^5	-9.47×10^5	9.37×10^6
可再生资源(g.c.v)	[MJ]	3.74×10^5	2.06×10^3	6.00×10^4	1.81×10^3	2.90×10^4	4.50×10^4	5.12×10^5
可再生资源(n.c.v)	[MJ]	3.74×10^5	2.06×10^3	6.00×10^4	1.81×10^3	2.90×10^4	4.50×10^4	5.12×10^5

屋顶生命周期评价

描述环境影响的指标 附表 B.11

指标	单位	A1-A3	A4	B2	C2	C4	D	总计
ADP elements	[kg Sb 当量]	5.28×10^{-2}	3.32×10^{-5}	7.58×10^{-4}	2.90×10^{-5}	2.16×10^{-3}	-2.18×10^{-1}	-1.62×10^{-1}
ADP fossil	[MJ]	1.25×10^6	1.23×10^4	1.25×10^4	1.08×10^4	8.38×10^4	-2.67×10^5	1.11×10^6
AP	[kg SO$_2$ 当量]	3.37×10^2	3.98	2.44	3.45	3.66×10^1	-7.63×10^1	3.07×10^2
EP	[kg PO$_4^{3-}$ 当量]	3.65×10^1	9.20×10^{-1}	1.71×10^{-1}	7.89×10^{-1}	5.62	-2.50	4.15×10^1
GWP	[kg CO$_2$ 当量]	1.41×10^5	8.89×10^2	5.78×10^2	7.74×10^2	2.71×10^4	-2.85×10^4	1.42×10^5
ODP	[kg CFC-11 当量]	5.31×10^{-4}	1.56×10^{-8}	1.46×10^{-7}	1.36×10^{-8}	4.60×10^{-6}	6.84×10^{-4}	1.22×10^{-3}
POCP	[kg C$_2$H$_4$ 当量]	4.95×10^1	-1.30	1.93	-1.12	9.47	-1.42×10^1	4.43×10^1

描述初级能源需求的指标 附表 B.12

指标	单位	A1-A3	A4	B2	C2	C4	D	总计
总需求(g.c.v)	[MJ]	1.42×10^6	1.37×10^4	1.41×10^4	1.20×10^4	9.64×10^4	-2.62×10^5	1.29×10^6
总需求(n.c.v)	[MJ]	1.34×10^6	1.28×10^4	1.31×10^4	1.12×10^4	9.04×10^4	-2.54×10^5	1.21×10^6
非可再生资源(g.c.v)	[MJ]	1.33×10^6	1.33×10^4	1.35×10^4	1.16×10^4	9.04×10^4	-2.74×10^5	1.19×10^6
非可再生资源(n.c.v)	[MJ]	1.26×10^6	1.23×10^4	1.25×10^4	1.08×10^4	8.38×10^4	-2.65×10^5	1.11×10^6
可再生资源(g.c.v)	[MJ]	8.20×10^4	4.83×10^2	6.20×10^2	4.22×10^2	6.24×10^3	1.18×10^4	1.02×10^5
可再生资源(n.c.v)	[MJ]	8.20×10^4	4.83×10^2	6.20×10^2	4.22×10^2	6.24×10^3	1.18×10^4	1.02×10^5

住宅建筑物生命周期评价：模块 A1-A3 到 D

描述环境影响的指标 附表 B.13

指标	单位	A1-A3	A4	B2	C2	C4	D	总计
ADP elements	[kg Sb 当量]	6.51	1.94×10^{-4}	6.02	1.69×10^{-4}	1.32×10^{-2}	-2.20	1.03×10^{1}
ADP fossil	[MJ]	1.23×10^{7}	7.20×10^{4}	2.46×10^{6}	6.31×10^{4}	5.11×10^{5}	-2.78×10^{6}	1.26×10^{7}
AP	[kg SO_2 当量]	3.31×10^{3}	2.33×10^{1}	2.47×10^{2}	2.01×10^{1}	2.23×10^{2}	-6.10×10^{2}	3.21×10^{3}
EP	[kg PO_4^{3-} 当量]	3.45×10^{2}	5.37	2.75×10^{1}	4.61	3.42×10^{1}	-1.73×10^{1}	4.00×10^{2}
GWP	[kg CO_2 当量]	1.22×10^{6}	5.19×10^{3}	1.73×10^{5}	4.52×10^{3}	1.57×10^{5}	-2.31×10^{5}	1.33×10^{6}
ODP	[kg CFC-11 当量]	1.24×10^{-2}	9.08×10^{-8}	6.75×10^{-3}	7.92×10^{-8}	2.81×10^{-5}	5.53×10^{-3}	2.47×10^{-2}
POCP	[kg C_2H_4 当量]	4.50×10^{2}	-7.60	4.62×10^{1}	-6.54	5.78×10^{1}	-1.29×10^{2}	4.12×10^{2}

描述初级能源需求的指标 附表 B.14

指标	单位	A1-A3	A4	B2	C2	C4	D	总计
总需求(g. c. v)	[MJ]	1.46×10^{7}	8.01×10^{4}	2.94×10^{6}	6.98×10^{4}	5.88×10^{5}	-2.81×10^{6}	1.55×10^{7}
总需求(n. c. v)	[MJ]	1.38×10^{7}	7.47×10^{4}	2.69×10^{6}	6.53×10^{4}	5.51×10^{5}	-2.69×10^{6}	1.45×10^{7}
非可再生资源(g. c. v)	[MJ]	1.33×10^{7}	7.74×10^{4}	2.88×10^{6}	6.76×10^{4}	5.51×10^{5}	-2.92×10^{6}	1.40×10^{7}
非可再生资源(n. c. v)	[MJ]	1.25×10^{7}	7.20×10^{4}	2.63×10^{6}	6.31×10^{4}	5.11×10^{5}	-2.81×10^{6}	1.30×10^{7}
可再生资源(g. c. v)	[MJ]	1.30×10^{6}	2.82×10^{3}	6.49×10^{4}	2.47×10^{3}	3.81×10^{4}	1.12×10^{5}	1.52×10^{6}
可再生资源(n. c. v)	[MJ]	1.30×10^{6}	2.82×10^{3}	6.49×10^{4}	2.47×10^{3}	3.81×10^{4}	1.12×10^{5}	1.52×10^{6}